Anleitung

zur

steueramtlichen Ermittelung des Alkoholgehaltes

im

Branntwein.

Amtliche Ausgabe.

Siebente Auflage.

Springer-Verlag Berlin Heidelberg GmbH
1899

Inhalt.

Die Tafeln 1 bis 3 und die Anweisungen zu deren Benutzung decken sich mit dem Inhalt der von der Kaiserlichen Normal-Aichungs-Kommission herausgegebenen, in dem gleichen Verlag erschienenen „Tafel zur Ermittelung des Alkoholgehaltes von Spiritusmischungen. Ausgabe für Gewichtsalkoholometer." Wie die Tafeln 1 bis 3 sind auch die Tafeln 4 bis 7 von der Kaiserlichen Normal-Aichungs-Kommission berechnet.

ISBN 978-3-662-27872-7   ISBN 978-3-662-29374-4 (eBook)
DOI 10.1007/978-3-662-29374-4

Einleitung.

Die steueramtliche Ermittelung des Alkoholgehaltes der Mischungen von Alkohol und Wasser (Branntwein ꝛc.) hat, sofern nicht einer der nachstehend angeführten Ausnahmefälle vorliegt, in der Art zu erfolgen, daß durch Verwiegung das Nettogewicht des Branntweins bestimmt und aus diesem unter Anwendung der Tafel 1 und 2 der diesem Regulativ angeschlossenen Rechnungstafeln nach Feststellung der wahren Stärke des Branntweins unmittelbar die in dem Branntwein befindliche Litermenge **reinen Alkohols** ermittelt wird, **ohne** daß eine Feststellung der vorhandenen Litermenge an **Branntwein** erfolgt.

Falls hierbei das Nettogewicht des Branntweins nicht in anderer Weise ermittelt werden kann, ist dasselbe mit Hülfe der Normaltara gemäß Tafel 3 zu berechnen.

Bei Flüssigkeiten von besonders geringem Alkoholgehalt tritt an die Stelle des Thermo-Alkoholometers der Lutterprober und an Stelle von Tafel 1 und 2 die Tafel 4 und 5.

Ausnahmen von der vorbezeichneten Ermittelungsart finden nur statt:

1. soweit für bestimmte Abfertigungen die Ermittelung der Litermenge **Branntweins** (nicht reinen Alkohols) aus dem Nettogewicht und der wahren Stärke vorgeschrieben ist; vergl. §. 14 und Tafel 6;

2. für die Abfertigung nicht vollständig gefüllter Gebinde unter Anwendung der Normaltara; vergl. §. 15 und Tafel 7;

3. für die Abfertigung von nicht versetztem Branntwein in Flaschen und Ermittelung der durch den Siemens'schen Probennehmer geflossenen Litermenge reinen Alkohols; vergl. §. 16;

4. für die Abfertigung von versetztem Branntwein, Fruchtsäften und dergleichen; vergl. §. 17 und Anlage;

5. für die Bestandsaufnahmen, bei welchen die Verwiegung der Bestände nicht angängig ist, und für ähnliche Fälle; vergl. §. 18.

Das Nähere enthalten die folgenden Bestimmungen.

I. Regelmäßiges Abfertigungsverfahren.

A. Prüfung bei Beginn der Abfertigung.

§. 1.

a) Bei jeder amtlichen Abfertigung von Branntwein in Gebinden sind die zur Revision gestellten Gebinde zunächst dahin zu prüfen, ob die etwaigen Angaben des Anmelders hinsichtlich der Anzahl, Zeichen und Nummern der Fässer, sowie in Betreff der etwa angebrachten Rollbänder und der etwa eingebrannten, aichamtlich ermittelten Taragewichte richtig sind.

b) Wenn Branntwein zur Ausfuhr oder zur steuerfreien Verabfolgung zu gewerblichen u. s. w. Zwecken vorgeführt wird, so sind ferner die folgenden Vorschriften zu beachten:

1. Um jeder dem fiskalischen Interesse nachtheiligen Vertauschung sowie der unrechtmäßigen Inanspruchnahme einer Steuervergütung vorzubeugen, ist auf das Sorgfältigste zu prüfen, ob der Inhalt wirklich in reinem Branntwein, Likör u. s. w. und nicht etwa in denaturirtem oder mit solchem vermischten Branntwein oder in anderen Flüssigkeiten besteht, für welche die beantragte Steuervergütung oder die Absetzung eines ausstehenden Steuerbetrages nicht beansprucht werden darf, sowie ob der Branntwein auch nicht mit namhaften Mengen von Fuselöl vermischt ist, welche geeignet sind, den Alkoholgehalt größer erscheinen zu lassen, als derselbe in Wirklichkeit ist.

Um das Vorhandensein von Holzgeist, Pyridin, Terpentinöl und sonstigen Denaturirungsstoffen sowie von größeren Mengen Fuselöls oder anderen Fälschungsmitteln in verdächtigem Branntwein festzustellen, vermischt man in einem Glascylinder eine geringe Menge des Branntweins mit dem Drei- oder Vierfachen ihres Volumens an destillirtem oder Regenwasser, worauf bei dem Vorhandensein von Terpentinöl, Thieröl und sonstigen ätherischen Oelen sowie bei sehr starkem Fuselgehalt und bei etwaigen Verfälschungen durch leichte Kohlenwasserstoffe (Naphtha, Benzin u. dergl.) die Flüssigkeit sich trübt oder sogar eine Oelschicht an der Oberfläche abscheidet. In allen diesen Fällen, aber auch wenn die Flüssigkeit klar bleibt, geben sich Beimengungen von Denaturirungsstoffen, Fuselöl oder anderen Fälschungsmitteln durch Geruch und Geschmack zu erkennen; dies gilt für Fuselöl auch dann noch, wenn eine Abscheidung von Oel in der mit Wasser verdünnten Flüssigkeit zwar nicht eintritt, aber gleichwohl der Fuselgehalt des Branntweins durch absichtlichen Zusatz vermehrt worden ist.

Wird bei einer solchen Prüfung das Vorhandensein der fraglichen Fälschungsmittel in dem Branntwein festgestellt, so ist die Abfertigung desselben zu versagen und zugleich von dem Falle unter Einreichung einer Probe von wenigstens einem Liter der betreffenden Flüssigkeit an die Direktivbehörde zur weiteren Veranlassung Anzeige zu erstatten.

2. Sofern der Branntwein bereits in Gebinden vorgeführt wird und die Entleerung der letzteren behufs Ermittelung ihres Eigengewichts (siehe §. 3a) nicht angängig erscheint, ist bei jedem einzelnen Gebinde der Spund zu öffnen und möglichst genau davon Ueberzeugung zu nehmen, daß außer dem Vorhandensein der **unter 1** bezeichneten Voraussetzungen, die Fässer nicht durch Einlegen oder Einschrauben von Holzstücken an den inneren Dauben= und Bodenwänden oder auf andere, die Verwaltung benachtheiligende Weise in ihren Raumverhältnissen verengt worden sind.

B. Gewichtsermittelung.

1. Allgemeines.

§. 2.

Bei einer jeden Ermittelung sowohl des Brutto= als auch des Nettogewichts eines Gebindes, Bassinwagens u. s. w. werden Bruch=theile eines Kilogramm, wenn sie unter einem halben Kilogramm bleiben, außer Betracht gelassen, wenn sie aber ein halbes Kilogramm oder mehr betragen, als ein halbes Kilogramm angenommen.

2. Gewichtsermittelung bei Gebinden.

§. 3.

a) Die Feststellung des Nettogewichts des in Gebinden enthaltenen Branntweins hat in allen Fällen, wo dies angängig erscheint, namentlich bei allen Abfertigungen, bei welchen der Branntwein unter den Augen der Abfertigungsbeamten aus den Sammelgefäßen oder sonstigen Aufbewahrungsgeräthen in Gebinde oder umgekehrt übergefüllt wird, durchweg in der Art zu erfolgen, daß das durch jedesmalige amtliche Verwiegung des leeren Fasses ermittelte Eigengewicht desselben von dem Bruttogewicht des gefüllten Fasses in Abzug gebracht wird. Ob das Faß vollständig oder unvollständig mit Branntwein gefüllt ist, macht bei dieser Feststellungsart keinen Unterschied.

Kann eine derartige Nettogewichtsermittelung nicht stattfinden, so wird von dem ermittelten Bruttogewicht des Fasses entweder

b) — im Falle aichamtlicher Tarabestimmung — die aichamtlich festgestellte Tara oder

c) eine der für die verschiedenen Faßgewichte vorgeschriebenen Normaltara entsprechende Gewichtsmenge in Abzug gebracht. Die unter c vorgeschriebene Art der Nettogewichtsermittelung findet nur auf hölzerne Fässer Anwendung. Bei Fässern aus anderem Material darf demnach das Nettogewicht ihres Inhalts nur in der vorstehend unter a oder b gedachten Weise ermittelt werden.

Im Einzelnen ist Folgendes zu beachten:

Zu b und c. Die zum Schutz der Fässer angebrachten Rollbänder sind in den Fällen zu b und c vor der Verwiegung der ersteren stets abzunehmen.

Bei Wellblechfässern, deren Rollbänder mit dem Faßkörper in fester Verbindung stehen, bedarf es, wenn die aichamtliche Taraangabe der Gewichtsermittelung zu Grunde gelegt werden soll, einer Abnahme der Rollbänder nicht.

In anderen Fällen dürfen hölzerne Rollbänder gleichfalls belassen werden, sofern der Disponent des Fasses sich damit einverstanden erklärt, daß von dem Gesammtgewicht, wenn dasselbe 175 kg oder mehr beträgt, 750 g, wenn es dagegen unter 175 kg beträgt, 250 g für jedes Rollband abgerechnet werden. Ueberschreitet das Gewicht der hölzernen Rollbänder augenscheinlich diese Tarasätze, so ist die Steuerbehörde berechtigt, die Abnahme der Rollbänder vor der Bruttoverwiegung des Fasses anzuordnen.

Zu b allein. Soweit eine steueramtliche Verwiegung des leeren Gebindes nicht erfolgen kann, hat, wenn das Gewicht des leeren Fasses aichamtlich festgestellt und vorschriftsmäßig auf dem Boden des Fasses durch Einbrennen ersichtlich gemacht ist, die Ermittelung des Nettogewichts des Branntweins durch Abzug der aichamtlich ermittelten Faßtara von dem steueramtlich festgestellten Bruttogewicht stattzufinden. Ob das Faß vollständig oder unvollständig mit Branntwein gefüllt ist, macht auch bei dieser Feststellungsart keinen Unterschied.

Sofern den Zoll- und Steuerbeamten bei den amtlichen Abfertigungen Fässer vorkommen, an denen die aichamtlichen Bezeichnungen abgeändert sind, ist dies in einer über die gemachte Wahrnehmung aufzunehmenden Verhandlung festzustellen und letztere geeignetenfalls an die Ortspolizeibehörde zur weiteren Veranlassung abzugeben.

Falls aus besonderen Gründen die aichamtlich angegebene Tara unberücksichtigt gelassen und an Stelle derselben die Normaltara gewährt wird, ist der Grund des Verfahrens in dem Abfertigungspapier anzugeben.

Zu c allein. Die Ermittelung des Nettogewichts durch Abzug der Normaltara von dem Bruttogewicht darf nur insoweit stattfinden, als eine Nettogewichtsermittelung nach Maßgabe der Vorschriften unter a und b nicht angängig erscheint und als außerdem vollständig gefüllte Gebinde zur Abfertigung gestellt werden. Als solche sind die Gebinde nur dann anzusehen, wenn die Tiefe der Leere am Spunde nicht mehr als 6 cm beträgt.

Die zur Zeit gültige Normaltara für hölzerne Branntweingebinde beträgt:

für Fässer bis einschließlich 250 kg br. . . . 21 Prozent,
   „   „   über 250 kg bis einschließlich 400 kg br. 18 „
   „   „   „ 400 kg br. . . . . 17 „

Zur Ausführung des unter c aufgeführten Abfertigungsverfahrens giebt die nachstehende „Tafel 3 zur Ermittelung des Nettogewichtes unter Anwendung der Normaltarasätze", von halben zu halben Kilogramm bis 1005 kg fortschreitend, für die ermittelten Bruttogewichte die zugehörigen Nettogewichte an. Gelangen ausnahmsweise Fässer von mehr als 1005 kg Bruttogewicht zu dieser Art der Abfertigung, so ist das Bruttogewicht in zwei oder mehr Theile zu zerlegen, deren jeder aber mehr als 400 kg betragen muß, und sind alsdann die für diese Theile aus der Tafel zu ermittelnden Nettogewichte zu addiren.

Werden nicht vollständig gefüllte Gebinde zur Abfertigung gestellt, ohne daß die Taraermittelung durch Verwiegung der leeren Gebinde oder durch Anrechnung der aichamtlichen Tara erfolgen kann, so ist das nur theilweise befüllte Gebinde, sofern der Waarendisponent sich damit einverstanden erklärt, mit Wasser vollständig aufzufüllen; alsdann hat die Nettogewichtsermittelung wie bei anderen vollständig gefüllten Fässern durch Anrechnung der Normaltara zu erfolgen. Kann die Auf=füllung nicht stattfinden, so ist das Nettogewicht nach Maßgabe der be=sonderen Vorschriften des §. 15 zu ermitteln.

§. 4.

Wenn bezüglich einer unter Steuerkontrole stehenden oder ver=sandten, einer mehrmaligen Abfertigung bedürfenden Branntweinpost bei der ersten Revision die Tara durch Verwiegung der leeren Fässer (§. 3 unter a) festgestellt worden ist, bei der weiteren Abfertigung aber die gleiche Art der Taraermittelung nicht erfolgen kann, so ist der Tara=befund der ersten Revision auch der weiteren Abfertigung zu Grunde zu legen.

Kann umgekehrt erst bei der weiteren Abfertigung die Tara durch Verwiegung der leeren Fässer festgestellt werden, so ist der erste Revisionsbefund unter Zugrundelegung der bei der weiteren Abferti=gung ermittelten Tara anderweit zu berechnen. Ergiebt sich hierbei, daß die bei der zweiten Abfertigung festgestellte Litermenge reinen Alkohols gegen die so berechnete Litermenge der ersten Abfertigung zurückbleibt, so ist die Differenz als ein inzwischen entstandener Alkoholverlust zu behandeln. Das Ergebniß der vergleichenden Berechnung ist in dem Abfertigungspapier zu vermerken, eine Abänderung des ersten Revisions=befundes selbst jedoch nicht vorzunehmen. Wäre z. B.

bei der ersten Abfertigung eines Gebindes
die wahre Stärke des Branntweins zu . . 80 Prozent,
das Bruttogewicht zu . . . . 550 kg,
das Nettogewicht unter Zugrundelegung der
Normaltara zu . . . . 456,5 „
und dementsprechend die Menge reinen Al=
kohols zu . . . . 461 Liter
festgestellt worden,

und ferner

bei der zweiten Abfertigung desselben Gebindes
die wahre Stärke zu . . . . 79,8 Prozent,
das Bruttogewicht zu . . . . 545 kg,
die Tara durch Verwiegung des leeren Fasses zu 97 „
mithin das Nettogewicht zu 448 kg
und die Menge reinen Alkohols zu . . . 451 Liter
ermittelt worden,

so würde für den ersten Revisionsbefund unter Zugrundelegung der bei demselben stattgehabten Ermittelung der wahren Stärke von 80 Prozent und des Bruttogewichts von . . . . 550 kg unter Einsetzung des bei der zweiten Revision festge=stellten Taragewichts von . . . . 97 „
das Nettogewicht anderweit zu . . . . . 453 kg
zu berechnen sein, welches einer Menge reinen Alkohols von 458 Liter entspricht. Gegen diese so berechnete Litermenge des ersten Revisionsbefundes bleibt die bei der zweiten Abferti=gung ermittelte Litermenge von . . . . 451 „
um 7 Liter
zurück, welche als wirkliche Fehlmenge zu behandeln sein würden.

In beiden, in den voraufgehenden Absätzen behandelten Fällen ist Voraussetzung, daß gegen die durch steueramtliche Siegel oder auf andere Weise festgehaltene Identität der Gebinde der Branntweinpost Bedenken nicht bestehen.

3. Gewichtsermittelung bei Bassinwagen, Reservoirs und dergleichen.

§. 5.

a) Bei dem Transport von Branntwein in Bassinwagen kann, falls die Verwiegung des Branntweins nicht in Gebinden nach Maß=

gabe der Vorschriften des §. 3 unter a angängig erscheint, die Feststellung seines Nettogewichts durch Verwiegung der Wagen im leeren und im gefüllten Zustande mittelst der Centesimalwaage unter Beobachtung der nachstehenden Vorschriften erfolgen:

1. Es dürfen nur geaichte Centesimalwaagen zur Verwiegung der Bassinwagen zugelassen werden.

2. Die zur Verwiegung bei dergleichen Abfertigungen in den Betriebsräumen der Fabrikanten zu benutzenden Gewichtsstücke sind in der Regel unter amtlichem Verschlusse zu halten.

3. Bei starkem Winde oder Regen ist zum Schutze gegen die Beeinflussung der Wägung durch die Witterung über der Brücke der Waage während der Verwiegung eine zeltartige, nöthigenfalls durch Vorhänge, Einstellbretter u. s. w. dichter zu schließende Ueberdachung anzubringen.

4. Vor jeder Abfertigung eines Bassinwagens ist das richtige Funktioniren der Centesimalwaage durch Probebelastung ihrer Brücke zu prüfen.

5. Jede einzelne Wägung eines Bassinwagens ist mindestens einmal in der Art zu wiederholen, daß der Wagen nach erfolgter Tara- beziehungsweise Bruttoverwiegung von der Brücke der Waage ganz herunter gefahren, demnächst von Neuem auf die Brücke gebracht und nochmals verwogen wird. Bei der Verwiegung selbst ist der Wagen thunlichst auf die Mitte der Brücke, bei der Wiederholung der Wägung stets auf dieselbe Stelle wie bei der ersten Wägung zu bringen. Differiren hierbei die Ergebnisse der wiederholten Verwiegungen des leeren Wagens oder derjenigen des gefüllten Bassinwagens untereinander um mehr als ein Tausendstel des kleinsten der ermittelten Gewichte, so ist die Waage als unbrauchbar zu erachten und muß die amtliche Gewichtsermittelung in Gebinden nach den Vorschriften des §. 3 bewirkt werden. Sind dagegen Differenzen in Höhe des bezeichneten Gewichtswerthes nicht vorhanden, so ist der Mittelwerth der zusammengehörigen Verwiegungsergebnisse für die steuerliche Abfertigung maßgebend.

6. In die betreffenden Spalten der Abfertigungspapiere sind, je nachdem die Ermittelung des Nettogewichts des Branntweins durch Verwiegung der Bassinwagen im leeren und gefüllten Zustande auf der Centesimalwaage oder gemäß §. 3 stattgefunden hat, die verschiedenen Ergebnisse der vorgenommenen Gewichtsermittelungen beziehungsweise auch ein Vermerk über die der Verwiegung vorangegangene Probebelastung der Centesimalwaage einzutragen.

b) Seitens der Direktivbehörden kann die Gewichtsermittelung des Branntweins auch in anderen Gefäßen, z. B. tarirten eisernen Reservoirs, welche mit einer Waage in Verbindung stehen, unter den hierfür vorzuschreibenden besonderen Bedingungen gestattet werden.

C. Stärkeermittelung.

1. Arten der zur amtlichen Benutzung bestimmten Thermo-Alkoholometer.

§. 6.

Der Handelswerth einer Mischung von Alkohol und Wasser wird durch die darin enthaltene Menge reinen Alkohols bedingt.

Letztere ist einerseits durch das absolute Gewicht (das Netto-gewicht), andererseits durch die Dichte (das spezifische Gewicht) der Flüssigkeit bestimmt. Da aber der jeweiligen Dichte einer Mischung von Alkohol und Wasser ein ganz bestimmter Gehalt an Alkohol ent-spricht, so pflegt man zum Zweck der Werthbestimmung der Mischungen nicht deren Dichte, sondern, was auch für die Praxis bequemer ist, ihren prozentischen Alkoholgehalt, die sogenannte Spiritusstärke, zu ermitteln. Spiritusstärke in Volumenprozenten heißt das Verhältniß des Volumens des in der Mischung enthaltenen Alkohols zu dem Volumen der ganzen Mischung; Spiritusstärke in Gewichtsprozenten heißt das Verhältniß des Gewichts des in der Mischung enthaltenen Alkohols zu dem Gewicht der ganzen Mischung.

Zur Ermittelung der Spiritusstärke dient das Alkoholometer. Das Alkoholometer sinkt, da das spezifische Gewicht des Alkohols ge-ringer ist als das des Wassers, in alkoholreichen Mischungen tiefer ein als in alkoholarmen; es stellt sich somit je nach der Spiritusstärke einer Mischung verschieden in derselben ein. Seine Einstellung wird aber außerdem durch die Temperatur der Mischungen beeinflußt. Weil bei steigender Temperatur die Dichte einer Mischung abnimmt, und zwar schneller als das Volumen des Alkoholometers zunimmt, so sinkt mit jeder Temperaturerhöhung das Instrument tiefer in die Mischung ein; demzufolge ist, je höher die Temperatur steigt, um so größer die durch das Instrument angegebene Stärke. Bei allen Ermittelungen mit Hülfe des Alkoholometers bedarf es somit auch einer Feststellung der Temperatur. Zu dem Behufe ist das Alkoholometer mit einem Thermometer verbunden und bildet mit ihm das Thermo-Alkoholometer.

Um den Einfluß der verschiedenen Temperaturen auszuschließen, hat man bei den Untersuchungen über den Zusammenhang zwischen der Dichte und der prozentischen Zusammensetzung der Mischungen von Alkohol und Wasser eine bestimmte Temperatur eingeführt und diese ist

dann als Normaltemperatur in das Alkoholisirungsverfahren über=
tragen worden. Die bei der Normaltemperatur am Alkoholometer ab
gelesene Stärke ist die wahre Stärke, die Angabe des Alkoholometers
bei jeder anderen Temperatur heißt die zu dieser Temperatur gehörige
scheinbare Stärke.

An Stelle der bisherigen Thermo=Alkoholometer, welche — unter
Annahme einer Normaltemperatur von + 12⁴/₉ Grad der achtzigtheiligen
Thermometerskale (nach Réaumur) — angaben, wieviel Prozente des
Volumens der zu untersuchenden Mischung aus reinem Alkohol be=
standen (Stärke nach Volumenprozenten), haben fortan für alle steuer=
lichen Ermittelungen — unter Annahme einer Normaltemperatur von
+ 15 Grad der hunderttheiligen Thermometerskale (nach Celsius) —
nur solche Instrumente Anwendung zu finden, welche angeben, wieviel
Prozente des Gewichts der zu untersuchenden Mischung aus reinem
Alkohol bestehen (Stärke nach Gewichtsprozenten).

Letztere Instrumente tragen auf der Alkoholometerskale die Be=
zeichnung „Alkoholometer nach Gewichtsprozenten", auf der Thermo=
meterskale die Bezeichnung „Grade des hunderttheiligen Thermometers",
sind zum Unterschiede von den noch im Verkehr befindlichen Volumen=
Alkoholometern dadurch gekennzeichnet, daß die Thermometerskale an
beiden Seiten durch einen blaßrothen, etwa 1 mm breiten Strich ge=
rändert ist und zerfallen in

a) Thermo=Alkoholometer für die Bestimmung der scheinbaren
Stärken des Branntweins von 10 bis zu ausschließlich
65 Gewichtsprozenten mit Eintheilung der Alkoholometerskale
nach ganzen und halben Gewichtsprozenten und der Thermo=
meterskale nach ganzen Graden Celsius;

b) Thermo=Alkoholometer für die Bestimmung der scheinbaren
Stärken des Branntweins von 65 bis 100 Gewichtsprozenten
mit Eintheilung der Alkoholometerskale nach ganzen und fünftel
Gewichtsprozenten und der Thermometerskale nach ganzen und
halben Graden Celsius.

Zur Abfertigung von Lutter unter 10 Prozent scheinbarer Stärke
dient ein kleineres Thermo=Alkoholometer, „Lutterprober" genannt, mit
Theilung der Alkoholometerskale nach ganzen Gewichtsprozenten und
der Thermometerskale nach ganzen Graden Celsius. Die Lutterprober
tragen auf der Alkoholometerskale die Bezeichnung „Alkoholgehalt nach
Gewichtsprozenten", auf der Thermometerskale die Bezeichnung „Grade
des hunderttheiligen Thermometers".

Die Thermo=Alkoholometer müssen geaicht, die Lutterprober amt=
lich beglaubigt sein. Die Aichung der ersteren wird ersichtlich gemacht
durch Aufätzen eines Stempels nebst Jahreszahl und Nummer auf den

Glaskörper oberhalb der Thermometerskale, sowie eines kleineren Stempels auf die Spindelkuppe. Auf den Glaskörper wird die Angabe des Gewichts des Instruments in Milligramm aufgeäßt. Auf die Spindel wird über den oberen Rand der Alkoholometerskale ein Strich aufgeäßt, welcher sich mindestens über die Hälfte des Spindelumfangs erstreckt, und dessen untere Grenzlinie in die Ebene des Skalenrandes fällt. Fällt die untere Grenzlinie desselben nicht in die Ebene des Skalenrandes, so ist dies ein Zeichen dafür, daß eine unzulässige Verschiebung der Skale stattgefunden hat.

Die Beglaubigung der Lutterprober erfolgt durch Aufäßen eines Stempels nebst Jahreszahl und Nummer auf den Glaskörper oberhalb der Thermometerskale. Auf die Spindel wird unterhalb der Kuppe der Stempel und über den oberen Rand der Alkoholometerskale, in gleicher Weise wie bei Thermo=Alkoholometern, ein Strich aufgeäßt.

2. Scheinbare Stärke.

§. 7.

Der Branntwein, dessen Alkoholgehalt geprüft werden soll, ist gehörig durchzurühren und sodann aus der Mitte des betreffenden Fasses eine Probe zu entnehmen. Mit der Probe ist ein dazu bestimmtes möglichst schlierenfreies, gut durchsichtiges Standglas von durchgehend gleicher Weite und mit glatt abgeschnittenem Rande, dessen Durchmesser etwa zweimal so groß ist, als der größte Durchmesser des Thermo=Alkoholometers, soweit zu füllen, daß nach dem Eintauchen des Instruments der Flüssigkeitsspiegel noch mehrere Centimeter unterhalb des Gefäßrandes steht. Nach kräftigem Durchrühren der Probe wird das Standglas fest aufgestellt und thunlichst abgewartet, bis die Temperatur der Probe mit der Temperatur der Luft sich annähernd ausgeglichen hat.

Die Alkoholometerspindel wird dann langsam in die Flüssigkeit eingesenkt, so daß jedes Schwanken der Spindel und damit eine Benetzung oberhalb der Linie der Einstellung vermieden wird.

Dabei ist darauf zu achten, daß die Spindel sich durchaus rein erweist, z. B. nicht mit fettigen Fingern in Berührung gekommen ist, weil sonst die nachstehend näher bezeichnete Linie, in welcher der Flüssigkeitsspiegel die Spindel schneidet, leicht verändert wird.

Die Ablesung des Alkoholometers erfolgt an derjenigen Linie, in welcher der Flüssigkeitsspiegel die Spindel schneidet. Die Ermittelung dieser Schnittlinie wird aber dadurch erschwert, daß um die Spindel ein kleiner, die Schnittlinie verdeckender Füssigkeitswulst sich bildet, wie solcher in der nachstehenden Zeichnung *A* etwas vergrößert angedeutet ist.

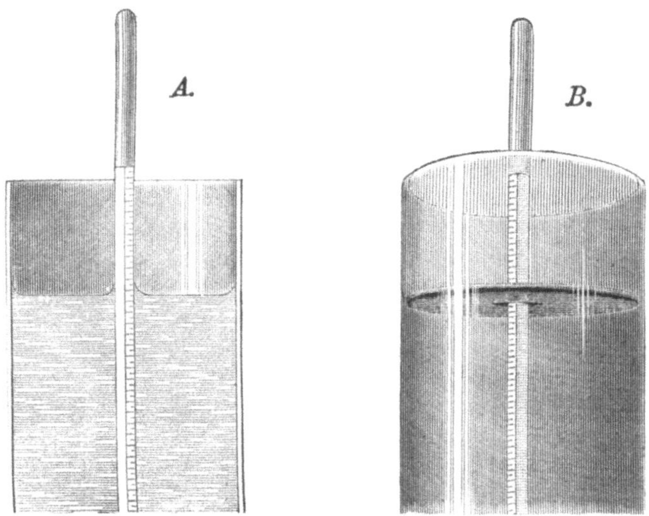

Um die Schnittlinie zu erkennen, bringt man das Auge in eine Stellung dicht unterhalb des Flüssigkeitsspiegels; man erblickt dann an der Stelle, über welcher der Flüssigkeitswulst liegt, nur noch einen Strich, welcher aus dem Flüssigkeitsspiegel zu beiden Seiten der Spindel deutlich hervortritt und scharf von der Spindel sich abhebt. Dieser Strich, wie ihn die vorstehende Zeichnung B andeutet, giebt die Schnittlinie. Hält man das Auge zu tief unterhalb des Flüssigkeits= spiegels, so sieht man statt des Striches eine länglich runde Fläche; erst wenn man das Auge hebt, zieht die Fläche sich zu dem Strich zusammen.

Die Angabe des der Ablesungslinie zunächst liegenden Skalen= striches gilt als scheinbare Stärke der Flüssigkeit. Liegt die Ablesungs= linie in der Mitte zwischen zwei Skalenstrichen, so wird die Angabe des oberen Striches genommen.

Unmittelbar auf die Alkoholometerablesung folgt die Ablesung des Thermometers. Dabei bringt man das Auge in gleiche Höhe mit dem oberen Ende der Quecksilbersäule. Die Angabe des zunächst liegenden Skalenstriches gilt als Wärmegrad der Flüssigkeit. Trifft das Auge auf die Mitte zwischen zwei Skalenstrichen, so wird auch hier die Angabe des oberen Striches genommen.

<h2 style="text-align:center">§. 8.</h2>

Soll auf ein und dasselbe Abfertigungspapier der Inhalt mehrerer vollständig gefüllter Fässer von annähernd gleich großem, d. h.

nicht mehr als 10 Prozent von einander abweichendem Bruttogewicht und dementsprechendem Rauminhalt sowie einer nicht auffällig verschiedenen Stärke zur Abfertigung gelangen, so hat die Ermittelung des Alkoholgehalts bezüglich solcher Fässer an einer einzigen Durchschnittsprobe zu erfolgen und ist diese Durchschnittsermittelung den weiteren Feststellungen des Revisionsbefundes zu Grunde zu legen. Hierbei ist folgendermaßen zu verfahren:

Der in jedem der betreffenden Fässer enthaltene Branntwein ist nach Oeffnung des Spundes gehörig durchzurühren und ist alsdann aus der Mitte jedes Fasses eine Probe — und zwar von annähernd gleich großem Volumen aus jedem einzelnen Fasse — zu entnehmen. Diese Proben werden in ein vollkommen reines, trockenes Gefäß geschüttet, die Mischung wird demnächst gehörig umgerührt und hierauf die Alkoholisirung des Branntweins in dem oben gedachten Standglase bewirkt.

Das Verfahren der durchschnittlichen Alkoholisirung von in mehreren Fässern befindlichem Branntwein muß ohne jede Unterbrechung durchgeführt werden. (Wegen des weiteren Verfahrens siehe besonders auch §. 12.)

Befinden sich bei der fraglichen Branntweinpost Fässer, welche im Bruttogewicht um mehr als 10 Prozent von dem größten oder kleinsten der zur Durchschnittsermittelung herangezogenen Gebinde abweichen oder im Rauminhalt eine augenfällige größere Abweichung zeigen, oder welche in der Stärke des Branntweins eine auffällige Verschiedenheit von den übrigen Gebinden aufweisen, oder welche nicht vollständig gefüllt sind, so muß jedes einzelne von ihnen besonders alkoholisirt werden, soweit nicht nach den vorstehenden Bestimmungen auch für diese Fässer unter sich eine Durchschnittsermittelung stattfinden darf.

Inwieweit eine Durchschnittsermittelung vorgenommen ist, muß in dem Abfertigungspapier jedesmal genau ersichtlich gemacht werden.

Als Regel ist daran festzuhalten, daß die Alkoholisirung einer Branntweinpost bei jeder weiteren Abfertigung, deren Resultat nach den geltenden Bestimmungen mit demjenigen der vorangegangenen Abfertigung verglichen werden muß, in derselben Weise — sei es durch Feststellung der wahren Stärke jedes einzelnen Gebindes, sei es durch die voraufgeführte durchschnittliche Alkoholisirung — zu erfolgen hat, in welcher dieselbe bei der erstmaligen Abfertigung stattgefunden hat.

§. 9.

Soll der Inhalt eines Bassinwagens oder eines anderen größeren Gefäßes alkoholisirt werden, so ist derselbe zunächst nach näherer Anweisung der Abfertigungsbeamten gehörig durchzurühren. Unmittelbar darauf sind mindestens 2 bis 3 Proben aus verschiedenen Höhen des Gefäßes zu entnehmen und nach nochmaliger gründlicher Vermischung in dem Standglase zu untersuchen.

Eine Durchschnittsermittelung findet bei Abfertigung mehrerer Bassinwagen oder anderer größerer Gefäße nicht statt.

3. Wahre Stärke.

§. 10.

Ist die scheinbare Stärke sowie die Temperatur der Mischung in der vorstehend vorgeschriebenen Weise festgestellt worden, so wird die wahre Stärke für scheinbare Stärken von 10 Prozent aufwärts mit Hülfe der nachstehenden „Tafel 1 zur Ermittelung der wahren Stärke" ermittelt. Dieselbe giebt zu den Wärmegraden von — 12 bis + 30 Grad (bei den scheinbaren Stärken von 10 bis zu 20 Prozent jedoch nur zu den Wärmegraden über Null und bei den scheinbaren Stärken von 20 bis zu 30 Prozent nur zu den Wärmegraden von — 5 Grad ab), für die scheinbaren Stärken von 10 bis zu 65 Prozent nach halben, weiterhin nach fünftel Prozenten fortschreitend, die wahren Stärken für die ermittelten scheinbaren Stärken an; die wahren Stärken sind bis zu 65 Prozent auf halbe, weiter aufwärts auf fünftel Prozente abgerundet. Für die niederen Stärken bis zu 65 Prozent umfaßt jede Seite nur eine Tafel mit ganzen Wärmegraden, für die höheren Stärken zwei Halbtafeln mit ganzen und halben Wärmegraden.

Jede Tafel beziehungsweise Halbtafel enthält in der ersten Querzeile die scheinbaren Stärken, in der ersten Längsspalte dagegen die Wärmegrade. Dort, wo eine Zeile und eine Spalte sich kreuzen, findet man die zu der scheinbaren Stärke der ersten Zeile und zu der Temperatur der ersten Spalte gehörige wahre Stärke des geprüften Branntweins.

Zeigt die zu untersuchende Flüssigkeit eine scheinbare Stärke von weniger als 10 Prozent, so ist die wahre Stärke mittelst der entsprechend eingerichteten „Tafel 4 zur Ermittelung der wahren Stärke geringhaltiger Branntweine" festzustellen.

D. Ermittelung der Litermenge reinen Alkohols.

§. 11.

Aus dem ermittelten Nettogewicht und der festgestellten wahren Stärke des Branntweins ist, sofern letztere 10 Prozent oder mehr beträgt, unter Anwendung der nachstehenden „Tafel 2 zur Ermittelung des Gehaltes an reinem Alkohol" direkt die vorhandene Litermenge reinen Alkohols zu bestimmen. Tafel 2 giebt den reinen Alkoholgehalt für eine und dieselbe wahre Stärke auf je zwei einander gegenüberstehenden

Seiten, links für Nettogewichte von 0,5 bis 59 kg, rechts für Nettogewichte von 60 bis 10 000 kg. Die wahren Stärken schreiten bis zu 65 Prozent nach halben, weiter aufwärts nach fünftel Prozenten fort. Der Litergehalt reinen Alkohols ist für Nettogewichte bis 900 kg in zehntel Liter, darüber hinaus in ganzen Litern angegeben. Jede Seite umfaßt zwei Halbtafeln, deren erste Querzeile die wahren Stärken anzeigt, während ihre erste Längsspalte die Nettogewichte angiebt. Dort, wo eine Zeile und eine Spalte sich kreuzen, findet man den zu der wahren Stärke der ersten Zeile und zu dem Nettogewicht der ersten Spalte gehörigen Gehalt an Liter reinen Alkohols.

Bruchtheile des Liter werden, wenn sie unter einem halben Liter bleiben, unberücksichtigt gelassen, anderenfalls auf ein ganzes Liter abgerundet.

Da für Nettogewichte über 100 beziehungsweise über 1 000 kg hinaus die Angaben nur noch von 100 zu 100 beziehungsweise von 1 000 zu 1 000 kg steigend gemacht sind, so sind bei größeren Gewichtsmengen als 100 kg die Ermittelungen zunächst für die vollen Hunderte (beziehungsweise auch Tausende), sodann für die verbleibenden Kilogramm und schließlich für ein etwa übriges halbes Kilogramm getrennt und ohne Abrundung auf ganze Liter zu machen und die einzelnen Ergebnisse demnächst zusammen zu rechnen. In der sich ergebenden Schlußsumme werden Bruchtheile des Liter, wenn sie unter einem halben Liter bleiben, unberücksichtigt gelassen, anderenfalls auf ein ganzes Liter abgerundet. Beträgt z. B. bei einer wahren Stärke von 80,8 Prozent das Nettogewicht 5 542,5 kg, so findet man:

	für das Nettogewicht	den Gehalt an reinem Alkohol:
	5 000 kg	5 100 Liter
	500 „	510 „
	42 „	42,8 „
	0,5 „	0,5 „
zusammen für das Nettogewicht	5 542,5 kg	5 653,3 Liter

oder abgerundet 5 653 Liter als Gehalt an reinem Alkohol.

Besitzt die zu untersuchende Flüssigkeit eine wahre Stärke von weniger als 10 Prozent, so ist die Litermenge reinen Alkohols mittelst der entsprechend eingerichteten „Tafel 5 zur Ermittelung des Alkoholgehaltes geringhaltiger Branntweine" festzustellen.

§. 12.

Hat für mehrere Gebinde die Alkoholisirung nach einer Durchschnittsprobe (§. 8) stattgefunden, so ist auch die in ihnen enthaltene Litermenge reinen Alkohols nicht für jedes einzelne Faß getrennt, sondern aus dem Gesammtnettogewicht dieser Gebinde in einer Zahl zu ermitteln.

§. 13.

Die nach den vorstehenden Vorschriften ermittelte Litermenge reinen Alkohols ist als Ergebniß der Abfertigung in das Abfertigungspapier einzutragen, ohne Rücksicht auf den etwaigen abweichenden Inhalt einer vorhandenen Deklaration eines Interessenten.

II. Abfertigungsverfahren in besonderen Fällen.

1. Ermittelung der Litermenge Branntweins (nicht reinen Alkohols) aus dem Nettogewicht und der wahren Stärke.

§. 14.

Wo für besondere Fälle die Ermittelung der Litermenge Branntweins (nicht reinen Alkohols) aus dem Nettogewicht und der wahren Stärke vorgeschrieben ist — wie behufs Eintragung in das Kontobuch über Zugang und Abgang an denaturirtem Branntwein, sowie in die Anmeldung zur Denaturirung von Branntwein (für Essigfabrikanten) —, ist dieselbe mit Hülfe der „Tafel 6 zur Ermittelung der Litermenge Branntweins aus dem Nettogewicht und der wahren Stärke" zu ermitteln.

Die Tafel weist in der ersten Längsspalte die wahren Stärken bis 100 Prozent nach, und zwar bis zu 10 Prozent nach ganzen, bis zu 65 Prozent nach halben und weiter aufwärts nach fünftel Prozenten. Die erste Querzeile enthält die Gewichte von 1 bis 9 kg. Dort, wo eine Spalte und eine Zeile sich kreuzen, findet man die zu der wahren Stärke der ersten Spalte und dem Gewichte der ersten Zeile gehörige Litermenge Branntweins (nicht reinen Alkohols). Ist das Nettogewicht größer als 9 kg, so wird durch entsprechendes Versetzen des Kommas in der in der Tafel nachgewiesenen Literzahl nach rechts die Zahl der Liter für die Zehner, Hunderte u. s. w. an Kilogramm ermittelt und für das Gesammtgewicht durch Addiren des Ergebnisses dieser Ermittelungen die Gesammtliterzahl gefunden. Beträgt z. B. die wahre Stärke des Branntweins 77,4 Prozent und dessen Nettogewicht 935,5 kg, so findet man aus der Tafel zunächst die Litermenge

für 900 kg mit ..... 1 055,57   Liter
  „   30 „   „   35,185   „
  „   5 „   „ .....   5,8643 „
  „   0,5 „   „ .....   0,58643 „   (aus dem Werthe für 5 kg durch Versetzen des Kommas um eine Stelle nach links)

mithin für 935,5 kg .... 1 097,20573 Liter,
oder, da Bruchtheile unter einem halben Liter unberücksichtigt bleiben, 1 097 Liter Branntwein (nicht reinen Alkohol).

2. Abfertigung nicht vollständig gefüllter Gebinde, soweit die Normal= tara Anwendung finden soll.

§. 15.

Wird ein nicht vollständig gefülltes Gebinde, d. h. ein solches, bei welchem die Tiefe der Leere am Spund mehr als 6 cm beträgt, zur Abfertigung gestellt, ohne daß die Taraermittelung durch Verwiegung des leeren Gebindes oder durch Anrechnung der aichamtlichen Tara erfolgen kann, und ist der Waarendisponent auch mit einer Auffüllung mit Wasser nicht einverstanden, so ist das Gebinde zuvörderst nach seiner Länge, Spundtiefe und Bodentiefe mittelst des sogenannten Längen= und Höhenmessers — vergl. §. 10 der Conradischen „Anleitung zur Bestimmung des Literinhalts der Brennerei= und Brauereigeräthe durch Vermessung derselben auf trockenem Wege, nebst Tabellen zur Feststellung des Literinhalts cylindrischer Räume" — zu vermessen und ist hierauf, wie in der obigen Anleitung angegeben, sein gesammter Rauminhalt unter Benutzung der zu der Anleitung gehörigen Tabellen zu bestimmen. Alsdann wird aus der scheinbaren Stärke und der Temperatur des in Gebinden enthaltenen Branntweins dessen wahre Stärke festgestellt.

Das weitere Verfahren geschieht mit Hülfe der „Tafel 7 zur Ermittelung des Gewichts von 1 Liter Branntwein". Die Tafel, beziehungsweise jede Halbtafel derselben, enthält in der ersten Längsspalte die Temperaturen:

von   0 bis + 25 Grad Celsius für wahre Stärken bis 9   Prozent,
  „   0 „ + 30   „   „   „   „   „   „ 19,5   „
  „ — 5 „ + 30   „   „   „   „   „   „ 29,5   „
  „ — 12 „ + 30   „   „   „   „   „ von 30   „
                            und darüber,

und zwar nach ganzen Graden für die wahren Stärken bis zu 65 Prozent und nach ganzen und halben Graden für die höheren Stärken. Die erste Querzeile weist die wahren Stärken bis 99,8 Prozent nach, und zwar bis zu 10 Prozent nach ganzen, bis zu 65 Prozent nach halben und weiter aufwärts nach fünftel Prozenten. Dort, wo eine Spalte und eine Zeile sich kreuzen, findet man das zu der Temperatur der ersten Spalte und der wahren Stärke der ersten Zeile gehörige Gewicht eines Liter Branntweins.

Durch Multiplikation des in Tafel 7 angegebenen Gewichts von 1 Liter Branntwein bei der für den vorliegenden Branntwein ermittelten Temperatur und wahren Stärke mit der ermittelten Litermenge des Rauminhalts des Gebindes ist sodann das Nettogewicht des letzteren, wie solches sich in vollständig befülltem Zustande ergeben würde, zu berechnen. Hierauf ist mittelst Tafel 3 festzustellen, welcher Normaltara= satz dem berechneten Nettogewicht entspricht.

Dieser Tarasatz ist von dem durch Verwiegung ermittelten wahren Bruttogewicht abzuziehen; der verbleibende Rest ist das Nettogewicht des in dem Fasse wirklich vorhandenen Branntweins. Aus diesem wird mit Hülfe der Tafel 2 die Litermenge reinen Alkohols festgestellt.

Wird z. B. der Gesammtrauminhalt eines mit Branntwein nicht vollständig gefüllten Fasses, dessen wirkliches Bruttogewicht zu 440 kg festgestellt wird, im Wege der trockenen Vermessung zu 489 Liter, die Temperatur des Branntweins im Faß zu — 2,5 Grad und seine wahre Stärke zu 80,6 Prozent ermittelt, so beträgt nach Tafel 7 das Gewicht von 1 Liter Branntwein dieser Stärke und Temperatur 0,8599 kg, mithin von 489 Liter (489 · 0,8599 =) . . . . 420,4911 „ oder abgerundet . . . . 420 kg.

Nach Tafel 3 entspricht dem Nettogewicht von 420 kg ein Soll=Bruttogewicht von 506 kg, die Normaltara für das in Rede stehende Faß beträgt also 86 kg. Wird diese von dem wirklichen Bruttogewicht von 440 kg abgezogen, so ergiebt sich als das wirkliche Nettogewicht des Branntweins in dem Gebinde (440 — 86 =) 354 kg, wovon sich nach Tafel 2 die Litermenge reinen Alkohols

für 300 kg auf . . . . 305,3 Liter
„ 54 „ „ . . . . 54,9 „
mithin für 354 kg auf . . . . 360,2 Liter,

abgerundet auf 360 Liter berechnet.

Bei der Abfertigung nicht vollständig gefüllter Fässer nach Maß=gabe der Vorschriften dieses Paragraphen sind in dem Abfertigungs=papier außer dem Bruttogewicht auch die mit dem Längen= und Höhen=messer ermittelten Dimensionen anzugeben.

3. Abfertigung von nicht versetztem Branntwein in Flaschen u. s. w. und Ermittelung der durch den Siemens'schen Probennehmer geflossenen Litermenge reinen Alkohols.

§. 16.

Zur Feststellung der Litermenge reinen Alkohols einer in Flaschen (Ballons, Korbflaschen, Krügen 2c.) befindlichen Branntweinpost, welche nicht derartig mit Zuckerstoffen oder anderen Ingredienzien versetzt ist, daß eine zuverlässige Prüfung mittelst des Thermo=Alkoholometers aus=geschlossen erscheint, genügt es, daß, soweit die Umschließungen einen annähernd gleich großen, d. h. nicht mehr als 10 Prozent von einander abweichenden Rauminhalt haben, durch probeweise Oeffnung einiger Flaschen u. s. w. die Feststellung ihres Literinhalts sowie der wahren Stärke des Branntweins erfolgt und davon Ueberzeugung genommen wird, daß der Inhalt sämmtlicher Flaschen u. s. w. einen gleichen Alkoholgehalt aufweist und nicht den im §. 1 unter b 1 gegebenen Voraussetzungen zuwiderläuft.

Es ist sodann das Gewicht von 1 Liter Branntwein von der ermittelten wahren Stärke bei der Temperatur von 15 Grad Celsius — gleichviel welche Temperatur die untersuchte Probe aufwies — in Tafel 7 aufzusuchen und durch Multiplikation dieses Gewichts mit der ermittelten Literzahl der ganzen Post das Nettogewicht der letzteren zu berechnen. Aus dem gefundenen Nettogewicht wird alsdann mittelst Tafel 2 die Litermenge reinen Alkohols festgestellt.

In den mittelst Siemensschen Probenehmers kontrolirten Brennereien ist zur Ermittelung der durch den Probenehmer geflossenen Litermenge reinen Alkohols das im Absatz 2 angegebene Verfahren gleichfalls anzuwenden.

Wird z. B. die Litermenge einer in Flaschen befindlichen beziehungsweise durch den Probenehmer geflossenen Branntweinpost zu 535 Liter und die wahre Stärke des Branntweins beziehungsweise der im Probesammler zurückbehaltenen Branntweinprobe zu 30,5 Prozent festgestellt, so beträgt nach Tafel 7 das Gewicht von 1 Liter Branntwein dieser Stärke und der Temperatur von 15 Grad . . . . 0,9550 kg, also von 535 Liter (535 . 0,9550 =) . . . . 510,9250 „ oder abgerundet . . . . 510,5 kg, wovon sich nach Tafel 2 die Litermenge reinen Alkohols

für 500 kg auf . . . . 192,5 Liter
„ 10 „ „ . . . . 3,9 „
„ 0,5 „ „ . . . . 0,2 „

mithin für 510,5 kg auf . . . . 196,6 Liter,

abgerundet auf 197 Liter berechnet.

4. Abfertigung von versetzten Branntweinen, Fruchtsäften und dergleichen.

§. 17.

Die Feststellung der Litermenge reinen Alkohols bei Branntweinen, Punschessenzen und anderen alkoholhaltigen Essenzen, welche derartig mit Zuckerstoffen oder anderen Ingredienzien versetzt sind, daß eine zuverlässige Prüfung mittelst des Thermo-Alkoholometers ausgeschlossen erscheint, sowie bei Fruchtsäften erfolgt nach Maßgabe der Anlage durch Destillation einer Probe auf dem zu diesem Zweck hergestellten Destillirapparat.

5. Bestandsaufnahmen, bei welchen die Verwiegung der Bestände nicht angängig ist, und ähnliche Fälle.

§. 18.

Bei den Bestandsaufnahmen in den Branntwein-Reinigungsanstalten und Lagern und in ähnlichen Fällen hat nach Ermittelung der wahren Stärke gemäß §§. 7 bis 10 die Feststellung der vorhandenen Litermengen reinen Alkohols, sofern die Verwiegung der vorhandenen Branntweinbestände nicht angängig erscheint, in der Weise zu erfolgen, daß zunächst die Litermenge an Branntwein, welcher sich in den einzelnen Reservoirs u. s. w. befindet, mittelst der an diesen angebrachten Standgläser, Skalen und dergleichen festgestellt wird. Mit Hülfe der Tafel 7 wird alsdann durch Multiplikation des in der Tafel für 1 Liter Branntwein von der vorgefundenen Temperatur und wahren Stärke ausgeworfenen Gewichts mit der für jedes Reservoir ermittelten Litermenge das Gesammtnettogewicht des in jedem Gefäße enthaltenen Branntweins berechnet und hieraus mittelst der Tafel 2 die Litermenge reinen Alkohols festgestellt.

Wird z. B. bei einer Temperatur von + 3 Grad der befüllte Rauminhalt eines Reservoirs zu 100 000 Liter und die wahre Stärke der Flüssigkeit zu 80 Prozent ermittelt, so beträgt nach Tafel 7 das Nettogewicht von 1 Liter dieses Branntweins 0,8569 kg, mithin von 100 000 Liter (100 000 . 0,8569 =) 85 690 kg. Tafel 2 giebt für ein Nettogewicht von 8 000 kg Branntwein zu 80 Prozent den Gehalt an reinem Alkohol auf 8 080 Liter an, mithin berechnet sich derselbe

für 80 000 kg auf (10 . 8 080 =)	. .	80 800	Liter
„ 5 000 „ nach der Tafel auf	. .	5 050	„
„ 600 „ „ „ „ „	. .	606,0	„
„ 90 „ „ „ „ „	. .	90,9	„

also für 85 690 kg auf . . . . 86 546,9 Liter, oder abgerundet auf 86 547 Liter.

Die derartig aufgestellten Berechnungen sind in den betreffenden Fällen den Abfertigungspapieren beizufügen.

Anm. Die Anleitung ist unter dem 5. Juni 1889 von dem Reichskanzler im Centralblatt für das Deutsche Reich, 1889 S. 320 veröffentlicht.

Tafel 1
zur Ermittelung der wahren Stärke.

Wärmegrad	10	10,5	11	11,5	12	12,5	13	13,5	14	14,5
					Wahre für obige scheinbare Stärke					
0	11	12	12,5	13	14	14,5	15	16	16,5	17,5
+1	11	11,5	12,5	13	13,5	14,5	15	16	16,5	17
2	11	11,5	12,5	13	13,5	14,5	15	15,5	16,5	17
3	11	11,5	12,5	13	13,5	14	15	15,5	16	17
4	11	11,5	12	13	13,5	14	14,5	15,5	16	16,5
5	11	11,5	12	13	13,5	14	14,5	15	16	16,5
+6	11	11,5	12	12,5	13,5	14	14,5	15	15,5	16,5
+7	11	11,5	12	12,5	13	13,5	14,5	15	15,5	16
8	10,5	11,5	12	12,5	13	13,5	14	14,5	15,5	16
9	10,5	11	12	12,5	13	13,5	14	14,5	15	15,5
10	10,5	11	11,5	12	12,5	13,5	14	14,5	15	15,5
11	10,5	11	11,5	12	12,5	13	13,5	14	15	15,5
+12	10,5	11	11,5	12	12,5	13	13,5	14	14,5	15
+13	10	10,5	11,5	12	12,5	13	13,5	14	14,5	15
14	10	10,5	11	11,5	12	12,5	13	13,5	14	14,5
15	10	10,5	11	11,5	12	12,5	13	13,5	14	14,5
16	10	10,5	11	11,5	12	12,5	13	13,5	14	14,5
17	10	10	10,5	11	11,5	12	12,5	13	13,5	14
+18	10	10	10,5	11	11,5	12	12,5	13	13,5	14
+19	9	10	10,5	11	11,5	12	12,5	13	13	13,5
20	9	10	10,5	10,5	11	11,5	12	12,5	13	13,5
21	9	10	10	10,5	11	11,5	12	12,5	13	13,5
22	9	10	10	10,5	11	11,5	12	12	12,5	13
23	9	9	10	10	10,5	11	11,5	12	12,5	13
+24	9	9	10	10	10,5	11	11,5	12	12	12,5
+25	9	9	9	10	10,5	11	11	11,5	12	12,5
26	8	9	9	10	10	10,5	11	11,5	12	12,5
27	8	9	9	10	10	10,5	11	11	11,5	12
28	8	9	9	9	10	10	10,5	11	11,5	12
29	8	8	9	9	10	10	10,5	11	11	11,5
+30	8	8	9	9	9	10	10,5	10,5	11	11,5

Tafel 1
zur Ermittelung der wahren Stärke.

Wärmegrad	15	15,5	16	16,5	17	17,5	18	18,5	19	19,5
	Wahre für obige scheinbare Stärke									
0	18	18,5	19,5	20	20,5	21,5	22	22,5	23	24
+1	18	18,5	19	20	20,5	21	21,5	22,5	23	23,5
2	17,5	18,5	19	19,5	20	21	21,5	22	22,5	23
3	17,5	18	18,5	19,5	20	20,5	21	21,5	22,5	23
4	17,5	18	18,5	19	19,5	20,5	21	21,5	22	22,5
5	17	17,5	18,5	19	19,5	20	20,5	21	22	22,5
+6	17	17,5	18	18,5	19	20	20,5	21	21,5	22
+7	16,5	17,5	18	18,5	19	19,5	20	20,5	21	22
8	16,5	17	17,5	18	18,5	19,5	20	20,5	21	21,5
9	16	17	17,5	18	18,5	19	19,5	20	20,5	21
10	16	16,5	17	17,5	18	19	19,5	20	20,5	21
11	16	16,5	17	17,5	18	18,5	19	19,5	20	20,5
+12	15,5	16	16,5	17	17,5	18,5	19	19,5	20	20,5
+13	15,5	16	16,5	17	17,5	18	18,5	19	19,5	20
14	15	15,5	16	16,5	17,5	18	18,5	19	19,5	20
15	15	15,5	16	16,5	17	17,5	18	18,5	19	19,5
16	15	15,5	16	16,5	17	17,5	17,5	18	18,5	19
17	14,5	15	15,5	16	16,5	17	17,5	18	18,5	19
+18	14,5	15	15,5	16	16,5	16,5	17	17,5	18	18,5
+19	14	14,5	15	15,5	16	16,5	17	17,5	18	18,5
20	14	14,5	15	15,5	16	16,5	16,5	17	17,5	18
21	13,5	14	14,5	15	15,5	16	16,5	17	17,5	18
22	13,5	14	14,5	15	15,5	16	16	16,5	17	17,5
23	13,5	13,5	14	14,5	15	15,5	16	16,5	17	17,5
+24	13	13,5	14	14,5	15	15,5	15,5	16	16,5	17
+25	13	13,5	13,5	14	14,5	15	15,5	16	16,5	17
26	12,5	13	13,5	14	14,5	15	15	15,5	16	16,5
27	12,5	13	13,5	13,5	14	14,5	15	15,5	16	16
28	12,5	12,5	13	13,5	14	14,5	14,5	15	15,5	16
29	12	12,5	13	13,5	13,5	14	14,5	15	15,5	15,5
+30	12	12	12,5	13	13,5	14	14	14,5	15	15,5

Tafel 1
zur Ermittelung der wahren Stärke.

Wärmegrad	20	20,5	21	21,5	22	22,5	23	23,5	24	24,5
	Wahre für obige scheinbare Stärke									
— 5	26	26,5	27	28	28,5	29	29,5	30	30,5	31,5
4	25,5	26,5	27	27,5	28	28,5	29,5	30	30,5	31
3	25,5	26	26,5	27	27,5	28,5	29	29,5	30	30,5
2	25	25,5	26	27	27,5	28	28,5	29	29,5	30
— 1	24,5	25,5	26	26,5	27	27,5	28	29	29,5	30
0	24,5	25	25,5	26	26,5	27,5	28	28,5	29	29,5
+ 1	24	24,5	25,5	26	26,5	27	27,5	28	28,5	29
2	24	24,5	25	25,5	26	26,5	27	28	28,5	29
3	23,5	24	24,5	25	26	26,5	27	27,5	28	28,5
4	23	24	24,5	25	25,5	26	26,5	27	27,5	28
5	23	23,5	24	24,5	25	25,5	26	27	27,5	28
+ 6	22,5	23	24	24,5	25	25,5	26	26,5	27	27,5
+ 7	22,5	23	23,5	24	24,5	25	25,5	26	26,5	27
8	22	22,5	23	23,5	24	24,5	25,5	26	26,5	27
9	22	22,5	23	23,5	24	24,5	25	25,5	26	26,5
10	21,5	22	22,5	23	23,5	24	24,5	25	25,5	26
11	21	21,5	22	22,5	23,5	24	24,5	25	25,5	26
+12	21	21,5	22	22,5	23	23,5	24	24,5	25	25,5
+13	20,5	21	21,5	22	22,5	23	23,5	24	24,5	25
14	20,5	21	21,5	22	22,5	23	23,5	24	24,5	25
15	20	20,5	21	21,5	22	22,5	23	23,5	24	24,5
16	19,5	20	20,5	21	21,5	22	22,5	23	23,5	24
17	19,5	20	20,5	21	21,5	22	22,5	23	23,5	24
+18	19	19,5	20	20,5	21	21,5	22	22,5	23	23,5
+19	19	19,5	20	20,5	21	21	21,5	22	22,5	23
20	18,5	19	19,5	20	20,5	21	21,5	22	22,5	23
21	18,5	19	19	19,5	20	20,5	21	21,5	22	22,5
22	18	18,5	19	19,5	20	20,5	21	21	21,5	22
23	17,5	18	18,5	19	19,5	20	20,5	21	21,5	22
+24	17,5	18	18,5	19	19	19,5	20	20,5	21	21,5
+25	17	17,5	18	18,5	19	19,5	20	20,5	21	21
26	17	17,5	18	18	18,5	19	19,5	20	20,5	21
27	16,5	17	17,5	18	18,5	19	19	19,5	20	20,5
28	16,5	17	17	17,5	18	18,5	19	19,5	20	20,5
29	16	16,5	17	17,5	18	18	18,5	19	19,5	20
+30	16	16	16,5	17	17,5	18	18,5	19	19	19,5

Tafel 1
zur Ermittelung der wahren Stärke.

Wärmegrad	25	25,5	26	26,5	27	27,5	28	28,5	29	29,5
				Wahre für obige scheinbare Stärke						
− 5	32	32,5	33	33,5	34	34,5	35	35,5	36	36,5
4	31,5	32	32,5	33	33,5	34	34,5	35	35,5	36
3	31	31,5	32	32,5	33,5	34	34,5	35	35,5	36
2	31	31,5	32	32,5	33	33,5	34	34,5	35	35,5
− 1	30,5	31	31,5	32	32,5	33	33,5	34	34,5	35
0	30	30,5	31	31,5	32	32,5	33	33,5	34	35
+ 1	29,5	30,5	31	31,5	32	32,5	33	33,5	34	34,5
2	29,5	30	30,5	31	31,5	32	32,5	33	33,5	34
3	29	29,5	30	30,5	31	31,5	32	32,5	33	33,5
4	28,5	29	30	30,5	31	31,5	32	32,5	33	33,5
5	28,5	29	29,5	30	30,5	31	31,5	32	32,5	33
+ 6	28	28,5	29	29,5	30	30,5	31	31,5	32	32,5
+ 7	27,5	28	28,5	29	30	30,5	31	31,5	32	32,5
8	27,5	28	28,5	29	29,5	30	30,5	31	31,5	32
9	27	27,5	28	28,5	29	29,5	30	30,5	31	31,5
10	26,5	27	27,5	28	28,5	29	29,5	30	30,5	31,5
11	26,5	27	27,5	28	28,5	29	29,5	30	30,5	31
+12	26	26,5	27	27,5	28	28,5	29	29,5	30	30,5
+13	25,5	26	26,5	27	27,5	28	28,5	29	29,5	30
14	25,5	26	26,5	27	27,5	28	28,5	29	29,5	30
15	25	25,5	26	26,5	27	27,5	28	28,5	29	29,5
16	24,5	25	25,5	26	26,5	27	27,5	28	28,5	29
17	24,5	25	25,5	26	26,5	27	27,5	28	28,5	29
+18	24	24,5	25	25,5	26	26,5	27	27,5	28	28,5
+19	23,5	24	24,5	25	25,5	26	26,5	27	27,5	28
20	23,5	24	24,5	25	25,5	26	26	26,5	27	27,5
21	23	23,5	24	24,5	25	25,5	26	26,5	27	27,5
22	22,5	23	23,5	24	24,5	25	25,5	26	26,5	27
23	22,5	23	23,5	24	24	24,5	25	25,5	26	26,5
+24	22	22,5	23	23,5	24	24,5	25	25,5	26	26,5
+25	21,5	22	22,5	23	23,5	24	24,5	25	25,5	26
26	21,5	22	22,5	23	23	23,5	24	24,5	25	25,5
27	21	21,5	22	22,5	23	23,5	24	24,5	25	25,5
28	20,5	21	21,5	22	22,5	23	23,5	24	24,5	25
29	20,5	21	21,5	22	22	22,5	23	23,5	24	24,5
+30	20	20,5	21	21,5	22	22,5	23	23,5	24	24

Tafel 1
zur Ermittelung der wahren Stärke.

Wärme-grad	30	30,5	31	31,5	32	32,5	33	33,5	34	34,5
	Wahre für obige scheinbare Stärke									
—12	39,5	40,5	40,5	41	41,5	42	42,5	43	43,5	44
11	39,5	40	40,5	41	41,5	42	42,5	43	43	43,5
10	39	39,5	40	40,5	41	41,5	42	42,5	43	43,5
9	38,5	39	39,5	40	40,5	41	41,5	42	42,5	43
8	38	38,5	39	39,5	40	40,5	41	41,5	42	42,5
— 7	38	38,5	39	39,5	40	40,5	41	41,5	42	42,5
— 6	37,5	38	38,5	39	39,5	40	40,5	41	41,5	42
5	37	37,5	38	38,5	39	39,5	40	40,5	41	41,5
4	36,5	37	37,5	38	38,5	39	39,5	40	40,5	41
3	36,5	37	37,5	38	38,5	39	39,5	40	40,5	41
2	36	36,5	37	37,5	38	38,5	39	39,5	40	40,5
— 1	35,5	36	36,5	37	37,5	38	38,5	39	39,5	40
0	35,5	36	36,5	37	37,5	38	38,5	39	39,5	40
+ 1	35	35,5	36	36,5	37	37,5	38	38,5	39	39,5
2	34,5	35	35,5	36	36,5	37	37,5	38	38,5	39
3	34	34,5	35	35,5	36	36,5	37	37,5	38	38,5
4	34	34,5	35	35,5	36	36,5	37	37,5	38	38,5
5	33,5	34	34,5	35	35,5	36	36,5	37	37,5	38
+ 6	33	33,5	34	34,5	35	35,5	36	36,5	37	37,5
+ 7	33	33,5	34	34,5	35	35,5	36	36,5	37	37,5
8	32,5	33	33,5	34	34,5	35	35,5	36	36,5	37
9	32	32,5	33	33,5	34	34,5	35	35,5	36	36,5
10	32	32,5	33	33,5	33,5	34	34,5	35	35,5	36
11	31,5	32	32,5	33	33,5	34	34,5	35	35,5	36
+12	31	31,5	32	32,5	33	33,5	34	34,5	35	35,5
+13	30,5	31	31,5	32	32,5	33	33,5	34	34,5	35
14	30,5	31	31,5	32	32,5	33	33,5	34	34,5	35
15	30	30,5	31	31,5	32	32,5	33	33,5	34	34,5
16	29,5	30	30,5	31	31,5	32	32,5	33	33,5	34
17	29,5	30	30,5	31	31,5	32	32,5	33	33,5	34
+18	29	29,5	30	30,5	31	31,5	32	32,5	33	33,5
+19	28,5	29	29,5	30	30,5	31	31,5	32	32,5	33
20	28	28,5	29	29,5	30	30,5	31	31,5	32	32,5
21	28	28,5	29	29,5	30	30,5	31	31,5	32	32,5
22	27,5	28	28,5	29	29,5	30	30,5	31	31,5	32
23	27	27,5	28	28,5	29	29,5	30	30,5	31	31,5
+24	27	27,5	28	28,5	29	29,5	30	30,5	31	31,5
+25	26,5	27	27,5	28	28,5	29	29,5	30	30,5	31
26	26	26,5	27	27,5	28	28,5	29	29,5	30	30,5
27	26	26	26,5	27	27,5	28	28,5	29	29,5	30
28	25,5	26	26,5	27	27,5	28	28,5	29	29,5	30
29	25	25,5	26	26,5	27	27,5	28	28,5	29	29,5
+30	24,5	25	25,5	26	26,5	27	27,5	28	28,5	29

Tafel 1
zur Ermittelung der wahren Stärke.

Wärme-grad	35	35,5	36	36,5	37	37,5	38	38,5	39	39,5
				Wahre für obige scheinbare Stärke						
—12	44,5	45	45,5	46	46,5	47	47,5	48	48,5	49
11	44	44,5	45	45,5	46	46,5	47	47,5	48	48,5
10	44	44,5	45	45,5	46	46,5	47	47	47,5	48
9	43,5	44	44,5	45	45,5	46	46,5	47	47,5	48
8	43	43,5	44	44,5	45	45,5	46	46,5	47	47,5
— 7	43	43,5	43,5	44	44,5	45	45,5	46	46,5	47
— 6	42,5	43	43,5	44	44,5	45	45,5	46	46,5	47
5	42	42,5	43	43,5	44	44,5	45	45,5	46	46,5
4	41,5	42	42,5	43	43,5	44	44,5	45	45,5	46
3	41,5	42	42,5	43	43,5	44	44,5	45	45,5	46
2	41	41,5	42	42,5	43	43,5	44	44,5	45	45,5
— 1	40,5	41	41,5	42	42,5	43	43,5	44	44,5	45
0	40,5	41	41,5	41,5	42	42,5	43	43,5	44	44,5
+ 1	40	40,5	41	41,5	42	42,5	43	43,5	44	44,5
2	39,5	40	40,5	41	41,5	42	42,5	43	43,5	44
3	39	39,5	40	40,5	41	41,5	42	42,5	43	43,5
4	39	39,5	40	40,5	41	41,5	42	42,5	43	43,5
5	38,5	39	39,5	40	40,5	41	41,5	42	42,5	43
+ 6	38	38,5	39	39,5	40	40,5	41	41,5	42	42,5
+ 7	38	38,5	39	39,5	40	40,5	41	41,5	42	42,5
8	37,5	38	38,5	39	39,5	40	40,5	41	41,5	42
9	37	37,5	38	38,5	39	39,5	40	40,5	41	41,5
10	36,5	37	37,5	38	38,5	39	39,5	40	40,5	41
11	36,5	37	37,5	38	38,5	39	39,5	40	40,5	41
+12	36	36,5	37	37,5	38	38,5	39	39,5	40	40,5
+13	35,5	36	36,5	37	37,5	38	38,5	39	39,5	40
14	35,5	36	36,5	37	37,5	38	38,5	39	39,5	40
15	35	35,5	36	36,5	37	37,5	38	38,5	39	39,5
16	34,5	35	35,5	36	36,5	37	37,5	38	38,5	39
17	34,5	35	35,5	36	36,5	37	37,5	38	38,5	39
+18	34	34,5	35	35,5	36	36,5	37	37,5	38	38,5
+19	33,5	34	34,5	35	35,5	36	36,5	37	37,5	38
20	33	33,5	34	34,5	35	35,5	36	36,5	37	37,5
21	33	33,5	34	34,5	35	35,5	36	36,5	37	37,5
22	32,5	33	33,5	34	34,5	35	35,5	36	36,5	37
23	32	32,5	33	33,5	34	34,5	35	35,5	36	36,5
+24	32	32,5	33	33,5	34	34,5	35	35,5	36	36,5
+25	31,5	32	32,5	33	33,5	34	34,5	35	35,5	36
26	31	31,5	32	32,5	33	33,5	34	34,5	35	35,5
27	30,5	31	31,5	32	32,5	33	33,5	34	34,5	35,5
28	30,5	31	31,5	32	32,5	33	33,5	34	34,5	35
29	30	30,5	31	31,5	32	32,5	33	33,5	34	34,5
+30	29,5	30	30,5	31	31,5	32	32,5	33	33,5	34

Tafel 1
zur Ermittelung der wahren Stärke.

Wärmegrad	40	40,5	41	41,5	42	42,5	43	43,5	44	44,5
				Wahre für obige scheinbare Stärke						
—12	49,5	50	50,5	51	51,5	52	52	52,5	53	53,5
11	49	49,5	50	50,5	51	51,5	52	52,5	53	53,5
10	48,5	49	49,5	50	50,5	51	51,5	52	52,5	53
9	48,5	49	49,5	50	50,5	51	51,5	51,5	52	52,5
8	48	48,5	49	49,5	50	50,5	51	51,5	52	52,5
— 7	47,5	48	48,5	49	49,5	50	50,5	51	51,5	52
— 6	47,5	48	48,5	49	49	49,5	50	50,5	51	51,5
5	47	47,5	48	48,5	49	49,5	50	50,5	51	51,5
4	46,5	47	47,5	48	48,5	49	49,5	50	50,5	51
3	46,5	47	47	47,5	48	48,5	49	49,5	50	50,5
2	46	46,5	47	47,5	48	48,5	49	49,5	50	50,5
— 1	45,5	46	46,5	47	47,5	48	48,5	49	49,5	50
0	45	45,5	46	46,5	47	47,5	48	48,5	49	49,5
+ 1	45	45,5	46	46,5	47	47,5	48	48,5	49	49,5
2	44,5	45	45,5	46	46,5	47	47,5	48	48,5	49
3	44	44,5	45	45,5	46	46,5	47	47,5	48	48,5
4	44	44,5	45	45,5	46	46,5	47	47,5	48	48,5
5	43,5	44	44,5	45	45,5	46	46,5	47	47,5	48
+ 6	43	43,5	44	44,5	45	45,5	46	46,5	47	47,5
+ 7	43	43,5	44	44,5	45	45,5	46	46	46,5	47
8	42,5	43	43,5	44	44,5	45	45,5	46	46,5	47
9	42	42,5	43	43,5	44	44,5	45	45,5	46	46,5
10	41,5	42	42,5	43	43,5	44	44,5	45	45,5	46
11	41,5	42	42,5	43	43,5	44	44,5	45	45,5	46
+12	41	41,5	42	42,5	43	43,5	44	44,5	45	45,5
+13	40,5	41	41,5	42	42,5	43	43,5	44	44,5	45
14	40,5	41	41,5	42	42,5	43	43,5	44	44,5	45
15	40	40,5	41	41,5	42	42,5	43	43,5	44	44,5
16	39,5	40	40,5	41	41,5	42	42,5	43	43,5	44
17	39,5	40	40,5	41	41,5	42	42,5	43	43,5	44
+18	39	39,5	40	40,5	41	41,5	42	42,5	43	43,5
+19	38,5	39	39,5	40	40,5	41	41,5	42	42,5	43
20	38	38,5	39	39,5	40	40,5	41	42	42,5	43
21	38	38,5	39	39,5	40	40,5	41	41,5	42	42,5
22	37,5	38	38,5	39	39,5	40	40,5	41	41,5	42
·23	37	37,5	38	38,5	39	39,5	40	40,5	41	41,5
+24	37	37,5	38	38,5	39	39,5	40	40,5	41	41,5
+25	36,5	37	37,5	38	38,5	39	39,5	40	40,5	41
26	36	36,5	37	37,5	38	38,5	39	39,5	40	40,5
27	36	36,5	37	37,5	38	38,5	39	39,5	40	40,5
28	35,5	36	36,5	37	37,5	38	38,5	39	39,5	40
29	35	35,5	36	36,5	37	37,5	38	38,5	39	39,5
+30	34,5	35	35,5	36	36,5	37	37,5	38	38,5	39

Tafel 1
zur Ermittelung der wahren Stärke.

Wärme-grad	45	45,5	46	46,5	47	47,5	48	48,5	49	49,5
	Wahre für obige scheinbare Stärke									
−12	54	54,5	55	55,5	56	56,5	57	57,5	58	58,5
11	54	54,5	55	55,5	56	56	56,5	57	57,5	58
10	53,5	54	54,5	55	55,5	56	56,5	57	57,5	58
9	53	53,5	54	54,5	55	55,5	56	56,5	57	57,5
8	53	53,5	54	54,5	55	55,5	56	56	56,5	57
− 7	52,5	53	53,5	54	54,5	55	55,5	56	56,5	57
− 6	52	52,5	53	53,5	54	54,5	55	55,5	56	56,5
5	52	52,5	53	53,5	54	54,5	55	55,5	55,5	56
4	51,5	52	52,5	53	53,5	54	54,5	55	55,5	56
3	51	51,5	52	52,5	53	53,5	54	54,5	55	55,5
2	51	51,5	52	52,5	53	53,5	54	54,5	55	55
− 1	50,5	51	51,5	52	52,5	53	53,5	54	54,5	55
0	50	50,5	51	51,5	52	52,5	53	53,5	54	54,5
+ 1	50	50,5	51	51,5	52	52,5	53	53,5	53,5	54
2	49,5	50	50,5	51	51,5	52	52,5	53	53,5	54
3	49	49,5	50	50,5	51	51,5	52	52,5	53	53,5
4	49	49,5	50	50,5	51	51,5	51,5	52	52,5	53
5	48,5	49	49,5	50	50,5	51	51,5	52	52,5	53
+ 6	48	48,5	49	49,5	50	50,5	51	51,5	52	52,5
+ 7	47,5	48	48,5	49	49,5	50	50,5	51	51,5	52
8	47,5	48	48,5	49	49,5	50	50,5	51	51,5	52
9	47	47,5	48	48,5	49	49,5	50	50,5	51	51,5
10	46,5	47	47,5	48	48,5	49	49,5	50	50,5	51
11	46,5	47	47,5	48	48,5	49	49,5	50	50,5	51
+12	46	46,5	47	47,5	48	48,5	49	49,5	50	50,5
+13	45,5	46	46,5	47	47,5	48	48,5	49	49,5	50
14	45,5	46	46,5	47	47,5	48	48,5	49	49,5	50
15	45	45,5	46	46,5	47	47,5	48	48,5	49	49,5
16	44,5	45	45,5	46	46,5	47	47,5	48	48,5	49
17	44,5	45	45,5	46	46,5	47	47,5	48	48,5	49
+18	44	44,5	45	45,5	46	46,5	47	47,5	48	48,5
+19	43,5	44	44,5	45	45,5	46	46,5	47	47,5	48
20	43,5	44	44,5	45	45,5	46	46,5	47	47,5	48
21	43	43,5	44	44,5	45	45,5	46	46,5	47	47,5
22	42,5	43	43,5	44	44,5	45	45,5	46	46,5	47
23	42	42,5	43	43,5	44	44,5	45	45,5	46	46,5
+24	42	42,5	43	43,5	44	44,5	45	45,5	46	46,5
+25	41,5	42	42,5	43	43,5	44	44,5	45	45,5	46
26	41	41,5	42	42,5	43	43,5	44	44,5	45	45,5
27	41	41,5	42	42,5	43	43,5	44	44,5	45	45,5
28	40,5	41	41,5	42	42,5	43	43,5	44	44,5	45
29	40	40,5	41	41,5	42	42,5	43	43,5	44	44,5
+30	40	40,5	41	41,5	42	42,5	43	43,5	44	44,5

Tafel 1
zur Ermittelung der wahren Stärke.

Wärme-grad	50	50,5	51	51,5	52	52,5	53	53,5	54	54,5
					Wahre für obige scheinbare Stärke					
—12	59	59,5	60	60,5	61	61,5	62	62,5	63	63,5
11	58,5	59	59,5	60	60,5	61	61,5	62	62,5	63
10	58,5	59	59,5	60	60,5	61	61,5	62	62,5	63
9	58	58,5	59	59,5	60	60,5	61	61,5	62	62,5
8	57,5	58	58,5	59	59,5	60	60,5	61	61,5	62
— 7	57,5	58	58,5	59	59,5	60	60,5	61	61,5	62
— 6	57	57,5	58	58,5	59	59,5	60	60,5	61	61,5
5	56,5	57	57,5	58	58,5	59	59,5	60	60,5	61
4	56,5	57	57,5	58	58,5	59	59,5	60	60,5	61
3	56	56,5	57	57,5	58	58,5	59	59,5	60	60,5
2	55,5	56	56,5	57	57,5	58	58,5	59	59,5	60
— 1	55,5	56	56,5	57	57,5	58	58,5	59	59,5	60
0	55	55,5	56	56,5	57	57,5	58	58,5	59	59,5
+ 1	54,5	55	55,5	56	56,5	57	57,5	58	58,5	59
2	54,5	55	55,5	56	56,5	57	57,5	58	58,5	59
3	54	54,5	55	55,5	56	56,5	57	57,5	58	58,5
4	53,5	54	54,5	55	55,5	56	56,5	57	57,5	58
5	53,5	54	54,5	55	55,5	56	56,5	57	57,5	58
+ 6	53	53,5	54	54,5	55	55,5	56	56,5	57	57,5
+ 7	52,5	53	53,5	54	54,5	55	55,5	56	56,5	57
8	52,5	53	53,5	54	54,5	55	55,5	56	56,5	57
9	52	52,5	53	53,5	54	54,5	55	55,5	56	56,5
10	51,5	52	52,5	53	53,5	54	54,5	55	55,5	56
11	51,5	52	52,5	53	53,5	54	54,5	55	55,5	56
+12	51	51,5	52	52,5	53	53,5	54	54,5	55	55,5
+13	50,5	51	51,5	52	52,5	53	53,5	54	54,5	55
14	50,5	51	51,5	52	52,5	53	53,5	54	54,5	55
15	50	50,5	51	51,5	52	52,5	53	53,5	54	54,5
16	49,5	50	50,5	51	51,5	52	52,5	53	53,5	54
17	49,5	50	50,5	51	51,5	52	52,5	53	53,5	54
+18	49	49,5	50	50,5	51	51,5	52	52,5	53	53,5
+19	48,5	49	49,5	50	50,5	51	51,5	52	52,5	53
20	48,5	49	49,5	50	50,5	51	51,5	52	52,5	53
21	48	48,5	49	49,5	50	50,5	51	51,5	52	52,5
22	47,5	48	48,5	49	49,5	50	50,5	51	51,5	52
23	47	47,5	48,5	49	49,5	50	50,5	51	51,5	52
+24	47	47,5	48	48,5	49	49,5	50	50,5	51	51,5
+25	46,5	47	47,5	48	48,5	49	49,5	50	50,5	51
26	46	46,5	47	47,5	48	48,5	49	49,5	50	50,5
27	46	46,5	47	47,5	48	48,5	49	49,5	50	50,5
28	45,5	46	46,5	47	47,5	48	48,5	49	49,5	50
29	45	45,5	46	46,5	47	47,5	48	48,5	49	49,5
+30	45	45,5	46	46,5	47	47,5	48	48,5	49	49,5

Tafel 1
zur Ermittelung der wahren Stärke.

Wärmegrad	55	55,5	56	56,5	57	57,5	58	58,5	59	59,5
	Wahre für obige scheinbare Stärke									
−12	64	64,5	65,0	65,4	65,8	66,4	66,8	67,4	67,8	68,4
11	63,5	64	64,5	65,0	65,6	66,0	66,6	67,0	67,6	68,0
10	63,5	64	64,5	65,0	65,2	65,8	66,2	66,8	67,2	67,8
9	63	63,5	64	64,5	65,0	65,4	66,0	66,4	67,0	67,4
8	62,5	63	63,5	64	64,5	65,2	65,6	66,2	66,6	67,2
−7	62,5	63	63,5	64	64,5	65,0	65,2	65,8	66,2	66,8
−6	62	62,5	63	63,5	64	64,5	65,0	65,4	66,0	66,4
5	61,5	62	62,5	63	63,5	64	64,5	65,2	65,6	66,2
4	61,5	62	62,5	63	63,5	64	64,5	65,0	65,4	65,8
3	61	61,5	62	62,5	63	63,5	64	64,5	65,0	65,6
2	60,5	61	61,5	62	62,5	63	63,5	64	64,5	65,2
−1	60,5	61	61,5	62	62,5	63	63,5	64	64,5	65,0
0	60	60,5	61	61,5	62	62,5	63	63,5	64	64,5
+1	59,5	60	60,5	61	61,5	62	62,5	63	63,5	64
2	59,5	60	60,5	61	61,5	62	62,5	63	63,5	64
3	59	59,5	60	60,5	61	61,5	62	62,5	63	63,5
4	58,5	59	59,5	60	60,5	61	61,5	62	62,5	63
5	58,5	59	59,5	60	60,5	61	61,5	62	62,5	63
+6	58	58,5	59	59,5	60	60,5	61	61,5	62	62,5
+7	57,5	58	58,5	59	59,5	60	60,5	61	61,5	62
8	57,5	58	58,5	59	59,5	60	60,5	61	61,5	62
9	57	57,5	58	58,5	59	59,5	60	60,5	61	61,5
10	56,5	57	57,5	58	58,5	59	59,5	60	60,5	61
11	56,5	57	57,5	58	58,5	59	59,5	60	60,5	61
+12	56	56,5	57	57,5	58	58,5	59	59,5	60	60,5
+13	55,5	56	56,5	57	57,5	58	58,5	59	59,5	60
14	55,5	56	56,5	57	57,5	58	58,5	59	59,5	60
15	55	55,5	56	56,5	57	57,5	58	58,5	59	59,5
16	54,5	55	55,5	56	56,5	57	57,5	58	58,5	59
17	54,5	55	55,5	56	56,5	57	57,5	58	58,5	59
+18	54	54,5	55	55,5	56	56,5	57	57,5	58	58,5
+19	53,5	54	54,5	55	55,5	56	56,5	57	57,5	58
20	53,5	54	54,5	55	55,5	56	56,5	57	57,5	58
21	53	53,5	54	54,5	55	55,5	56	56,5	57	57,5
22	52,5	53	53,5	54	54,5	55	55,5	56	56,5	57
23	52,5	53	53,5	53,5	54	54,5	55	55,5	56	56,5
+24	52	52,5	53	53,5	54	54,5	55	55,5	56	56,5
+25	51,5	52	52,5	53	53,5	54	54,5	55	55,5	56
26	51	51,5	52	52,5	53	53,5	54	54,5	55	55,5
27	51	51,5	52	52,5	53	53,5	54	54,5	55	55,5
28	50,5	51	51,5	52	52,5	53	53,5	54	54,5	55
29	50	50,5	51	51,5	52	52,5	53	53,5	54	54,5
+30	50	50,5	51	51,5	52	52,5	53	53,5	54	54,5

Tafel 1
zur Ermittelung der wahren Stärke.

Wärmegrad	60	60,5	61	61,5	62	62,5	63	63,5	64	64,5
	Wahre für obige scheinbare Stärke									
— 12	68,8	69,4	69,8	70,4	70,8	71,4	71,8	72,4	72,8	73,4
11	68,6	69,0	69,6	70,0	70,6	71,0	71,6	72,0	72,6	73,0
10	68,2	68,8	69,2	69,8	70,2	70,8	71,2	71,8	72,2	72,8
9	68,0	68,4	69,0	69,4	70,0	70,4	71,0	71,4	72,0	72,4
8	67,6	68,2	68,6	69,2	69,6	70,0	70,6	71,2	71,6	72,2
— 7	67,2	67,8	68,2	68,8	69,2	69,8	70,2	70,8	71,2	71,8
— 6	67,0	67,4	68,0	68,4	69,0	69,4	70,0	70,4	71,0	71,4
5	66,6	67,2	67,6	68,2	68,6	69,2	69,6	70,2	70,6	71,2
4	66,4	66,8	67,4	67,8	68,4	68,8	69,4	69,8	70,4	70,8
3	66,0	66,6	67,0	67,6	68,0	68,6	69,0	69,6	70,0	70,6
2	65,6	66,2	66,6	67,2	67,6	68,2	68,6	69,2	69,8	70,2
— 1	65,4	65,8	66,4	66,8	67,4	67,8	68,4	68,8	69,4	69,8
0	65,0	65,6	66,0	66,6	67,0	67,6	68,0	68,6	69,0	69,6
+ 1	64,5	65,2	65,6	66,2	66,6	67,2	67,8	68,2	68,8	69,2
2	64,5	65,0	65,4	65,8	66,4	66,8	67,4	67,8	68,4	68,8
3	64	64,5	65,0	65,6	66,0	66,6	67,0	67,6	68,0	68,6
4	63,5	64	64,5	65,2	65,8	66,2	66,8	67,2	67,8	68,2
5	63,5	64	64,5	65,0	65,4	65,8	66,4	66,8	67,4	67,8
+ 6	63	63,5	64	64,5	65,0	65,6	66,0	66,6	67,0	67,6
+ 7	62,5	63	63,5	64	64,5	65,2	65,8	66,2	66,8	67,2
8	62,5	63	63,5	64	64,5	65,0	65,4	65,8	66,4	66,8
9	62	62,5	63	63,5	64	64,5	65,0	65,6	66,0	66,6
10	61,5	62	62,5	63	63,5	64	64,5	65,2	65,8	66,2
11	61,5	62	62,5	63	63,5	64	64,5	65,0	65,4	65,8
+ 12	61	61,5	62	62,5	63	63,5	64	64,5	65,0	65,6
+ 13	60,5	61	61,5	62	62,5	63	63,5	64	64,5	65,2
14	60,5	61	61,5	62	62,5	63	63,5	64	64,5	65,0
15	60	60,5	61	61,5	62	62,5	63	63,5	64	64,5
16	59,5	60	60,5	61	61,5	62	62,5	63	63,5	64
17	59,5	60	60,5	61	61,5	62	62,5	63	63,5	64
+ 18	59	59,5	60	60,5	61	61,5	62	62,5	63	63,5
+ 19	58,5	59	59,5	60	60,5	61	61,5	62	62,5	63
20	58,5	59	59,5	60	60,5	61	61,5	62	62,5	63
21	58	58,5	59	59,5	60	60,5	61	61,5	62	62,5
22	57,5	58	58,5	59	59,5	60	60,5	61	61,5	62
23	57	57,5	58	58,5	59	59,5	60	60,5	61	61,5
+ 24	57	57,5	58	58,5	59	59,5	60	60,5	61	61,5
+ 25	56,5	57	57,5	58	58,5	59	59,5	60	60,5	61
26	56	56,5	57	57,5	58	58,5	59	59,5	60	60,5
27	56	56,5	57	57,5	58	58,5	59	59,5	60	60,5
28	55,5	56	56,5	57	57,5	58	58,5	59	59,5	60
29	55	55,5	56	56,5	57	57,5	58	58,5	59	59,5
+ 30	55	55,5	56	56,5	57	57,5	58	58	58,5	59

Tafel 1
zur Ermittelung der wahren Stärke.

Wärme-grad	65,0	65,2	65,4	65,6	65,8	Wärme-grad	65,0	65,2	65,4	65,6	65,8
	Wahre für obige scheinbare Stärke						Wahre für obige scheinbare Stärke				
−12	73,8	74,0	74,2	74,4	74,6	+ 9,5	66,8	67,0	67,2	67,4	67,6
11,5	73,8	74,0	74,2	74,4	74,6	10	66,8	67,0	67,2	67,4	67,6
11	73,6	73,8	74,0	74,2	74,4	10,5	66,6	66,8	67,0	67,2	67,4
10,5	73,4	73,6	73,8	74,0	74,2	11	66,4	66,6	66,8	67,0	67,2
10	73,2	73,4	73,6	73,8	74,0	11,5	66,2	66,4	66,6	66,8	67,0
− 9,5	73,0	73,2	73,4	73,8	74,0	+12	66,0	66,2	66,4	66,6	66,8
− 9	73,0	73,2	73,4	73,6	73,8	+12,5	65,8	66,0	66,2	66,4	66,6
8,5	72,8	73,0	73,2	73,4	73,6	13	65,6	65,8	66,0	66,2	66,4
8	72,6	72,8	73,0	73,2	73,4	13,5	65,6	65,8	66,0	66,2	66,4
7,5	72,4	72,6	72,8	73,0	73,2	14	65,4	65,6	65,8	66,0	66,2
7	72,2	72,6	72,8	73,0	73,2	14,5	65,2	65,4	65,6	65,8	66,0
− 6,5	72,2	72,4	72,6	72,8	73,0	+15	65,0	65,2	65,4	65,6	65,8
− 6	72,0	72,2	72,4	72,6	72,8	+15,5	65,0	65,0	65,2	65,4	65,6
5,5	71,8	72,0	72,2	72,4	72,6	16	64,5	65,0	65,0	65,2	65,4
5	71,6	71,8	72,0	72,2	72,4	16,5	64,5	64,5	65,0	65,0	65,2
4,5	71,6	71,8	72,0	72,2	72,4	17	64,5	64,5	64,5	65,0	65,2
4	71,4	71,6	71,8	72,0	72,2	17,5	64	64,5	64,5	64,5	65,0
− 3,5	71,2	71,4	71,6	71,8	72,0	+18	64	64	64,5	64,5	65,0
− 3	71,0	71,2	71,4	71,6	71,8	+18,5	64	64	64	64,5	64,5
2,5	70,8	71,0	71,2	71,4	71,6	19	63,5	64	64	64	64,5
2	70,8	71,0	71,2	71,4	71,6	19,5	63,5	63,5	64	64	64
1,5	70,6	70,8	71,0	71,2	71,4	20	63,5	63,5	63,5	64	64
1	70,4	70,6	70,8	71,0	71,2	20,5	63	63,5	63,5	63,5	64
− 0,5	70,2	70,4	70,6	70,8	71,0	+21	63	63	63,5	63,5	63,5
0	70,0	70,2	70,4	70,6	70,8						
+ 0,5	69,8	70,0	70,2	70,4	70,6	+21,5	62,5	63	63	63,5	63,5
1	69,8	70,0	70,2	70,4	70,6	22	62,5	63	63	63	63,5
1,5	69,6	69,8	70,0	70,2	70,4	22,5	62,5	62,5	63	63	63
2	69,4	69,6	69,8	70,0	70,2	23	62	62,5	62,5	63	63
2,5	69,2	69,4	69,6	69,8	70,0	23,5	62	62	62,5	62,5	63
+ 3	69,0	69,2	69,4	69,6	69,8	+24	62	62	62	62,5	62,5
+ 3,5	69,0	69,2	69,4	69,6	69,8	+24,5	61,5	62	62	62,5	62,5
4	68,8	69,0	69,2	69,4	69,6	25	61,5	61,5	62	62	62,5
4,5	68,6	68,8	69,0	69,2	69,4	25,5	61,5	61,5	61,5	62	62
5	68,4	68,6	68,8	69,0	69,2	26	61	61,5	61,5	61,5	62
5,5	68,2	68,4	68,6	68,8	69,0	26,5	61	61	61,5	61,5	62
+ 6	68,0	68,2	68,4	68,6	68,8	+27	61	61	61	61,5	61,5
+ 6,5	68,0	68,2	68,4	68,6	68,8	27,5	60,5	61	61	61	61,5
7	67,8	68,0	68,2	68,4	68,6	28	60,5	60,5	61	61	61
7,5	67,6	67,8	68,0	68,2	68,4	28,5	60,5	60,5	60,5	61	61
8	67,4	67,6	67,8	68,0	68,2	29	60	60,5	60,5	60,5	61
8,5	67,2	67,4	67,6	67,8	68,0	29,5	60	60	60,5	60,5	60,5
+ 9	67,0	67,2	67,4	67,6	67,8	+30	59,5	60	60	60,5	60,5

2*

Tafel 1
zur Ermittelung der wahren Stärke.

Wärmegrad	66,0	66,2	66,4	66,6	66,8
	Wahre für obige scheinbare Stärke				
— 12	74,8	75,0	75,2	75,4	75,6
11,5	74,8	75,0	75,2	75,4	75,6
11	74,6	74,8	75,0	75,2	75,4
10,5	74,4	74,6	74,8	75,0	75,2
10	74,2	74,4	74,6	74,8	75,0
— 9,5	74,2	74,4	74,6	74,8	75,0
— 9	74,0	74,2	74,4	74,6	74,8
8,5	73,8	74,0	74,2	74,4	74,6
8	73,6	73,8	74,0	74,2	74,4
7,5	73,4	73,6	73,8	74,0	74,2
7	73,4	73,6	73,8	74,0	74,2
— 6,5	73,2	73,4	73,6	73,8	74,0
— 6	73,0	73,2	73,4	73,6	73,8
5,5	72,8	73,0	73,2	73,4	73,6
5	72,6	72,8	73,0	73,2	73,4
4,5	72,6	72,8	73,0	73,2	73,4
4	72,4	72,6	72,8	73,0	73,2
— 3,5	72,2	72,4	72,6	72,8	73,0
— 3	72,0	72,2	72,4	72,6	72,8
2,5	71,8	72,0	72,2	72,4	72,6
2	71,8	72,0	72,2	72,4	72,6
1,5	71,6	71,8	72,0	72,2	72,4
1	71,4	71,6	71,8	72,0	72,2
— 0,5	71,2	71,4	71,6	71,8	72,0
0	71,0	71,2	71,4	71,6	71,8
+ 0,5	70,8	71,0	71,2	71,4	71,6
1	70,8	71,0	71,2	71,4	71,6
1,5	70,6	70,8	71,0	71,2	71,4
2	70,4	70,6	70,8	71,0	71,2
2,5	70,2	70,4	70,6	70,8	71,0
+ 3	70,0	70,2	70,4	70,6	70,8
+ 3,5	70,0	70,2	70,4	70,6	70,8
4	69,8	70,0	70,2	70,4	70,6
4,5	69,6	69,8	70,0	70,2	70,4
5	69,4	69,6	69,8	70,0	70,2
5,5	69,2	69,4	69,6	69,8	70,0
+ 6	69,0	69,2	69,4	69,6	69,8
+ 6,5	69,0	69,2	69,4	69,6	69,8
7	68,8	69,0	69,2	69,4	69,6
7,5	68,6	68,8	69,0	69,2	69,4
8	68,4	68,6	68,8	69,0	69,2
8,5	68,2	68,4	68,6	68,8	69,0
+ 9	68,0	68,2	68,4	68,6	68,8

Wärmegrad	66,0	66,2	66,4	66,6	66,8
	Wahre für obige scheinbare Stärke				
+ 9,5	67,8	68,0	68,2	68,4	68,6
10	67,8	68,0	68,2	68,4	68,6
10,5	67,6	67,8	68,0	68,2	68,4
11	67,4	67,6	67,8	68,0	68,2
11,5	67,2	67,4	67,6	67,8	68,0
+ 12	67,0	67,2	67,4	67,6	67,8
+ 12,5	66,8	67,0	67,2	67,4	67,6
13	66,6	66,8	67,0	67,2	67,4
13,5	66,6	66,8	67,0	67,2	67,4
14	66,4	66,6	66,8	67,0	67,2
14,5	66,2	66,4	66,6	66,8	67,0
+ 15	66,0	66,2	66,4	66,6	66,8
+ 15,5	65,8	66,0	66,2	66,4	66,6
16	65,6	65,8	66,0	66,2	66,4
16,5	65,4	65,6	65,8	66,0	66,2
17	65,4	65,6	65,8	66,0	66,2
17,5	65,2	65,4	65,6	65,8	66,0
+ 18	65,0	65,2	65,4	65,6	65,8
+ 18,5	65,0	65,0	65,2	65,4	65,6
19	64,5	65,0	65,0	65,2	65,4
19,5	64,5	64,5	65,0	65,0	65,2
20	64,5	64,5	64,5	65,0	65,0
20,5	64	64,5	64,5	64,5	65,0
+ 21	64	64	64,5	64,5	64,5
+ 21,5	63,5	64	64	64,5	64,5
22	63,5	64	64	64	64,5
22,5	63,5	63,5	64	64	64
23	63	63,5	63,5	64	64
23,5	63	63	63,5	63,5	64
+ 24	63	63	63,5	63,5	63,5
+ 24,5	62,5	63	63	63,5	63,5
25	62,5	62,5	63	63	63,5
25,5	62,5	62,5	62,5	63	63
26	62	62,5	62,5	62,5	63
26,5	62	62	62,5	62,5	63
+ 27	62	62	62	62,5	62,5
+ 27,5	61,5	62	62	62	62,5
28	61,5	61,5	62	62	62
28,5	61,5	61,5	61,5	62	62
29	61	61,5	61,5	61,5	62
29,5	61	61	61,5	61,5	61,5
+ 30	60,5	61	61	61,5	61,5

Tafel 1
zur Ermittelung der wahren Stärke.

Wärmegrad	67,0	67,2	67,4	67,6	67,8	Wärmegrad	67,0	67,2	67,4	67,6	67,8
	Wahre für obige scheinbare Stärke						Wahre für obige scheinbare Stärke				
− 12	75,8	76,0	76,2	76,4	76,6	+ 9,5	68,8	69,0	69,2	69,4	69,6
11,5	75,8	76,0	76,2	76,4	76,6	10	68,8	69,0	69,2	69,4	69,6
11	75,6	75,8	76,0	76,2	76,4	10,5	68,6	68,8	69,0	69,2	69,4
10,5	75,4	75,6	75,8	76,0	76,2	11	68,4	68,6	68,8	69,0	69,2
10	75,2	75,4	75,6	75,8	76,0	11,5	68,2	68,4	68,6	68,8	69,0
− 9,5	75,2	75,4	75,6	75,8	76,0	+ 12	68,0	68,2	68,4	68,6	68,8
− 9	75,0	75,2	75,4	75,6	75,8	+ 12,5	67,8	68,0	68,2	68,4	68,6
8,5	74,8	75,0	75,2	75,4	75,6	13	67,6	67,8	68,0	68,4	68,6
8	74,6	74,8	75,0	75,2	75,4	13,5	67,6	67,8	68,0	68,2	68,4
7,5	74,4	74,6	74,8	75,0	75,2	14	67,4	67,6	67,8	68,0	68,2
7	74,4	74,6	74,8	75,0	75,2	14,5	67,2	67,4	67,6	67,8	68,0
− 6,5	74,2	74,4	74,6	74,8	75,0	+ 15	67,0	67,2	67,4	67,6	67,8
− 6	74,0	74,2	74,4	74,6	74,8	+ 15,5	66,8	67,0	67,2	67,4	67,6
5,5	73,8	74,0	74,2	74,4	74,6	16	66,6	66,8	67,0	67,2	67,4
5	73,6	73,8	74,0	74,4	74,6	16,5	66,4	66,6	66,8	67,0	67,2
4,5	73,6	73,8	74,0	74,2	74,4	17	66,4	66,6	66,8	67,0	67,2
4	73,4	73,6	73,8	74,0	74,2	17,5	66,2	66,4	66,6	66,8	67,0
− 3,5	73,2	73,4	73,6	73,8	74,0	+ 18	66,0	66,2	66,4	66,6	66,8
− 3	73,0	73,2	73,4	73,6	73,8	+ 18,5	65,8	66,0	66,2	66,4	66,6
2,5	72,8	73,0	73,2	73,6	73,8	19	65,6	65,8	66,0	66,2	66,4
2	72,8	73,0	73,2	73,4	73,6	19,5	65,4	65,6	65,8	66,0	66,2
1,5	72,6	72,8	73,0	73,2	73,4	20	65,2	65,4	65,6	65,8	66,0
1	72,4	72,6	72,8	73,0	73,2	20,5	65,0	65,2	65,4	65,6	65,8
− 0,5	72,2	72,4	72,6	72,8	73,0	+ 21	65,0	65,2	65,4	65,6	65,8
0	72,0	72,2	72,4	72,6	72,8						
+ 0,5	71,8	72,2	72,4	72,6	72,8	+ 21,5	64,5	65,0	65,2	65,4	65,6
1	71,8	72,0	72,2	72,4	72,6	22	64,5	65,0	65,0	65,2	65,4
1,5	71,6	71,8	72,0	72,2	72,4	22,5	64,5	64,5	65,0	65,0	65,2
2	71,4	71,6	71,8	72,0	72,2	23	64	64,5	64,5	65,0	65,0
2,5	71,2	71,4	71,6	71,8	72,0	23,5	64	64	64,5	64,5	65,0
+ 3	71,0	71,2	71,4	71,6	71,8	+ 24	64	64	64	64,5	64,5
+ 3,5	71,0	71,2	71,4	71,6	71,8	+ 24,5	63,5	64	64	64,5	64,5
4	70,8	71,0	71,2	71,4	71,6	25	63,5	63,5	64	64	64,5
4,5	70,6	70,8	71,0	71,2	71,4	25,5	63,5	63,5	63,5	64	64
5	70,4	70,6	70,8	71,0	71,2	26	63	63,5	63,5	63,5	64
5,5	70,2	70,4	70,6	70,8	71,0	26,5	63	63	63,5	63,5	63,5
+ 6	70,0	70,2	70,4	70,6	70,8	+ 27	63	63	63	63,5	63,5
+ 6,5	69,8	70,2	70,4	70,6	70,8	+ 27,5	62,5	63	63	63	63,5
7	69,8	70,0	70,2	70,4	70,6	28	62,5	62,5	63	63	63
7,5	69,6	69,8	70,0	70,2	70,4	28,5	62	62,5	62,5	63	63
8	69,4	69,6	69,8	70,0	70,2	29	62	62,5	62,5	62,5	63
8,5	69,2	69,4	69,6	69,8	70,0	29,5	62	62	62,5	62,5	62,5
+ 9	69,0	69,2	69,4	69,6	69,8	+ 30	61,5	62	62	62,5	62,5

Tafel 1
zur Ermittelung der wahren Stärke.

Wärmegrad	68,0	68,2	68,4	68,6	68,8	Wärmegrad	68,0	68,2	68,4	68,6	68,8
	Wahre für obige scheinbare Stärke						Wahre für obige scheinbare Stärke				
— 12	76,8	77,2	77,4	77,6	77,8	+ 9,5	69,8	70,0	70,2	70,4	70,6
11,5	76,8	77,0	77,2	77,4	77,6	10	69,8	70,0	70,2	70,4	70,6
11	76,6	76,8	77,0	77,2	77,4	10,5	69,6	69,8	70,0	70,2	70,4
10,5	76,4	76,6	76,8	77,0	77,2	11	69,4	69,6	69,8	70,0	70,2
10	76,2	76,4	76,6	76,8	77,0	11,5	69,2	69,4	69,6	69,8	70,0
— 9,5	76,2	76,4	76,6	76,8	77,0	+12	69,0	69,2	69,4	69,6	69,8
— 9	76,0	76,2	76,4	76,6	76,8	+12,5	68,8	69,0	69,2	69,4	69,6
8,5	75,8	76,0	76,2	76,4	76,6	13	68,6	68,8	69,0	69,2	69,4
8	75,6	75,8	76,0	76,2	76,4	13,5	68,6	68,8	69,0	69,2	69,4
7,5	75,4	75,6	75,8	76,0	76,2	14	68,4	68,6	68,8	69,0	69,2
7	75,4	75,6	75,8	76,0	76,2	14,5	68,2	68,4	68,6	68,8	69,0
— 6,5	75,2	75,4	75,6	75,8	76,0	+15	68,0	68,2	68,4	68,6	68,8
— 6	75,0	75,2	75,4	75,6	75,8	+15,5	67,8	68,0	68,2	68,4	68,6
5,5	74,8	75,0	75,2	75,4	75,6	16	67,6	67,8	68,0	68,2	68,4
5	74,6	74,8	75,0	75,4	75,6	16,5	67,4	67,6	67,8	68,0	68,2
4,5	74,6	74,8	75,0	75,2	75,4	17	67,4	67,6	67,8	68,0	68,2
4	74,4	74,6	74,8	75,0	75,2	17,5	67,2	67,4	67,6	67,8	68,0
— 3,5	74,2	74,4	74,6	74,8	75,0	+18	67,0	67,2	67,4	67,6	67,8
— 3	74,0	74,2	74,4	74,6	74,8	+18,5	66,8	67,0	67,2	67,4	67,6
2,5	74,0	74,2	74,4	74,6	74,8	19	66,6	66,8	67,0	67,2	67,4
2	73,8	74,0	74,2	74,4	74,6	19,5	66,4	66,6	66,8	67,0	67,2
1,5	73,6	73,8	74,0	74,2	74,4	20	66,2	66,4	66,6	66,8	67,0
1	73,4	73,6	73,8	74,0	74,2	20,5	66,0	66,2	66,4	66,6	66,8
— 0,5	73,2	73,4	73,6	73,8	74,0	+21	66,0	66,2	66,4	66,6	66,8
0	73,0	73,2	73,4	73,6	73,8						
+ 0,5	73,0	73,2	73,4	73,6	73,8	+21,5	65,8	66,0	66,2	66,4	66,6
1	72,8	73,0	73,2	73,4	73,6	22	65,6	65,8	66,0	66,2	66,4
1,5	72,6	72,8	73,0	73,2	73,4	22,5	65,4	65,6	65,8	66,0	66,2
2	72,4	72,6	72,8	73,0	73,2	23	65,2	65,4	65,6	65,8	66,0
2,5	72,2	72,4	72,6	72,8	73,0	23,5	65,0	65,2	65,4	65,6	65,8
+ 3	72,0	72,2	72,4	72,6	72,8	+24	65,0	65,0	65,2	65,4	65,6
+ 3,5	72,0	72,2	72,4	72,6	72,8	+24,5	64,5	65,0	65,0	65,2	65,4
4	71,8	72,0	72,2	72,4	72,6	25	64,5	64,5	65,0	65,0	65,2
4,5	71,6	71,8	72,0	72,2	72,4	25,5	64,5	64,5	64,5	65,0	65,0
5	71,4	71,6	71,8	72,0	72,2	26	64	64,5	64,5	64,5	65,0
5,5	71,2	71,4	71,6	71,8	72,0	26,5	64	64	64,5	64,5	64,5
+ 6	71,0	71,2	71,4	71,6	71,8	+27	64	64	64	64,5	64,5
+ 6,5	71,0	71,2	71,4	71,6	71,8	+27,5	63,5	64	64	64	64,5
7	70,8	71,0	71,2	71,4	71,6	28	63,5	63,5	64	64	64
7,5	70,6	70,8	71,0	71,2	71,4	28,5	63	63,5	63,5	64	64
8	70,4	70,6	70,8	71,0	71,2	29	63	63	63,5	63,5	64
8,5	70,2	70,4	70,6	70,8	71,0	29,5	63	63	63,5	63,5	63,5
+ 9	70,0	70,2	70,4	70,6	70,8	+30	62,5	63	63	63,5	63,5

Tafel 1
zur Ermittelung der wahren Stärke.

Wärmegrad	69,0	69,2	69,4	69,6	69,8	Wärmegrad	69,0	69,2	69,4	69,6	69,8
	Wahre für obige scheinbare Stärke						Wahre für obige scheinbare Stärke				
− 12	78,0	78,2	78,4	78,6	78,8	+ 9,5	70,8	71,0	71,2	71,4	71,6
11,5	77,8	78,0	78,2	78,4	78,6	10	70,8	71,0	71,2	71,4	71,6
11	77,6	77,8	78,0	78,2	78,4	10,5	70,6	70,8	71,0	71,2	71,4
10,5	77,4	77,6	77,8	78,0	78,2	11	70,4	70,6	70,8	71,0	71,2
10	77,2	77,4	77,6	77,8	78,0	11,5	70,2	70,4	70,6	70,8	71,0
− 9,5	77,2	77,4	77,6	77,8	78,0	+ 12	70,0	70,2	70,4	70,6	70,8
− 9	77,0	77,2	77,4	77,6	77,8	+ 12,5	69,8	70,0	70,2	70,4	70,6
8,5	76,8	77,0	77,2	77,4	77,6	13	69,6	69,8	70,0	70,2	70,4
8	76,6	76,8	77,0	77,2	77,4	13,5	69,6	69,8	70,0	70,2	70,4
7,5	76,4	76,6	76,8	77,2	77,4	14	69,4	69,6	69,8	70,0	70,2
7	76,4	76,6	76,8	77,0	77,2	14,5	69,2	69,4	69,6	69,8	70,0
− 6,5	76,2	76,4	76,6	76,8	77,0	+ 15	69,0	69,2	69,4	69,6	69,8
− 6	76,0	76,2	76,4	76,6	76,8	+ 15,5	68,8	69,0	69,2	69,4	69,6
5,5	75,8	76,0	76,2	76,4	76,6	16	68,6	68,8	69,0	69,2	69,4
5	75,8	76,0	76,2	76,4	76,6	16,5	68,4	68,6	68,8	69,0	69,2
4,5	75,6	75,8	76,0	76,2	76,4	17	68,4	68,6	68,8	69,0	69,2
4	75,4	75,6	75,8	76,0	76,2	17,5	68,2	68,4	68,6	68,8	69,0
− 3,5	75,2	75,4	75,6	75,8	76,0	+ 18	68,0	68,2	68,4	68,6	68,8
− 3	75,0	75,2	75,4	75,6	75,8	+ 18,5	67,8	68,0	68,2	68,4	68,6
2,5	74,8	75,0	75,2	75,4	75,8	19	67,6	67,8	68,0	68,2	68,4
2	74,8	75,0	75,2	75,4	75,6	19,5	67,4	67,6	67,8	68,0	68,2
1,5	74,6	74,8	75,0	75,2	75,4	20	67,2	67,4	67,6	67,8	68,0
1	74,4	74,6	74,8	75,0	75,2	20,5	67,0	67,2	67,4	67,6	67,8
− 0,5	74,2	74,4	74,6	74,8	75,0	+ 21	67,0	67,2	67,4	67,6	67,8
0	74,0	74,2	74,4	74,6	74,8						
+ 0,5	74,0	74,2	74,4	74,6	74,8	+ 21,5	66,8	67,0	67,2	67,4	67,6
1	73,8	74,0	74,2	74,4	74,6	22	66,6	66,8	67,0	67,2	67,4
1,5	73,6	73,8	74,0	74,2	74,4	22,5	66,4	66,6	66,8	67,0	67,2
2	73,4	73,6	73,8	74,0	74,2	23	66,2	66,4	66,6	66,8	67,0
2,5	73,2	73,4	73,6	73,8	74,0	23,5	66,0	66,2	66,4	66,6	66,8
+ 3	73,0	73,2	73,4	73,6	73,8	+ 24	65,8	66,0	66,2	66,4	66,6
+ 3,5	73,0	73,2	73,4	73,6	73,8	+ 24,5	65,6	65,8	66,0	66,2	66,4
4	72,8	73,0	73,2	73,4	73,6	25	65,4	65,6	65,8	66,0	66,2
4,5	72,6	72,8	73,0	73,2	73,4	25,5	65,4	65,6	65,8	66,0	66,2
5	72,4	72,6	72,8	73,0	73,2	26	65,2	65,4	65,6	65,8	66,0
5,5	72,2	72,4	72,6	72,8	73,0	26,5	65,0	65,2	65,4	65,6	65,8
+ 6	72,0	72,2	72,4	72,6	72,8	+ 27	65,0	65,0	65,2	65,4	65,6
+ 6,5	72,0	72,2	72,4	72,6	72,8	+ 27,5	64,5	65,0	65,0	65,2	65,4
7	71,8	72,0	72,2	72,4	72,6	28	64,5	64,5	65,0	65,0	65,2
7,5	71,6	71,8	72,0	72,2	72,4	28,5	64	64,5	64,5	65,0	65,0
8	71,4	71,6	71,8	72,0	72,2	29	64	64	64,5	64,5	65,0
8,5	71,2	71,4	71,6	71,8	72,0	29,5	64	64	64,5	64,5	64,5
+ 9	71,0	71,2	71,4	71,6	71,8	+ 30	63,5	64	64	64,5	64,5

Tafel 1
zur Ermittelung der wahren Stärke.

Wärme-grad	70,0	70,2	70,4	70,6	70,8	Wärme-grad	70,0	70,2	70,4	70,6	70,8
	Wahre für obige scheinbare Stärke						Wahre für obige scheinbare Stärke				
— 12	79,0	79,2	79,4	79,6	79,8	+ 9,5	71,8	72,0	72,2	72,4	72,6
11,5	78,8	79,0	79,2	79,4	79,6	10	71,8	72,0	72,2	72,4	72,6
11	78,6	78,8	79,0	79,2	79,4	10,5	71,6	71,8	72,0	72,2	72,4
10,5	78,4	78,6	78,8	79,0	79,2	11	71,4	71,6	71,8	72,0	72,2
10	78,2	78,4	78,6	78,8	79,2	11,5	71,2	71,4	71,6	71,8	72,0
— 9,5	78,2	78,4	78,6	78,8	79,0	+ 12	71,0	71,2	71,4	71,6	71,8
— 9	78,0	78,2	78,4	78,6	78,8	+ 12,5	70,8	71,0	71,2	71,4	71,6
8,5	77,8	78,0	78,2	78,4	78,6	13	70,6	70,8	71,0	71,2	71,4
8	77,6	77,8	78,0	78,2	78,4	13,5	70,6	70,8	71,0	71,2	71,4
7,5	77,4	77,8	78,0	78,2	78,4	14	70,4	70,6	70,8	71,0	71,2
7	77,4	77,6	77,8	78,0	78,2	14,5	70,2	70,4	70,6	70,8	71,0
— 6,5	77,2	77,4	77,6	77,8	78,0	+ 15	70,0	70,2	70,4	70,6	70,8
— 6	77,0	77,2	77,4	77,6	77,8	+ 15,5	69,8	70,0	70,2	70,4	70,6
5,5	76,8	77,0	77,2	77,4	77,6	16	69,6	69,8	70,0	70,2	70,4
5	76,8	77,0	77,2	77,4	77,6	16,5	69,4	69,6	69,8	70,0	70,2
4,5	76,6	76,8	77,0	77,2	77,4	17	69,4	69,6	69,8	70,0	70,2
4	76,4	76,6	76,8	77,0	77,2	17,5	69,2	69,4	69,6	69,8	70,0
— 3,5	76,2	76,4	76,6	76,8	77,0	+ 18	69,0	69,2	69,4	69,6	69,8
— 3	76,0	76,2	76,4	76,6	76,8	+ 18,5	68,8	69,0	69,2	69,4	69,6
2,5	75,8	76,2	76,4	76,6	76,8	19	68,6	68,8	69,0	69,2	69,4
2	75,8	76,0	76,2	76,4	76,6	19,5	68,4	68,6	68,8	69,0	69,2
1,5	75,6	75,8	76,0	76,2	76,4	20	68,2	68,4	68,6	68,8	69,0
1	75,4	75,6	75,8	76,0	76,2	20,5	68,0	68,2	68,4	68,6	68,8
— 0,5	75,2	75,4	75,6	75,8	76,0	+ 21	68,0	68,2	68,4	68,6	68,8
0	75,0	75,2	75,4	75,6	76,0						
+ 0,5	75,0	75,2	75,4	75,6	75,8	+ 21,5	67,8	68,0	68,2	68,4	68,6
1	74,8	75,0	75,2	75,4	75,6	22	67,6	67,8	68,0	68,2	68,4
1,5	74,6	74,8	75,0	75,2	75,4	22,5	67,4	67,6	67,8	68,0	68,2
2	74,4	74,6	74,8	75,0	75,2	23	67,2	67,4	67,6	67,8	68,0
2,5	74,2	74,4	74,6	74,8	75,0	23,5	67,0	67,2	67,4	67,6	67,8
+ 3	74,2	74,4	74,6	74,8	75,0	+ 24	66,8	67,0	67,2	67,4	67,6
+ 3,5	74,0	74,2	74,4	74,6	74,8	+ 24,5	66,6	66,8	67,0	67,2	67,4
4	73,8	74,0	74,2	74,4	74,6	25	66,4	66,6	66,8	67,0	67,2
4,5	73,6	73,8	74,0	74,2	74,4	25,5	66,4	66,6	66,8	67,0	67,2
5	73,4	73,6	73,8	74,0	74,2	26	66,2	66,4	66,6	66,8	67,0
5,5	73,2	73,4	73,6	73,8	74,0	26,5	66,0	66,2	66,4	66,6	66,8
+ 6	73,0	73,2	73,4	73,6	73,8	+ 27	65,8	66,0	66,2	66,4	66,6
+ 6,5	73,0	73,2	73,4	73,6	73,8	+ 27,5	65,6	65,8	66,0	66,2	66,4
7	72,8	73,0	73,2	73,4	73,6	28	65,4	65,6	65,8	66,0	66,2
7,5	72,6	72,8	73,0	73,2	73,4	28,5	65,2	65,4	65,6	65,8	66,0
8	72,4	72,6	72,8	73,0	73,2	29	65,0	65,2	65,4	65,6	65,8
8,5	72,2	72,4	72,6	72,8	73,0	29,5	65,0	65,0	65,2	65,4	65,6
+ 9	72,0	72,2	72,4	72,6	72,8	+ 30	64,5	65,0	65,0	65,2	65,4

Tafel 1
zur Ermittelung der wahren Stärke.

Wärme-grad	71,0	71,2	71,4	71,6	71,8
	Wahre für obige scheinbare Stärke				
− 12	80,0	80,2	80,4	80,6	80,8
11,5	79,8	80,0	80,2	80,4	80,6
11	79,6	79,8	80,0	80,2	80,4
10,5	79,4	79,6	79,8	80,0	80,2
10	79,2	79,4	79,6	79,8	80,0
− 9,5	79,2	79,4	79,6	79,8	80,0
− 9	79,0	79,2	79,4	79,6	79,8
8,5	78,8	79,0	79,2	79,4	79,6
8	78,6	78,8	79,0	79,2	79,4
7,5	78,6	78,8	79,0	79,2	79,4
7	78,4	78,6	78,8	79,0	79,2
− 6,5	78,2	78,4	78,6	78,8	79,0
− 6	78,0	78,2	78,4	78,6	78,8
5,5	77,8	78,0	78,2	78,4	78,6
5	77,8	78,0	78,2	78,4	78,6
4,5	77,6	77,8	78,0	78,2	78,4
4	77,4	77,6	77,8	78,0	78,2
− 3,5	77,2	77,4	77,6	77,8	78,0
− 3	77,0	77,2	77,4	77,6	77,8
2,5	77,0	77,2	77,4	77,6	77,8
2	76,8	77,0	77,2	77,4	77,6
1,5	76,6	76,8	77,0	77,2	77,4
1	76,4	76,6	76,8	77,0	77,2
− 0,5	76,2	76,4	76,6	76,8	77,0
0	76,2	76,4	76,6	76,8	77,0
+ 0,5	76,0	76,2	76,4	76,6	76,8
1	75,8	76,0	76,2	76,4	76,6
1,5	75,6	75,8	76,0	76,2	76,4
2	75,4	75,6	75,8	76,0	76,2
2,5	75,2	75,4	75,6	75,8	76,0
+ 3	75,2	75,4	75,6	75,8	76,0
+ 3,5	75,0	75,2	75,4	75,6	75,8
4	74,8	75,0	75,2	75,4	75,6
4,5	74,6	74,8	75,0	75,2	75,4
5	74,4	74,6	74,8	75,0	75,2
5,5	74,2	74,4	74,6	74,8	75,0
+ 6	74,0	74,2	74,4	74,6	74,8
+ 6,5	74,0	74,2	74,4	74,6	74,8
7	73,8	74,0	74,2	74,4	74,6
7,5	73,6	73,8	74,0	74,2	74,4
8	73,4	73,6	73,8	74,0	74,2
8,5	73,2	73,4	73,6	73,8	74,0
+ 9	73,0	73,2	73,4	73,6	73,8

Wärme-grad	71,0	71,2	71,4	71,6	71,8
	Wahre für obige scheinbare Stärke				
+ 9,5	72,8	73,0	73,2	73,4	73,6
10	72,8	73,0	73,2	73,4	73,6
10,5	72,6	72,8	73,0	73,2	73,4
11	72,4	72,6	72,8	73,0	73,2
11,5	72,2	72,4	72,6	72,8	73,0
+ 12	72,0	72,2	72,4	72,6	72,8
+ 12,5	71,8	72,0	72,2	72,4	72,6
13	71,6	71,8	72,0	72,2	72,4
13,5	71,6	71,8	72,0	72,2	72,4
14	71,4	71,6	71,8	72,0	72,2
14,5	71,2	71,4	71,6	71,8	72,0
+ 15	71,0	71,2	71,4	71,6	71,8
+ 15,5	70,8	71,0	71,2	71,4	71,6
16	70,6	70,8	71,0	71,2	71,4
16,5	70,4	70,6	70,8	71,0	71,2
17	70,4	70,6	70,8	71,0	71,2
17,5	70,2	70,4	70,6	70,8	71,0
+ 18	70,0	70,2	70,4	70,6	70,8
+ 18,5	69,8	70,0	70,2	70,4	70,6
19	69,6	69,8	70,0	70,2	70,4
19,5	69,4	69,6	69,8	70,0	70,2
20	69,2	69,4	69,6	69,8	70,0
20,5	69,0	69,2	69,4	69,6	69,8
+ 21	69,0	69,0	69,2	69,4	69,6
+ 21,5	68,8	69,0	69,2	69,4	69,6
22	68,6	68,8	69,0	69,2	69,4
22,5	68,4	68,6	68,8	69,0	69,2
23	68,2	68,4	68,6	68,8	69,0
23,5	68,0	68,2	68,4	68,6	68,8
+ 24	67,8	68,0	68,2	68,4	68,6
+ 24,5	67,6	67,8	68,0	68,2	68,4
25	67,4	67,6	67,8	68,0	68,2
25,5	67,4	67,6	67,8	68,0	68,2
26	67,2	67,4	67,6	67,8	68,0
26,5	67,0	67,2	67,4	67,6	67,8
+ 27	66,8	67,0	67,2	67,4	67,6
+ 27,5	66,6	66,8	67,0	67,2	67,1
28	66,4	66,6	66,8	67,0	67,2
28,5	66,2	66,4	66,6	66,8	67,0
29	66,0	66,2	66,4	66,6	66,8
29,5	65,8	66,0	66,2	66,4	66,6
+ 30	65,6	65,8	66,0	66,2	66,4

Tafel 1
zur Ermittelung der wahren Stärke.

Wärmegrad	72,0	72,2	72,4	72,6	72,8	Wärmegrad	72,0	72,2	72,4	72,6	72,8
	Wahre für obige scheinbare Stärke						Wahre für obige scheinbare Stärke				
− 12	81,0	81,2	81,4	81,6	81,8	+ 9,5	73,8	74,0	74,2	74,4	74,6
11,5	80,8	81,0	81,2	81,4	81,6	10	73,8	74,0	74,2	74,4	74,6
11	80,6	80,8	81,0	81,2	81,4	10,5	73,6	73,8	74,0	74,2	74,4
10,5	80,4	80,6	80,8	81,0	81,2	11	73,4	73,6	73,8	74,0	74,2
10	80,2	80,4	80,6	80,8	81,0	11,5	73,2	73,4	73,6	73,8	74,0
− 9,5	80,2	80,4	80,6	80,8	81,0	+ 12	73,0	73,2	73,4	73,6	73,8
− 9	80,0	80,2	80,4	80,6	80,8	+ 12,5	72,8	73,0	73,2	73,4	73,6
8,5	79,8	80,0	80,2	80,4	80,6	13	72,6	72,8	73,0	73,2	73,4
8	79,6	79,8	80,0	80,2	80,4	13,5	72,6	72,8	73,0	73,2	73,4
7,5	79,6	79,8	80,0	80,2	80,2	14	72,4	72,6	72,8	73,0	73,2
7	79,4	79,6	79,8	80,0	80,2	14,5	72,2	72,4	72,6	72,8	73,0
− 6,5	79,2	79,4	79,6	79,8	80,0	+ 15	72,0	72,2	72,4	72,6	72,8
− 6	79,0	79,2	79,4	79,6	79,8	+ 15,5	71,8	72,0	72,2	72,4	72,6
5,5	78,8	79,0	79,2	79,4	79,6	16	71,6	71,8	72,0	72,2	72,4
5	78,8	79,0	79,2	79,4	79,6	16,5	71,4	71,6	71,8	72,0	72,2
4,5	78,6	78,8	79,0	79,2	79,4	17	71,4	71,6	71,8	72,0	72,2
4	78,4	78,6	78,8	79,0	79,2	17,5	71,2	71,4	71,6	71,8	72,0
− 3,5	78,2	78,4	78,6	78,8	79,0	+ 18	71,0	71,2	71,4	71,6	71,8
− 3	78,0	78,2	78,4	78,6	78,8	+ 18,5	70,8	71,0	71,2	71,4	71,6
2,5	78,0	78,2	78,4	78,6	78,8	19	70,6	70,8	71,0	71,2	71,4
2	77,8	78,0	78,2	78,4	78,6	19,5	70,4	70,6	70,8	71,0	71,2
1,5	77,6	77,8	78,0	78,2	78,4	20	70,2	70,4	70,6	70,8	71,0
1	77,4	77,6	77,8	78,0	78,2	20,5	70,0	70,2	70,4	70,6	70,8
− 0,5	77,2	77,4	77,6	77,8	78,0	+ 21	70,0	70,2	70,4	70,6	70,8
0	77,0	77,2	77,4	77,8	78,0						
+ 0,5	77,0	77,2	77,4	77,6	77,8	+ 21,5	69,8	70,0	70,2	70,4	70,6
1	76,8	77,0	77,2	77,4	77,6	22	69,6	69,8	70,0	70,2	70,4
1,5	76,6	76,8	77,0	77,2	77,4	22,5	69,4	69,6	69,8	70,0	70,2
2	76,4	76,6	76,8	77,0	77,2	23	69,2	69,4	69,6	69,8	70,0
2,5	76,2	76,4	76,6	76,8	77,0	23,5	69,0	69,2	69,4	69,6	69,8
+ 3	76,0	76,2	76,4	76,8	77,0	+ 24	68,8	69,0	69,2	69,4	69,6
+ 3,5	76,0	76,2	76,4	76,6	76,8	+ 24,5	68,6	68,8	69,0	69,2	69,4
4	75,8	76,0	76,2	76,4	76,6	25	68,4	68,6	68,8	69,0	69,2
4,5	75,6	75,8	76,0	76,2	76,4	25,5	68,4	68,6	68,8	69,0	69,2
5	75,4	75,6	75,8	76,0	76,2	26	68,2	68,4	68,6	68,8	69,0
5,5	75,2	75,4	75,6	75,8	76,0	26,5	68,0	68,2	68,4	68,6	68,8
+ 6	75,0	75,2	75,4	75,6	75,8	+ 27	67,8	68,0	68,2	68,4	68,6
+ 6,5	75,0	75,2	75,4	75,6	75,8	+ 27,5	67,6	67,8	68,0	68,2	68,4
7	74,8	75,0	75,2	75,4	75,6	28	67,4	67,6	67,8	68,0	68,2
7,5	74,6	74,8	75,0	75,2	75,4	28,5	67,2	67,4	67,6	67,8	68,0
8	74,4	74,6	74,8	75,0	75,2	29	67,0	67,2	67,4	67,6	67,8
8,5	74,2	74,4	74,6	74,8	75,0	29,5	66,8	67,0	67,2	67,4	67,6
+ 9	74,0	74,2	74,4	74,6	74,8	+ 30	66,6	66,8	67,0	67,2	67,4

Tafel 1
zur Ermittelung der wahren Stärke.

Wärmegrad	73,0	73,2	73,4	73,6	73,8	Wärmegrad	73,0	73,2	73,4	73,6	73,8
	Wahre für obige scheinbare Stärke						Wahre für obige scheinbare Stärke				
− 12	82,0	82,2	82,4	82,6	82,6	+ 9,5	74,8	75,0	75,2	75,4	75,6
11,5	81,8	82,0	82,2	82,4	82,6	10	74,8	75,0	75,2	75,4	75,6
11	81,6	81,8	82,0	82,2	82,4	10,5	74,6	74,8	75,0	75,2	75,4
10,5	81,4	81,6	81,8	82,0	82,2	11	74,4	74,6	74,8	75,0	75,2
10	81,2	81,4	81,6	81,8	82,0	11,5	74,2	74,4	74,6	74,8	75,0
− 9,5	81,2	81,4	81,6	81,8	82,0	+ 12	74,0	74,2	74,4	74,6	74,8
− 9	81,0	81,2	81,4	81,6	81,8	+ 12,5	73,8	74,0	74,2	74,4	74,6
8,5	80,8	81,0	81,2	81,4	81,6	13	73,6	73,8	74,0	74,2	74,4
8	80,6	80,8	81,0	81,2	81,4	13,5	73,6	73,8	74,0	74,2	74,4
7,5	80,4	80,6	80,8	81,0	81,2	14	73,4	73,6	73,8	74,0	74,2
7	80,4	80,6	80,8	81,0	81,2	14,5	73,2	73,4	73,6	73,8	74,0
− 6,5	80,2	80,4	80,6	80,8	81,0	+ 15	73,0	73,2	73,4	73,6	73,8
− 6	80,0	80,2	80,4	80,6	80,8	+ 15,5	72,8	73,0	73,2	73,4	73,6
5,5	79,8	80,0	80,2	80,4	80,6	16	72,6	72,8	73,0	73,2	73,4
5	79,8	80,0	80,2	80,4	80,6	16,5	72,4	72,6	72,8	73,0	73,2
4,5	79,6	79,8	80,0	80,2	80,4	17	72,4	72,6	72,8	73,0	73,2
4	79,4	79,6	79,8	80,0	80,2	17,5	72,2	72,4	72,6	72,8	73,0
− 3,5	79,2	79,4	79,6	79,8	80,0	+ 18	72,0	72,2	72,4	72,6	72,8
− 3	79,0	79,2	79,4	79,6	79,8	+ 18,5	71,8	72,0	72,2	72,4	72,6
2,5	78,8	79,0	79,2	79,4	79,6	19	71,6	71,8	72,0	72,2	72,4
2	78,8	79,0	79,2	79,4	79,6	19,5	71,4	71,6	71,8	72,0	72,2
1,5	78,6	78,8	79,0	79,2	79,4	20	71,2	71,4	71,6	71,8	72,0
1	78,4	78,6	78,8	79,0	79,2	20,5	71,0	71,2	71,4	71,6	71,8
− 0,5	78,2	78,4	78,6	78,8	79,0	+ 21	71,0	71,2	71,4	71,6	71,8
0	78,0	78,2	78,4	78,6	78,8						
+ 0,5	78,0	78,2	78,4	78,6	78,8	+ 21,5	70,8	71,0	71,2	71,4	71,6
1	77,8	78,0	78,2	78,4	78,6	22	70,6	70,8	71,0	71,2	71,4
1,5	77,6	77,8	78,0	78,2	78,4	22,5	70,4	70,6	70,8	71,0	71,2
2	77,4	77,6	77,8	78,0	78,2	23	70,2	70,4	70,6	70,8	71,0
2,5	77,2	77,4	77,6	77,8	78,0	23,5	70,0	70,2	70,4	70,6	70,8
+ 3	77,2	77,4	77,6	77,8	77,8	+ 24	69,8	70,0	70,2	70,4	70,6
+ 3,5	77,0	77,2	77,4	77,6	77,8	+ 24,5	69,6	69,8	70,0	70,2	70,4
4	76,8	77,0	77,2	77,4	77,6	25	69,4	69,6	69,8	70,0	70,2
4,5	76,6	76,8	77,0	77,2	77,4	25,5	69,4	69,6	69,8	70,0	70,2
5	76,4	76,6	76,8	77,0	77,2	26	69,2	69,4	69,6	69,8	70,0
5,5	76,2	76,4	76,6	76,8	77,0	26,5	69,0	69,2	69,4	69,6	69,8
+ 6	76,0	76,2	76,4	76,6	76,8	+ 27	68,8	69,0	69,2	69,4	69,6
+ 6,5	76,0	76,2	76,4	76,6	76,8	+ 27,5	68,6	68,8	69,0	69,2	69,4
7	75,8	76,0	76,2	76,4	76,6	28	68,4	68,6	68,8	69,0	69,2
7,5	75,6	75,8	76,0	76,2	76,4	28,5	68,2	68,4	68,6	68,8	69,0
8	75,4	75,6	75,8	76,0	76,2	29	68,0	68,2	68,4	68,6	68,8
8,5	75,2	75,4	75,6	75,8	76,0	29,5	67,8	68,0	68,2	68,4	68,6
+ 9	75,0	75,2	75,4	75,6	75,8	+ 30	67,6	67,8	68,0	68,2	68,4

Tafel 1
zur Ermittelung der wahren Stärke.

Wärmegrad	74,0	74,2	74,4	74,6	74,8
	Wahre für obige scheinbare Stärke				
− 12	82,8	83,0	83,2	83,4	83,6
11,5	82,8	83,0	83,2	83,4	83,6
11	82,6	82,8	83,0	83,2	83,4
10,5	82,4	82,6	82,8	83,0	83,2
10	82,2	82,4	82,6	82,8	83,0
− 9,5	82,2	82,4	82,6	82,8	83,0
− 9	82,0	82,2	82,4	82,6	82,8
8,5	81,8	82,0	82,2	82,4	82,6
8	81,6	81,8	82,0	82,2	82,4
7,5	81,4	81,6	81,8	82,0	82,2
7	81,4	81,6	81,8	82,0	82,2
− 6,5	81,2	81,4	81,6	81,8	82,0
− 6	81,0	81,2	81,4	81,6	81,8
5,5	80,8	81,0	81,2	81,4	81,6
5	80,6	80,8	81,0	81,2	81,4
4,5	80,6	80,8	81,0	81,2	81,4
4	80,4	80,6	80,8	81,0	81,2
− 3,5	80,2	80,4	80,6	80,8	81,0
− 3	80,0	80,2	80,4	80,6	80,8
2,5	79,8	80,0	80,2	80,4	80,6
2	79,8	80,0	80,2	80,4	80,6
1,5	79,6	79,8	80,0	80,2	80,4
1	79,4	79,6	79,8	80,0	80,2
− 0,5	79,2	79,4	79,6	79,8	80,0
0	79,0	79,2	79,4	79,6	79,8
+ 0,5	79,0	79,2	79,4	79,6	79,8
1	78,8	79,0	79,2	79,4	79,6
1,5	78,6	78,8	79,0	79,2	79,4
2	78,4	78,6	78,8	79,0	79,2
2,5	78,2	78,4	78,6	78,8	79,0
+ 3	78,0	78,2	78,4	78,6	78,8
+ 3,5	78,0	78,2	78,4	78,6	78,8
4	77,8	78,0	78,2	78,4	78,6
4,5	77,6	77,8	78,0	78,2	78,4
5	77,4	77,6	77,8	78,0	78,2
5,5	77,2	77,4	77,6	77,8	78,0
+ 6	77,0	77,2	77,4	77,6	77,8
+ 6,5	77,0	77,2	77,4	77,6	77,8
7	76,8	77,0	77,2	77,4	77,6
7,5	76,6	76,8	77,0	77,2	77,4
8	76,4	76,6	76,8	77,0	77,2
8,5	76,2	76,4	76,6	76,8	77,0
+ 9	76,0	76,2	76,4	76,6	76,8

Wärmegrad	74,0	74,2	74,4	74,6	74,8
	Wahre für obige scheinbare Stärke				
+ 9,5	75,8	76,0	76,2	76,4	76,6
10	75,8	76,0	76,2	76,4	76,6
10,5	75,6	75,8	76,0	76,2	76,4
11	75,4	75,6	75,8	76,0	76,2
11,5	75,2	75,4	75,6	75,8	76,0
+ 12	75,0	75,2	75,4	75,6	75,8
+ 12,5	74,8	75,0	75,2	75,4	75,6
13	74,6	74,8	75,0	75,2	75,4
13,5	74,6	74,8	75,0	75,2	75,4
14	74,4	74,6	74,8	75,0	75,2
14,5	74,2	74,4	74,6	74,8	75,0
+ 15	74,0	74,2	74,4	74,6	74,8
+ 15,5	73,8	74,0	74,2	74,4	74,6
16	73,6	73,8	74,0	74,2	74,4
16,5	73,4	73,6	73,8	74,0	74,2
17	73,4	73,6	73,8	74,0	74,2
17,5	73,2	73,4	73,6	73,8	74,0
+ 18	73,0	73,2	73,4	73,6	73,8
+ 18,5	72,8	73,0	73,2	73,4	73,6
19	72,6	72,8	73,0	73,2	73,4
19,5	72,4	72,6	72,8	73,0	73,2
20	72,2	72,4	72,6	72,8	73,0
20,5	72,0	72,2	72,4	72,6	72,8
+ 21	72,0	72,2	72,4	72,6	72,8
+ 21,5	71,8	72,0	72,2	72,4	72,6
22	71,6	71,8	72,0	72,2	72,4
22,5	71,4	71,6	71,8	72,0	72,2
23	71,2	71,4	71,6	71,8	72,0
23,5	71,0	71,2	71,4	71,6	71,8
+ 24	70,8	71,0	71,2	71,4	71,6
+ 24,5	70,6	70,8	71,0	71,2	71,4
25	70,4	70,6	70,8	71,0	71,2
25,5	70,4	70,6	70,8	71,0	71,2
26	70,2	70,4	70,6	70,8	71,0
26,5	70,0	70,2	70,4	70,6	70,8
+ 27	69,8	70,0	70,2	70,4	70,6
+ 27,5	69,6	69,8	70,0	70,2	70,4
28	69,4	69,6	69,8	70,0	70,2
28,5	69,2	69,4	69,6	69,8	70,0
29	69,0	69,2	69,4	69,6	69,8
29,5	68,8	69,0	69,2	69,4	69,6
+ 30	68,6	68,8	69,2	69,4	69,6

Tafel 1
zur Ermittelung der wahren Stärke.

Wärmegrad	75,0	75,2	75,4	75,6	75,8
	Wahre für obige scheinbare Stärke				
− 12	83,8	84,0	84,2	84,4	84,6
11,5	83,8	84,0	84,2	84,4	84,6
11	83,6	83,8	84,0	84,2	84,4
10,5	83,4	83,6	83,8	84,0	84,2
10	83,2	83,4	83,6	83,8	84,0
− 9,5	83,2	83,4	83,4	83,6	83,8
− 9	83,0	83,2	83,4	83,6	83,8
8,5	82,8	83,0	83,2	83,4	83,6
8	82,6	82,8	83,0	83,2	83,4
7,5	82,4	82,6	82,8	83,0	83,2
7	82,4	82,6	82,8	83,0	83,2
− 6,5	82,2	82,4	82,6	82,8	83,0
− 6	82,0	82,2	82,4	82,6	82,8
5,5	81,8	82,0	82,2	82,4	82,6
5	81,6	81,8	82,0	82,2	82,4
4,5	81,6	81,8	82,0	82,2	82,4
4	81,4	81,6	81,8	82,0	82,2
− 3,5	81,2	81,4	81,6	81,8	82,0
− 3	81,0	81,2	81,4	81,6	81,8
2,5	80,8	81,0	81,2	81,4	81,6
2	80,8	81,0	81,2	81,4	81,6
1,5	80,6	80,8	81,0	81,2	81,4
1	80,4	80,6	80,8	81,0	81,2
− 0,5	80,2	80,4	80,6	80,8	81,0
0	80,0	80,2	80,4	80,6	80,8
+ 0,5	80,0	80,2	80,4	80,6	80,8
1	79,8	80,0	80,2	80,4	80,6
1,5	79,6	79,8	80,0	80,2	80,4
2	79,4	79,6	79,8	80,0	80,2
2,5	79,2	79,4	79,6	79,8	80,0
+ 3	79,0	79,2	79,4	79,6	79,8
+ 3,5	79,0	79,2	79,4	79,6	79,8
4	78,8	79,0	79,2	79,4	79,6
4,5	78,6	78,8	79,0	79,2	79,4
5	78,4	78,6	78,8	79,0	79,2
5,5	78,2	78,4	78,6	78,8	79,0
+ 6	78,0	78,2	78,4	78,6	78,8
+ 6,5	78,0	78,2	78,4	78,6	78,8
7	77,8	78,0	78,2	78,4	78,6
7,5	77,6	77,8	78,0	78,2	78,4
8	77,4	77,6	77,8	78,0	78,2
8,5	77,2	77,4	77,6	77,8	78,0
+ 9	77,0	77,2	77,4	77,6	77,8

Wärmegrad	75,0	75,2	75,4	75,6	75,8
	Wahre für obige scheinbare Stärke				
+ 9,5	76,8	77,0	77,2	77,4	77,6
10	76,8	77,0	77,2	77,4	77,6
10,5	76,6	76,8	77,0	77,2	77,4
11	76,4	76,6	76,8	77,0	77,2
11,5	76,2	76,4	76,6	76,8	77,0
+ 12	76,0	76,2	76,4	76,6	76,8
+ 12,5	75,8	76,0	76,2	76,4	76,6
13	75,6	75,8	76,0	76,2	76,4
13,5	75,6	75,8	76,0	76,2	76,4
14	75,4	75,6	75,8	76,0	76,2
14,5	75,2	75,4	75,6	75,8	76,0
+ 15	75,0	75,2	75,4	75,6	75,8
+ 15,5	74,8	75,0	75,2	75,4	75,6
16	74,6	74,8	75,0	75,2	75,4
16,5	74,4	74,6	74,8	75,0	75,2
17	74,4	74,6	74,8	75,0	75,2
17,5	74,2	74,4	74,6	74,8	75,0
+ 18	74,0	74,2	74,4	74,6	74,8
+ 18,5	73,8	74,0	74,2	74,4	74,6
19	73,6	73,8	74,0	74,2	74,4
19,5	73,4	73,6	73,8	74,0	74,2
20	73,2	73,4	73,6	73,8	74,0
20,5	73,0	73,2	73,4	73,6	73,8
+ 21	73,0	73,2	73,4	73,6	73,8
+ 21,5	72,8	73,0	73,2	73,4	73,6
22	72,6	72,8	73,0	73,2	73,4
22,5	72,4	72,6	72,8	73,0	73,2
23	72,2	72,4	72,6	72,8	73,0
23,5	72,0	72,2	72,4	72,6	72,8
+ 24	71,8	72,0	72,2	72,4	72,6
+ 24,5	71,6	71,8	72,0	72,2	72,4
25	71,4	71,6	71,8	72,0	72,2
25,5	71,4	71,6	71,8	72,0	72,2
26	71,2	71,4	71,6	71,8	72,0
26,5	71,0	71,2	71,4	71,6	71,8
+ 27	70,8	71,0	71,2	71,4	71,6
+ 27,5	70,6	70,8	71,0	71,2	71,4
28	70,4	70,6	70,8	71,0	71,2
28,5	70,2	70,4	70,6	70,8	71,0
29	70,0	70,2	70,4	70,6	70,8
29,5	69,8	70,0	70,2	70,4	70,6
+ 30	69,8	70,0	70,2	70,4	70,6

Tafel 1
zur Ermittelung der wahren Stärke.

Wärmegrad	76,0	76,2	76,4	76,6	76,8
	Wahre für obige scheinbare Stärke				
− 12	84,8	85,0	85,2	85,4	85,6
11,5	84,8	84,8	85,0	85,2	85,4
11	84,6	84,8	85,0	85,2	85,4
10,5	84,4	84,6	84,8	85,0	85,2
10	84,2	84,4	84,6	84,8	85,0
− 9,5	84,0	84,2	84,4	84,6	84,8
− 9	84,0	84,2	84,4	84,6	84,8
8,5	83,8	84,0	84,2	84,4	84,6
8	83,6	83,8	84,0	84,2	84,4
7,5	83,4	83,6	83,8	84,0	84,2
7	83,4	83,6	83,6	83,8	84,0
− 6,5	83,2	83,4	83,6	83,8	84,0
− 6	83,0	83,2	83,4	83,6	83,8
5,5	82,8	83,0	83,2	83,4	83,6
5	82,6	82,8	83,0	83,2	83,4
4,5	82,6	82,8	83,0	83,2	83,2
4	82,4	82,6	82,8	83,0	83,2
− 3,5	82,2	82,4	82,6	82,8	83,0
− 3	82,0	82,2	82,4	82,6	82,8
2,5	81,8	82,0	82,2	82,4	82,6
2	81,8	82,0	82,2	82,4	82,6
1,5	81,6	81,8	82,0	82,2	82,4
1	81,4	81,6	81,8	82,0	82,2
− 0,5	81,2	81,4	81,6	81,8	82,0
0	81,0	81,2	81,4	81,6	81,8
+ 0,5	81,0	81,2	81,4	81,6	81,8
1	80,8	81,0	81,2	81,4	81,6
1,5	80,6	80,8	81,0	81,2	81,4
2	80,4	80,6	80,8	81,0	81,2
2,5	80,2	80,4	80,6	80,8	81,0
+ 3	80,0	80,2	80,4	80,6	80,8
+ 3,5	80,0	80,2	80,4	80,6	80,8
4	79,8	80,0	80,2	80,4	80,6
4,5	79,6	79,8	80,0	80,2	80,4
5	79,4	79,6	79,8	80,0	80,2
5,5	79,2	79,4	79,6	79,8	80,0
+ 6	79,0	79,2	79,4	79,6	79,8
+ 6,5	78,8	79,2	79,4	79,6	79,8
7	78,8	79,0	79,2	79,4	79,6
7,5	78,6	78,8	79,0	79,2	79,4
8	78,4	78,6	78,8	79,0	79,2
8,5	78,2	78,4	78,6	78,8	79,0
+ 9	78,0	78,2	78,4	78,6	78,8

Wärmegrad	76,0	76,2	76,4	76,6	76,8
	Wahre für obige scheinbare Stärke				
+ 9,5	77,8	78,0	78,2	78,4	78,6
10	77,8	78,0	78,2	78,4	78,6
10,5	77,6	77,8	78,0	78,2	78,4
11	77,4	77,6	77,8	78,0	78,2
11,5	77,2	77,4	77,6	77,8	78,0
+ 12	77,0	77,2	77,4	77,6	77,8
+ 12,5	76,8	77,0	77,2	77,4	77,6
13	76,6	76,8	77,0	77,2	77,4
13,5	76,6	76,8	77,0	77,2	77,4
14	76,4	76,6	76,8	77,0	77,2
14,5	76,2	76,4	76,6	76,8	77,0
+ 15	76,0	76,2	76,4	76,6	76,8
+ 15,5	75,8	76,0	76,2	76,4	76,6
16	75,6	75,8	76,0	76,2	76,4
16,5	75,4	75,6	75,8	76,0	76,2
17	75,4	75,6	75,8	76,0	76,2
17,5	75,2	75,4	75,6	75,8	76,0
+ 18	75,0	75,2	75,4	75,6	75,8
+ 18,5	74,8	75,0	75,2	75,4	75,6
19	74,6	74,8	75,0	75,2	75,4
19,5	74,4	74,6	74,8	75,0	75,2
20	74,2	74,4	74,6	74,8	75,0
20,5	74,0	74,2	74,4	74,6	74,8
+ 21	74,0	74,2	74,4	74,6	74,8
+ 21,5	73,8	74,0	74,2	74,4	74,6
22	73,6	73,8	74,0	74,2	74,4
22,5	73,4	73,6	73,8	74,0	74,2
23	73,2	73,4	73,6	73,8	74,0
23,5	73,0	73,2	73,4	73,6	73,8
+ 24	72,8	73,0	73,2	73,4	73,6
+ 24,5	72,6	72,8	73,0	73,2	73,4
25	72,4	72,6	72,8	73,0	73,2
25,5	72,4	72,6	72,8	73,0	73,2
26	72,2	72,4	72,6	72,8	73,0
26,5	72,0	72,2	72,4	72,6	72,8
+ 27	71,8	72,0	72,2	72,4	72,6
+ 27,5	71,6	71,8	72,0	72,2	72,4
28	71,4	71,6	71,8	72,0	72,2
28,5	71,2	71,4	71,6	71,8	72,0
29	71,0	71,2	71,4	71,6	71,8
29,5	70,8	71,0	71,2	71,4	71,6
+ 30	70,8	71,0	71,2	71,4	71,6

Tafel 1
zur Ermittelung der wahren Stärke.

Wärmegrad	77,0	77,2	77,4	77,6	77,8
	Wahre für obige scheinbare Stärke				
− 12	85,8	86,0	86,2	86,4	86,6
11,5	85,6	85,8	86,0	86,2	86,4
11	85,6	85,8	86,0	86,2	86,4
10,5	85,4	85,6	85,8	86,0	86,2
10	85,2	85,4	85,6	85,8	86,0
− 9,5	85,0	85,2	85,4	85,6	85,8
− 9	85,0	85,2	85,2	85,4	85,6
8,5	84,8	85,0	85,2	85,4	85,6
8	84,6	84,8	85,0	85,2	85,4
7,5	84,4	84,6	84,8	85,0	85,2
7	84,2	84,4	84,6	84,8	85,0
− 6,5	84,2	84,4	84,6	84,8	85,0
− 6	84,0	84,2	84,4	84,6	84,8
5,5	83,8	84,0	84,2	84,4	84,6
5	83,6	83,8	84,0	84,2	84,4
4,5	83,4	83,6	83,8	84,0	84,2
4	83,4	83,6	83,8	84,0	84,2
− 3,5	83,2	83,4	83,6	83,8	84,0
− 3	83,0	83,2	83,4	83,6	83,8
2,5	82,8	83,0	83,2	83,4	83,6
2	82,8	83,0	83,0	83,2	83,4
1,5	82,6	82,8	83,0	83,2	83,4
1	82,4	82,6	82,8	83,0	83,2
− 0,5	82,2	82,4	82,6	82,8	83,0
0	82,0	82,2	82,4	82,6	82,8
+ 0,5	81,8	82,0	82,2	82,4	82,6
1	81,8	82,0	82,2	82,4	82,6
1,5	81,6	81,8	82,0	82,2	82,4
2	81,4	81,6	81,8	82,0	82,2
2,5	81,2	81,4	81,6	81,8	82,0
+ 3	81,0	81,2	81,4	81,6	81,8
+ 3,5	81,0	81,0	81,2	81,4	81,6
4	80,8	81,0	81,2	81,4	81,6
4,5	80,6	80,8	81,0	81,2	81,4
5	80,4	80,6	80,8	81,0	81,2
5,5	80,2	80,4	80,6	80,8	81,0
+ 6	80,0	80,2	80,4	80,6	80,8
+ 6,5	79,8	80,0	80,2	80,4	80,6
7	79,8	80,0	80,2	80,4	80,6
7,5	79,6	79,8	80,0	80,2	80,4
8	79,4	79,6	79,8	80,0	80,2
8,5	79,2	79,4	79,6	79,8	80,0
+ 9	79,0	79,2	79,4	79,6	79,8

Wärmegrad	77,0	77,2	77,4	77,6	77,8
	Wahre für obige scheinbare Stärke				
+ 9,5	78,8	79,0	79,2	79,4	79,6
10	78,8	79,0	79,2	79,4	79,6
10,5	78,6	78,8	79,0	79,2	79,4
11	78,4	78,6	78,8	79,0	79,2
11,5	78,2	78,4	78,6	78,8	79,0
+12	78,0	78,2	78,4	78,6	78,8
+12,5	77,8	78,0	78,2	78,4	78,6
13	77,6	77,8	78,0	78,2	78,4
13,5	77,6	77,8	78,0	78,2	78,4
14	77,4	77,6	77,8	78,0	78,2
14,5	77,2	77,4	77,6	77,8	78,0
+15	77,0	77,2	77,4	77,6	77,8
+15,5	76,8	77,0	77,2	77,4	77,6
16	76,6	76,8	77,0	77,2	77,4
16,5	76,4	76,6	76,8	77,0	77,2
17	76,4	76,6	76,8	77,0	77,2
17,5	76,2	76,4	76,6	76,8	77,0
+18	76,0	76,2	76,4	76,6	76,8
+18,5	75,8	76,0	76,2	76,4	76,6
19	75,6	75,8	76,0	76,2	76,4
19,5	75,4	75,6	75,8	76,0	76,2
20	75,2	75,4	75,6	75,8	76,0
20,5	75,0	75,2	75,4	75,6	75,8
+21	75,0	75,2	75,4	75,6	75,8
+21,5	74,8	75,0	75,2	75,4	75,6
22	74,6	74,8	75,0	75,2	75,4
22,5	74,4	74,6	74,8	75,0	75,2
23	74,2	74,4	74,6	74,8	75,0
23,5	74,0	74,2	74,4	74,6	74,8
+24	73,8	74,0	74,2	74,4	74,6
+24,5	73,6	73,8	74,0	74,2	74,4
25	73,4	73,6	73,8	74,0	74,2
25,5	73,4	73,6	73,8	74,0	74,2
26	73,2	73,4	73,6	73,8	74,0
26,5	73,0	73,2	73,4	73,6	73,8
+27	72,8	73,0	73,2	73,4	73,6
+27,5	72,6	72,8	73,0	73,2	73,4
28	72,4	72,6	72,8	73,0	73,2
28,5	72,2	72,4	72,6	72,8	73,0
29	72,0	72,2	72,4	72,6	72,8
29,5	71,8	72,0	72,2	72,4	72,6
+30	71,8	72,0	72,2	72,4	72,6

Tafel 1
zur Ermittelung der wahren Stärke.

Wärme-grad	78,0	78,2	78,4	78,6	78,8	Wärme-grad	78,0	78,2	78,4	78,6	78,8
	Wahre für obige scheinbare Stärke						Wahre für obige scheinbare Stärke				
− 12	86,8	87,0	87,2	87,4	87,6	+ 9,5	79,8	80,0	80,2	80,4	80,6
11,5	86,6	86,8	87,0	87,2	87,4	10	79,8	80,0	80,2	80,4	80,6
11	86,4	86,6	86,8	87,0	87,2	10,5	79,6	79,8	80,0	80,2	80,4
10,5	86,4	86,6	86,8	87,0	87,2	11	79,4	79,6	79,8	80,0	80,2
10	86,2	86,4	86,6	86,8	87,0	11,5	79,2	79,4	79,6	79,8	80,0
− 9,5	86,0	86,2	86,4	86,6	86,8	+ 12	79,0	79,2	79,4	79,6	79,8
− 9	85,8	86,0	86,2	86,4	86,6	+ 12,5	78,8	79,0	79,2	79,4	79,6
8,5	85,8	86,0	86,2	86,2	86,4	13	78,6	78,8	79,0	79,2	79,4
8	85,6	85,8	86,0	86,2	86,4	13,5	78,6	78,8	79,0	79,2	79,4
7,5	85,4	85,6	85,8	86,0	86,2	14	78,4	78,6	78,8	79,0	79,2
7	85,2	85,4	85,6	85,8	86,0	14,5	78,2	78,4	78,6	78,8	79,0
− 6,5	85,2	85,2	85,4	85,6	85,8	+ 15	78,0	78,2	78,4	78,6	78,8
− 6	85,0	85,2	85,4	85,6	85,8	+ 15,5	77,8	78,0	78,2	78,4	78,6
5,5	84,8	85,0	85,2	85,4	85,6	16	77,6	77,8	78,0	78,2	78,4
5	84,6	84,8	85,0	85,2	85,4	16,5	77,4	77,6	77,8	78,0	78,2
4,5	84,4	84,6	84,8	85,0	85,2	17	77,4	77,6	77,8	78,0	78,2
4	84,4	84,6	84,8	85,0	85,0	17,5	77,2	77,4	77,6	77,8	78,0
− 3,5	84,2	84,4	84,6	84,8	85,0	+ 18	77,0	77,2	77,4	77,6	77,8
− 3	84,0	84,2	84,4	84,6	84,8	+ 18,5	76,8	77,0	77,2	77,4	77,6
2,5	83,8	84,0	84,2	84,4	84,6	19	76,6	76,8	77,0	77,2	77,4
2	83,6	83,8	84,0	84,2	84,4	19,5	76,4	76,6	76,8	77,0	77,2
1,5	83,6	83,8	84,0	84,2	84,4	20	76,2	76,4	76,6	76,8	77,0
1	83,4	83,6	83,8	84,0	84,2	20,5	76,0	76,2	76,4	76,8	77,0
− 0,5	83,2	83,4	83,6	83,8	84,0	+ 21	76,0	76,2	76,4	76,6	76,8
0	83,0	83,2	83,4	83,6	83,8						
+ 0,5	82,8	83,0	83,2	83,4	83,6	+ 21,5	75,8	76,0	76,2	76,4	76,6
1	82,8	83,0	83,2	83,4	83,6	22	75,6	75,8	76,0	76,2	76,4
1,5	82,6	82,8	83,0	83,2	83,4	22,5	75,4	75,6	75,8	76,0	76,2
2	82,4	82,6	82,8	83,0	83,2	23	75,2	75,4	75,6	75,8	76,0
2,5	82,2	82,4	82,6	82,8	83,0	23,5	75,0	75,2	75,4	75,6	75,8
+ 3	82,0	82,2	82,4	82,6	82,8	+ 24	74,8	75,0	75,2	75,4	75,6
+ 3,5	81,8	82,0	82,2	82,4	82,6	+ 24,5	74,6	74,8	75,0	75,2	75,4
4	81,8	82,0	82,2	82,4	82,6	25	74,6	74,8	75,0	75,2	75,4
4,5	81,6	81,8	82,0	82,2	82,4	25,5	74,4	74,6	74,8	75,0	75,2
5	81,4	81,6	81,8	82,0	82,2	26	74,2	74,4	74,6	74,8	75,0
5,5	81,2	81,4	81,6	81,8	82,0	26,5	74,0	74,2	74,4	74,6	74,8
+ 6	81,0	81,2	81,4	81,6	81,8	+ 27	73,8	74,0	74,2	74,4	74,6
+ 6,5	80,8	81,0	81,2	81,4	81,6	+ 27,5	73,6	73,8	74,0	74,2	74,4
7	80,8	81,0	81,2	81,4	81,6	28	73,4	73,6	73,8	74,0	74,2
7,5	80,6	80,8	81,0	81,2	81,4	28,5	73,2	73,4	73,6	73,8	74,0
8	80,4	80,6	80,8	81,0	81,2	29	73,0	73,2	73,4	73,6	73,8
8,5	80,2	80,4	80,6	80,8	81,0	29,5	72,8	73,2	73,4	73,6	73,8
+ 9	80,0	80,2	80,4	80,6	80,8	+ 30	72,8	73,0	73,2	73,4	73,6

Tafel 1
zur Ermittelung der wahren Stärke.

Wärme-grad	79,0	79,2	79,4	79,6	79,8	Wärme-grad	79,0	79,2	79,4	79,6	79,8
	Wahre für obige scheinbare Stärke						Wahre für obige scheinbare Stärke				
− 12	87,8	88,0	88,2	88,4	88,6	+ 9,5	80,8	81,0	81,2	81,4	81,6
11,5	87,6	87,8	88,0	88,2	88,4	10	80,8	81,0	81,2	81,4	81,6
11	87,4	87,6	87,8	88,0	88,2	10,5	80,6	80,8	81,0	81,2	81,4
10,5	87,4	87,4	87,6	87,8	88,0	11	80,4	80,6	80,8	81,0	81,2
10	87,2	87,4	87,6	87,8	88,0	11,5	80,2	80,4	80,6	80,8	81,0
− 9,5	87,0	87,2	87,4	87,6	87,8	+ 12	80,0	80,2	80,4	80,6	80,8
− 9	86,8	87,0	87,2	87,4	87,6	+ 12,5	79,8	80,0	80,2	80,4	80,6
8,5	86,6	86,8	87,0	87,2	87,4	13	79,6	79,8	80,0	80,2	80,4
8	86,6	86,8	87,0	87,2	87,4	13,5	79,6	79,8	80,0	80,2	80,4
7,5	86,4	86,6	86,8	87,0	87,2	14	79,4	79,6	79,8	80,0	80,2
7	86,2	86,4	86,6	86,8	87,0	14,5	79,2	79,4	79,6	79,8	80,0
− 6,5	86,0	86,2	86,4	86,6	86,8	+ 15	79,0	79,2	79,4	79,6	79,8
− 6	86,0	86,2	86,2	86,4	86,6	+ 15,5	78,8	79,0	79,2	79,4	79,6
5,5	85,8	86,0	86,2	86,4	86,6	16	78,6	78,8	79,0	79,2	79,4
5	85,6	85,8	86,0	86,2	86,4	16,5	78,4	78,6	78,8	79,0	79,2
4,5	85,4	85,6	85,8	86,0	86,2	17	78,4	78,6	78,8	79,0	79,2
4	85,2	85,4	85,6	85,8	86,0	17,5	78,2	78,4	78,6	78,8	79,0
− 3,5	85,2	85,4	85,6	85,8	86,0	+ 18	78,0	78,2	78,4	78,6	78,8
− 3	85,0	85,2	85,4	85,6	85,8	+ 18,5	77,8	78,0	78,2	78,4	78,6
2,5	84,8	85,0	85,2	85,4	85,6	19	77,6	77,8	78,0	78,2	78,4
2	84,6	84,8	85,0	85,2	85,4	19,5	77,4	77,6	77,8	78,0	78,2
1,5	84,6	84,8	84,8	85,0	85,2	20	77,2	77,4	77,6	77,8	78,0
1	84,4	84,6	84,8	85,0	85,2	20,5	77,2	77,4	77,6	77,6	77,8
− 0,5	84,2	84,4	84,6	84,8	85,0	+ 21	77,0	77,2	77,4	77,6	77,8
0	84,0	84,2	84,4	84,6	84,8						
+ 0,5	83,8	84,0	84,2	84,4	84,6	+ 21,5	76,8	77,0	77,2	77,4	77,6
1	83,8	84,0	84,0	84,2	84,4	22	76,6	76,8	77,0	77,2	77,4
1,5	83,6	83,8	84,0	84,2	84,4	22,5	76,4	76,6	76,8	77,0	77,2
2	83,4	83,6	83,8	84,0	84,2	23	76,2	76,4	76,6	76,8	77,0
2,5	83,2	83,4	83,6	83,8	84,0	23,5	76,0	76,2	76,4	76,6	76,8
+ 3	83,0	83,2	83,4	83,6	83,8	+ 24	75,8	76,0	76,2	76,4	76,6
+ 3,5	82,8	83,0	83,2	83,4	83,6	+ 24,5	75,6	75,8	76,0	76,2	76,4
4	82,8	83,0	83,2	83,4	83,4	25	75,6	75,8	76,0	76,2	76,4
4,5	82,6	82,8	83,0	83,2	83,4	25,5	75,4	75,6	75,8	76,0	76,2
5	82,4	82,6	82,8	83,0	83,2	26	75,2	75,4	75,6	75,8	76,0
5,5	82,2	82,4	82,6	82,8	83,0	26,5	75,0	75,2	75,4	75,6	75,8
+ 6	82,0	82,2	82,4	82,6	82,8	+ 27	74,8	75,0	75,2	75,4	75,6
+ 6,5	81,8	82,0	82,2	82,4	82,6	+ 27,5	74,6	74,8	75,0	75,2	75,4
7	81,8	82,0	82,2	82,4	82,6	28	74,4	74,6	74,8	75,0	75,2
7,5	81,6	81,8	82,0	82,2	82,4	28,5	74,2	74,4	74,6	74,8	75,0
8	81,4	81,6	81,8	82,0	82,2	29	74,0	74,2	74,4	74,8	75,0
8,5	81,2	81,4	81,6	81,8	82,0	29,5	74,0	74,2	74,4	74,6	74,8
+ 9	81,0	81,2	81,4	81,6	81,8	+ 30	73,8	74,0	74,2	74,4	**74,6**

Tafel 1
zur Ermittelung der wahren Stärke.

Wärmegrad	80,0	80,2	80,4	80,6	80,8	Wärmegrad	80,0	80,2	80,4	80,6	80,8
	Wahre für obige scheinbare Stärke						Wahre für obige scheinbare Stärke				
— 12	88,8	88,8	89,0	89,2	89,4	+ 9,5	81,8	82,0	82,2	82,4	82,6
11,5	88,6	88,8	89,0	89,2	89,4	10	81,8	82,0	82,2	82,4	82,6
11	88,4	88,6	88,8	89,0	89,2	10,5	81,6	81,8	82,0	82,2	82,4
10,5	88,2	88,4	88,6	88,8	89,0	11	81,4	81,6	81,8	82,0	82,2
10	88,2	88,2	88,4	88,6	88,8	11,5	81,2	81,4	81,6	81,8	82,0
— 9,5	88,0	88,2	88,4	88,6	88,8	+ 12	81,0	81,2	81,4	81,6	81,8
— 9	87,8	88,0	88,2	88,4	88,6	+ 12,5	80,8	81,0	81,2	81,4	81,6
8,5	87,6	87,8	88,0	88,2	88,4	13	80,6	80,8	81,0	81,2	81,4
8	87,4	87,6	87,8	88,0	88,2	13,5	80,6	80,8	81,0	81,2	81,4
7,5	87,4	87,6	87,8	88,0	88,2	14	80,4	80,6	80,8	81,0	81,2
7	87,2	87,4	87,6	87,8	88,0	14,5	80,2	80,4	80,6	80,8	81,0
— 6,5	87,0	87,2	87,4	87,6	87,8	+ 15	80,0	80,2	80,4	80,6	80,8
— 6	86,8	87,0	87,2	87,4	87,6	+ 15,5	79,8	80,0	80,2	80,4	80,6
5,5	86,8	87,0	87,2	87,4	87,4	16	79,6	79,8	80,0	80,2	80,4
5	86,6	86,8	87,0	87,2	87,4	16,5	79,4	79,6	79,8	80,0	80,2
4,5	86,4	86,6	86,8	87,0	87,2	17	79,4	79,6	79,8	80,0	80,2
4	86,2	86,4	86,6	86,8	87,0	17,5	79,2	79,4	79,6	79,8	80,0
— 3,5	86,2	86,2	86,4	86,6	86,8	+ 18	79,0	79,2	79,4	79,6	79,8
— 3	86,0	86,2	86,4	86,6	86,8	+ 18,5	78,8	79,0	79,2	79,4	79,6
2,5	85,8	86,0	86,2	86,4	86,6	19	78,6	78,8	79,0	79,2	79,4
2	85,6	85,8	86,0	86,2	86,4	19,5	78,4	78,6	78,8	79,0	79,2
1,5	85,4	85,6	85,8	86,0	86,2	20	78,2	78,4	78,6	78,8	79,0
1	85,4	85,6	85,8	86,0	86,2	20,5	78,0	78,2	78,4	78,8	79,0
— 0,5	85,2	85,4	85,6	85,8	86,0	+ 21	78,0	78,2	78,4	78,6	78,8
0	85,0	85,2	85,4	85,6	85,8						
+ 0,5	84,8	85,0	85,2	85,4	85,6	+ 21,5	77,8	78,0	78,2	78,4	78,6
1	84,6	84,8	85,0	85,2	85,4	22	77,6	77,8	78,0	78,2	78,4
1,5	84,6	84,8	85,0	85,2	85,4	22,5	77,4	77,6	77,8	78,0	78,2
2	84,4	84,6	84,8	85,0	85,2	23	77,2	77,4	77,6	77,8	78,0
2,5	84,2	84,4	84,6	84,8	85,0	23,5	77,0	77,2	77,4	77,6	77,8
+ 3	84,0	84,2	84,4	84,6	84,8	+ 24	76,8	77,0	77,2	77,4	77,6
+ 3,5	83,8	84,0	84,2	84,4	84,6	+ 24,5	76,6	76,8	77,0	77,4	77,6
4	83,6	83,8	84,0	84,2	84,4	25	76,6	76,8	77,0	77,2	77,4
4,5	83,6	83,8	84,0	84,2	84,4	25,5	76,4	76,6	76,8	77,0	77,2
5	83,4	83,6	83,8	84,0	84,2	26	76,2	76,4	76,6	76,8	77,0
5,5	83,2	83,4	83,6	83,8	84,0	26,5	76,0	76,2	76,4	76,6	76,8
+ 6	83,0	83,2	83,4	83,6	83,8	+ 27	75,8	76,0	76,2	76,4	76,6
+ 6,5	82,8	83,0	83,2	83,4	83,6	+ 27,5	75,6	75,8	76,0	76,2	76,4
7	82,8	83,0	83,2	83,4	83,4	28	75,4	75,6	75,8	76,0	76,2
7,5	82,6	82,8	83,0	83,2	83,4	28,5	75,2	75,4	75,6	75,8	76,2
8	82,4	82,6	82,8	83,0	83,2	29	75,2	75,4	75,6	75,8	76,0
8,5	82,2	82,4	82,6	82,8	83,0	29,5	75,0	75,2	75,4	75,6	75,8
+ 9	82,0	82,2	82,4	82,6	82,8	+ 30	74,8	75,0	75,2	75,4	75,6

Tafel 1
zur Ermittelung der wahren Stärke.

Wärmegrad	81,0	81,2	81,4	81,6	81,8	Wärmegrad	81,0	81,2	81,4	81,6	81,8
	Wahre für obige scheinbare Stärke						Wahre für obige scheinbare Stärke				
− 12	89,6	89,8	90,0	90,2	90,4	+ 9,5	82,8	83,0	83,2	83,4	83,6
11,5	89,6	89,6	89,8	90,0	90,2	10	82,8	83,0	83,2	83,4	83,6
11	89,4	89,6	89,8	90,0	90,2	10,5	82,6	82,8	83,0	83,2	83,4
10,5	89,2	89,4	89,6	89,8	90,0	11	82,4	82,6	82,8	83,0	83,2
10	89,0	89,2	89,4	89,6	89,8	11,5	82,2	82,4	82,6	82,8	83,0
− 9,5	89,0	89,2	89,2	89,4	89,6	+ 12	82,0	82,2	82,4	82,6	82,8
− 9	88,8	89,0	89,2	89,4	89,6	+ 12,5	81,8	82,0	82,2	82,4	82,6
8,5	88,6	88,8	89,0	89,2	89,4	13	81,6	81,8	82,0	82,2	82,4
8	88,4	88,6	88,8	89,0	89,2	13,5	81,6	81,8	82,0	82,2	82,4
7,5	88,2	88,4	88,6	88,8	89,0	14	81,4	81,6	81,8	82,0	82,2
7	88,2	88,4	88,6	88,8	89,0	14,5	81,2	81,4	81,6	81,8	82,0
− 6,5	88,0	88,2	88,4	88,6	88,8	+ 15	81,0	81,2	81,4	81,6	81,8
− 6	87,8	88,0	88,2	88,4	88,6	+ 15,5	80,8	81,0	81,2	81,4	81,6
5,5	87,6	87,8	88,0	88,2	88,4	16	80,6	80,8	81,0	81,2	81,4
5	87,6	87,8	88,0	88,2	88,4	16,5	80,4	80,6	80,8	81,0	81,2
4,5	87,4	87,6	87,8	88,0	88,2	17	80,4	80,6	80,8	81,0	81,2
4	87,2	87,4	87,6	87,8	88,0	17,5	80,2	80,4	80,6	80,8	81,0
− 3,5	87,0	87,2	87,4	87,6	87,8	+ 18	80,0	80,2	80,4	80,6	80,8
− 3	87,0	87,2	87,4	87,4	87,6	+ 18,5	79,8	80,0	80,2	80,4	80,6
2,5	86,8	87,0	87,2	87,4	87,6	19	79,6	79,8	80,0	80,2	80,4
2	86,6	86,8	87,0	87,2	87,4	19,5	79,4	79,6	79,8	80,0	80,2
1,5	86,4	86,6	86,8	87,0	87,2	20	79,2	79,4	79,6	79,8	80,0
1	86,4	86,4	86,6	86,8	87,0	20,5	79,2	79,4	79,6	79,8	80,0
− 0,5	86,2	86,4	86,6	86,8	87,0	+ 21	79,0	79,2	79,4	79,6	79,8
0	86,0	86,2	86,4	86,6	86,8						
+ 0,5	85,8	86,0	86,2	86,4	86,6	+ 21,5	78,8	79,0	79,2	79,4	79,6
1	85,6	85,8	86,0	86,2	86,4	22	78,6	78,8	79,0	79,2	79,4
1,5	85,4	85,6	85,8	86,0	86,2	22,5	78,4	78,6	78,8	79,0	79,2
2	85,4	85,6	85,8	86,0	86,2	23	78,2	78,4	78,6	78,8	79,0
2,5	85,2	85,4	85,6	85,8	86,0	23,5	78,0	78,2	78,4	78,6	78,8
+ 3	85,0	85,2	85,4	85,6	85,8	+ 24	77,8	78,0	78,2	78,4	78,6
+ 3,5	84,8	85,0	85,2	85,4	85,6	+ 24,5	77,8	78,0	78,2	78,4	78,6
4	84,6	84,8	85,0	85,2	85,4	25	77,6	77,8	78,0	78,2	78,4
4,5	84,6	84,8	85,0	85,0	85,2	25,5	77,4	77,6	77,8	78,0	78,2
5	84,4	84,6	84,8	85,0	85,2	26	77,2	77,4	77,6	77,8	78,0
5,5	84,2	84,4	84,6	84,8	85,0	26,5	77,0	77,2	77,4	77,6	77,8
+ 6	84,0	84,2	84,4	84,6	84,8	+ 27	76,8	77,0	77,2	77,4	77,6
+ 6,5	83,8	84,0	84,2	84,4	84,6	+ 27,5	76,6	76,8	77,0	77,2	77,4
7	83,6	83,8	84,0	84,2	84,4	28	76,4	76,6	76,8	77,0	77,2
7,5	83,6	83,8	84,0	84,2	84,4	28,5	76,4	76,6	76,8	77,0	77,2
8	83,4	83,6	83,8	84,0	84,2	29	76,2	76,4	76,6	76,8	77,0
8,5	83,2	83,4	83,6	83,8	84,0	29,5	76,0	76,2	76,4	76,6	76,8
+ 9	83,0	83,2	83,4	83,6	83,8	+ 30	75,8	76,0	76,2	76,4	76,6

3*

Tafel 1
zur Ermittelung der wahren Stärke.

Wärme-grad	82,0	82,2	82,4	82,6	82,8	Wärme-grad	82,0	82,2	82,4	82,6	82,8
	Wahre für obige scheinbare Stärke						Wahre für obige scheinbare Stärke				
— 12	90,6	90,8	91,0	91,2	91,4	+ 9,5	83,8	84,0	84,2	84,4	84,6
11,5	90,4	90,6	90,8	91,0	91,2	10	83,8	83,8	84,0	84,2	84,4
11	90,2	90,4	90,6	90,8	91,0	10,5	83,6	83,8	84,0	84,2	84,4
10,5	90,2	90,4	90,6	90,6	90,8	11	83,4	83,6	83,8	84,0	84,2
10	90,0	90,2	90,4	90,6	90,8	11,5	83,2	83,4	83,6	83,8	84,0
— 9,5	89,8	90,0	90,2	90,4	90,6	+ 12	83,0	83,2	83,4	83,6	83,8
— 9	89,6	89,8	90,0	90,2	90,4	+ 12,5	82,8	83,0	83,2	83,4	83,6
8,5	89,6	89,8	90,0	90,0	90,2	13	82,6	82,8	83,0	83,2	83,4
8	89,4	89,6	89,8	90,0	90,2	13,5	82,6	82,8	83,0	83,2	83,4
7,5	89,2	89,4	89,6	89,8	90,0	14	82,4	82,6	82,8	83,0	83,2
7	89,2	89,2	89,4	89,6	89,8	14,5	82,2	82,4	82,6	82,8	83,0
— 6,5	89,0	89,2	89,4	89,6	89,6	+ 15	82,0	82,2	82,4	82,6	82,8
— 6	88,8	89,0	89,2	89,4	89,6	+ 15,5	81,8	82,0	82,2	82,4	82,6
5,5	88,6	88,8	89,0	89,2	89,4	16	81,6	81,8	82,0	82,2	82,4
5	88,4	88,6	88,8	89,0	89,2	16,5	81,4	81,6	81,8	82,0	82,2
4,5	88,4	88,6	88,8	89,0	89,0	17	81,4	81,6	81,8	82,0	82,2
4	88,2	88,4	88,6	88,8	89,0	17,5	81,2	81,4	81,6	81,8	82,0
— 3,5	88,0	88,2	88,4	88,6	88,8	+ 18	81,0	81,2	81,4	81,6	81,8
— 3	87,8	88,0	88,2	88,4	88,6	+ 18,5	80,8	81,0	81,2	81,4	81,6
2,5	87,8	88,0	88,2	88,4	88,4	19	80,6	80,8	81,0	81,2	81,4
2	87,6	87,8	88,0	88,2	88,4	19,5	80,4	80,6	80,8	81,0	81,2
1,5	87,4	87,6	87,8	88,0	88,2	20	80,2	80,4	80,6	80,8	81,0
1	87,2	87,4	87,6	87,8	88,0	20,5	80,2	80,4	80,6	80,8	81,0
— 0,5	87,2	87,2	87,4	87,6	87,8	+ 21	80,0	80,2	80,4	80,6	80,8
0	87,0	87,2	87,4	87,6	87,8						
+ 0,5	86,8	87,0	87,2	87,4	87,6	+ 21,5	79,8	80,0	80,2	80,4	80,6
1	86,6	86,8	87,0	87,2	87,4	22	79,6	79,8	80,0	80,2	80,4
1,5	86,4	86,6	86,8	87,0	87,2	22,5	79,4	79,6	79,8	80,0	80,2
2	86,4	86,4	86,6	86,8	87,0	23	79,2	79,4	79,6	79,8	80,0
2,5	86,2	86,4	86,6	86,8	87,0	23,5	79,0	79,2	79,4	79,6	79,8
+ 3	86,0	86,2	86,4	86,6	86,8	+ 24	78,8	79,0	79,2	79,4	79,6
+ 3,5	85,8	86,0	86,2	86,4	86,6	+ 24,5	78,8	79,0	79,2	79,4	79,6
4	85,6	85,8	86,0	86,2	86,4	25	78,6	78,8	79,0	79,2	79,4
4,5	85,4	85,6	85,8	86,0	86,2	25,5	78,4	78,6	78,8	79,0	79,2
5	85,4	85,6	85,8	86,0	86,2	26	78,2	78,4	78,6	78,8	79,0
5,5	85,2	85,4	85,6	85,8	86,0	26,5	78,0	78,2	78,4	78,6	78,8
+ 6	85,0	85,2	85,4	85,6	85,8	+ 27	77,8	78,0	78,2	78,4	78,6
+ 6,5	84,8	85,0	85,2	85,4	85,6	+ 27,5	77,6	77,8	78,0	78,2	78,4
7	84,6	84,8	85,0	85,2	85,4	28	77,4	77,6	77,8	78,0	78,2
7,5	84,6	84,8	85,0	85,2	85,4	28,5	77,4	77,6	77,8	78,0	78,2
8	84,4	84,6	84,8	85,0	85,2	29	77,2	77,4	77,6	77,8	78,0
8,5	84,2	84,4	84,6	84,8	85,0	29,5	77,0	77,2	77,4	77,6	77,8
+ 9	84,0	84,2	84,4	84,6	84,8	+ 30	76,8	77,0	77,2	77,4	77,6

Tafel 1
zur Ermittelung der wahren Stärke.

Wärmegrad	83,0	83,2	83,4	83,6	83,8	Wärmegrad	83,0	83,2	83,4	83,6	83,8
	Wahre für obige scheinbare Stärke						Wahre für obige scheinbare Stärke				
− 12	91,6	91,6	91,8	92,0	92,2	+ 9,5	84,8	85,0	85,2	85,4	85,6
11,5	91,4	91,6	91,8	92,0	92,0	10	84,6	84,8	85,0	85,2	85,4
11	91,2	91,4	91,6	91,8	92,0	10,5	84,6	84,8	85,0	85,2	85,4
10,5	91,0	91,2	91,4	91,6	91,8	11	84,4	84,6	84,8	85,0	85,2
10	91,0	91,2	91,2	91,4	91,6	11,5	84,2	84,4	84,6	84,8	85,0
− 9,5	90,8	91,0	91,2	91,4	91,6	+12	84,0	84,2	84,4	84,6	84,8
− 9	90,6	90,8	91,0	91,2	91,4	+ 12,5	83,8	84,0	84,2	84,4	84,6
8,5	90,4	90,6	90,8	91,0	91,2	13	83,6	83,8	84,0	84,2	84,4
8	90,4	90,6	90,8	90,8	91,0	13,5	83,6	83,8	84,0	84,2	84,4
7,5	90,2	90,4	90,6	90,8	91,0	14	83,4	83,6	83,8	84,0	84,2
7	90,0	90,2	90,4	90,6	90,8	14,5	83,2	83,4	83,6	83,8	84,0
− 6,5	89,8	90,0	90,2	90,4	90,6	+15	83,0	83,2	83,4	83,6	83,8
− 6	89,8	90,0	90,2	90,4	90,4	+ 15,5	82,8	83,0	83,2	83,4	83,6
5,5	89,6	89,8	90,0	90,2	90,4	16	82,6	82,8	83,0	83,2	83,4
5	89,4	89,6	89,8	90,0	90,2	16,5	82,4	82,6	82,8	83,0	83,2
4,5	89,2	89,4	89,6	89,8	90,0	17	82,4	82,6	82,8	83,0	83,2
4	89,2	89,4	89,6	89,8	89,8	17,5	82,2	82,4	82,6	82,8	83,0
− 3,5	89,0	89,2	89,4	89,6	89,8	+18	82,0	82,2	82,4	82,6	82,8
− 3	88,8	89,0	89,2	89,4	89,6	+ 18,5	81,8	82,0	82,2	82,4	82,6
2,5	88,6	88,8	89,0	89,2	89,4	19	81,6	81,8	82,0	82,2	82,4
2	88,6	88,8	89,0	89,2	89,4	19,5	81,4	81,6	81,8	82,0	82,2
1,5	88,4	88,6	88,8	89,0	89,2	20	81,2	81,4	81,6	82,0	82,2
1	88,2	88,4	88,6	88,8	89,0	20,5	81,2	81,4	81,6	81,8	82,0
− 0,5	88,0	88,2	88,4	88,6	88,8	+21	81,0	81,2	81,4	81,6	81,8
0	88,0	88,2	88,4	88,4	88,6						
+ 0,5	87,8	88,0	88,2	88,4	88,6	+ 21,5	80,8	81,0	81,2	81,4	81,6
1	87,6	87,8	88,0	88,2	88,4	22	80,6	80,8	81,0	81,2	81,4
1,5	87,4	87,6	87,8	88,0	88,2	22,5	80,4	80,6	80,8	81,0	81,2
2	87,2	87,4	87,6	87,8	88,0	23	80,2	80,4	80,6	80,8	81,0
2,5	87,2	87,4	87,4	87,6	87,8	23,5	80,0	80,2	80,4	80,6	80,8
+ 3	87,0	87,2	87,4	87,6	87,8	+24	79,8	80,2	80,4	80,6	80,8
+ 3,5	86,8	87,0	87,2	87,4	87,6	+ 24,5	79,8	80,0	80,2	80,4	80,6
4	86,6	86,8	87,0	87,2	87,4	25	79,6	79,8	80,0	80,2	80,4
4,5	86,4	86,6	86,8	87,0	87,2	25,5	79,4	79,6	79,8	80,0	80,2
5	86,4	86,6	86,8	87,0	87,0	26	79,2	79,4	79,6	79,8	80,0
5,5	86,2	86,4	86,6	86,8	87,0	26,5	79,0	79,2	79,4	79,6	79,8
+ 6	86,0	86,2	86,4	86,6	86,8	+27	78,8	79,0	79,2	79,4	79,6
+ 6,5	85,8	86,0	86,2	86,4	86,6	+ 27,5	78,6	78,8	79,0	79,2	79,4
7	85,6	85,8	86,0	86,2	86,4	28	78,4	78,6	78,8	79,2	79,4
7,5	85,6	85,6	85,8	86,0	86,2	28,5	78,4	78,6	78,8	79,0	79,2
8	85,4	85,6	85,8	86,0	86,2	29	78,2	78,4	78,6	78,8	79,0
8,5	85,2	85,4	85,6	85,8	86,0	29,5	78,0	78,2	78,4	78,6	78,8
+ 9	85,0	85,2	85,4	85,6	85,8	+30	77,8	78,0	78,2	78,4	78,6

Tafel 1
zur Ermittelung der wahren Stärke.

Wärmegrad	84,0	84,2	84,4	84,6	84,8	Wärmegrad	84,0	84,2	84,4	84,6	84,8
	Wahre für obige scheinbare Stärke						Wahre für obige scheinbare Stärke				
— 12	92,4	92,6	92,8	93,0	93,2	+ 9,5	85,8	86,0	86,2	86,4	86,6
11,5	92,2	92,4	92,6	92,8	93,0	10	85,6	85,8	86,0	86,2	86,4
11	92,2	92,4	92,6	92,6	92,8	10,5	85,6	85,8	86,0	86,2	86,4
10,5	92,0	92,2	92,4	92,6	92,8	11	85,4	85,6	85,8	86,0	86,2
10	91,8	92,0	92,2	92,4	92,6	11,5	85,2	85,4	85,6	85,8	86,0
— 9,5	91,6	91,8	92,0	92,2	92,4	+ 12	85,0	85,2	85,4	85,6	85,8
— 9	91,6	91,8	92,0	92,2	92,2	+ 12,5	84,8	85,0	85,2	85,4	85,6
8,5	91,4	91,6	91,8	92,0	92,2	13	84,6	84,8	85,0	85,2	85,4
8	91,2	91,4	91,6	91,8	92,0	13,5	84,6	84,8	85,0	85,2	85,4
7,5	91,2	91,2	91,4	91,6	91,8	14	84,4	84,6	84,8	85,0	85,2
7	91,0	91,2	91,4	91,6	91,8	14,5	84,2	84,4	84,6	84,8	85,0
— 6,5	90,8	91,0	91,2	91,4	91,6	+ 15	84,0	84,2	84,4	84,6	84,8
— 6	90,6	90,8	91,0	91,2	91,4	+ 15,5	83,8	84,0	84,2	84,4	84,6
5,5	90,6	90,8	90,8	91,0	91,2	16	83,6	83,8	84,0	84,2	84,4
5	90,4	90,6	90,8	91,0	91,2	16,5	83,4	83,6	83,8	84,0	84,2
4,5	90,2	90,4	90,6	90,8	91,0	17	83,4	83,6	83,8	84,0	84,2
4	90,0	90,2	90,4	90,6	90,8	17,5	83,2	83,4	83,6	83,8	84,0
— 3,5	90,0	90,2	90,4	90,4	90,6	+ 18	83,0	83,2	83,4	83,6	83,8
— 3	89,8	90,0	90,2	90,4	90,6	+ 18,5	82,8	83,0	83,2	83,4	83,6
2,5	89,6	89,8	90,0	90,2	90,4	19	82,6	82,8	83,0	83,2	83,4
2	89,4	89,6	89,8	90,0	90,2	19,5	82,4	82,6	82,8	83,0	83,2
1,5	89,4	89,6	89,8	89,8	90,0	20	82,4	82,6	82,8	83,0	83,2
1	89,2	89,4	89,6	89,8	90,0	20,5	82,2	82,4	82,6	82,8	83,0
— 0,5	89,0	89,2	89,4	89,6	89,8	+ 21	82,0	82,2	82,4	82,6	82,8
0	88,8	89,0	89,2	89,4	89,6						
+ 0,5	88,8	89,0	89,2	89,4	89,4	+ 21,5	81,8	82,0	82,2	82,4	82,6
1	88,6	88,8	89,0	89,2	89,4	22	81,6	81,8	82,0	82,2	82,4
1,5	88,4	88,6	88,8	89,0	89,2	22,5	81,4	81,6	81,8	82,0	82,2
2	88,2	88,4	88,6	88,8	89,0	23	81,2	81,4	81,6	81,8	82,0
2,5	88,0	88,2	88,4	88,6	88,8	23,5	81,0	81,2	81,4	81,6	81,8
+ 3	88,0	88,2	88,4	88,6	88,8	+ 24	81,0	81,2	81,4	81,6	81,8
+ 3,5	87,8	88,0	88,2	88,4	88,6	+ 24,5	80,8	81,0	81,2	81,4	81,6
4	87,6	87,8	88,0	88,2	88,4	25	80,6	80,8	81,0	81,2	81,4
4,5	87,4	87,6	87,8	88,0	88,2	25,5	80,4	80,6	80,8	81,0	81,2
5	87,2	87,4	87,6	87,8	88,0	26	80,2	80,4	80,6	80,8	81,0
5,5	87,2	87,4	87,6	87,8	88,0	26,5	80,0	80,2	80,4	80,6	80,8
+ 6	87,0	87,2	87,4	87,6	87,8	+ 27	79,8	80,0	80,2	80,4	80,6
+ 6,5	86,8	87,0	87,2	87,4	87,6	+ 27,5	79,6	79,8	80,0	80,2	80,6
7	86,6	86,8	87,0	87,2	87,4	28	79,6	79,8	80,0	80,2	80,4
7,5	86,4	86,6	86,8	87,0	87,2	28,5	79,4	79,6	79,8	80,0	80,2
8	86,4	86,6	86,8	87,0	87,2	29	79,2	79,4	79,6	79,8	80,0
8,5	86,2	86,4	86,6	86,8	87,0	29,5	79,0	79,2	79,4	79,6	79,8
+ 9	86,0	86,2	86,4	86,6	86,8	+ 30	78,8	79,0	79,2	79,4	79,6

Tafel 1
zur Ermittelung der wahren Stärke.

Wärmegrad	85,0	85,2	85,4	85,6	85,8	Wärmegrad	85,0	85,2	85,4	85,6	85,8
	Wahre für obige scheinbare Stärke						Wahre für obige scheinbare Stärke				
− 12	93,4	93,6	93,6	93,8	94,0	+ 9,5	86,8	87,0	87,2	87,4	87,6
11,5	93,2	93,4	93,6	93,8	94,0	10	86,6	86,8	87,0	87,2	87,4
11	93,0	93,2	93,4	93,6	93,8	10,5	86,6	86,8	86,8	87,0	87,2
10,5	93,0	93,0	93,2	93,4	93,6	11	86,4	86,6	86,8	87,0	87,2
10	92,8	93,0	93,2	93,4	93,4	11,5	86,2	86,4	86,6	86,8	87,0
− 9,5	92,6	92,8	93,0	93,2	93,4	+12	86,0	86,2	86,4	86,6	86,8
− 9	92,4	92,6	92,8	93,0	93,2	+ 12,5	85,8	86,0	86,2	86,4	86,6
8,5	92,4	92,6	92,6	92,8	93,0	13	85,6	85,8	86,0	86,2	86,4
8	92,2	92,4	92,6	92,8	93,0	13,5	85,6	85,6	85,8	86,0	86,2
7,5	92,0	92,2	92,4	92,6	92,8	14	85,4	85,6	85,8	86,0	86,2
7	91,8	92,0	92,2	92,4	92,6	14,5	85,2	85,4	85,6	85,8	86,0
− 6,5	91,8	92,0	92,2	92,2	92,4	+15	85,0	85,2	85,4	85,6	85,8
− 6	91,6	91,8	92,0	92,2	92,4	+ 15,5	84,8	85,0	85,2	85,4	85,6
5,5	91,4	91,6	91,8	92,0	92,2	16	84,6	84,8	85,0	85,2	85,4
5	91,4	91,6	91,6	91,8	92,0	16,5	84,4	84,8	85,0	85,2	85,4
4,5	91,2	91,4	91,6	91,8	91,8	17	84,4	84,6	84,8	85,0	85,2
4	91,0	91,2	91,4	91,6	91,8	17,5	84,2	84,4	84,6	84,8	85,0
− 3,5	90,8	91,0	91,2	91,4	91,6	+18	84,0	84,2	84,4	84,6	84,8
− 3	90,8	91,0	91,2	91,2	91,4	+ 18,5	83,8	84,0	84,2	84,4	84,6
2,5	90,6	90,8	91,0	91,2	91,4	19	83,6	83,8	84,0	84,2	84,4
2	90,4	90,6	90,8	91,0	91,2	19,5	83,4	83,6	83,8	84,0	84,2
1,5	90,2	90,4	90,6	90,8	91,0	20	83,4	83,6	83,8	84,0	84,2
1	90,2	90,4	90,6	90,6	90,8	20,5	83,2	83,4	83,6	83,8	84,0
− 0,5	90,0	90,2	90,4	90,6	90,8	+21	83,0	83,2	83,4	83,6	83,8
0	89,8	90,0	90,2	90,4	90,6						
+ 0,5	89,6	89,8	90,0	90,2	90,4	+ 21,5	82,8	83,0	83,2	83,4	83,6
1	89,6	89,8	90,0	90,0	90,2	22	82,6	82,8	83,0	83,2	83,4
1,5	89,4	89,6	89,8	90,0	90,2	22,5	82,4	82,6	82,8	83,0	83,2
2	89,2	89,4	89,6	89,8	90,0	23	82,2	82,4	82,6	82,8	83,0
2,5	89,0	89,2	89,4	89,6	89,8	23,5	82,0	82,2	82,6	82,8	83,0
+ 3	88,8	89,0	89,2	89,4	89,6	+24	82,0	82,2	82,4	82,6	82,8
+ 3,5	88,8	89,0	89,2	89,4	89,6	+ 24,5	81,8	82,0	82,2	82,4	82,6
4	88,6	88,8	89,0	89,2	89,4	25	81,6	81,8	82,0	82,2	82,4
4,5	88,4	88,6	88,8	89,0	89,2	25,5	81,4	81,6	81,8	82,0	82,2
5	88,2	88,4	88,6	88,8	89,0	26	81,2	81,4	81,6	81,8	82,0
5,5	88,2	88,2	88,4	88,6	88,8	26,5	81,0	81,2	81,4	81,6	81,8
+ 6	88,0	88,2	88,4	88,6	88,8	+27	80,8	81,0	81,4	81,6	81,8
+ 6,5	87,8	88,0	88,2	88,4	88,6	+ 27,5	80,8	81,0	81,2	81,4	81,6
7	87,6	87,8	88,0	88,2	88,4	28	80,6	80,8	81,0	81,2	81,4
7,5	87,4	87,6	87,8	88,0	88,2	28,5	80,4	80,6	80,8	81,0	81,2
8	87,4	87,6	87,6	87,8	88,0	29	80,2	80,4	80,6	80,8	81,0
8,5	87,2	87,4	87,6	87,8	88,0	29,5	80,0	80,2	80,4	80,6	80,8
+ 9	87,0	87,2	87,4	87,6	87,8	+30	79,8	80,0	80,2	80,4	80,6

Tafel 1
zur Ermittelung der wahren Stärke.

Wärme-grad	86,0	86,2	86,4	86,6	86,8
	Wahre für obige scheinbare Stärke				
— 12	94,2	94,4	94,6	94,8	95,0
11,5	94,2	94,2	94,4	94,6	94,8
11	94,0	94,2	94,4	94,6	94,6
10,5	93,8	94,0	94,2	94,4	94,6
10	93,6	93,8	94,0	94,2	94,4
— 9,5	93,6	93,8	94,0	94,0	94,2
— 9	93,4	93,6	93,8	94,0	94,2
8,5	93,2	93,4	93,6	93,8	94,0
8	93,2	93,2	93,4	93,6	93,8
7,5	93,0	93,2	93,4	93,6	93,6
7	92,8	93,0	93,2	93,4	93,6
— 6,5	92,6	92,8	93,0	93,2	93,4
— 6	92,6	92,8	92,8	93,0	93,2
5,5	92,4	92,6	92,8	93,0	93,2
5	92,2	92,4	92,6	92,8	93,0
4,5	92,2	92,2	92,4	92,6	92,8
4	92,0	92,2	92,4	92,6	92,6
— 3,5	91,8	92,0	92,2	92,4	92,6
— 3	91,6	91,8	92,0	92,2	92,4
2,5	91,6	91,8	91,8	92,0	92,2
2	91,4	91,6	91,8	92,0	92,2
1,5	91,2	91,4	91,6	91,8	92,0
1	91,0	91,2	91,4	91,6	91,8
— 0,5	91,0	91,2	91,2	91,4	91,6
0	90,8	91,0	91,2	91,4	91,6
+ 0,5	90,6	90,8	91,0	91,2	91,4
1	90,4	90,6	90,8	91,0	91,2
1,5	90,4	90,6	90,6	90,8	91,0
2	90,2	90,4	90,6	90,8	91,0
2,5	90,0	90,2	90,4	90,6	90,8
+ 3	89,8	90,0	90,2	90,4	90,6
+ 3,5	89,6	89,8	90,0	90,2	90,4
4	89,6	89,8	90,0	90,2	90,4
4,5	89,4	89,6	89,8	90,0	90,2
5	89,2	89,4	89,6	89,8	90,0
5,5	89,0	89,2	89,4	89,6	89,8
+ 6	89,0	89,2	89,4	89,6	89,8
+ 6,5	88,8	89,0	89,2	89,4	89,6
7	88,6	88,8	89,0	89,2	89,4
7,5	88,4	88,6	88,8	89,0	89,2
8	88,2	88,4	88,6	88,8	89,0
8,5	88,2	88,4	88,6	88,8	89,0
+ 9	88,0	88,2	88,4	88,6	88,8

Wärme-grad	86,0	86,2	86,4	86,6	86,8
	Wahre für obige scheinbare Stärke				
+ 9,5	87,8	88,0	88,2	88,4	88,6
10	87,6	87,8	88,0	88,2	88,4
10,5	87,4	87,6	87,8	88,0	88,2
11	87,4	87,6	87,8	88,0	88,2
11,5	87,2	87,4	87,6	87,8	88,0
+ 12	87,0	87,2	87,4	87,6	87,8
+ 12,5	86,8	87,0	87,2	87,4	87,6
13	86,6	86,8	87,0	87,2	87,4
13,5	86,4	86,6	86,8	87,0	87,2
14	86,4	86,6	86,8	87,0	87,2
14,5	86,2	86,4	86,6	86,8	87,0
+ 15	86,0	86,2	86,4	86,6	86,8
+ 15,5	85,8	86,0	86,2	86,4	86,6
16	85,6	85,8	86,0	86,2	86,4
16,5	85,6	85,8	86,0	86,2	86,4
17	85,4	85,6	85,8	86,0	86,2
17,5	85,2	85,4	85,6	85,8	86,0
+ 18	85,0	85,2	85,4	85,6	85,8
+ 18,5	84,8	85,0	85,2	85,4	85,6
19	84,6	84,8	85,0	85,2	85,4
19,5	84,6	84,8	85,0	85,2	85,4
20	84,4	84,6	84,8	85,0	85,2
20,5	84,2	84,4	84,6	84,8	85,0
+ 21	84,0	84,2	84,4	84,6	84,8
+ 21,5	83,8	84,0	84,2	84,4	84,6
22	83,6	83,8	84,0	84,2	84,4
22,5	83,4	83,6	83,8	84,0	84,2
23	83,4	83,6	83,8	84,0	84,2
23,5	83,2	83,4	83,6	83,8	84,0
+ 24	83,0	83,2	83,4	83,6	83,8
+ 24,5	82,8	83,0	83,2	83,4	83,6
25	82,6	82,8	83,0	83,2	83,4
25,5	82,4	82,6	82,8	83,0	83,2
26	82,2	82,4	82,6	82,8	83,0
26,5	82,0	82,2	82,6	82,8	83,0
+ 27	82,0	82,2	82,4	82,6	82,8
+ 27,5	81,8	82,0	82,2	82,4	82,6
28	81,6	81,8	82,0	82,2	82,4
28,5	81,4	81,6	81,8	82,0	82,2
29	81,2	81,4	81,6	81,8	82,0
29,5	81,0	81,2	81,4	81,6	81,8
+ 30	80,8	81,0	81,2	81,4	81,6

Tafel 1
zur Ermittelung der wahren Stärke.

Wärmegrad	87,0	87,2	87,4	87,6	87,8
	Wahre für obige scheinbare Stärke				
− 12	95,2	95,4	95,4	95,6	95,8
11,5	95,0	95,2	95,4	95,6	95,8
11	94,8	95,0	95,2	95,4	95,6
10,5	94,8	95,0	95,0	95,2	95,4
10	94,6	94,8	95,0	95,2	95,4
− 9,5	94,4	94,6	94,8	95,0	95,2
− 9	94,4	94,4	94,6	94,8	95,0
8,5	94,2	94,4	94,6	94,6	94,8
8	94,0	94,2	94,4	94,6	94,8
7,5	93,8	94,0	94,2	94,4	94,6
7	93,8	94,0	94,0	94,2	94,4
− 6,5	93,6	93,8	94,0	94,2	94,4
− 6	93,4	93,6	93,8	94,0	94,2
5,5	93,4	93,4	93,6	93,8	94,0
5	93,2	93,4	93,6	93,8	93,8
4,5	93,0	93,2	93,4	93,6	93,8
4	92,8	93,0	93,2	93,4	93,6
− 3,5	92,8	93,0	93,0	93,2	93,4
− 3	92,6	92,8	93,0	93,2	93,4
2,5	92,4	92,6	92,8	93,0	93,2
2	92,4	92,4	92,6	92,8	93,0
1,5	92,2	92,4	92,6	92,8	92,8
1	92,0	92,2	92,4	92,6	92,8
− 0,5	91,8	92,0	92,2	92,4	92,6
0	91,8	91,8	92,0	92,2	92,4
+ 0,5	91,6	91,8	92,0	92,2	92,4
1	91,4	91,6	91,8	92,0	92,2
1,5	91,2	91,4	91,6	91,8	92,0
2	91,2	91,4	91,6	91,6	91,8
2,5	91,0	91,2	91,4	91,6	91,8
+ 3	90,8	91,0	91,2	91,4	91,6
+ 3,5	90,6	90,8	91,0	91,2	91,4
4	90,6	90,6	90,8	91,0	91,2
4,5	90,4	90,6	90,8	91,0	91,2
5	90,2	90,4	90,6	90,8	91,0
5,5	90,0	90,2	90,4	90,6	90,8
+ 6	89,8	90,0	90,2	90,4	90,6
+ 6,5	89,8	90,0	90,2	90,4	90,6
7	89,6	89,8	90,0	90,2	90,4
7,5	89,4	89,6	89,8	90,0	90,2
8	89,2	89,4	89,6	89,8	90,0
8,5	89,2	89,4	89,4	89,6	89,8
+ 9	89,0	89,2	89,4	89,6	89,8

Wärmegrad	87,0	87,2	87,4	87,6	87,8
	Wahre für obige scheinbare Stärke				
+ 9,5	88,8	89,0	89,2	89,4	89,6
10	88,6	88,8	89,0	89,2	89,4
10,5	88,4	88,6	88,8	89,0	89,2
11	88,4	88,6	88,8	89,0	89,2
11,5	88,2	88,4	88,6	88,8	89,0
+ 12	88,0	88,2	88,4	88,6	88,8
+ 12,5	87,8	88,0	88,2	88,4	88,6
13	87,6	87,8	88,0	88,2	88,4
13,5	87,4	87,6	87,8	88,0	88,2
14	87,4	87,6	87,8	88,0	88,2
14,5	87,2	87,4	87,6	87,8	88,0
+ 15	87,0	87,2	87,4	87,6	87,8
+ 15,5	86,8	87,0	87,2	87,4	87,6
16	86,6	86,8	87,0	87,2	87,4
16,5	86,6	86,8	87,0	87,2	87,4
17	86,4	86,6	86,8	87,0	87,2
17,5	86,2	86,4	86,6	86,8	87,0
+ 18	86,0	86,2	86,4	86,6	86,8
+ 18,5	85,8	86,0	86,2	86,4	86,6
19	85,6	85,8	86,0	86,2	86,4
19,5	85,6	85,8	86,0	86,2	86,4
20	85,4	85,6	85,8	86,0	86,2
20,5	85,2	85,4	85,6	85,8	86,0
+ 21	85,0	85,2	85,4	85,6	85,8
+ 21,5	84,8	85,0	85,2	85,4	85,6
22	84,6	84,8	85,0	85,2	85,4
22,5	84,4	84,6	85,0	85,2	85,4
23	84,4	84,6	84,8	85,0	85,2
23,5	84,2	84,4	84,6	84,8	85,0
+ 24	84,0	84,2	84,4	84,6	84,8
24,5	83,8	84,0	84,2	84,4	84,6
25	83,6	83,8	84,0	84,2	84,4
25,5	83,4	83,6	83,8	84,0	84,2
26	83,2	83,4	83,8	84,0	84,2
26,5	83,2	83,4	83,6	83,8	84,0
+ 27	83,0	83,2	83,4	83,6	83,8
+ 27,5	82,8	83,0	83,2	83,4	83,6
28	82,6	82,8	83,0	83,2	83,4
28,5	82,4	82,6	82,8	83,0	83,2
29	82,2	82,4	82,6	82,8	83,0
29,5	82,0	82,2	82,4	82,8	83,0
+ 30	81,8	82,2	82,4	82,6	82,8

Tafel 1
zur Ermittelung der wahren Stärke.

Wärmegrad	88,0	88,2	88,4	88,6	88,8	Wärmegrad	88,0	88,2	88,4	88,6	88,8
	Wahre für obige scheinbare Stärke						Wahre für obige scheinbare Stärke				
— 12	96,0	96,2	96,4	96,6	96,8	+ 9,5	89,8	90,0	90,2	90,4	90,6
11,5	96,0	96,0	96,2	96,4	96,6	10	89,6	89,8	90,0	90,2	90,4
11	95,8	96,0	96,2	96,2	96,4	10,5	89,4	89,6	89,8	90,0	90,2
10,5	95,6	95,8	96,0	96,2	96,4	11	89,4	89,6	89,6	89,8	90,0
10	95,4	95,6	95,8	96,0	96,2	11,5	89,2	89,4	89,6	89,8	90,0
— 9,5	95,4	95,6	95,6	95,8	96,0	+ 12	89,0	89,2	89,4	89,6	89,8
— 9	95,2	95,4	95,6	95,8	96,0	+ 12,5	88,8	89,0	89,2	89,4	89,6
8,5	95,0	95,2	95,4	95,6	95,8	13	88,6	88,8	89,0	89,2	89,4
8	95,0	95,2	95,2	95,4	95,6	13,5	88,4	88,6	88,8	89,0	89,2
7,5	94,8	95,0	95,2	95,4	95,6	14	88,4	88,6	88,8	89,0	89,2
7	94,6	94,8	95,0	95,2	95,4	14,5	88,2	88,4	88,6	88,8	89,0
— 6,5	94,6	94,6	94,8	95,0	95,2	+ 15	88,0	88,2	88,4	88,6	88,8
— 6	94,4	94,6	94,8	95,0	95,0	+ 15,5	87,8	88,0	88,2	88,4	88,6
5,5	94,2	94,4	94,6	94,8	95,0	16	87,6	87,8	88,0	88,2	88,4
5	94,0	94,2	94,4	94,6	94,8	16,5	87,6	87,8	88,0	88,2	88,4
4,5	94,0	94,2	94,2	94,4	94,6	17	87,4	87,6	87,8	88,0	88,2
4	93,8	94,0	94,2	94,4	94,6	17,5	87,2	87,4	87,6	87,8	88,0
— 3,5	93,6	93,8	94,0	94,2	94,4	+ 18	87,0	87,2	87,4	87,6	87,8
— 3	93,6	93,8	93,8	94,0	94,2	+ 18,5	86,8	87,0	87,2	87,4	87,6
2,5	93,4	93,6	93,8	94,0	94,0	19	86,6	86,8	87,2	87,4	87,6
2	93,2	93,4	93,6	93,8	94,0	19,5	86,6	86,8	87,0	87,2	87,4
1,5	93,0	93,2	93,4	93,6	93,8	20	86,4	86,6	86,8	87,0	87,2
1	93,0	93,2	93,4	93,4	93,6	20,5	86,2	86,4	86,6	86,8	87,0
— 0,5	92,8	93,0	93,2	93,4	93,6	+ 21	86,0	86,2	86,4	86,6	86,8
0	92,6	92,8	93,0	93,2	93,4						
+ 0,5	92,6	92,6	92,8	93,0	93,2	+ 21,5	85,8	86,0	86,2	86,4	86,6
1	92,4	92,6	92,8	93,0	93,2	22	85,6	85,8	86,2	86,4	86,6
1,5	92,2	92,4	92,6	92,8	93,0	22,5	85,6	85,8	86,0	86,2	86,4
2	92,0	92,2	92,4	92,6	92,8	23	85,4	85,6	85,8	86,0	86,2
2,5	92,0	92,2	92,2	92,4	92,6	23,5	85,2	85,4	85,6	85,8	86,0
+ 3	91,8	92,0	92,2	92,4	92,6	+ 24	85,0	85,2	85,4	85,6	85,8
+ 3,5	91,6	91,8	92,0	92,2	92,4	+ 24,5	84,8	85,0	85,2	85,4	85,6
4	91,4	91,6	91,8	92,0	92,2	25	84,6	84,8	85,0	85,2	85,6
4,5	91,4	91,6	91,6	91,8	92,0	25,5	84,4	84,8	85,0	85,2	85,4
5	91,2	91,4	91,6	91,8	92,0	26	84,4	84,6	84,8	85,0	85,2
5,5	91,0	91,2	91,4	91,6	91,8	26,5	84,2	84,4	84,6	84,8	85,0
+ 6	90,8	91,0	91,2	91,4	91,6	+ 27	84,0	84,2	84,4	84,6	84,8
+ 6,5	90,8	90,8	91,0	91,2	91,4	+ 27,5	83,8	84,0	84,2	84,4	84,6
7	90,6	90,8	91,0	91,2	91,4	28	83,6	83,8	84,0	84,2	84,4
7,5	90,4	90,6	90,8	91,0	91,2	28,5	83,4	83,6	83,8	84,0	84,2
8	90,2	90,4	90,6	90,8	91,0	29	83,2	83,6	83,8	84,0	84,2
8,5	90,0	90,2	90,4	90,6	90,8	29,5	83,2	83,4	83,6	83,8	84,0
+ 9	90,0	90,2	90,4	90,6	90,8	+ 30	83,0	83,2	83,4	83,6	83,8

Tafel 1
zur Ermittelung der wahren Stärke.

Wärmegrad	89,0	89,2	89,4	89,6	89,8
	Wahre für obige scheinbare Stärke				
− 12	97,0	97,0	97,2	97,4	97,6
11,5	96,8	97,0	97,2	97,4	97,4
11	96,6	96,8	97,0	97,2	97,4
10,5	96,6	96,6	96,8	97,0	97,2
10	96,4	96,6	96,8	97,0	97,0
− 9,5	96,2	96,4	96,6	96,8	97,0
− 9	96,2	96,2	96,4	96,6	96,8
8,5	96,0	96,2	96,4	96,4	96,6
8	95,8	96,0	96,2	96,4	96,6
7,5	95,6	95,8	96,0	96,2	96,4
7	95,6	95,8	96,0	96,0	96,2
− 6,5	95,4	95,6	95,8	96,0	96,2
− 6	95,2	95,4	95,6	95,8	96,0
5,5	95,2	95,2	95,4	95,6	95,8
5	95,0	95,2	95,4	95,6	95,8
4,5	94,8	95,0	95,2	95,4	95,6
4	94,8	94,8	95,0	95,2	95,4
− 3,5	94,6	94,8	95,0	95,2	95,2
− 3	94,4	94,6	94,8	95,0	95,2
2,5	94,2	94,4	94,6	94,8	95,0
2	94,2	94,4	94,6	94,6	94,8
1,5	94,0	94,2	94,4	94,6	94,8
1	93,8	94,0	94,2	94,4	94,6
− 0,5	93,8	94,0	94,0	94,2	94,4
0	93,6	93,8	94,0	94,2	94,4
+ 0,5	93,4	93,6	93,8	94,0	94,2
1	93,2	93,4	93,6	93,8	94,0
1,5	93,2	93,4	93,6	93,8	93,8
2	93,0	93,2	93,4	93,6	93,8
2,5	92,8	93,0	93,2	93,4	93,6
+ 3	92,8	93,0	93,0	93,2	93,4
+ 3,5	92,6	92,8	93,0	93,2	93,4
4	92,4	92,6	92,8	93,0	93,2
4,5	92,2	92,4	92,6	92,8	93,0
5	92,2	92,4	92,4	92,6	92,8
5,5	92,0	92,2	92,4	92,6	92,8
+ 6	91,8	92,0	92,2	92,4	92,6
+ 6,5	91,6	91,8	92,0	92,2	92,4
7	91,6	91,6	91,8	92,0	92,2
7,5	91,4	91,6	91,8	92,0	92,2
8	91,2	91,4	91,6	91,8	92,0
8,5	91,0	91,2	91,4	91,6	91,8
+ 9	91,0	91,0	91,2	91,4	91,6

Wärmegrad	89,0	89,2	89,4	89,6	89,8
	Wahre für obige scheinbare Stärke				
+ 9,5	90,8	91,0	91,2	91,4	91,6
10	90,6	90,8	91,0	91,2	91,4
10,5	90,4	90,6	90,8	91,0	91,2
11	90,2	90,4	90,6	90,8	91,0
11,5	90,2	90,4	90,6	90,8	91,0
+ 12	90,0	90,2	90,4	90,6	90,8
+ 12,5	89,8	90,0	90,2	90,4	90,6
13	89,6	89,8	90,0	90,2	90,4
13,5	89,4	89,6	89,8	90,0	90,2
14	89,4	89,6	89,8	90,0	90,2
14,5	89,2	89,4	89,6	89,8	90,0
+ 15	89,0	89,2	89,4	89,6	89,8
+ 15,5	88,8	89,0	89,2	89,4	89,6
16	88,6	88,8	89,0	89,2	89,4
16,5	88,6	88,8	89,0	89,2	89,4
17	88,4	88,6	88,8	89,0	89,2
17,5	88,2	88,4	88,6	88,8	89,0
+ 18	88,0	88,2	88,4	88,6	88,8
+ 18,5	87,8	88,0	88,2	88,4	88,6
19	87,8	88,0	88,2	88,4	88,6
19,5	87,6	87,8	88,0	88,2	88,4
20	87,4	87,6	87,8	88,0	88,2
20,5	87,2	87,4	87,6	87,8	88,0
+ 21	87,0	87,2	87,4	87,6	87,8
+ 21,5	86,8	87,0	87,4	87,6	87,8
22	86,8	87,0	87,2	87,4	87,6
22,5	86,6	86,8	87,0	87,2	87,4
23	86,4	86,6	86,8	87,0	87,2
23,5	86,2	86,4	86,6	86,8	87,0
+ 24	86,0	86,2	86,4	86,6	86,8
+ 24,5	85,8	86,0	86,2	86,6	86,8
25	85,8	86,0	86,2	86,4	86,6
25,5	85,6	85,8	86,0	86,2	86,4
26	85,4	85,6	85,8	86,0	86,2
26,5	85,2	85,4	85,6	85,8	86,0
+ 27	85,0	85,2	85,4	85,6	85,8
+ 27,5	84,8	85,0	85,2	85,4	85,6
28	84,6	84,8	85,2	85,4	85,6
28,5	84,6	84,8	85,0	85,2	85,4
29	84,4	84,6	84,8	85,0	85,2
29,5	84,2	84,4	84,6	84,8	85,0
+ 30	84,0	84,2	84,4	84,6	84,8

Tafel 1
zur Ermittelung der wahren Stärke.

Wärmegrad	90,0	90,2	90,4	90,6	90,8
	Wahre für obige scheinbare Stärke				
− 12	97,8	98,0	98,2	98,4	98,4
11,5	97,6	97,8	98,0	98,2	98,4
11	97,6	97,8	97,8	98,0	98,2
10,5	97,4	97,6	97,8	98,0	98,2
10	97,2	97,4	97,6	97,8	98,0
− 9,5	97,2	97,4	97,4	97,6	97,8
− 9	97,0	97,2	97,4	97,6	97,8
8,5	96,8	97,0	97,2	97,4	97,6
8	96,8	96,8	97,0	97,2	97,4
7,5	96,6	96,8	97,0	97,2	97,4
7	96,4	96,6	96,8	97,0	97,2
− 6,5	96,4	96,4	96,6	96,8	97,0
− 6	96,2	96,4	96,6	96,8	96,8
5,5	96,0	96,2	96,4	96,6	96,8
5	95,8	96,0	96,2	96,4	96,6
4,5	95,8	96,0	96,2	96,4	96,4
4	95,6	95,8	96,0	96,2	96,4
− 3,5	95,4	95,6	95,8	96,0	96,2
− 3	95,4	95,6	95,8	95,8	96,0
2,5	95,2	95,4	95,6	95,8	96,0
2	95,0	95,2	95,4	95,6	95,8
1,5	95,0	95,2	95,2	95,4	95,6
1	94,8	95,0	95,2	95,4	95,6
− 0,5	94,6	94,8	95,0	95,2	95,4
0	94,6	94,6	94,8	95,0	95,2
+ 0,5	94,4	94,6	94,8	95,0	95,2
1	94,2	94,4	94,6	94,8	95,0
1,5	94,0	94,2	94,4	94,6	94,8
2	94,0	94,2	94,4	94,6	94,6
2,5	93,8	94,0	94,2	94,4	94,6
+ 3	93,6	93,8	94,0	94,2	94,4
+ 3,5	93,6	93,6	93,8	94,0	94,2
4	93,4	93,6	93,8	94,0	94,2
4,5	93,2	93,4	93,6	93,8	94,0
5	93,0	93,2	93,4	93,6	93,8
5,5	93,0	93,2	93,4	93,6	93,6
+ 6	92,8	93,0	93,2	93,4	93,6
+ 6,5	92,6	92,8	93,0	93,2	93,4
7	92,4	92,6	92,8	93,0	93,2
7,5	92,4	92,6	92,8	92,8	93,0
8	92,2	92,4	92,6	92,8	93,0
8,5	92,0	92,2	92,4	92,6	92,8
+ 9	91,8	92,0	92,2	92,4	92,6

Wärmegrad	90,0	90,2	90,4	90,6	90,8
	Wahre für obige scheinbare Stärke				
+ 9,5	91,8	92,0	92,2	92,4	92,4
10	91,6	91,8	92,0	92,2	92,4
10,5	91,4	91,6	91,8	92,0	92,2
11	91,2	91,4	91,6	91,8	92,0
11,5	91,2	91,4	91,6	91,6	91,8
+ 12	91,0	91,2	91,4	91,6	91,8
+ 12,5	90,8	91,0	91,2	91,4	91,6
13	90,6	90,8	91,0	91,2	91,4
13,5	90,4	90,6	90,8	91,0	91,2
14	90,4	90,6	90,8	91,0	91,2
14,5	90,2	90,4	90,6	90,8	91,0
+ 15	90,0	90,2	90,4	90,6	90,8
+ 15,5	89,8	90,0	90,2	90,4	90,6
16	89,6	89,8	90,0	90,2	90,4
16,5	89,6	89,8	90,0	90,2	90,4
17	89,4	89,6	89,8	90,0	90,2
17,5	89,2	89,4	89,6	89,8	90,0
+ 18	89,0	89,2	89,4	89,6	89,8
+ 18,5	88,8	89,0	89,2	89,4	89,6
19	88,8	89,0	89,2	89,4	89,6
19,5	88,6	88,8	89,0	89,2	89,4
20	88,4	88,6	88,8	89,0	89,2
20,5	88,2	88,4	88,6	88,8	89,0
+ 21	88,0	88,2	88,4	88,6	88,8
+ 21,5	88,0	88,2	88,4	88,6	88,8
22	87,8	88,0	88,2	88,4	88,6
22,5	87,6	87,8	88,0	88,2	88,4
23	87,4	87,6	87,8	88,0	88,2
23,5	87,2	87,4	87,6	87,8	88,0
+ 24	87,0	87,2	87,4	87,8	88,0
+ 24,5	87,0	87,2	87,4	87,6	87,8
25	86,8	87,0	87,2	87,4	87,6
25,5	86,6	86,8	87,0	87,2	87,4
26	86,4	86,6	86,8	87,0	87,2
26,5	86,2	86,4	86,6	86,8	87,0
+ 27	86,0	86,2	86,4	86,6	86,8
+ 27,5	85,8	86,2	86,4	86,6	86,8
28	85,8	86,0	86,2	86,4	86,6
28,5	85,6	85,8	86,0	86,2	86,4
29	85,4	85,6	85,8	86,0	86,2
29,5	85,2	85,4	85,6	85,8	86,0
+ 30	85,0	85,2	85,4	85,6	85,8

Tafel 1
zur Ermittelung der wahren Stärke.

Wärmegrad	91,0	91,2	91,4	91,6	91,8	Wärmegrad	91,0	91,2	91,4	91,6	91,8
	Wahre für obige scheinbare Stärke						Wahre für obige scheinbare Stärke				
— 12	98,6	98,8	99,0	99,2	99,4	+ 9,5	92,6	92,8	93,0	93,2	93,4
11,5	98,6	98,8	98,8	99,0	99,2	10	92,6	92,8	93,0	93,2	93,4
11	98,4	98,6	98,8	99,0	99,2	10,5	92,4	92,6	92,8	93,0	93,2
10,5	98,2	98,4	98,6	98,8	99,0	11	92,2	92,4	92,6	92,8	93,0
10	98,2	98,4	98,4	98,6	98,8	11,5	92,0	92,2	92,4	92,6	92,8
— 9,5	98,0	98,2	98,4	98,6	98,8	+12	92,0	92,2	92,4	92,6	92,8
— 9	97,8	98,0	98,2	98,4	98,6	+12,5	91,8	92,0	92,2	92,4	92,6
8,5	97,8	98,0	98,2	98,2	98,4	13	91,6	91,8	92,0	92,2	92,4
8	97,6	97,8	98,0	98,2	98,4	13,5	91,4	91,6	91,8	92,0	92,2
7,5	97,4	97,6	97,8	98,0	98,2	14	91,4	91,6	91,8	92,0	92,2
7	97,4	97,6	97,8	97,8	98,0	14,5	91,2	91,4	91,6	91,8	92,0
— 6,5	97,2	97,4	97,6	97,8	98,0	+15	91,0	91,2	91,4	91,6	91,8
— 6	97,0	97,2	97,4	97,6	97,8	+15,5	90,8	91,0	91,2	91,4	91,6
5,5	97,0	97,2	97,2	97,4	97,6	16	90,6	90,8	91,0	91,2	91,4
5	96,8	97,0	97,2	97,4	97,6	16,5	90,6	90,8	91,0	91,2	91,4
4,5	96,6	96,8	97,0	97,2	97,4	17	90,4	90,6	90,8	91,0	91,2
4	96,6	96,8	96,8	97,0	97,2	17,5	90,2	90,4	90,6	90,8	91,0
— 3,5	96,4	96,6	96,8	97,0	97,2	+18	90,0	90,2	90,4	90,6	90,8
— 3	96,2	96,4	96,6	96,8	97,0	+18,5	89,8	90,0	90,4	90,6	90,8
2,5	96,2	96,2	96,4	96,6	96,8	19	89,8	90,0	90,2	90,4	90,6
2	96,0	96,2	96,4	96,6	96,8	19,5	89,6	89,8	90,0	90,2	90,4
1,5	95,8	96,0	96,2	96,4	96,6	20	89,4	89,6	89,8	90,0	90,2
1	95,8	95,8	96,0	96,2	96,4	20,5	89,2	89,4	89,6	89,8	90,0
— 0,5	95,6	95,8	96,0	96,2	96,4	+21	89,0	89,2	89,6	89,8	90,0
0	95,4	95,6	95,8	96,0	96,2						
+ 0,5	95,4	95,4	95,6	95,8	96,0	+21,5	89,0	89,2	89,4	89,6	89,8
1	95,2	95,4	95,6	95,8	95,8	22	88,8	89,0	89,2	89,4	89,6
1,5	95,0	95,2	95,4	95,6	95,8	22,5	88,6	88,8	89,0	89,2	89,4
2	94,8	95,0	95,2	95,4	95,6	23	88,4	88,6	88,8	89,0	89,2
2,5	94,8	95,0	95,2	95,2	95,4	23,5	88,2	88,4	88,6	89,0	89,2
+ 3	94,6	94,8	95,0	95,2	95,4	+24	88,2	88,4	88,6	88,8	89,0
+ 3,5	94,4	94,6	94,8	95,0	95,2	+24,5	88,0	88,2	88,4	88,6	88,8
4	94,2	94,4	94,6	94,8	95,0	25	87,8	88,0	88,2	88,4	88,6
4,5	94,2	94,4	94,6	94,8	95,0	25,5	87,6	87,8	88,0	88,2	88,4
5	94,0	94,2	94,4	94,6	94,8	26	87,4	87,6	87,8	88,0	88,2
5,5	93,8	94,0	94,2	94,4	94,6	26,5	87,2	87,4	87,8	88,0	88,2
+ 6	93,8	94,0	94,2	94,4	94,4	+27	87,2	87,4	87,6	87,8	88,0
+ 6,5	93,6	93,8	94,0	94,2	94,4	+27,5	87,0	87,2	87,4	87,6	87,8
7	93,4	93,6	93,8	94,0	94,2	28	86,8	87,0	87,2	87,4	87,6
7,5	93,2	93,4	93,6	93,8	94,0	28,5	86,6	86,8	87,0	87,2	87,4
8	93,2	93,4	93,6	93,8	94,0	29	86,4	86,6	86,8	87,0	87,2
8,5	93,0	93,2	93,4	93,6	93,8	29,5	86,2	86,4	86,6	86,8	87,2
+ 9	92,8	93,0	93,2	93,4	93,6	+30	86,0	86,2	86,6	86,8	87,0

Tafel 1
zur Ermittelung der wahren Stärke.

Wärmegrad	92,0	92,2	92,4	92,6	92,8	Wärmegrad	92,0	92,2	92,4	92,6	92,8
	Wahre für obige scheinbare Stärke						Wahre für obige scheinbare Stärke				
— 12	99,6	99,8	100,0			+ 9,5	93,6	93,8	94,0	94,2	94,4
11,5	99,4	99,6	99,8	100,0		10	93,6	93,8	94,0	94,0	94,2
11	99,2	99,4	99,6	99,8	100,0	10,5	93,4	93,6	93,8	94,0	94,2
10,5	99,2	99,4	99,6	99,6	99,8	11	93,2	93,4	93,6	93,8	94,0
10	99,0	99,2	99,4	99,6	99,8	11,5	93,0	93,2	93,4	93,6	93,8
— 9,5	98,8	99,0	99,2	99,4	99,6	+ 12	93,0	93,2	93,4	93,6	93,8
— 9	98,8	99,0	99,2	99,2	99,4	+ 12,5	92,8	93,0	93,2	93,4	93,6
8,5	98,6	98,8	99,0	99,2	99,4	13	92,6	92,8	93,0	93,2	93,4
8	98,6	98,6	98,8	99,0	99,2	13,5	92,4	92,6	92,8	93,0	93,2
7,5	98,4	98,6	98,8	99,0	99,0	14	92,4	92,6	92,8	93,0	93,2
7	98,2	98,4	98,6	98,8	99,0	14,5	92,2	92,4	92,6	92,8	93,0
— 6,5	98,2	98,2	98,4	98,6	98,8	+ 15	92,0	92,2	92,4	92,6	92,8
— 6	98,0	98,2	98,4	98,6	98,6	+ 15,5	91,8	92,0	92,2	92,4	92,6
5,5	97,8	98,0	98,2	98,4	98,6	16	91,6	91,8	92,0	92,4	92,6
5	97,8	97,8	98,0	98,2	98,4	16,5	91,6	91,8	92,0	92,2	92,4
4,5	97,6	97,8	98,0	98,2	98,2	17	91,4	91,6	91,8	92,0	92,2
4	97,4	97,6	97,8	98,0	98,2	17,5	91,2	91,4	91,6	91,8	92,0
— 3,5	97,2	97,4	97,6	97,8	98,0	+ 18	91,0	91,2	91,4	91,6	91,8
— 3	97,2	97,4	97,6	97,8	97,8	+ 18,5	91,0	91,2	91,4	91,6	91,8
2,5	97,0	97,2	97,4	97,6	97,8	19	90,8	91,0	91,2	91,4	91,6
2	96,8	97,0	97,2	97,4	97,6	19,5	90,6	90,8	91,0	91,2	91,4
1,5	96,8	97,0	97,2	97,4	97,4	20	90,4	90,6	90,8	91,0	91,2
1	96,6	96,8	97,0	97,2	97,4	20,5	90,2	90,4	90,6	90,8	91,2
— 0,5	96,4	96,6	96,8	97,0	97,2	+ 21	90,2	90,4	90,6	90,8	91,0
0	96,4	96,6	96,8	97,0	97,0						
+ 0,5	96,2	96,4	96,6	96,8	97,0	+ 21,5	90,0	90,2	90,4	90,6	90,8
1	96,0	96,2	96,4	96,6	96,8	22	89,8	90,0	90,2	90,4	90,6
1,5	96,0	96,2	96,4	96,4	96,6	22,5	89,6	89,8	90,0	90,2	90,4
2	95,8	96,0	96,2	96,4	96,6	23	89,4	89,6	89,8	90,2	90,4
2,5	95,6	95,8	96,0	96,2	96,4	23,5	89,4	89,6	89,8	90,0	90,2
+ 3	95,6	95,8	96,0	96,0	96,2	+ 24	89,2	89,4	89,6	89,8	90,0
+ 3,5	95,4	95,6	95,8	96,0	96,2	+ 24,5	89,0	89,2	89,4	89,6	89,8
4	95,2	95,4	95,6	95,8	96,0	25	88,8	89,0	89,2	89,4	89,6
4,5	95,2	95,2	95,4	95,6	95,8	25,5	88,6	88,8	89,0	89,2	89,4
5	95,0	95,2	95,4	95,6	95,8	26	88,4	88,8	89,0	89,2	89,4
5,5	94,8	95,0	95,2	95,4	95,6	26,5	88,4	88,6	88,8	89,0	89,2
+ 6	94,6	94,8	95,0	95,2	95,4	+ 27	88,2	88,4	88,6	88,8	89,0
+ 6,5	94,6	94,8	95,0	95,2	95,2	+ 27,5	88,0	88,2	88,4	88,6	88,8
7	94,4	94,6	94,8	95,0	95,2	28	87,8	88,0	88,2	88,4	88,6
7,5	94,2	94,4	94,6	94,8	95,0	28,5	87,6	87,8	88,0	88,2	88,6
8	94,0	94,2	94,4	94,6	94,8	29	87,4	87,6	88,0	88,2	88,4
8,5	94,0	94,2	94,4	94,6	94,8	29,5	87,4	87,6	87,8	88,0	88,2
+ 9	93,8	94,0	94,2	94,4	94,6	+ 30	87,2	87,4	87,6	87,8	88,0

Tafel 1
zur Ermittelung der wahren Stärke.

Wärmegrad	93,0	93,2	93,4	93,6	93,8
	Wahre für obige scheinbare Stärke				
− 10	100,0				
− 9,5	99,8	100,0			
− 9	99,6	99,8	100,0		
8,5	99,6	99,6	99,8		
8	99,4	99,6	99,8	100,0	
7,5	99,2	99,4	99,6	99,8	100,0
7	99,2	99,2	99,4	99,6	99,8
− 6,5	99,0	99,2	99,4	99,6	99,6
− 6	98,8	99,0	99,2	99,4	99,6
5,5	98,8	99,0	99,0	99,2	99,4
· 5	98,6	98,8	99,0	99,2	99,4
4,5	98,4	98,6	98,8	99,0	99,2
4	98,4	98,6	98,6	98,8	99,0
− 3,5	98,2	98,4	98,6	98,8	99,0
− 3	98,0	98,2	98,4	98,6	98,8
2,5	98,0	98,2	98,2	98,4	98,6
2	97,8	98,0	98,2	98,4	98,6
1,5	97,6	97,8	98,0	98,2	98,4
1	97,6	97,8	98,0	98,0	98,2
− 0,5	97,4	97,6	97,8	98,0	98,2
0	97,2	97,4	97,6	97,8	98,0
+ 0,5	97,2	97,4	97,4	97,6	97,8
1	97,0	97,2	97,4	97,6	97,8
1,5	96,8	97,0	97,2	97,4	97,6
2	96,8	97,0	97,0	97,2	97,4
2,5	96,6	96,8	97,0	97,2	97,4
+ 3	96,4	96,6	96,8	97,0	97,2
+ 3,5	96,4	96,6	96,6	96,8	97,0
4	96,2	96,4	96,6	96,8	97,0
4,5	96,0	96,2	96,4	96,6	96,8
5	96,0	96,0	96,2	96,4	96,6
5,5	95,8	96,0	96,2	96,4	96,6
+ 6	95,6	95,8	96,0	96,2	96,4
+ 6,5	95,4	95,6	95,8	96,0	96,2
7	95,4	95,6	95,8	96,0	96,2
7,5	95,2	95,4	95,6	95,8	96,0
8	95,0	95,2	95,4	95,6	95,8
8,5	95,0	95,2	95,4	95,6	95,6
+ 9	94,8	95,0	95,2	95,4	95,6

Wärmegrad	93,0	93,2	93,4	93,6	93,8
	Wahre für obige scheinbare Stärke				
+ 9,5	94,6	94,8	95,0	95,2	95,4
10	94,4	94,6	94,8	95,0	95,2
10,5	94,4	94,6	94,8	95,0	95,2
11	94,2	94,4	94,6	94,8	95,0
11,5	94,0	94,2	94,4	94,6	94,8
+ 12	94,0	94,2	94,2	94,4	94,6
+ 12,5	93,8	94,0	94,2	94,4	94,6
13	93,6	93,8	94,0	94,2	94,4
13,5	93,4	93,6	93,8	94,0	94,2
14	93,4	93,6	93,8	93,8	94,0
14,5	93,2	93,4	93,6	93,8	94,0
+ 15	93,0	93,2	93,4	93,6	93,8
+ 15,5	92,8	93,0	93,2	93,4	93,6
16	92,8	93,0	93,2	93,4	93,6
16,5	92,6	92,8	93,0	93,2	93,4
17	92,4	92,6	92,8	93,0	93,2
17,5	92,2	92,4	92,6	92,8	93,0
+ 18	92,0	92,2	92,4	92,6	93,0
+ 18,5	92,0	92,2	92,4	92,6	92,8
19	91,8	92,0	92,2	92,4	92,6
19,5	91,6	91,8	92,0	92,2	92,4
20	91,4	91,6	91,8	92,0	92,2
20,5	91,4	91,6	91,8	92,0	92,2
+ 21	91,2	91,4	91,6	91,8	92,0
+ 21,5	91,0	91,2	91,4	91,6	91,8
22	90,8	91,0	91,2	91,4	91,6
22,5	90,6	90,8	91,0	91,2	91,6
23	90,6	90,8	91,0	91,2	91,4
23,5	90,4	90,6	90,8	91,0	91,2
+ 24	90,2	90,4	90,6	90,8	91,0
+ 24,5	90,0	90,2	90,4	90,6	90,8
25	89,8	90,0	90,2	90,4	90,8
25,5	89,8	90,0	90,2	90,4	90,6
26	89,6	89,8	90,0	90,2	90,4
26,5	89,4	89,6	89,8	90,0	90,2
+ 27	89,2	89,4	89,6	89,8	90,0
+ 27,5	89,0	89,2	89,4	89,6	90,0
28	88,8	89,0	89,4	89,6	89,8
28,5	88,8	89,0	89,2	89,4	89,6
29	88,6	88,8	89,0	89,2	89,4
29,5	88,4	88,6	88,8	89,0	89,2
+ 30	88,2	88,4	88,6	88,8	89,0

Tafel 1
zur Ermittelung der wahren Stärke.

Wärmegrad	94,0	94,2	94,4	94,6	94,8
	Wahre für obige scheinbare Stärke				
− 7	100,0				
− 6,5	99,8				
− 6	99,8	100,0			
5,5	99,6	99,8	100,0		
5	99,4	99,6	99,8	100,0	
4,5	99,4	99,6	99,8	99,8	
4	99,2	99,4	99,6	99,8	100,0
− 3,5	99,2	99,2	99,4	99,6	99,8
− 3	99,0	99,2	99,4	99,6	99,8
2,5	98,8	99,0	99,2	99,4	99,6
2	98,8	98,8	99,0	99,2	99,4
1,5	98,6	98,8	99,0	99,2	99,4
1	98,4	98,6	98,8	99,0	99,2
− 0,5	98,4	98,6	98,6	98,8	99,0
0	98,2	98,4	98,6	98,8	99,0
+ 0,5	98,0	98,2	98,4	98,6	98,8
1	98,0	98,2	98,2	98,4	98,6
1,5	97,8	98,0	98,2	98,4	98,6
2	97,6	97,8	98,0	98,2	98,4
2,5	97,6	97,8	97,8	98,0	98,2
+ 3	97,4	97,6	97,8	98,0	98,2
+ 3,5	97,2	97,4	97,6	97,8	98,0
4	97,2	97,4	97,4	97,6	97,8
4,5	97,0	97,2	97,4	97,6	97,8
5	96,8	97,0	97,2	97,4	97,6
5,5	96,8	96,8	97,0	97,2	97,4
+ 6	96,6	96,8	97,0	97,2	97,4
+ 6,5	96,4	96,6	96,8	97,0	97,2
7	96,4	96,4	96,6	96,8	97,0
7,5	96,2	96,4	96,6	96,8	97,0
8	96,0	96,2	96,4	96,6	96,8
8,5	95,8	96,0	96,2	96,4	96,6
+ 9	95,8	96,0	96,2	96,4	96,6

Wärmegrad	94,0	94,2	94,4	94,6	94,8
	Wahre für obige scheinbare Stärke				
+ 9,5	95,6	95,8	96,0	96,2	96,4
10	95,4	95,6	95,8	96,0	96,2
10,5	95,4	95,6	95,8	96,0	96,2
11	95,2	95,4	95,6	95,8	96,0
11,5	95,0	95,2	95,4	95,6	95,8
+ 12	94,8	95,0	95,2	95,4	95,6
+ 12,5	94,8	95,0	95,2	95,4	95,6
13	94,6	94,8	95,0	95,2	95,4
13,5	94,4	94,6	94,8	95,0	95,2
14	94,2	94,4	94,6	94,8	95,0
14,5	94,2	94,4	94,6	94,8	95,0
+ 15	94,0	94,2	94,4	94,6	94,8
+ 15,5	93,8	94,0	94,2	94,4	94,6
16	93,8	94,0	94,2	94,4	94,6
16,5	93,6	93,8	94,0	94,2	94,4
17	93,4	93,6	93,8	94,0	94,2
17,5	93,2	93,4	93,6	93,8	94,0
+ 18	93,2	93,4	93,6	93,8	94,0
+ 18,5	93,0	93,2	93,4	93,6	93,8
19	92,8	93,0	93,2	93,4	93,6
19,5	92,6	92,8	93,0	93,2	93,4
20	92,4	92,6	92,8	93,2	93,4
20,5	92,4	92,6	92,8	93,0	93,2
+ 21	92,2	92,4	92,6	92,8	93,0
+ 21,5	92,0	92,2	92,4	92,6	92,8
22	91,8	92,0	92,2	92,4	92,6
22,5	91,8	92,0	92,2	92,4	92,6
23	91,6	91,8	92,0	92,2	92,4
23,5	91,4	91,6	91,8	92,0	92,2
+ 24	91,2	91,4	91,6	91,8	92,0
+ 24,5	91,0	91,2	91,6	91,8	92,0
25	91,0	91,2	91,4	91,6	91,8
25,5	90,8	91,0	91,2	91,4	91,6
26	90,6	90,8	91,0	91,2	91,4
26,5	90,4	90,6	90,8	91,0	91,2
+ 27	90,2	90,4	90,8	91,0	91,2
+ 27,5	90,2	90,4	90,6	90,8	91,0
28	90,0	90,2	90,4	90,6	90,8
28,5	89,8	90,0	90,2	90,4	90,6
29	89,6	89,8	90,0	90,2	90,4
29,5	89,4	89,6	89,8	90,2	90,4
+ 30	89,2	89,4	89,8	90,0	90,2

Tafel 1
zur Ermittelung der wahren Stärke.

Wärmegrad	95,0	95,2	95,4	95,6	95,8
	Wahre für obige scheinbare Stärke				
− 3,5	100,0				
− 3	99,8				
2,5	99,8	100,0			
2	99,6	99,8	100,0		
1,5	99,4	99,6	99,8		
1	99,4	99,6	99,8	100,0	
− 0,5	99,2	99,4	99,6	99,8	100,0
0	99,2	99,2	99,4	99,6	99,8
+ 0,5	99,0	99,2	99,4	99,6	99,8
1	98,8	99,0	99,2	99,4	99,6
1,5	98,8	98,8	99,0	99,2	99,4
2	98,6	98,8	99,0	99,2	99,4
2,5	98,4	98,6	98,8	99,0	99,2
+ 3	98,4	98,6	98,6	98,8	99,0
+ 3,5	98,2	98,4	98,6	98,8	99,0
4	98,0	98,2	98,4	98,6	98,8
4,5	98,0	98,2	98,2	98,4	98,6
5	97,8	98,0	98,2	98,4	98,6
5,5	97,6	97,8	98,0	98,2	98,4
+ 6	97,6	97,8	97,8	98,0	98,2
+ 6,5	97,4	97,6	97,8	98,0	98,2
7	97,2	97,4	97,6	97,8	98,0
7,5	97,2	97,2	97,4	97,6	97,8
8	97,0	97,2	97,4	97,6	97,8
8,5	96,8	97,0	97,2	97,4	97,6
+ 9	96,8	96,8	97,0	97,2	97,4

Wärmegrad	95,0	95,2	95,4	95,6	95,8
	Wahre für obige scheinbare Stärke				
+ 9,5	96,6	96,8	97,0	97,2	97,4
10	96,4	96,6	96,8	97,0	97,2
10,5	96,2	96,4	96,6	96,8	97,0
11	96,2	96,4	96,6	96,8	97,0
11,5	96,0	96,2	96,4	96,6	96,8
+ 12	95,8	96,0	96,2	96,4	96,6
+ 12,5	95,8	96,0	96,2	96,4	96,6
13	95,6	95,8	96,0	96,2	96,4
13,5	95,4	95,6	95,8	96,0	96,2
14	95,2	95,4	95,6	95,8	96,0
14,5	95,2	95,4	95,6	95,8	96,0
+ 15	95,0	95,2	95,4	95,6	95,8
+ 15,5	94,8	95,0	95,2	95,4	95,6
16	94,8	95,0	95,2	95,4	95,6
16,5	94,6	94,8	95,0	95,2	95,4
17	94,4	94,6	94,8	95,0	95,2
17,5	94,2	94,4	94,6	94,8	95,0
+ 18	94,2	94,4	94,6	94,8	95,0
+ 18,5	94,0	94,2	94,4	94,6	94,8
19	93,8	94,0	94,2	94,4	94,6
19,5	93,6	93,8	94,0	94,2	94,4
20	93,6	93,8	94,0	94,2	94,4
20,5	93,4	93,6	93,8	94,0	94,2
+ 21	93,2	93,4	93,6	93,8	94,0
+ 21,5	93,0	93,2	93,4	93,6	93,8
22	93,0	93,2	93,4	93,6	93,8
22,5	92,8	93,0	93,2	93,4	93,6
23	92,6	92,8	93,0	93,2	93,4
23,5	92,4	92,6	92,8	93,0	93,2
+ 24	92,2	92,6	92,8	93,0	93,2
24,5	92,2	92,4	92,6	92,8	93,0
25	92,0	92,2	92,4	92,6	92,8
25,5	91,8	92,0	92,2	92,4	92,6
26	91,6	91,8	92,0	92,2	92,6
26,5	91,6	91,8	92,0	92,2	92,4
+ 27	91,4	91,6	91,8	92,0	92,2
+ 27,5	91,2	91,4	91,6	91,8	92,0
28	91,0	91,2	91,4	91,6	91,8
28,5	90,8	91,0	91,2	91,4	91,8
29	90,6	91,0	91,2	91,4	91,6
29,5	90,6	90,8	91,0	91,2	91,4
+ 30	90,4	90,6	90,8	91,0	91,2

Tafel 1
zur Ermittelung der wahren Stärke.

Wärmegrad	96,0	96,2	96,4	96,6	96,8
	Wahre für obige scheinbare Stärke				
0	100,0				
+ 0,5	99,8				
1	99,8	100,0			
1,5	99,6	99,8	100,0		
2	99,6	99,6	99,8		
2,5	99,4	99,6	99,8	100,0	
+ 3	99,2	99,4	99,6	99,8	100,0
+ 3,5	99,2	99,4	99,4	99,6	99,8
4	99,0	99,2	99,4	99,6	99,8
4,5	98,8	99,0	99,2	99,4	99,6
5	98,8	99,0	99,2	99,2	99,4
5,5	98,6	98,8	99,0	99,2	99,4
+ 6	98,4	98,6	98,8	99,0	99,2
+ 6,5	98,4	98,6	98,8	98,8	99,0
7	98,2	98,4	98,6	98,8	99,0
7,5	98,0	98,2	98,4	98,6	98,8
8	98,0	98,2	98,4	98,6	98,8
8,5	97,8	98,0	98,2	98,4	98,6
+ 9	97,6	97,8	98,0	98,2	98,4

Wärmegrad	96,0	96,2	96,4	96,6	96,8
	Wahre für obige scheinbare Stärke				
+ 9,5	97,6	97,8	98,0	98,2	98,4
10	97,4	97,6	97,8	98,0	98,2
10,5	97,2	97,4	97,6	97,8	98,0
11	97,2	97,4	97,6	97,8	98,0
11,5	97,0	97,2	97,4	97,6	97,8
+ 12	96,8	97,0	97,2	97,4	97,6
+ 12,5	96,8	97,0	97,2	97,4	97,6
13	96,6	96,8	97,0	97,2	97,4
13,5	96,4	96,6	96,8	97,0	97,2
14	96,2	96,4	96,6	96,8	97,0
14,5	96,2	96,4	96,6	96,8	97,0
+ 15	96,0	96,2	96,4	96,6	96,8
+ 15,5	95,8	96,0	96,2	96,4	96,6
16	95,8	96,0	96,2	96,4	96,6
16,5	95,6	95,8	96,0	96,2	96,4
17	95,4	95,6	95,8	96,0	96,2
17,5	95,2	95,4	95,6	95,8	96,0
+ 18	95,2	95,4	95,6	95,8	96,0
+ 18,5	95,0	95,2	95,4	95,6	95,8
19	94,8	95,0	95,2	95,4	95,6
19,5	94,6	95,0	95,2	95,4	95,6
20	94,6	94,8	95,0	95,2	95,4
20,5	94,4	94,6	94,8	95,0	95,2
+ 21	94,2	94,4	94,6	94,8	95,0
+ 21,5	94,2	94,4	94,6	94,8	95,0
22	94,0	94,2	94,4	94,6	94,8
22,5	93,8	94,0	94,2	94,4	94,6
23	93,6	93,8	94,0	94,2	94,4
23,5	93,4	93,8	94,0	94,2	94,4
+ 24	93,4	93,6	93,8	94,0	94,2
+ 24,5	93,2	93,4	93,6	93,8	94,0
25	93,0	93,2	93,4	93,6	93,8
25,5	92,8	93,0	93,2	93,6	93,8
26	92,8	93,0	93,2	93,4	93,6
26,5	92,6	92,8	93,0	93,2	93,4
+ 27	92,4	92,6	92,8	93,0	93,2
+ 27,5	92,2	92,4	92,6	92,8	93,2
28	92,0	92,4	92,6	92,8	93,0
28,5	92,0	92,2	92,4	92,6	92,8
29	91,8	92,0	92,2	92,4	92,6
29,5	91,6	91,8	92,0	92,2	92,4
+ 30	91,4	91,6	91,8	92,0	92,4

Tafel 1
zur Ermittelung der wahren Stärke.

Wärmegrad	97,0	97,2	97,4	97,6	97,8
	Wahre für obige scheinbare Stärke				
+ 4	100,0				
4,5	99,8	100,0			
5	99,6	99,8			
5,5	99,6	99,8	100,0		
+ 6	99,4	99,6	99,8	100,0	
+ 6,5	99,2	99,4	99,6	99,8	
7	99,2	99,4	99,6	99,8	100,0
7,5	99,0	99,2	99,4	99,6	99,8
8	98,8	99,0	99,2	99,4	99,6
8,5	98,8	99,0	99,2	99,4	99,6
+ 9	98,6	98,8	99,0	99,2	99,4

Wärmegrad	97,0	97,2	97,4	97,6	97,8
	Wahre für obige scheinbare Stärke				
+ 9,5	98,6	98,6	98,8	99,0	99,2
10	98,4	98,6	98,8	99,0	99,2
10,5	98,2	98,4	98,6	98,8	99,0
11	98,0	98,2	98,4	98,6	98,8
11,5	98,0	98,2	98,4	98,6	98,8
+ 12	97,8	98,0	98,2	98,4	98,6
+ 12,5	97,6	97,8	98,0	98,2	98,4
13	97,6	97,8	98,0	98,2	98,4
13,5	97,4	97,6	97,8	98,0	98,2
14	97,2	97,4	97,6	97,8	98,0
14,5	97,2	97,4	97,6	97,8	98,0
+ 15	97,0	97,2	97,4	97,6	97,8
+ 15,5	96,8	97,0	97,2	97,4	97,6
16	96,8	97,0	97,2	97,4	97,6
16,5	96,6	96,8	97,0	97,2	97,4
17	96,4	96,6	96,8	97,0	97,2
17,5	96,4	96,6	96,8	97,0	97,2
+ 18	96,2	96,4	96,6	96,8	97,0
+ 18,5	96,0	96,2	96,4	96,6	96,8
19	95,8	96,0	96,2	96,4	96,6
19,5	95,8	96,0	96,2	96,4	96,6
20	95,6	95,8	96,0	96,2	96,4
20,5	95,4	95,6	95,8	96,0	96,2
+ 21	95,2	95,6	95,8	96,0	96,2
+ 21,5	95,2	95,4	95,6	95,8	96,0
22	95,0	95,2	95,4	95,6	95,8
22,5	94,8	95,0	95,2	95,4	95,6
23	94,8	95,0	95,2	95,4	95,6
23,5	94,6	94,8	95,0	95,2	95,4
+ 24	94,4	94,6	94,8	95,0	95,2
+ 24,5	94,2	94,4	94,6	94,8	95,0
25	94,0	94,2	94,6	94,8	95,0
25,5	94,0	94,2	94,4	94,6	94,8
26	93,8	94,0	94,2	94,4	94,6
26,5	93,6	93,8	94,0	94,2	94,4
+ 27	93,4	93,6	94,0	94,2	94,4
+ 27,5	93,4	93,6	93,8	94,0	94,2
28	93,2	93,4	93,6	93,8	94,0
28,5	93,0	93,2	93,4	93,6	93,8
29	92,8	93,0	93,2	93,6	93,8
29,5	92,6	93,0	93,2	93,4	93,6
+ 30	92,6	92,8	93,0	93,2	93,4

4*

Tafel 1
zur Ermittelung der wahren Stärke.

Wärmegrad	98,0	98,2	98,4	98,6	98,8
	Wahre für obige scheinbare Stärke				
+ 7,5	100,0				
8	99,8				
8,5	99,8	100,0			
+ 9	99,6	99,8	100,0		

Wärmegrad	98,0	98,2	98,4	98,6	98,8
	Wahre für obige scheinbare Stärke				
+ 9,5	99,4	99,6	99,8		
10	99,4	99,6	99,8	100,0	
10,5	99,2	99,4	99,6	99,8	100,0
11	99,0	99,2	99,4	99,6	99,8
11,5	99,0	99,2	99,4	99,6	99,8
+ 12	98,8	99,0	99,2	99,4	99,6
+ 12,5	98,6	98,8	99,0	99,2	99,4
13	98,6	98,8	99,0	99,2	99,4
13,5	98,4	98,6	98,8	99,0	99,2
14	98,2	98,4	98,6	98,8	99,0
14,5	98,2	98,4	98,6	98,8	99,0
+ 15	98,0	98,2	98,4	98,6	98,8
+ 15,5	97,8	98,0	98,2	98,4	98,6
16	97,8	98,0	98,2	98,4	98,6
16,5	97,6	97,8	98,0	98,2	98,4
17	97,4	97,6	97,8	98,0	98,2
17,5	97,4	97,6	97,8	98,0	98,2
+ 18	97,2	97,4	97,6	97,8	98,0
+ 18,5	97,0	97,2	97,4	97,6	97,8
19	96,8	97,0	97,4	97,6	97,8
19,5	96,8	97,0	97,2	97,4	97,6
20	96,6	96,8	97,0	97,2	97,4
20,5	96,4	96,6	96,8	97,0	97,2
+ 21	96,4	96,6	96,8	97,0	97,2
+ 21,5	96,2	96,4	96,6	96,8	97,0
22	96,0	96,2	96,4	96,6	96,8
22,5	95,8	96,0	96,4	96,6	96,8
23	95,8	96,0	96,2	96,4	96,6
23,5	95,6	95,8	96,0	96,2	96,4
+ 24	95,4	95,6	95,8	96,0	96,2
+ 24,5	95,2	95,6	95,8	96,0	96,2
25	95,2	95,4	95,6	95,8	96,0
25,5	95,0	95,2	95,4	95,6	95,8
26	94,8	95,0	95,2	95,4	95,8
26,5	94,6	95,0	95,2	95,4	95,6
+ 27	94,6	94,8	95,0	95,2	95,4
+ 27,5	94,4	94,6	94,8	95,0	95,2
28	94,2	94,4	94,6	94,8	95,2
28,5	94,0	94,4	94,6	94,8	95,0
29	94,0	94,2	94,4	94,6	94,8
29,5	93,8	94,0	94,2	94,4	94,6
+ 30	93,6	93,8	94,0	94,2	94,4

Tafel 1
zur Ermittelung der wahren Stärke.

Wärme-grad	99,0	99,2	99,4	99,6	99,8	100,0
	Wahre für obige scheinbare Stärke					
+ 11,5	100,0					
+ 12	99,8	100,0				
+ 12,5	99,6	99,8				
13	99,6	99,8	100,0			
13,5	99,4	99,6	99,8	100,0		
14	99,2	99,4	99,6	99,8		
14,5	99,2	99,4	99,6	99,8	100,0	
+ 15	99,0	99,2	99,4	99,6	99,8	100,0
+ 15,5	98,8	99,0	99,2	99,4	99,6	99,8
16	98,8	99,0	99,2	99,4	99,6	99,8
16,5	98,6	98,8	99,0	99,2	99,4	99,6
17	98,4	98,6	98,8	99,0	99,2	99,4
17,5	98,4	98,6	98,8	99,0	99,2	99,4
+ 18	98,2	98,4	98,6	98,8	99,0	99,2
+ 18,5	98,0	98,2	98,4	98,6	98,8	99,0
19	98,0	98,2	98,4	98,6	98,8	99,0
19,5	97,8	98,0	98,2	98,4	98,6	98,8
20	97,6	97,8	98,0	98,2	98,4	98,6
20,5	97,6	97,8	98,0	98,2	98,4	98,6
+ 21	97,4	97,6	97,8	98,0	98,2	98,4
+ 21,5	97,2	97,4	97,6	97,8	98,0	98,2
22	97,0	97,2	97,4	97,8	98,0	98,2
22,5	97,0	97,2	97,4	97,6	97,8	98,0
23	96,8	97,0	97,2	97,4	97,6	97,8
23,5	96,6	96,8	97,0	97,2	97,4	97,6
+ 24	96,4	96,8	97,0	97,2	97,4	97,6
+ 24,5	96,4	96,6	96,8	97,0	97,2	97,4
25	96,2	96,4	96,6	96,8	97,0	97,2
25,5	96,0	96,2	96,4	96,8	97,0	97,2
26	96,0	96,2	96,4	96,6	96,8	97,0
26,5	95,8	96,0	96,2	96,4	96,6	96,8
+ 27	95,6	95,8	96,0	96,2	96,4	96,8
+ 27,5	95,4	95,6	96,0	96,2	96,4	96,6
28	95,4	95,6	95,8	96,0	96,2	96,4
28,5	95,2	95,4	95,6	95,8	96,0	96,2
29	95,0	95,2	95,4	95,6	96,0	96,2
29,5	94,8	95,2	95,4	95,6	95,8	96,0
+ 30	94,8	95,0	95,2	95,4	95,6	95,8

Tafel 2
zur Ermittelung des Gehaltes an reinem Alkohol.

Netto-Gewicht in Kilogramm	Wahre Stärke					Netto-Gewicht in Kilogramm	Wahre Stärke				
	10	10,5	11	11,5	12		10	10,5	11	11,5	12
	Gehalt an reinem Alkohol in Liter						Gehalt an reinem Alkohol in Liter				
0,5	0,1	0,1	0,1	0,1	0,1	30	3,8	4,0	4,2	4,4	4,5
1	0,1	0,1	0,1	0,1	0,2	31	3,9	4,1	4,3	4,5	4,7
2	0,3	0,3	0,3	0,3	0,3	32	4,0	4,2	4,4	4,6	4,8
3	0,4	0,4	0,4	0,4	0,5	33	4,2	4,4	4,6	4,8	5,0
4	0,5	0,5	0,6	0,6	0,6	34	4,3	4,5	4,7	4,9	5,2
5	0,6	0,7	0,7	0,7	0,8	35	4,4	4,6	4,9	5,1	5,3
6	0,8	0,8	0,8	0,9	0,9	36	4,5	4,8	5,0	5,2	5,5
7	0,9	0,9	1,0	1,0	1,1	37	4,7	4,9	5,1	5,4	5,6
8	1,0	1,1	1,1	1,2	1,2	38	4,8	5,0	5,3	5,5	5,8
9	1,1	1,2	1,2	1,3	1,4	39	4,9	5,2	5,4	5,7	5,9
10	1,3	1,3	1,4	1,5	1,5	40	5,0	5,3	5,6	5,8	6,1
11	1,4	1,5	1,5	1,6	1,7	41	5,2	5,4	5,7	6,0	6,2
12	1,5	1,6	1,7	1,7	1,8	42	5,3	5,6	5,8	6,1	6,4
13	1,6	1,7	1,8	1,9	2,0	43	5,4	5,7	6,0	6,2	6,5
14	1,8	1,9	1,9	2,0	2,1	44	5,6	5,8	6,1	6,4	6,7
15	1,9	2,0	2,1	2,2	2,3	45	5,7	6,0	6,2	6,5	6,8
16	2,0	2,1	2,2	2,3	2,4	46	5,8	6,1	6,4	6,7	7,0
17	2,1	2,3	2,4	2,5	2,6	47	5,9	6,2	6,5	6,8	7,1
18	2,3	2,4	2,5	2,6	2,7	48	6,1	6,4	6,7	7,0	7,3
19	2,4	2,5	2,6	2,8	2,9	49	6,2	6,5	6,8	7,1	7,4
20	2,5	2,7	2,8	2,9	3,0	50	6,3	6,6	6,9	7,3	7,6
21	2,7	2,8	2,9	3,0	3,2	51	6,4	6,8	7,1	7,4	7,7
22	2,8	2,9	3,1	3,2	3,3	52	6,6	6,9	7,2	7,5	7,9
23	2,9	3,0	3,2	3,3	3,5	53	6,7	7,0	7,4	7,7	8,0
24	3,0	3,2	3,3	3,5	3,6	54	6,8	7,2	7,5	7,8	8,2
25	3,2	3,3	3,5	3,6	3,8	55	6,9	7,3	7,6	8,0	8,3
26	3,3	3,4	3,6	3,8	3,9	56	7,1	7,4	7,8	8,1	8,5
27	3,4	3,6	3,7	3,9	4,1	57	7,2	7,6	7,9	8,3	8,6
28	3,5	3,7	3,9	4,1	4,2	58	7,3	7,7	8,1	8,4	8,8
29	3,7	3,8	4,0	4,2	4,4	59	7,4	7,8	8,2	8,6	8,9

Tafel 2
zur Ermittelung des Gehaltes an reinem Alkohol.

Netto-Gewicht in Kilogramm	Wahre Stärke					Netto-Gewicht in Kilogramm	Wahre Stärke				
	10	10,5	11	11,5	12		10	10,5	11	11,5	12
	Gehalt an reinem Alkohol in Liter						Gehalt an reinem Alkohol in Liter				
60	7,6	8,0	8,3	8,7	9,1	90	11,4	11,9	12,5	13,1	13,6
61	7,7	8,1	8,5	8,9	9,2	91	11,5	12,1	12,6	13,2	13,8
62	7,8	8,2	8,6	9,0	9,4	92	11,6	12,2	12,8	13,4	13,9
63	8,0	8,4	8,7	9,1	9,5	93	11,7	12,3	12,9	13,5	14,1
64	8,1	8,5	8,9	9,3	9,7	94	11,9	12,5	13,1	13,6	14,2
65	8,2	8,6	9,0	9,4	9,8	95	12,0	12,6	13,2	13,8	14,4
66	8,3	8,7	9,2	9,6	10,0	96	12,1	12,7	13,3	13,9	14,5
67	8,5	8,9	9,3	9,7	10,2	97	12,2	12,9	13,5	14,1	14,7
68	8,6	9,0	9,4	9,9	10,3	98	12,4	13,0	13,6	14,2	14,8
69	8,7	9,1	9,6	10,0	10,5	99	12,5	13,1	13,7	14,4	15,0
70	8,8	9,3	9,7	10,2	10,6	100	12,6	13,3	13,9	14,5	15,1
71	9,0	9,4	9,9	10,3	10,8	200	25,2	26,5	27,8	29,0	30,3
72	9,1	9,5	10,0	10,5	10,9	300	37,9	39,8	41,7	43,6	45,4
73	9,2	9,7	10,1	10,6	11,1	400	50,5	53,0	55,5	58,1	60,6
74	9,3	9,8	10,3	10,7	11,2	500	63,1	66,3	69,4	72,6	75,7
75	9,5	9,9	10,4	10,9	11,4	600	75,7	79,5	83,3	87,1	90,9
76	9,6	10,1	10,6	11,0	11,5	700	88,4	92,8	97,2	101,6	106,0
77	9,7	10,2	10,7	11,2	11,7	800	101,0	106,0	111,1	116,1	121,2
78	9,8	10,3	10,8	11,3	11,8	900	113,6	119,3	125,0	130,7	136,3
79	10,0	10,5	11,0	11,5	12,0						
80	10,1	10,6	11,1	11,6	12,1	1000	126	133	139	145	151
81	10,2	10,7	11,2	11,8	12,3	2000	252	265	278	290	303
82	10,4	10,9	11,4	11,9	12,4	3000	379	398	417	436	454
83	10,5	11,0	11,5	12,1	12,6	4000	505	530	555	581	606
84	10,6	11,1	11,7	12,2	12,7	5000	631	663	694	726	757
85	10,7	11,3	11,8	12,3	12,9	6000	757	795	833	871	909
86	10,9	11,4	11,9	12,5	13,0	7000	884	928	972	1016	1060
87	11,0	11,5	12,1	12,6	13,2	8000	1010	1060	1111	1161	1212
88	11,1	11,7	12,2	12,8	13,3	9000	1136	1193	1250	1307	1363
89	11,2	11,8	12,4	12,9	13,5	10000	1262	1326	1389	1452	1515

Tafel 2
zur Ermittelung des Gehaltes an reinem Alkohol.

Netto-Gewicht in Kilogramm	Wahre Stärke					Netto-Gewicht in Kilogramm	Wahre Stärke				
	12,5	13	13,5	14	14,5		12,5	13	13,5	14	14,5
	Gehalt an reinem Alkohol in Liter						Gehalt an reinem Alkohol in Liter				
0,5	0,1	0,1	0,1	0,1	0,1	30	4,7	4,9	5,1	5,3	5,5
1	0,2	0,2	0,2	0,2	0,2	31	4,9	5,1	5,3	5,5	5,7
2	0,3	0,3	0,3	0,4	0,4	32	5,0	5,3	5,5	5,7	5,9
3	0,5	0,5	0,5	0,5	0,5	33	5,2	5,4	5,6	5,8	6,0
4	0,6	0,7	0,7	0,7	0,7	34	5,4	5,6	5,8	6,0	6,2
5	0,8	0,8	0,9	0,9	0,9	35	5,5	5,7	6,0	6,2	6,4
6	0,9	1,0	1,0	1,1	1,1	36	5,7	5,9	6,1	6,4	6,6
7	1,1	1,1	1,2	1,2	1,3	37	5,8	6,1	6,3	6,5	6,8
8	1,3	1,3	1,4	1,4	1,5	38	6,0	6,2	6,5	6,7	7,0
9	1,4	1,5	1,5	1,6	1,6	39	6,2	6,4	6,6	6,9	7,1
10	1,6	1,6	1,7	1,8	1,8	40	6,3	6,6	6,8	7,1	7,3
11	1,7	1,8	1,9	1,9	2,0	41	6,5	6,7	7,0	7,2	7,5
12	1,9	2,0	2,0	2,1	2,2	42	6,6	6,9	7,2	7,4	7,7
13	2,1	2,1	2,2	2,3	2,4	43	6,8	7,1	7,3	7,6	7,9
14	2,2	2,3	2,4	2,5	2,6	44	6,9	7,2	7,5	7,8	8,1
15	2,4	2,5	2,6	2,7	2,7	45	7,1	7,4	7,7	8,0	8,2
16	2,5	2,6	2,7	2,8	2,9	46	7,3	7,5	7,8	8,1	8,4
17	2,7	2,8	2,9	3,0	3,1	47	7,4	7,7	8,0	8,3	8,6
18	2,8	3,0	3,1	3,2	3,3	48	7,6	7,9	8,2	8,5	8,8
19	3,0	3,1	3,2	3,4	3,5	49	7,7	8,0	8,4	8,7	9,0
20	3,2	3,3	3,4	3,5	3,7	50	7,9	8,2	8,5	8,8	9,2
21	3,3	3,4	3,6	3,7	3,8	51	8,0	8,4	8,7	9,0	9,3
22	3,5	3,6	3,7	3,9	4,0	52	8,2	8,5	8,9	9,2	9,5
23	3,6	3,8	3,9	4,1	4,2	53	8,4	8,7	9,0	9,4	9,7
24	3,8	3,9	4,1	4,2	4,4	54	8,5	8,9	9,2	9,5	9,9
25	3,9	4,1	4,3	4,4	4,6	55	8,7	9,0	9,4	9,7	10,1
26	4,1	4,3	4,4	4,6	4,8	56	8,8	9,2	9,5	9,9	10,3
27	4,3	4,4	4,6	4,8	4,9	57	9,0	9,4	9,7	10,1	10,4
28	4,4	4,6	4,8	4,9	5,1	58	9,2	9,5	9,9	10,3	10,6
29	4,6	4,8	4,9	5,1	5,3	59	9,3	9,7	10,1	10,4	10,8

Tafel 2
zur Ermittelung des Gehaltes an reinem Alkohol.

Netto-Gewicht in Kilogramm	Wahre Stärke					Netto-Gewicht in Kilogramm	Wahre Stärke				
	12,5	13	13,5	14	14,5		12,5	13	13,5	14	14,5
	Gehalt an reinem Alkohol in Liter						Gehalt an reinem Alkohol in Liter				
60	9,5	9,8	10,2	10,6	11,0	90	14,2	14,8	15,3	15,9	16,5
61	9,6	10,0	10,4	10,8	11,2	91	14,4	14,9	15,5	16,1	16,7
62	9,8	10,2	10,6	11,0	11,3	92	14,5	15,1	15,7	16,3	16,8
63	9,9	10,3	10,7	11,1	11,5	93	14,7	15,3	15,9	16,4	17,0
64	10,1	10,5	10,9	11,3	11,7	94	14,8	15,4	16,0	16,6	17,2
65	10,3	10,7	11,1	11,5	11,9	95	15,0	15,6	16,2	16,8	17,4
66	10,4	10,8	11,2	11,7	12,1	96	15,1	15,8	16,4*	17,0	17,6
67	10,6	11,0	11,4	11,8	12,3	97	15,3	15,9	16,5	17,1	17,8
68	10,7	11,2	11,6	12,0	12,4	98	15,5	16,1	16,7	17,3	17,9
69	10,9	11,3	11,8	12,2	12,6	99	15,6	16,2	16,9	17,5	18,1
70	11,0	11,5	11,9	12,4	12,8	100	15,8	16,4	17,0	17,7	18,3
71	11,2	11,7	12,1	12,5	13,0	200	31,6	32,8	34,1	35,3	36,6
72	11,4	11,8	12,3	12,7	13,2	300	47,3	49,2	51,1	53,0	54,9
73	11,5	12,0	12,4	12,9	13,4	400	63,1	65,6	68,2	70,7	73,2
74	11,7	12,1	12,6	13,1	13,5	500	78,9	82,1	85,2	88,4	91,5
75	11,8	12,3	12,8	13,3	13,7	600	94,7	98,5	102,3	106,0	109,8
76	12,0	12,5	13,0	13,4	13,9	700	110,5	114,9	119,3	123,7	128,1
77	12,2	12,6	13,1	13,6	14,1	800	126,2	131,3	136,3	141,4	146,4
78	12,3	12,8	13,3	13,8	14,3	900	142,0	147,7	153,4	159,1	164,8
79	12,5	13,0	13,5	14,0	14,5						
80	12,6	13,1	13,6	14,1	14,6	1000	158	164	170	177	183
81	12,8	13,3	13,8	14,3	14,8	2000	316	328	341	353	366
82	12,9	13,5	14,0	14,5	15,0	3000	473	492	511	530	549
83	13,1	13,6	14,1	14,7	15,2	4000	631	656	682	707	732
84	13,3	13,8	14,3	14,8	15,4	5000	789	821	852	884	915
85	13,4	14,0	14,5	15,0	15,6	6000	947	985	1023	1060	1098
86	13,6	14,1	14,7	15,2	15,7	7000	1105	1149	1193	1237	1281
87	13,7	14,3	14,8	15,4	15,9	8000	1262	1313	1363	1414	1464
88	13,9	14,4	15,0	15,6	16,1	9000	1420	1477	1534	1591	1648
89	14,0	14,6	15,2	15,7	16,3	10000	1578	1641	1704	1767	1831

Tafel 2
zur Ermittelung des Gehaltes an reinem Alkohol.

Netto-Gewicht in Kilogramm	Wahre Stärke — Gehalt an reinem Alkohol in Liter					Netto-Gewicht in Kilogramm	Wahre Stärke — Gehalt an reinem Alkohol in Liter				
	15	15,5	16	16,5	17		15	15,5	16	16,5	17
0,5	0,1	0,1	0,1	0,1	0,1	30	5,7	5,9	6,1	6,2	6,4
1	0,2	0,2	0,2	0,2	0,2	31	5,9	6,1	6,3	6,5	6,7
2	0,4	0,4	0,4	0,4	0,4	32	6,1	6,3	6,5	6,7	6,9
3	0,6	0,6	0,6	0,6	0,6	33	6,2	6,5	6,7	6,9	7,1
4	0,8	0,8	0,8	0,8	0,9	34	6,4	6,7	6,9	7,1	7,3
5	0,9	1,0	1,0	1,0	1,1	35	6,6	6,8	7,1	7,3	7,5
6	1,1	1,2	1,2	1,2	1,3	36	6,8	7,0	7,3	7,5	7,7
7	1,3	1,4	1,4	1,5	1,5	37	7,0	7,2	7,5	7,7	7,9
8	1,5	1,6	1,6	1,7	1,7	38	7,2	7,4	7,7	7,9	8,2
9	1,7	1,8	1,8	1,9	1,9	39	7,4	7,6	7,9	8,1	8,4
10	1,9	2,0	2,0	2,1	2,1	40	7,6	7,8	8,1	8,3	8,6
11	2,1	2,2	2,2	2,3	2,4	41	7,8	8,0	8,3	8,5	8,8
12	2,3	2,3	2,4	2,5	2,6	42	8,0	8,2	8,5	8,7	9,0
13	2,5	2,5	2,6	2,7	2,8	43	8,1	8,4	8,7	9,0	9,2
14	2,7	2,7	2,8	2,9	3,0	44	8,3	8,6	8,9	9,2	9,4
15	2,8	2,9	3,0	3,1	3,2	45	8,5	8,8	9,1	9,4	9,7
16	3,0	3,1	3,2	3,3	3,4	46	8,7	9,0	9,3	9,6	9,9
17	3,2	3,3	3,4	3,5	3,6	47	8,9	9,2	9,5	9,8	10,1
18	3,4	3,5	3,6	3,7	3,9	48	9,1	9,4	9,7	10,0	10,3
19	3,6	3,7	3,8	4,0	4,1	49	9,3	9,6	9,9	10,2	10,5
20	3,8	3,9	4,0	4,2	4,3	50	9,5	9,8	10,1	10,4	10,7
21	4,0	4,1	4,2	4,4	4,5	51	9,7	10,0	10,3	10,6	10,9
22	4,2	4,3	4,4	4,6	4,7	52	9,8	10,2	10,5	10,8	11,2
23	4,4	4,5	4,6	4,8	4,9	53	10,0	10,4	10,7	11,0	11,4
24	4,5	4,7	4,8	5,0	5,2	54	10,2	10,6	10,9	11,2	11,6
25	4,7	4,9	5,0	5,2	5,4	55	10,4	10,8	11,1	11,5	11,8
26	4,9	5,1	5,3	5,4	5,6	56	10,6	11,0	11,3	11,7	12,0
27	5,1	5,3	5,5	5,6	5,8	57	10,8	11,2	11,5	11,9	12,2
28	5,3	5,5	5,7	5,8	6,0	58	11,0	11,3	11,7	12,1	12,4
29	5,5	5,7	5,9	6,0	6,2	59	11,2	11,5	11,9	12,3	12,7

Tafel 2
zur Ermittelung des Gehaltes an reinem Alkohol.

Netto-Gewicht in Kilogramm	Wahre Stärke 15	15,5	16	16,5	17	Netto-Gewicht in Kilogramm	Wahre Stärke 15	15,5	16	16,5	17
	Gehalt an reinem Alkohol in Liter						Gehalt an reinem Alkohol in Liter				
60	11,4	11,7	12,1	12,5	12,9	90	17,0	17,6	18,2	18,7	19,3
61	11,6	11,9	12,3	12,7	13,1	91	17,2	17,8	18,4	19,0	19,5
62	11,7	12,1	12,5	12,9	13,3	92	17,4	18,0	18,6	19,2	19,7
63	11,9	12,3	12,7	13,1	13,5	93	17,6	18,2	18,8	19,4	20,0
64	12,1	12,5	12,9	13,3	13,7	94	17,8	18,4	19,0	19,6	20,2
65	12,3	12,7	13,1	13,5	14,0	95	18,0	18,6	19,2	19,8	20,4
66	12,5	12,9	13,3	13,7	14,2	96	18,2	18,8	19,4	20,0	20,6
67	12,7	13,1	13,5	14,0	14,4	97	18,4	19,0	19,6	20,2	20,8
68	12,9	13,3	13,7	14,2	14,6	98	18,6	19,2	19,8	20,4	21,0
69	13,1	13,5	13,9	14,4	14,8	99	18,7	19,4	20,0	20,6	21,2
70	13,3	13,7	14,1	14,6	15,0	100	18,9	19,6	20,2	20,8	21,5
71	13,4	13,9	14,3	14,8	15,2	200	37,9	39,1	40,4	41,7	42,9
72	13,6	14,1	14,5	15,0	15,5	300	56,8	58,7	60,6	62,5	64,4
73	13,8	14,3	14,7	15,2	15,7	400	75,7	78,3	80,8	83,3	85,8
74	14,0	14,5	14,9	15,4	15,9	500	94,7	97,8	101,0	104,2	107,3
75	14,2	14,7	15,1	15,6	16,1	600	113,6	117,4	121,2	125,0	128,8
76	14,4	14,9	15,4	15,8	16,3	700	132,6	137,0	141,4	145,8	150,2
77	14,6	15,1	15,6	16,0	16,5	800	151,5	156,5	161,6	166,6	171,7
78	14,8	15,3	15,8	16,2	16,7	900	170,4	176,1	181,8	187,5	193,2
79	15,0	15,5	16,0	16,5	17,0						
80	15,1	15,7	16,2	16,7	17,2	1000	189	196	202	208	215
81	15,3	15,9	16,4	16,9	17,4	2000	379	391	404	417	429
82	15,5	16,0	16,6	17,1	17,6	3000	568	587	606	625	644
83	15,7	16,2	16,8	17,3	17,8	4000	757	783	808	833	858
84	15,9	16,4	17,0	17,5	18,0	5000	947	978	1010	1042	1073
85	16,1	16,6	17,2	17,7	18,2	6000	1136	1174	1212	1250	1288
86	16,3	16,8	17,4	17,9	18,5	7000	1326	1370	1414	1458	1502
87	16,5	17,0	17,6	18,1	18,7	8000	1515	1565	1616	1666	1717
88	16,7	17,2	17,8	18,3	18,9	9000	1704	1761	1818	1875	1932
89	16,9	17,4	18,0	18,5	19,1	10000	1894	1957	2020	2083	2146

Tafel 2
zur Ermittelung des Gehaltes an reinem Alkohol.

Netto-Gewicht in Kilogramm	Wahre Stärke					Netto-Gewicht in Kilogramm	Wahre Stärke				
	17,5	18	18,5	19	19,5		17,5	18	18,5	19	19,5
	Gehalt an reinem Alkohol in Liter						Gehalt an reinem Alkohol in Liter				
0,5	0,1	0,1	0,1	0,1	0,1	30	6,6	6,8	7,0	7,2	7,4
1	0,2	0,2	0,2	0,2	0,2	31	6,8	7,0	7,2	7,4	7,6
2	0,4	0,5	0,5	0,5	0,5	32	7,1	7,3	7,5	7,7	7,9
3	0,7	0,7	0,7	0,7	0,7	33	7,3	7,5	7,7	7,9	8,1
4	0,9	0,9	0,9	1,0	1,0	34	7,5	7,7	7,9	8,2	8,4
5	1,1	1,1	1,2	1,2	1,2	35	7,7	8,0	8,2	8,4	8,6
6	1,3	1,4	1,4	1,4	1,5	36	8,0	8,2	8,4	8,6	8,9
7	1,5	1,6	1,6	1,7	1,7	37	8,2	8,4	8,6	8,9	9,1
8	1,8	1,8	1,9	1,9	2,0	38	8,4	8,6	8,9	9,1	9,4
9	2,0	2,0	2,1	2,2	2,2	39	8,6	8,9	9,1	9,4	9,6
10	2,2	2,3	2,3	2,4	2,5	40	8,8	9,1	9,3	9,6	9,8
11	2,4	2,5	2,6	2,6	2,7	41	9,1	9,3	9,6	9,8	10,1
12	2,7	2,7	2,8	2,9	3,0	42	9,3	9,5	9,8	10,1	10,3
13	2,9	3,0	3,0	3,1	3,2	43	9,5	9,8	10,0	10,3	10,6
14	3,1	3,2	3,3	3,4	3,4	44	9,7	10,0	10,3	10,6	10,8
15	3,3	3,4	3,5	3,6	3,7	45	9,9	10,2	10,5	10,8	11,1
16	3,5	3,6	3,7	3,8	3,9	46	10,2	10,5	10,7	11,0	11,3
17	3,8	3,9	4,0	4,1	4,2	47	10,4	10,7	11,0	11,3	11,6
18	4,0	4,1	4,2	4,3	4,4	48	10,6	10,9	11,2	11,5	11,8
19	4,2	4,3	4,4	4,6	4,7	49	10,8	11,1	11,4	11,8	12,1
20	4,4	4,5	4,7	4,8	4,9	50	11,0	11,4	11,7	12,0	12,3
21	4,6	4,8	4,9	5,0	5,2	51	11,3	11,6	11,9	12,2	12,6
22	4,9	5,0	5,1	5,3	5,4	52	11,5	11,8	12,1	12,5	12,8
23	5,1	5,2	5,4	5,5	5,7	53	11,7	12,0	12,4	12,7	13,0
24	5,3	5,5	5,6	5,8	5,9	54	11,9	12,3	12,6	13,0	13,3
25	5,5	5,7	5,8	6,0	6,2	55	12,2	12,5	12,8	13,2	13,5
26	5,7	5,9	6,1	6,2	6,4	56	12,4	12,7	13,1	13,4	13,8
27	6,0	6,1	6,3	6,5	6,6	57	12,6	13,0	13,3	13,7	14,0
28	6,2	6,4	6,5	6,7	6,9	58	12,8	13,2	13,5	13,9	14,3
29	6,4	6,6	6,8	7,0	7,1	59	13,0	13,4	13,8	14,2	14,5

Tafel 2
zur Ermittelung des Gehaltes an reinem Alkohol.

Netto-Gewicht in Kilogramm	Wahre Stärke				
	17,5	18	18,5	19	19,5
	Gehalt an reinem Alkohol in Liter				
60	13,3	13,6	14,0	14,4	14,8
61	13,5	13,9	14,2	14,6	15,0
62	13,7	14,1	14,5	14,9	15,3
63	13,9	14,3	14,7	15,1	15,5
64	14,1	14,5	14,9	15,4	15,8
65	14,4	14,8	15,2	15,6	16,0
66	14,6	15,0	15,4	15,8	16,2
67	14,8	15,2	15,6	16,1	16,5
68	15,0	15,5	15,9	16,3	16,7
69	15,2	15,7	16,1	16,6	17,0
70	15,5	15,9	16,3	16,8	17,2
71	15,7	16,1	16,6	17,0	17,5
72	15,9	16,4	16,8	17,3	17,7
73	16,1	16,6	17,0	17,5	18,0
74	16,3	16,8	17,3	17,8	18,2
75	16,6	17,0	17,5	18,0	18,5
76	16,8	17,3	17,8	18,2	18,7
77	17,0	17,5	18,0	18,5	19,0
78	17,2	17,7	18,2	18,7	19,2
79	17,5	18,0	18,5	18,9	19,4
80	17,7	18,2	18,7	19,2	19,7
81	17,9	18,4	18,9	19,4	19,9
82	18,1	18,6	19,2	19,7	20,2
83	18,3	18,9	19,4	19,9	20,4
84	18,6	19,1	19,6	20,1	20,7
85	18,8	19,3	19,9	20,4	20,9
86	19,0	19,5	20,1	20,6	21,2
87	19,2	19,8	20,3	20,9	21,4
88	19,4	20,0	20,6	21,1	21,7
89	19,7	20,2	20,8	21,3	21,9

Netto-Gewicht in Kilogramm	Wahre Stärke				
	17,5	18	18,5	19	19,5
	Gehalt an reinem Alkohol in Liter				
90	19,9	20,5	21,0	21,6	22,2
91	20,1	20,7	21,3	21,8	22,4
92	20,3	20,9	21,5	22,1	22,6
93	20,5	21,1	21,7	22,3	22,9
94	20,8	21,4	22,0	22,5	23,1
95	21,0	21,6	22,2	22,8	23,4
96	21,2	21,8	22,4	23,0	23,6
97	21,4	22,0	22,7	23,3	23,9
98	21,7	22,3	22,9	23,5	24,1
99	21,9	22,5	23,1	23,7	24,4
100	22,1	22,7	23,4	24,0	24,6
200	44,2	45,4	46,7	48,0	49,2
300	66,3	68,2	70,1	72,0	73,9
400	88,4	90,9	93,4	95,9	98,5
500	110,5	113,6	116,8	119,9	123,1
600	132,6	136,3	140,1	143,9	147,7
700	154,7	159,1	163,5	167,9	172,3
800	176,7	181,8	186,8	191,9	196,9
900	198,8	204,5	210,2	215,9	221,6
1000	221	227	234	240	246
2000	442	454	467	480	492
3000	663	682	701	720	739
4000	884	909	934	959	985
5000	1105	1136	1168	1199	1231
6000	1326	1363	1401	1439	1477
7000	1547	1591	1635	1679	1723
8000	1767	1818	1868	1919	1969
9000	1988	2045	2102	2159	2216
10000	2209	2272	2336	2399	2462

Tafel 2
zur Ermittelung des Gehaltes an reinem Alkohol.

Netto-Ge-wicht in Kilo-gramm	Wahre Stärke					Netto-Ge-wicht in Kilo-gramm	Wahre Stärke				
	20	20,5	21	21,5	22		20	20,5	21	21,5	22
	Gehalt an reinem Alkohol in Liter						Gehalt an reinem Alkohol in Liter				
0,5	0,1	0,1	0,1	0,1	0,1	30	7,6	7,8	8,0	8,1	8,3
1	0,3	0,3	0,3	0,3	0,3	31	7,8	8,0	8,2	8,4	8,6
2	0,5	0,5	0,5	0,5	0,6	32	8,1	8,3	8,5	8,7	8,9
3	0,8	0,8	0,8	0,8	0,8	33	8,3	8,5	8,7	9,0	9,2
4	1,0	1,0	1,1	1,1	1,1	34	8,6	8,8	9,0	9,2	9,4
5	1,3	1,3	1,3	1,4	1,4	35	8,8	9,1	9,3	9,5	9,7
6	1,5	1,6	1,6	1,6	1,7	36	9,1	9,3	9,5	9,8	10,0
7	1,8	1,8	1,9	1,9	1,9	37	9,3	9,6	9,8	10,0	10,3
8	2,0	2,1	2,1	2,2	2,2	38	9,6	9,8	10,1	10,3	10,6
9	2,3	2,3	2,4	2,4	2,5	39	9,8	10,1	10,3	10,6	10,8
10	2,5	2,6	2,7	2,7	2,8	40	10,1	10,4	10,6	10,9	11,1
11	2,8	2,8	2,9	3,0	3,1	41	10,4	10,6	10,9	11,1	11,4
12	3,0	3,1	3,2	3,3	3,3	42	10,6	10,9	11,1	11,4	11,7
13	3,3	3,4	3,4	3,5	3,6	43	10,9	11,1	11,4	11,7	11,9
14	3,5	3,6	3,7	3,8	3,9	44	11,1	11,4	11,7	11,9	12,2
15	3,8	3,9	4,0	4,1	4,2	45	11,4	11,6	11,9	12,2	12,5
16	4,0	4,1	4,2	4,3	4,4	46	11,6	11,9	12,2	12,5	12,8
17	4,3	4,4	4,5	4,6	4,7	47	11,9	12,2	12,5	12,8	13,1
18	4,5	4,7	4,8	4,9	5,0	48	12,1	12,4	12,7	13,0	13,3
19	4,8	4,9	5,0	5,2	5,3	49	12,4	12,7	13,0	13,3	13,6
20	5,0	5,2	5,3	5,4	5,6	50	12,6	12,9	13,3	13,6	13,9
21	5,3	5,4	5,6	5,7	5,8	51	12,9	13,2	13,5	13,8	14,2
22	5,6	5,7	5,8	6,0	6,1	52	13,1	13,5	13,8	14,1	14,4
23	5,8	6,0	6,1	6,2	6,4	53	13,4	13,7	14,1	14,4	14,7
24	6,1	6,2	6,4	6,5	6,7	54	13,6	14,0	14,3	14,7	15,0
25	6,3	6,5	6,6	6,8	6,9	55	13,9	14,2	14,6	14,9	15,3
26	6,6	6,7	6,9	7,1	7,2	56	14,1	14,5	14,8	15,2	15,6
27	6,8	7,0	7,2	7,3	7,5	57	14,4	14,8	15,1	15,5	15,8
28	7,1	7,2	7,4	7,6	7,8	58	14,6	15,0	15,4	15,7	16,1
29	7,3	7,5	7,7	7,9	8,1	59	14,9	15,3	15,6	16,0	16,4

Tafel 2
zur Ermittelung des Gehaltes an reinem Alkohol.

Netto-Gewicht in Kilogramm	Wahre Stärke — Gehalt an reinem Alkohol in Liter					Netto-Gewicht in Kilogramm	Wahre Stärke — Gehalt an reinem Alkohol in Liter				
	20	20,5	21	21,5	22		20	20,5	21	21,5	22
60	15,1	15,5	15,9	16,3	16,7	90	22,7	23,3	23,9	24,4	25,0
61	15,4	15,8	16,2	16,6	16,9	91	23,0	23,6	24,1	24,7	25,3
62	15,7	16,0	16,4	16,8	17,2	92	23,2	23,8	24,4	25,0	25,6
63	15,9	16,3	16,7	17,1	17,5	93	23,5	24,1	24,7	25,2	25,8
64	16,2	16,6	17,0	17,4	17,8	94	23,7	24,3	24,9	25,5	26,1
65	16,4	16,8	17,2	17,6	18,1	95	24,0	24,6	25,2	25,8	26,4
66	16,7	17,1	17,5	17,9	18,3	96	24,2	24,8	25,5	26,1	26,7
67	16,9	17,3	17,8	18,2	18,6	97	24,5	25,1	25,7	26,3	26,9
68	17,2	17,6	18,0	18,5	18,9	98	24,7	25,4	26,0	26,6	27,2
69	17,4	17,9	18,3	18,7	19,2	99	25,0	25,6	26,2	26,9	27,5
70	17,7	18,1	18,6	19,0	19,4	100	25,2	25,9	26,5	27,1	27,8
71	17,9	18,4	18,8	19,3	19,7	200	50,5	51,8	53,0	54,3	55,5
72	18,2	18,6	19,1	19,5	20,0	300	75,7	77,6	79,5	81,4	83,3
73	18,4	18,9	19,4	19,8	20,3	400	101,0	103,5	106,0	108,6	111,1
74	18,7	19,2	19,6	20,1	20,6	500	126,2	129,4	132,6	135,7	138,9
75	18,9	19,4	19,9	20,4	20,8	600	151,5	155,3	159,1	162,9	166,6
76	19,2	19,7	20,1	20,6	21,1	700	176,7	181,2	185,6	190,0	194,4
77	19,4	19,9	20,4	20,9	21,4	800	202,0	207,0	212,1	217,1	222,2
78	19,7	20,2	20,7	21,2	21,7	900	227,2	232,9	238,6	244,3	250,0
79	19,9	20,4	20,9	21,4	21,9						
80	20,2	20,7	21,2	21,7	22,2	1000	252	259	265	271	278
81	20,5	21,0	21,5	22,0	22,5	2000	505	518	530	543	555
82	20,7	21,2	21,7	22,3	22,8	3000	757	776	795	814	833
83	21,0	21,5	22,0	22,5	23,1	4000	1010	1035	1060	1086	1111
84	21,2	21,7	22,3	22,8	23,3	5000	1262	1294	1326	1357	1389
85	21,5	22,0	22,5	23,1	23,6	6000	1515	1553	1591	1629	1666
86	21,7	22,3	22,8	23,3	23,9	7000	1767	1812	1856	1900	1944
87	22,0	22,5	23,1	23,6	24,2	8000	2020	2070	2121	2171	2222
88	22,2	22,8	23,3	23,9	24,4	9000	2272	2329	2386	2443	2500
89	22,5	23,0	23,6	24,2	24,7	10000	2525	2588	2651	2714	2777

Tafel 2
zur Ermittelung des Gehaltes an reinem Alkohol.

Netto-Gewicht in Kilogramm	Wahre Stärke					Netto-Gewicht in Kilogramm	Wahre Stärke				
	22,5	23	23,5	24	24,5		22,5	23	23,5	24	24,5
	Gehalt an reinem Alkohol in Liter						Gehalt an reinem Alkohol in Liter				
0,5	0,1	0,1	0,1	0,2	0,2	30	8,5	8,7	8,9	9,1	9,3
1	0,3	0,3	0,3	0,3	0,3	31	8,8	9,0	9,2	9,4	9,6
2	0,6	0,6	0,6	0,6	0,6	32	9,1	9,3	9,5	9,7	9,9
3	0,9	0,9	0,9	0,9	0,9	33	9,4	9,6	9,8	10,0	10,2
4	1,1	1,2	1,2	1,2	1,2	34	9,7	9,9	10,1	10,3	10,5
5	1,4	1,5	1,5	1,5	1,5	35	9,9	10,2	10,4	10,6	10,8
6	1,7	1,7	1,8	1,8	1,9	36	10,2	10,5	10,7	10,9	11,1
7	2,0	2,0	2,1	2,1	2,2	37	10,5	10,7	11,0	11,2	11,4
8	2,3	2,3	2,4	2,4	2,5	38	10,8	11,0	11,3	11,5	11,8
9	2,6	2,6	2,7	2,7	2,8	39	11,1	11,3	11,6	11,8	12,1
10	2,8	2,9	3,0	3,0	3,1	40	11,4	11,6	11,9	12,1	12,4
11	3,1	3,2	3,3	3,3	3,4	41	11,6	11,9	12,2	12,4	12,7
12	3,4	3,5	3,6	3,6	3,7	42	11,9	12,2	12,5	12,7	13,0
13	3,7	3,8	3,9	3,9	4,0	43	12,2	12,5	12,8	13,0	13,3
14	4,0	4,1	4,2	4,2	4,3	44	12,5	12,8	13,1	13,3	13,6
15	4,3	4,4	4,5	4,5	4,6	45	12,8	13,1	13,4	13,6	13,9
16	4,5	4,6	4,7	4,8	4,9	46	13,1	13,4	13,6	13,9	14,2
17	4,8	4,9	5,0	5,2	5,3	47	13,4	13,6	13,9	14,2	14,5
18	5,1	5,2	5,3	5,5	5,6	48	13,6	13,9	14,2	14,5	14,8
19	5,4	5,5	5,6	5,8	5,9	49	13,9	14,2	14,5	14,8	15,2
20	5,7	5,8	5,9	6,1	6,2	50	14,2	14,5	14,8	15,1	15,5
21	6,0	6,1	6,2	6,4	6,5	51	14,5	14,8	15,1	15,5	15,8
22	6,2	6,4	6,5	6,7	6,8	52	14,8	15,1	15,4	15,8	16,1
23	6,5	6,7	6,8	7,0	7,1	53	15,1	15,4	15,7	16,1	16,4
24	6,8	7,0	7,1	7,3	7,4	54	15,3	15,7	16,0	16,4	16,7
25	7,1	7,3	7,4	7,6	7,7	55	15,6	16,0	16,3	16,7	17,0
26	7,4	7,5	7,7	7,9	8,0	56	15,9	16,3	16,6	17,0	17,3
27	7,7	7,8	8,0	8,2	8,4	57	16,2	16,6	16,9	17,3	17,6
28	8,0	8,1	8,3	8,5	8,7	58	16,5	16,8	17,2	17,6	17,9
29	8,2	8,4	8,6	8,8	9,0	59	16,8	17,1	17,5	17,9	18,2

Tafel 2
zur Ermittelung des Gehaltes an reinem Alkohol.

Netto-Gewicht in Kilogramm	Wahre Stärke — Gehalt an reinem Alkohol in Liter					Netto-Gewicht in Kilogramm	Wahre Stärke — Gehalt an reinem Alkohol in Liter				
	22,5	23	23,5	24	24,5		22,5	23	23,5	24	24,5
60	17,0	17,4	17,8	18,2	18,6	90	25,6	26,1	26,7	27,3	27,8
61	17,3	17,7	18,1	18,5	18,9	91	25,8	26,4	27,0	27,6	28,1
62	17,6	18,0	18,4	18,8	19,2	92	26,1	26,7	27,3	27,9	28,5
63	17,9	18,3	18,7	19,1	19,5	93	26,4	27,0	27,6	28,2	28,8
64	18,2	18,6	19,0	19,4	19,8	94	26,7	27,3	27,9	28,5	29,1
65	18,5	18,9	19,3	19,7	20,1	95	27,0	27,6	28,2	28,8	29,4
66	18,7	19,2	19,6	20,0	20,4	96	27,3	27,9	28,5	29,1	29,7
67	19,0	19,5	19,9	20,3	20,7	97	27,6	28,2	28,8	29,4	30,0
68	19,3	19,7	20,2	20,6	21,0	98	27,8	28,5	29,1	29,7	30,3
69	19,6	20,0	20,5	20,9	21,3	99	28,1	28,7	29,4	30,0	30,6
70	19,9	20,3	20,8	21,2	21,7	100	28,4	29,0	29,7	30,3	30,9
71	20,2	20,6	21,1	21,5	22,0	200	56,8	58,1	59,3	60,6	61,9
72	20,5	20,9	21,4	21,8	22,3	300	85,2	87,1	89,0	90,9	92,8
73	20,7	21,2	21,7	22,1	22,6	400	113,6	116,1	118,7	121,2	123,7
74	21,0	21,5	22,0	22,4	22,9	500	142,0	145,2	148,3	151,5	154,7
75	21,3	21,8	22,3	22,7	23,2	600	170,4	174,2	178,0	181,8	185,6
76	21,6	22,1	22,5	23,0	23,5	700	198,8	203,3	207,7	212,1	216,5
77	21,9	22,4	22,8	23,3	23,8	800	227,2	232,3	237,3	242,4	247,4
78	22,2	22,6	23,1	23,6	24,1	900	255,7	261,3	267,0	272,7	278,4
79	22,4	22,9	23,4	23,9	24,4						
80	22,7	23,2	23,7	24,2	24,7	1000	284	290	297	303	309
81	23,0	23,5	24,0	24,5	25,1	2000	568	581	593	606	619
82	23,3	23,8	24,3	24,8	25,4	3000	852	871	890	909	928
83	23,6	24,1	24,6	25,1	25,7	4000	1136	1161	1187	1212	1237
84	23,9	24,4	24,9	25,5	26,0	5000	1420	1452	1483	1515	1547
85	24,1	24,7	25,2	25,8	26,3	6000	1704	1742	1780	1818	1856
86	24,4	25,0	25,5	26,1	26,6	7000	1988	2033	2077	2121	2165
87	24,7	25,3	25,8	26,4	26,9	8000	2272	2323	2373	2424	2474
88	25,0	25,6	26,1	26,7	27,2	9000	2557	2613	2670	2727	2784
89	25,3	25,8	26,4	27,0	27,5	10000	2841	2904	2967	3030	3093

Tafel 2
zur Ermittelung des Gehaltes an reinem Alkohol.

Netto-Gewicht in Kilogramm	Wahre Stärke					Netto-Gewicht in Kilogramm	Wahre Stärke				
	25	25,5	26	26,5	27		25	25,5	26	26,5	27
	Gehalt an reinem Alkohol in Liter						Gehalt an reinem Alkohol in Liter				
0,5	0,2	0,2	0,2	0,2	0,2	30	9,5	9,7	9,8	10,0	10,2
1	0,3	0,3	0,3	0,3	0,3	31	9,8	10,0	10,2	10,4	10,6
2	0,6	0,6	0,7	0,7	0,7	32	10,1	10,3	10,5	10,7	10,9
3	0,9	1,0	1,0	1,0	1,0	33	10,4	10,6	10,8	11,0	11,2
4	1,3	1,3	1,3	1,3	1,4	34	10,7	10,9	11,2	11,4	11,6
5	1,6	1,6	1,6	1,7	1,7	35	11,0	11,3	11,5	11,7	11,9
6	1,9	1,9	2,0	2,0	2,0	36	11,4	11,6	11,8	12,0	12,3
7	2,2	2,3	2,3	2,3	2,4	37	11,7	11,9	12,1	12,4	12,6
8	2,5	2,6	2,6	2,7	2,7	38	12,0	12,2	12,5	12,7	13,0
9	2,8	2,9	3,0	3,0	3,1	39	12,3	12,6	12,8	13,0	13,3
10	3,2	3,2	3,3	3,3	3,4	40	12,6	12,9	13,1	13,4	13,6
11	3,5	3,5	3,6	3,7	3,7	41	12,9	13,2	13,5	13,7	14,0
12	3,8	3,9	3,9	4,0	4,1	42	13,3	13,5	13,8	14,1	14,3
13	4,1	4,2	4,3	4,3	4,4	43	13,6	13,8	14,1	14,4	14,7
14	4,4	4,5	4,6	4,7	4,8	44	13,9	14,2	14,4	14,7	15,0
15	4,7	4,8	4,9	5,0	5,1	45	14,2	14,5	14,8	15,1	15,3
16	5,0	5,2	5,3	5,4	5,5	46	14,5	14,8	15,1	15,4	15,7
17	5,4	5,5	5,6	5,7	5,8	47	14,8	15,1	15,4	15,7	16,0
18	5,7	5,8	5,9	6,0	6,1	48	15,1	15,5	15,8	16,1	16,4
19	6,0	6,1	6,2	6,4	6,5	49	15,5	15,8	16,1	16,4	16,7
20	6,3	6,4	6,6	6,7	6,8	50	15,8	16,1	16,4	16,7	17,0
21	6,6	6,8	6,9	7,0	7,2	51	16,1	16,4	16,7	17,1	17,4
22	6,9	7,1	7,2	7,4	7,5	52	16,4	16,7	17,1	17,4	17,7
23	7,3	7,4	7,5	7,7	7,8	53	16,7	17,1	17,4	17,7	18,1
24	7,6	7,7	7,9	8,0	8,2	54	17,0	17,4	17,7	18,1	18,4
25	7,9	8,0	8,2	8,4	8,5	55	17,4	17,7	18,1	18,4	18,7
26	8,2	8,4	8,5	8,7	8,9	56	17,7	18,0	18,4	18,7	19,1
27	8,5	8,7	8,9	9,0	9,2	57	18,0	18,4	18,7	19,1	19,4
28	8,8	9,0	9,2	9,4	9,5	58	18,3	18,7	19,0	19,4	19,8
29	9,2	9,3	9,5	9,7	9,9	59	18,6	19,0	19,4	19,7	20,1

Tafel 2
zur Ermittelung des Gehaltes an reinem Alkohol.

Netto-Gewicht in Kilogramm	Wahre Stärke					Netto-Gewicht in Kilogramm	Wahre Stärke				
	25	25,5	26	26,5	27		25	25,5	26	26,5	27
	Gehalt an reinem Alkohol in Liter						Gehalt an reinem Alkohol in Liter				
60	18,9	19,3	19,7	20,1	20,5	90	28,4	29,0	29,5	30,1	30,7
61	19,3	19,6	20,0	20,4	20,8	91	28,7	29,3	29,9	30,4	31,0
62	19,6	20,0	20,4	20,7	21,1	92	29,0	29,6	30,2	30,8	31,4
63	19,9	20,3	20,7	21,1	21,5	93	29,4	29,9	30,5	31,1	31,7
64	20,2	20,6	21,0	21,4	21,8	94	29,7	30,3	30,9	31,4	32,0
65	20,5	20,9	21,3	21,7	22,2	95	30,0	30,6	31,2	31,8	32,4
66	20,8	21,2	21,7	22,1	22,5	96	30,3	30,9	31,5	32,1	32,7
67	21,1	21,6	22,0	22,4	22,8	97	30,6	31,2	31,8	32,5	33,1
68	21,5	21,9	22,3	22,7	23,2	98	30,9	31,5	32,2	32,8	33,4
69	21,8	22,2	22,6	23,1	23,5	99	31,2	31,9	32,5	33,1	33,7
70	22,1	22,5	23,0	23,4	23,9	100	31,6	32,2	32,8	33,5	34,1
71	22,4	22,9	23,3	23,8	24,2	200	63,1	64,4	65,6	66,9	68,2
72	22,7	23,2	23,6	24,1	24,5	300	94,7	96,6	98,5	100,4	102,3
73	23,0	23,5	24,0	24,4	24,9	400	126,2	128,8	131,3	133,8	136,3
74	23,4	23,8	24,3	24,8	25,2	500	157,8	161,0	164,1	167,3	170,4
75	23,7	24,1	24,6	25,1	25,6	600	189,4	193,2	196,9	200,7	204,5
76	24,0	24,5	24,9	25,4	25,9	700	220,9	225,4	229,8	234,2	238,6
77	24,3	24,8	25,3	25,8	26,2	800	252,5	257,5	262,6	267,6	272,7
78	24,6	25,1	25,6	26,1	26,6	900	284,1	289,7	295,4	301,1	306,8
79	24,9	25,4	25,9	26,4	26,9						
80	25,2	25,8	26,3	26,8	27,3	1000	316	322	328	335	341
81	25,6	26,1	26,6	27,1	27,6	2000	631	644	656	669	682
82	25,9	26,4	26,9	27,4	28,0	3000	947	966	985	1004	1023
83	26,2	26,7	27,2	27,8	28,3	4000	1262	1288	1313	1338	1363
84	26,5	27,0	27,6	28,1	28,6	5000	1578	1610	1641	1673	1704
85	26,8	27,4	27,9	28,4	29,0	6000	1894	1932	1969	2007	2045
86	27,1	27,7	28,2	28,8	29,3	7000	2209	2254	2298	2342	2386
87	27,5	28,0	28,6	29,1	29,7	8000	2525	2575	2626	2676	2727
88	27,8	28,3	28,9	29,4	30,0	9000	2841	2897	2954	3011	3068
89	28,1	28,7	29,2	29,8	30,3	10000	3156	3219	3282	3346	3409

5*

Tafel 2
zur Ermittelung des Gehaltes an reinem Alkohol.

Netto-Gewicht in Kilogramm	Wahre Stärke					Netto-Gewicht in Kilogramm	Wahre Stärke				
	27, 5	28	28, 5	29	29, 5		27, 5	28	28, 5	29	29, 5
	Gehalt an reinem Alkohol in Liter						Gehalt an reinem Alkohol in Liter				
0,5	0, 2	0, 2	0, 2	0, 2	0, 2	30	10, 4	10, 6	10, 8	11, 0	11, 2
1	0, 3	0, 4	0, 4	0, 4	0, 4	31	10, 8	11, 0	11, 2	11, 3	11, 5
2	0, 7	0, 7	0, 7	0, 7	0, 7	32	11, 1	11, 3	11, 5	11, 7	11, 9
3	1, 0	1, 1	1, 1	1, 1	1, 1	33	11, 5	11, 7	11, 9	12, 1	12, 3
4	1, 4	1, 4	1, 4	1, 5	1, 5	34	11, 8	12, 0	12, 2	12, 4	12, 7
5	1, 7	1, 8	1, 8	1, 8	1, 9	35	12, 2	12, 4	12, 6	12, 8	13, 0
6	2, 1	2, 1	2, 2	2, 2	2, 2	36	12, 5	12, 7	13, 0	13, 2	13, 4
7	2, 4	2, 5	2, 5	2, 6	2, 6	37	12, 8	13, 1	13, 3	13, 5	13, 8
8	2, 8	2, 8	2, 9	2, 9	3, 0	38	13, 2	13, 4	13, 7	13, 9	14, 2
9	3, 1	3, 2	3, 2	3, 3	3, 4	39	13, 5	13, 8	14, 0	14, 3	14, 5
10	3, 5	3, 5	3, 6	3, 7	3, 7	40	13, 9	14, 1	14, 4	14, 6	14, 9
11	3, 8	3, 9	4, 0	4, 0	4, 1	41	14, 2	14, 5	14, 8	15, 0	15, 3
12	4, 2	4, 2	4, 3	4, 4	4, 5	42	14, 6	14, 8	15, 1	15, 4	15, 6
13	4, 5	4, 6	4, 7	4, 8	4, 8	43	14, 9	15, 2	15, 5	15, 7	16, 0
14	4, 9	4, 9	5, 0	5, 1	5, 2	44	15, 3	15, 6	15, 8	16, 1	16, 4
15	5, 2	5, 3	5, 4	5, 5	5, 6	45	15, 6	15, 9	16, 2	16, 5	16, 8
16	5, 6	5, 7	5, 8	5, 9	6, 0	46	16, 0	16, 3	16, 6	16, 8	17, 1
17	5, 9	6, 0	6, 1	6, 2	6, 3	47	16, 3	16, 6	16, 9	17, 2	17, 5
18	6, 2	6, 4	6, 5	6, 6	6, 7	48	16, 7	17, 0	17, 3	17, 6	17, 9
19	6, 6	6, 7	6, 8	7, 0	7, 1	49	17, 0	17, 3	17, 6	17, 9	18, 2
20	6, 9	7, 1	7, 2	7, 3	7, 4	50	17, 4	17, 7	18, 0	18, 3	18, 6
21	7, 3	7, 4	7, 6	7, 7	7, 8	51	17, 7	18, 0	18, 4	18, 7	19, 0
22	7, 6	7, 8	7, 9	8, 1	8, 2	52	18, 1	18, 4	18, 7	19, 0	19, 4
23	8, 0	8, 1	8, 3	8, 4	8, 6	53	18, 4	18, 7	19, 1	19, 4	19, 7
24	8, 3	8, 5	8, 6	8, 8	8, 9	54	18, 7	19, 1	19, 4	19, 8	20, 1
25	8, 7	8, 8	9, 0	9, 2	9, 3	55	19, 1	19, 4	19, 8	20, 1	20, 5
26	9, 0	9, 2	9, 4	9, 5	9, 7	56	19, 4	19, 8	20, 1	20, 5	20, 9
27	9, 4	9, 5	9, 7	9, 9	10, 1	57	19, 8	20, 1	20, 5	20, 9	21, 2
28	9, 7	9, 9	10, 1	10, 3	10, 4	58	20, 1	20, 5	20, 9	21, 2	21, 6
29	10, 1	10, 3	10, 4	10, 6	10, 8	59	20, 5	20, 9	21, 2	21, 6	22, 0

Tafel 2
zur Ermittelung des Gehaltes an reinem Alkohol.

Netto-Gewicht in Kilogramm	Wahre Stärke 27,5	28	28,5	29	29,5	Netto-Gewicht in Kilogramm	Wahre Stärke 27,5	28	28,5	29	29,5
	Gehalt an reinem Alkohol in Liter						Gehalt an reinem Alkohol in Liter				
60	20,8	21,2	21,6	22,0	22,3	90	31,2	31,8	32,4	33,0	33,5
61	21,2	21,6	21,9	22,3	22,7	91	31,6	32,2	32,7	33,3	33,9
62	21,5	21,9	22,3	22,7	23,1	92	31,9	32,5	33,1	33,7	34,3
63	21,9	22,3	22,7	23,1	23,5	93	32,3	32,9	33,5	34,0	34,6
64	22,2	22,6	23,0	23,4	23,8	94	32,6	33,2	33,8	34,4	35,0
65	22,6	23,0	23,4	23,8	24,2	95	33,0	33,6	34,2	34,8	35,4
66	22,9	23,3	23,7	24,2	24,6	96	33,3	33,9	34,5	35,1	35,8
67	23,3	23,7	24,1	24,5	25,0	97	33,7	34,3	34,9	35,5	36,1
68	23,6	24,0	24,5	24,9	25,3	98	34,0	34,6	35,3	35,9	36,5
69	24,0	24,4	24,8	25,3	25,7	99	34,4	35,0	35,6	36,2	36,9
70	24,3	24,7	25,2	25,6	26,1	100	34,7	35,3	36,0	36,6	37,2
71	24,6	25,1	25,5	26,0	26,4	200	69,4	70,7	72,0	73,2	74,5
72	25,0	25,5	25,9	26,4	26,8	300	104,2	106,0	107,9	109,8	111,7
73	25,3	25,8	26,3	26,7	27,2	400	138,9	141,4	143,9	146,4	149,0
74	25,7	26,2	26,6	27,1	27,6	500	173,6	176,7	179,9	183,1	186,2
75	26,0	26,5	27,0	27,5	27,9	600	208,3	212,1	215,9	219,7	223,5
76	26,4	26,9	27,3	27,8	28,3	700	243,0	247,4	251,9	256,3	260,7
77	26,7	27,2	27,7	28,2	28,7	800	277,7	282,8	287,8	292,9	297,9
78	27,1	27,6	28,1	28,6	29,0	900	312,5	318,1	323,8	329,5	335,2
79	27,4	27,9	28,4	28,9	29,4						
80	27,8	28,3	28,8	29,3	29,8	1000	347	353	360	366	372
81	28,1	28,6	29,1	29,7	30,2	2000	694	707	720	732	745
82	28,5	29,0	29,5	30,0	30,5	3000	1042	1060	1079	1098	1117
83	28,8	29,3	29,9	30,4	30,9	4000	1389	1414	1439	1464	1490
84	29,2	29,7	30,2	30,8	31,3	5000	1736	1767	1799	1831	1862
85	29,5	30,0	30,6	31,1	31,7	6000	2083	2121	2159	2197	2235
86	29,9	30,4	30,9	31,5	32,0	7000	2430	2474	2519	2563	2607
87	30,2	30,8	31,3	31,9	32,4	8000	2777	2828	2878	2929	2979
88	30,6	31,1	31,7	32,2	32,8	9000	3125	3181	3238	3295	3352
89	30,9	31,5	32,0	32,6	33,1	10000	3472	3535	3598	3661	3724

Tafel 2
zur Ermittelung des Gehaltes an reinem Alkohol.

Netto-Gewicht in Kilogramm	Wahre Stärke 30	30,5	31	31,5	32	Netto-Gewicht in Kilogramm	Wahre Stärke 30	30,5	31	31,5	32
	Gehalt an reinem Alkohol in Liter						Gehalt an reinem Alkohol in Liter				
0,5	0,2	0,2	0,2	0,2	0,2	30	11,4	11,6	11,7	11,9	12,1
1	0,4	0,4	0,4	0,4	0,4	31	11,7	11,9	12,1	12,3	12,5
2	0,8	0,8	0,8	0,8	0,8	32	12,1	12,3	12,5	12,7	12,9
3	1,1	1,2	1,2	1,2	1,2	33	12,5	12,7	12,9	13,1	13,3
4	1,5	1,5	1,6	1,6	1,6	34	12,9	13,1	13,3	13,5	13,7
5	1,9	1,9	2,0	2,0	2,0	35	13,3	13,5	13,7	13,9	14,1
6	2,3	2,3	2,3	2,4	2,4	36	13,6	13,9	14,1	14,3	14,5
7	2,7	2,7	2,7	2,8	2,8	37	14,0	14,2	14,5	14,7	14,9
8	3,0	3,1	3,1	3,2	3,2	38	14,4	14,6	14,9	15,1	15,4
9	3,4	3,5	3,5	3,6	3,6	39	14,8	15,0	15,3	15,5	15,8
10	3,8	3,9	3,9	4,0	4,0	40	15,1	15,4	15,7	15,9	16,2
11	4,2	4,2	4,3	4,4	4,4	41	15,5	15,8	16,0	16,3	16,6
12	4,5	4,6	4,7	4,8	4,8	42	15,9	16,2	16,4	16,7	17,0
13	4,9	5,0	5,1	5,2	5,3	43	16,3	16,6	16,8	17,1	17,4
14	5,3	5,4	5,5	5,6	5,7	44	16,7	16,9	17,2	17,5	17,8
15	5,7	5,8	5,9	6,0	6,1	45	17,0	17,3	17,6	17,9	18,2
16	6,1	6,2	6,3	6,4	6,5	46	17,4	17,7	18,0	18,3	18,6
17	6,4	6,5	6,7	6,8	6,9	47	17,8	18,1	18,4	18,7	19,0
18	6,8	6,9	7,0	7,2	7,3	48	18,2	18,5	18,8	19,1	19,4
19	7,2	7,3	7,4	7,6	7,7	49	18,6	18,9	19,2	19,5	19,8
20	7,6	7,7	7,8	8,0	8,1	50	18,9	19,3	19,6	19,9	20,2
21	8,0	8,1	8,2	8,4	8,5	51	19,3	19,6	20,0	20,3	20,6
22	8,3	8,5	8,6	8,7	8,9	52	19,7	20,0	20,4	20,7	21,0
23	8,7	8,9	9,0	9,1	9,3	53	20,1	20,4	20,7	21,1	21,4
24	9,1	9,2	9,4	9,5	9,7	54	20,5	20,8	21,1	21,5	21,8
25	9,5	9,6	9,8	9,9	10,1	55	20,8	21,2	21,5	21,9	22,2
26	9,8	10,0	10,2	10,3	10,5	56	21,2	21,6	21,9	22,3	22,6
27	10,2	10,4	10,6	10,7	10,9	57	21,6	21,9	22,3	22,7	23,0
28	10,6	10,8	11,0	11,1	11,3	58	22,0	22,3	22,7	23,1	23,4
29	11,0	11,2	11,3	11,5	11,7	59	22,3	22,7	23,1	23,5	23,8

Tafel 2
zur Ermittelung des Gehaltes an reinem Alkohol.

Netto-Gewicht in Kilogramm	Wahre Stärke					Netto-Gewicht in Kilogramm	Wahre Stärke				
	30	30,5	31	31,5	32		30	30,5	31	31,5	32
	Gehalt an reinem Alkohol in Liter						Gehalt an reinem Alkohol in Liter				
60	22,7	23,1	23,5	23,9	24,2	90	34,1	34,7	35,2	35,8	36,4
61	23,1	23,5	23,9	24,3	24,6	91	34,5	35,0	35,6	36,2	36,8
62	23,5	23,9	24,3	24,7	25,0	92	34,8	35,4	36,0	36,6	37,2
63	23,9	24,3	24,7	25,1	25,5	93	35,2	35,8	36,4	37,0	37,6
64	24,2	24,6	25,0	25,5	25,9	94	35,6	36,2	36,8	37,4	38,0
65	24,6	25,0	25,4	25,8	26,3	95	36,0	36,6	37,2	37,8	38,4
66	25,0	25,4	25,8	26,2	26,7	96	36,4	37,0	37,6	38,2	38,8
67	25,4	25,8	26,2	26,6	27,1	97	36,7	37,4	38,0	38,6	39,2
68	25,8	26,2	26,6	27,0	27,5	98	37,1	37,7	38,4	39,0	39,6
69	26,1	26,6	27,0	27,4	27,9	99	37,5	38,1	38,7	39,4	40,0
70	26,5	27,0	27,4	27,8	28,3	100	37,9	38,5	39,1	39,8	40,4
71	26,9	27,3	27,8	28,2	28,7	200	75,7	77,0	78,3	79,5	80,8
72	27,3	27,7	28,2	28,6	29,1	300	113,6	115,5	117,4	119,3	121,2
73	27,6	28,1	28,6	29,0	29,5	400	151,5	154,0	156,5	159,1	161,6
74	28,0	28,5	29,0	29,4	29,9	500	189,4	192,5	195,7	198,8	202,0
75	28,4	28,9	29,4	29,8	30,3	600	227,2	231,0	234,8	238,6	242,4
76	28,8	29,3	29,7	30,2	30,7	700	265,1	269,5	274,0	278,4	282,8
77	29,2	29,6	30,1	30,6	31,1	800	303,0	308,0	313,1	318,1	323,2
78	29,5	30,0	30,5	31,0	31,5	900	340,9	346,5	352,2	357,9	363,6
79	29,9	30,4	30,9	31,4	31,9						
80	30,3	30,8	31,3	31,8	32,3	1000	379	385	391	398	404
81	30,7	31,2	31,7	32,2	32,7	2000	757	770	783	795	808
82	31,1	31,6	32,1	32,6	33,1	3000	1136	1155	1174	1193	1212
83	31,4	32,0	32,5	33,0	33,5	4000	1515	1540	1565	1591	1616
84	31,8	32,3	32,9	33,4	33,9	5000	1894	1925	1957	1988	2020
85	32,2	32,7	33,3	33,8	34,3	6000	2272	2310	2348	2386	2424
86	32,6	33,1	33,7	34,2	34,7	7000	2651	2695	2740	2784	2828
87	33,0	33,5	34,0	34,6	35,1	8000	3030	3080	3131	3181	3232
88	33,3	33,9	34,4	35,0	35,6	9000	3409	3465	3522	3579	3636
89	33,7	34,3	34,8	35,4	36,0	10000	3787	3851	3914	3977	4040

Tafel 2
zur Ermittelung des Gehaltes an reinem Alkohol.

Netto-Gewicht in Kilogramm	Wahre Stärke					Netto-Gewicht in Kilogramm	Wahre Stärke				
	32,5	33	33,5	34	34,5		32,5	33	33,5	34	34,5
	Gehalt an reinem Alkohol in Liter						Gehalt an reinem Alkohol in Liter				
0,5	0,2	0,2	0,2	0,2	0,2	30	12,3	12,5	12,7	12,9	13,1
1	0,4	0,4	0,4	0,4	0,4	31	12,7	12,9	13,1	13,3	13,5
2	0,8	0,8	0,8	0,9	0,9	32	13,1	13,3	13,5	13,7	13,9
3	1,2	1,2	1,3	1,3	1,3	33	13,5	13,7	14,0	14,2	14,4
4	1,6	1,7	1,7	1,7	1,7	34	14,0	14,2	14,4	14,6	14,8
5	2,1	2,1	2,1	2,1	2,2	35	14,4	14,6	14,8	15,0	15,2
6	2,5	2,5	2,5	2,6	2,6	36	14,8	15,0	15,2	15,5	15,7
7	2,9	2,9	3,0	3,0	3,0	37	15,2	15,4	15,6	15,9	16,1
8	3,3	3,3	3,4	3,4	3,5	38	15,6	15,8	16,1	16,3	16,6
9	3,7	3,7	3,8	3,9	3,9	39	16,0	16,2	16,5	16,7	17,0
10	4,1	4,2	4,2	4,3	4,4	40	16,4	16,7	16,9	17,2	17,4
11	4,5	4,6	4,7	4,7	4,8	41	16,8	17,1	17,3	17,6	17,9
12	4,9	5,0	5,1	5,2	5,2	42	17,2	17,5	17,8	18,0	18,3
13	5,3	5,4	5,5	5,6	5,7	43	17,6	17,9	18,2	18,5	18,7
14	5,7	5,8	5,9	6,0	6,1	44	18,1	18,3	18,6	18,9	19,2
15	6,2	6,2	6,3	6,4	6,5	45	18,5	18,7	19,0	19,3	19,6
16	6,6	6,7	6,8	6,9	7,0	46	18,9	19,2	19,5	19,7	20,0
17	7,0	7,1	7,2	7,3	7,4	47	19,3	19,6	19,9	20,2	20,5
18	7,4	7,5	7,6	7,7	7,8	48	19,7	20,0	20,3	20,6	20,9
19	7,8	7,9	8,0	8,2	8,3	49	20,1	20,4	20,7	21,0	21,3
20	8,2	8,3	8,5	8,6	8,7	50	20,5	20,8	21,1	21,5	21,8
21	8,6	8,7	8,9	9,0	9,1	51	20,9	21,2	21,6	21,9	22,2
22	9,0	9,2	9,3	9,4	9,6	52	21,3	21,7	22,0	22,3	22,6
23	9,4	9,6	9,7	9,9	10,0	53	21,7	22,1	22,4	22,7	23,1
24	9,8	10,0	10,2	10,3	10,5	54	22,2	22,5	22,8	23,2	23,5
25	10,3	10,4	10,6	10,7	10,9	55	22,6	22,9	23,3	23,6	24,0
26	10,7	10,8	11,0	11,2	11,3	56	23,0	23,3	23,7	24,0	24,4
27	11,1	11,2	11,4	11,6	11,8	57	23,4	23,7	24,1	24,5	24,8
28	11,5	11,7	11,8	12,0	12,2	58	23,8	24,2	24,5	24,9	25,3
29	11,9	12,1	12,3	12,4	12,6	59	24,2	24,6	25,0	25,3	25,7

Tafel 2
zur Ermittelung des Gehaltes an reinem Alkohol.

Netto-Gewicht in Kilogramm	Wahre Stärke 32,5	33	33,5	34	34,5	Netto-Gewicht in Kilogramm	Wahre Stärke 32,5	33	33,5	34	34,5
	Gehalt an reinem Alkohol in Liter						Gehalt an reinem Alkohol in Liter				
60	24,6	25,0	25,4	25,8	26,1	90	36,9	37,5	38,1	38,6	39,2
61	25,0	25,4	25,8	26,2	26,6	91	37,3	37,9	38,5	39,1	39,6
62	25,4	25,8	26,2	26,6	27,0	92	37,7	38,3	38,9	39,5	40,1
63	25,8	26,2	26,6	27,0	27,4	93	38,2	38,7	39,3	39,9	40,5
64	26,3	26,7	27,1	27,5	27,9	94	38,6	39,2	39,8	40,3	40,9
65	26,7	27,1	27,5	27,9	28,3	95	39,0	39,6	40,2	40,8	41,4
66	27,1	27,5	27,9	28,3	28,7	96	39,4	40,0	40,6	41,2	41,8
67	27,5	27,9	28,3	28,8	29,2	97	39,8	40,4	41,0	41,6	42,2
68	27,9	28,3	28,8	29,2	29,6	98	40,2	40,8	41,4	42,1	42,7
69	28,3	28,7	29,2	29,6	30,1	99	40,6	41,2	41,9	42,5	43,1
70	28,7	29,2	29,6	30,0	30,5	100	41,0	41,7	42,3	42,9	43,6
71	29,1	29,6	30,0	30,5	30,9	200	82,1	83,3	84,6	85,8	87,1
72	29,5	30,0	30,5	30,9	31,4	300	123,1	125,0	126,9	128,8	130,7
73	30,0	30,4	30,9	31,3	31,8	400	164,1	166,6	169,2	171,7	174,2
74	30,4	30,8	31,3	31,8	32,2	500	205,2	208,3	211,5	214,6	217,8
75	30,8	31,2	31,7	32,2	32,7	600	246,2	250,0	253,8	257,5	261,3
76	31,2	31,7	32,1	32,6	33,1	700	287,2	291,6	296,0	300,5	304,9
77	31,6	32,1	32,6	33,1	33,5	800	328,2	333,3	338,3	343,4	348,4
78	32,0	32,5	33,0	33,5	34,0	900	369,3	375,0	380,6	386,3	392,0
79	32,4	32,9	33,4	33,9	34,4						
80	32,8	33,3	33,8	34,3	34,8	1000	410	417	423	429	436
81	33,2	33,7	34,3	34,8	35,3	2000	821	833	846	858	871
82	33,6	34,2	34,7	35,2	35,7	3000	1231	1250	1269	1288	1307
83	34,1	34,6	35,1	35,6	36,2	4000	1641	1666	1692	1717	1742
84	34,5	35,0	35,5	36,1	36,6	5000	2052	2083	2115	2146	2178
85	34,9	35,4	35,9	36,5	37,0	6000	2462	2500	2538	2575	2613
86	35,3	35,8	36,4	36,9	37,5	7000	2872	2916	2960	3005	3049
87	35,7	36,2	36,8	37,3	37,9	8000	3282	3333	3383	3434	3484
88	36,1	36,7	37,2	37,8	38,3	9000	3693	3750	3806	3863	3920
89	36,5	37,1	37,6	38,2	38,8	10000	4103	4166	4229	4292	4356

Tafel 2
zur Ermittelung des Gehaltes an reinem Alkohol.

Netto-Ge-wicht in Kilo-gramm	Wahre Stärke					Netto-Ge-wicht in Kilo-gramm	Wahre Stärke				
	35	35,5	36	36,5	37		35	35,5	36	36,5	37
	Gehalt an reinem Alkohol in Liter						Gehalt an reinem Alkohol in Liter				
0,5	0,2	0,2	0,2	0,2	0,2	30	13,3	13,4	13,6	13,8	14,0
1	0,4	0,4	0,5	0,5	0,5	31	13,7	13,9	14,1	14,3	14,5
2	0,9	0,9	0,9	0,9	0,9	32	14,1	14,3	14,5	14,7	14,9
3	1,3	1,3	1,4	1,4	1,4	33	14,6	14,8	15,0	15,2	15,4
4	1,8	1,8	1,8	1,8	1,9	34	15,0	15,2	15,5	15,7	15,9
5	2,2	2,2	2,3	2,3	2,3	35	15,5	15,7	15,9	16,1	16,3
6	2,7	2,7	2,7	2,8	2,8	36	15,9	16,1	16,4	16,6	16,8
7	3,1	3,1	3,2	3,2	3,3	37	16,3	16,6	16,8	17,0	17,3
8	3,5	3,6	3,6	3,7	3,7	38	16,8	17,0	17,3	17,5	17,8
9	4,0	4,0	4,1	4,1	4,2	39	17,2	17,5	17,7	18,0	18,2
10	4,4	4,5	4,5	4,6	4,7	40	17,7	17,9	18,2	18,4	18,7
11	4,9	4,9	5,0	5,1	5,1	41	18,1	18,4	18,6	18,9	19,2
12	5,3	5,4	5,5	5,5	5,6	42	18,6	18,8	19,1	19,4	19,6
13	5,7	5,8	5,9	6,0	6,1	43	19,0	19,3	19,5	19,8	20,1
14	6,2	6,3	6,4	6,5	6,5	44	19,4	19,7	20,0	20,3	20,6
15	6,6	6,7	6,8	6,9	7,0	45	19,9	20,2	20,5	20,7	21,0
16	7,1	7,2	7,3	7,4	7,5	46	20,3	20,6	20,9	21,2	21,5
17	7,5	7,6	7,7	7,8	7,9	47	20,8	21,1	21,4	21,7	22,0
18	8,0	8,1	8,2	8,3	8,4	48	21,2	21,5	21,8	22,1	22,4
19	8,4	8,5	8,6	8,8	8,9	49	21,7	22,0	22,3	22,6	22,9
20	8,8	9,0	9,1	9,2	9,3	50	22,1	22,4	22,7	23,0	23,4
21	9,3	9,4	9,5	9,7	9,8	51	22,5	22,9	23,2	23,5	23,8
22	9,7	9,9	10,0	10,1	10,3	52	23,0	23,3	23,6	24,0	24,3
23	10,2	10,3	10,5	10,6	10,7	53	23,4	23,8	24,1	24,4	24,8
24	10,6	10,8	10,9	11,1	11,2	54	23,9	24,2	24,5	24,9	25,2
25	11,0	11,2	11,4	11,5	11,7	55	24,3	24,6	25,0	25,3	25,7
26	11,5	11,7	11,8	12,0	12,1	56	24,7	25,1	25,5	25,8	26,2
27	11,9	12,1	12,3	12,4	12,6	57	25,2	25,5	25,9	26,3	26,6
28	12,4	12,5	12,7	12,9	13,1	58	25,6	26,0	26,4	26,7	27,1
29	12,8	13,0	13,2	13,4	13,5	59	26,1	26,4	26,8	27,2	27,6

Tafel 2
zur Ermittelung des Gehaltes an reinem Alkohol.

Netto-Gewicht in Kilogramm	Wahre Stärke					Netto-Gewicht in Kilogramm	Wahre Stärke				
	35	35,5	36	36,5	37		35	35,5	36	36,5	37
	Gehalt an reinem Alkohol in Liter						Gehalt an reinem Alkohol in Liter				
60	26,5	26,9	27,3	27,6	28,0	90	39,8	40,3	40,9	41,5	42,0
61	27,0	27,3	27,7	28,1	28,5	91	40,2	40,8	41,4	41,9	42,5
62	27,4	27,8	28,2	28,6	29,0	92	40,7	41,2	41,8	42,4	43,0
63	27,8	28,2	28,6	29,0	29,4	93	41,1	41,7	42,3	42,9	43,4
64	28,3	28,7	29,1	29,5	29,9	94	41,5	42,1	42,7	43,3	43,9
65	28,7	29,1	29,5	30,0	30,4	95	42,0	42,6	43,2	43,8	44,4
66	29,2	29,6	30,0	30,4	30,8	96	42,4	43,0	43,6	44,2	44,8
67	29,6	30,0	30,5	30,9	31,3	97	42,9	43,5	44,1	44,7	45,3
68	30,0	30,5	30,9	31,3	31,8	98	43,3	43,9	44,5	45,2	45,8
69	30,5	30,9	31,4	31,8	32,2	99	43,7	44,4	45,0	45,6	46,2
70	30,9	31,4	31,8	32,3	32,7	100	44,2	44,8	45,4	46,1	46,7
71	31,4	31,8	32,3	32,7	33,2	200	88,4	89,6	90,9	92,2	93,4
72	31,8	32,3	32,7	33,2	33,6	300	132,6	134,5	136,3	138,2	140,1
73	32,3	32,7	33,2	33,6	34,1	400	176,7	179,3	181,8	184,3	186,8
74	32,7	33,2	33,6	34,1	34,6	500	220,9	224,1	227,2	230,4	233,6
75	33,1	33,6	34,1	34,6	35,0	600	265,1	268,9	272,7	276,5	280,3
76	33,6	34,1	34,5	35,0	35,5	700	309,3	313,7	318,1	322,6	327,0
77	34,0	34,5	35,0	35,5	36,0	800	353,5	358,5	363,6	368,6	373,7
78	34,5	35,0	35,5	35,9	36,4	900	397,7	403,4	409,0	414,7	420,4
79	34,9	35,4	35,9	36,4	36,9						
80	35,3	35,9	36,4	36,9	37,4	1000	442	448	454	461	467
81	35,8	36,3	36,8	37,3	37,8	2000	884	896	909	922	934
82	36,2	36,8	37,3	37,8	38,3	3000	1326	1345	1363	1382	1401
83	36,7	37,2	37,7	38,2	38,8	4000	1767	1793	1818	1843	1868
84	37,1	37,6	38,2	38,7	39,2	5000	2209	2241	2272	2304	2336
85	37,6	38,1	38,6	39,2	39,7	6000	2651	2689	2727	2765	2803
86	38,0	38,5	39,1	39,6	40,2	7000	3093	3137	3181	3226	3270
87	38,4	39,0	39,5	40,1	40,6	8000	3535	3585	3636	3686	3737
88	38,9	39,4	40,0	40,6	41,1	9000	3977	4034	4090	4147	4204
89	39,3	39,9	40,4	41,0	41,6	10000	4419	4482	4545	4608	4671

Tafel 2
zur Ermittelung des Gehaltes an reinem Alkohol.

Netto-Gewicht in Kilogramm	Wahre Stärke 37,5	38	38,5	39	39,5
	Gehalt an reinem Alkohol in Liter				
0,5	0,2	0,2	0,2	0,2	0,2
1	0,5	0,5	0,5	0,5	0,5
2	0,9	1,0	1,0	1,0	1,0
3	1,4	1,4	1,5	1,5	1,5
4	1,9	1,9	1,9	2,0	2,0
5	2,4	2,4	2,4	2,5	2,5
6	2,8	2,9	2,9	3,0	3,0
7	3,3	3,4	3,4	3,4	3,5
8	3,8	3,8	3,9	3,9	4,0
9	4,3	4,3	4,4	4,4	4,5
10	4,7	4,8	4,9	4,9	5,0
11	5,2	5,3	5,3	5,4	5,5
12	5,7	5,8	5,8	5,9	6,0
13	6,2	6,2	6,3	6,4	6,5
14	6,6	6,7	6,8	6,9	7,0
15	7,1	7,2	7,3	7,4	7,5
16	7,6	7,7	7,8	7,9	8,0
17	8,0	8,2	8,3	8,4	8,5
18	8,5	8,6	8,7	8,9	9,0
19	9,0	9,1	9,2	9,4	9,5
20	9,5	9,6	9,7	9,8	10,0
21	9,9	10,1	10,2	10,3	10,5
22	10,4	10,6	10,7	10,8	11,0
23	10,9	11,0	11,2	11,3	11,5
24	11,4	11,5	11,7	11,8	12,0
25	11,8	12,0	12,2	12,3	12,5
26	12,3	12,5	12,6	12,8	13,0
27	12,8	13,0	13,1	13,3	13,5
28	13,3	13,4	13,6	13,8	14,0
29	13,7	13,9	14,1	14,3	14,5

Netto-Gewicht in Kilogramm	Wahre Stärke 37,5	38	38,5	39	39,5
	Gehalt an reinem Alkohol in Liter				
30	14,2	14,4	14,6	14,8	15,0
31	14,7	14,9	15,1	15,3	15,5
32	15,1	15,4	15,6	15,8	16,0
33	15,6	15,8	16,0	16,2	16,5
34	16,1	16,3	16,5	16,7	17,0
35	16,6	16,8	17,0	17,2	17,5
36	17,0	17,3	17,5	17,7	18,0
37	17,5	17,8	18,0	18,2	18,5
38	18,0	18,2	18,5	18,7	18,9
39	18,5	18,7	19,0	19,2	19,4
40	18,9	19,2	19,4	19,7	19,9
41	19,4	19,7	19,9	20,2	20,4
42	19,9	20,1	20,4	20,7	20,9
43	20,4	20,6	20,9	21,2	21,4
44	20,8	21,1	21,4	21,7	21,9
45	21,3	21,6	21,9	22,2	22,4
46	21,8	22,1	22,4	22,6	22,9
47	22,3	22,5	22,8	23,1	23,4
48	22,7	23,0	23,3	23,6	23,9
49	23,2	23,5	23,8	24,1	24,4
50	23,7	24,0	24,3	24,6	24,9
51	24,1	24,5	24,8	25,1	25,4
52	24,6	24,9	25,3	25,6	25,9
53	25,1	25,4	25,8	26,1	26,4
54	25,6	25,9	26,2	26,6	26,9
55	26,0	26,4	26,7	27,1	27,4
56	26,5	26,9	27,2	27,6	27,9
57	27,0	27,3	27,7	28,1	28,4
58	27,5	27,8	28,2	28,6	28,9
59	27,9	28,3	28,7	29,0	29,4

Tafel 2
zur Ermittelung des Gehaltes an reinem Alkohol.

Netto-Gewicht in Kilogramm	Wahre Stärke					Netto-Gewicht in Kilogramm	Wahre Stärke				
	37,5	38	38,5	39	39,5		37,5	38	38,5	39	39,5
	Gehalt an reinem Alkohol in Liter						Gehalt an reinem Alkohol in Liter				
60	28,4	28,8	29,2	29,5	29,9	90	42,6	43,2	43,7	44,3	44,9
61	28,9	29,3	29,6	30,0	30,4	91	43,1	43,7	44,2	44,8	45,4
62	29,4	29,7	30,1	30,5	30,9	92	43,6	44,1	44,7	45,3	45,9
63	29,8	30,2	30,6	31,0	31,4	93	44,0	44,6	45,2	45,8	46,4
64	30,3	30,7	31,1	31,5	31,9	94	44,5	45,1	45,7	46,3	46,9
65	30,8	31,2	31,6	32,0	32,4	95	45,0	45,6	46,2	46,8	47,4
66	31,2	31,7	32,1	32,5	32,9	96	45,4	46,1	46,7	47,3	47,9
67	31,7	32,1	32,6	33,0	33,4	97	45,9	46,5	47,1	47,8	48,4
68	32,2	32,6	33,1	33,5	33,9	98	46,4	47,0	47,6	48,3	48,9
69	32,7	33,1	33,5	34,0	34,4	99	46,9	47,5	48,1	48,7	49,4
70	33,1	33,6	34,0	34,5	34,9	100	47,3	48,0	48,6	49,2	49,9
71	33,6	34,1	34,5	35,0	35,4	200	94,7	95,9	97,2	98,5	99,7
72	34,1	34,5	35,0	35,5	35,9	300	142,0	143,9	145,8	147,7	149,6
73	34,6	35,0	35,5	35,9	36,4	400	189,4	191,9	194,4	196,9	199,5
74	35,0	35,5	36,0	36,4	36,9	500	236,7	239,9	243,0	246,2	249,3
75	35,5	36,0	36,5	36,9	37,4	600	284,1	287,8	291,6	295,4	299,2
76	36,0	36,5	36,9	37,4	37,9	700	331,4	335,8	340,2	344,7	349,1
77	36,5	36,9	37,4	37,9	38,4	800	378,7	383,8	388,8	393,9	398,9
78	36,9	37,4	37,9	38,4	38,9	900	426,1	431,8	437,4	443,1	448,8
79	37,4	37,9	38,4	38,9	39,4						
80	37,9	38,4	38,9	39,4	39,9	1000	473	480	486	492	499
81	38,3	38,9	39,4	39,9	40,4	2000	947	959	972	985	997
82	38,8	39,3	39,9	40,4	40,9	3000	1420	1439	1458	1477	1496
83	39,3	39,8	40,3	40,9	41,4	4000	1894	1919	1944	1969	1995
84	39,8	40,3	40,8	41,4	41,9	5000	2367	2399	2430	2462	2493
85	40,2	40,8	41,3	41,9	42,4	6000	2841	2878	2916	2954	2992
86	40,7	41,3	41,8	42,3	42,9	7000	3314	3358	3402	3447	3491
87	41,2	41,7	42,3	42,8	43,4	8000	3787	3838	3888	3939	3989
88	41,7	42,2	42,8	43,3	43,9	9000	4261	4318	4374	4431	4488
89	42,1	42,7	43,3	43,8	44,4	10000	4734	4797	4861	4924	4987

Tafel 2
zur Ermittelung des Gehaltes an reinem Alkohol.

Netto-Gewicht in Kilogramm	Wahre Stärke					Netto-Gewicht in Kilogramm	Wahre Stärke				
	40	40,5	41	41,5	42		40	40,5	41	41,5	42
	Gehalt an reinem Alkohol in Liter						Gehalt an reinem Alkohol in Liter				
0,5	0,3	0,3	0,3	0,3	0,3	30	15,1	15,3	15,5	15,7	15,9
1	0,5	0,5	0,5	0,5	0,5	31	15,7	15,9	16,0	16,2	16,4
2	1,0	1,0	1,0	1,0	1,1	32	16,2	16,4	16,6	16,8	17,0
3	1,5	1,5	1,6	1,6	1,6	33	16,7	16,9	17,1	17,3	17,5
4	2,0	2,0	2,1	2,1	2,1	34	17,2	17,4	17,6	17,8	18,0
5	2,5	2,6	2,6	2,6	2,7	35	17,7	17,9	18,1	18,3	18,6
6	3,0	3,1	3,1	3,1	3,2	36	18,2	18,4	18,6	18,9	19,1
7	3,5	3,6	3,6	3,7	3,7	37	18,7	18,9	19,2	19,4	19,6
8	4,0	4,1	4,1	4,2	4,2	38	19,2	19,4	19,7	19,9	20,1
9	4,5	4,6	4,7	4,7	4,8	39	19,7	19,9	20,2	20,4	20,7
10	5,0	5,1	5,2	5,2	5,3	40	20,2	20,5	20,7	21,0	21,2
11	5,6	5,6	5,7	5,8	5,8	41	20,7	21,0	21,2	21,5	21,7
12	6,1	6,1	6,2	6,3	6,4	42	21,2	21,5	21,7	22,0	22,3
13	6,6	6,6	6,7	6,8	6,9	43	21,7	22,0	22,3	22,5	22,8
14	7,1	7,2	7,2	7,3	7,4	44	22,2	22,5	22,8	23,1	23,3
15	7,6	7,7	7,8	7,9	8,0	45	22,7	23,0	23,3	23,6	23,9
16	8,1	8,2	8,3	8,4	8,5	46	23,2	23,5	23,8	24,1	24,4
17	8,6	8,7	8,8	8,9	9,0	47	23,7	24,0	24,3	24,6	24,9
18	9,1	9,2	9,3	9,4	9,5	48	24,2	24,5	24,8	25,1	25,5
19	9,6	9,7	9,8	10,0	10,1	49	24,7	25,1	25,4	25,7	26,0
20	10,1	10,2	10,4	10,5	10,6	50	25,2	25,6	25,9	26,2	26,5
21	10,6	10,7	10,9	11,0	11,1	51	25,8	26,1	26,4	26,7	27,0
22	11,1	11,2	11,4	11,5	11,7	52	26,3	26,6	26,9	27,2	27,6
23	11,6	11,8	11,9	12,1	12,2	53	26,8	27,1	27,4	27,8	28,1
24	12,1	12,3	12,4	12,6	12,7	54	27,3	27,6	28,0	28,3	28,6
25	12,6	12,8	12,9	13,1	13,3	55	27,8	28,1	28,5	28,8	29,2
26	13,1	13,3	13,5	13,6	13,8	56	28,3	28,6	29,0	29,3	29,7
27	13,6	13,8	14,0	14,1	14,3	57	28,8	29,1	29,5	29,9	30,2
28	14,1	14,3	14,5	14,7	14,8	58	29,3	29,7	30,0	30,4	30,8
29	14,6	14,8	15,0	15,2	15,4	59	29,8	30,2	30,5	30,9	31,3

Tafel 2
zur Ermittelung des Gehaltes an reinem Alkohol.

Netto-Gewicht in Kilogramm	Wahre Stärke					Netto-Gewicht in Kilogramm	Wahre Stärke				
	40	40,5	41	41,5	42		40	40,5	41	41,5	42
	Gehalt an reinem Alkohol in Liter						Gehalt an reinem Alkohol in Liter				
60	30,3	30,7	31,1	31,4	31,8	90	45,4	46,0	46,6	47,2	47,7
61	30,8	31,2	31,6	32,0	32,3	91	46,0	46,5	47,1	47,7	48,3
62	31,3	31,7	32,1	32,5	32,9	92	46,5	47,0	47,6	48,2	48,8
63	31,8	32,2	32,6	33,0	33,4	93	47,0	47,6	48,1	48,7	49,3
64	32,3	32,7	33,1	33,5	33,9	94	47,5	48,1	48,7	49,2	49,8
65	32,8	33,2	33,6	34,1	34,5	95	48,0	48,6	49,2	49,8	50,4
66	33,3	33,7	34,2	34,6	35,0	96	48,5	49,1	49,7	50,3	50,9
67	33,8	34,3	34,7	35,1	35,5	97	49,0	49,6	50,2	50,8	51,4
68	34,3	34,8	35,2	35,6	36,1	98	49,5	50,1	50,7	51,3	52,0
69	34,8	35,3	35,7	36,2	36,6	99	50,0	50,6	51,2	51,9	52,5
70	35,3	35,8	36,2	36,7	37,1	100	50,5	51,1	51,8	52,4	53,0
71	35,9	36,3	36,7	37,2	37,6	200	101,0	102,3	103,5	104,8	106,0
72	36,4	36,8	37,3	37,7	38,2	300	151,5	153,4	155,3	157,2	159,1
73	36,9	37,3	37,8	38,2	38,7	400	202,0	204,5	207,0	209,6	212,1
74	37,4	37,8	38,3	38,8	39,2	500	252,5	255,7	258,8	262,0	265,1
75	37,9	38,3	38,8	39,3	39,8	600	303,0	306,8	310,6	314,4	318,1
76	38,4	38,9	39,3	39,8	40,3	700	353,5	357,9	362,3	366,7	371,2
77	38,9	39,4	39,9	40,3	40,8	800	404,0	409,0	414,1	419,1	424,2
78	39,4	39,9	40,4	40,9	41,4	900	454,5	460,2	465,9	471,5	477,2
79	39,9	40,4	40,9	41,4	41,9						
80	40,4	40,9	41,4	41,9	42,4	1000	505	511	518	524	530
81	40,9	41,4	41,9	42,4	42,9	2000	1010	1023	1035	1048	1060
82	41,4	41,9	42,4	43,0	43,5	3000	1515	1534	1553	1572	1591
83	41,9	42,4	43,0	43,5	44,0	4000	2020	2045	2070	2096	2121
84	42,4	42,9	43,5	44,0	44,5	5000	2525	2557	2588	2620	2651
85	42,9	43,5	44,0	44,5	45,1	6000	3030	3068	3106	3144	3181
86	43,4	44,0	44,5	45,1	45,6	7000	3535	3579	3623	3667	3712
87	43,9	44,5	45,0	45,6	46,1	8000	4040	4090	4141	4191	4242
88	44,4	45,0	45,5	46,1	46,7	9000	4545	4602	4659	4715	4772
89	44,9	45,5	46,1	46,6	47,2	10000	5050	5113	5176	5239	5302

Tafel 2
zur Ermittelung des Gehaltes an reinem Alkohol.

Netto-Gewicht in Kilogramm	Wahre Stärke					Netto-Gewicht in Kilogramm	Wahre Stärke				
	42,5	43	43,5	44	44,5		42,5	43	43,5	44	44,5
	Gehalt an reinem Alkohol in Liter						Gehalt an reinem Alkohol in Liter				
0,5	0,3	0,3	0,3	0,3	0,3	30	16,1	16,3	16,5	16,7	16,9
1	0,5	0,5	0,5	0,6	0,6	31	16,6	16,8	17,0	17,2	17,4
2	1,1	1,1	1,1	1,1	1,1	32	17,2	17,4	17,6	17,8	18,0
3	1,6	1,6	1,6	1,7	1,7	33	17,7	17,9	18,1	18,3	18,5
4	2,1	2,2	2,2	2,2	2,2	34	18,2	18,5	18,7	18,9	19,1
5	2,7	2,7	2,7	2,8	2,8	35	18,8	19,0	19,2	19,4	19,7
6	3,2	3,3	3,3	3,3	3,4	36	19,3	19,5	19,8	20,0	20,2
7	3,8	3,8	3,8	3,9	3,9	37	19,9	20,1	20,3	20,6	20,8
8	4,3	4,3	4,4	4,4	4,5	38	20,4	20,6	20,9	21,1	21,3
9	4,8	4,9	4,9	5,0	5,1	39	20,9	21,2	21,4	21,7	21,9
10	5,4	5,4	5,5	5,6	5,6	40	21,5	21,7	22,0	22,2	22,5
11	5,9	6,0	6,0	6,1	6,2	41	22,0	22,3	22,5	22,8	23,0
12	6,4	6,5	6,6	6,7	6,7	42	22,5	22,8	23,1	23,3	23,6
13	7,0	7,1	7,1	7,2	7,3	43	23,1	23,3	23,6	23,9	24,2
14	7,5	7,6	7,7	7,8	7,9	44	23,6	23,9	24,2	24,4	24,7
15	8,0	8,1	8,2	8,3	8,4	45	24,1	24,4	24,7	25,0	25,3
16	8,6	8,7	8,8	8,9	9,0	46	24,7	25,0	25,3	25,6	25,8
17	9,1	9,2	9,3	9,4	9,6	47	25,2	25,5	25,8	26,1	26,4
18	9,7	9,8	9,9	10,0	10,1	48	25,8	26,1	26,4	26,7	27,0
19	10,2	10,3	10,4	10,6	10,7	49	26,3	26,6	26,9	27,2	27,5
20	10,7	10,9	11,0	11,1	11,2	50	26,8	27,1	27,5	27,8	28,1
21	11,3	11,4	11,5	11,7	11,8	51	27,4	27,7	28,0	28,3	28,7
22	11,8	11,9	12,1	12,2	12,4	52	27,9	28,2	28,6	28,9	29,2
23	12,3	12,5	12,6	12,8	12,9	53	28,4	28,8	29,1	29,4	29,8
24	12,9	13,0	13,2	13,3	13,5	54	29,0	29,3	29,7	30,0	30,3
25	13,4	13,6	13,7	13,9	14,0	55	29,5	29,9	30,2	30,6	30,9
26	14,0	14,1	14,3	14,4	14,6	56	30,0	30,4	30,8	31,1	31,5
27	14,5	14,7	14,8	15,0	15,2	57	30,6	30,9	31,3	31,7	32,0
28	15,0	15,2	15,4	15,6	15,7	58	31,1	31,5	31,9	32,2	32,6
29	15,6	15,7	15,9	16,1	16,3	59	31,7	32,0	32,4	32,8	33,1

Tafel 2
zur Ermittelung des Gehaltes an reinem Alkohol.

Netto-Gewicht in Kilogramm	Wahre Stärke					Netto-Gewicht in Kilogramm	Wahre Stärke				
	42,5	43	43,5	44	44,5		42,5	43	43,5	44	44,5
	Gehalt an reinem Alkohol in Liter						Gehalt an reinem Alkohol in Liter				
60	32,2	32,6	33,0	33,3	33,7	90	48,3	48,9	49,4	50,0	50,6
61	32,7	33,1	33,5	33,9	34,3	91	48,8	49,4	50,0	50,5	51,1
62	33,3	33,7	34,0	34,4	34,8	92	49,4	49,9	50,5	51,1	51,7
63	33,8	34,2	34,6	35,0	35,4	93	49,9	50,5	51,1	51,7	52,2
64	34,3	34,7	35,1	35,6	36,0	94	50,4	51,0	51,6	52,2	52,8
65	34,9	35,3	35,7	36,1	36,5	95	51,0	51,6	52,2	52,8	53,4
66	35,4	35,8	36,2	36,7	37,1	96	51,5	52,1	52,7	53,3	53,9
67	35,9	36,4	36,8	37,2	37,6	97	52,0	52,7	53,3	53,9	54,5
68	36,5	36,9	37,3	37,8	38,2	98	52,6	53,2	53,8	54,4	55,1
69	37,0	37,5	37,9	38,3	38,8	99	53,1	53,7	54,4	55,0	55,6
70	37,6	38,0	38,4	38,9	39,3	100	53,7	54,3	54,9	55,5	56,2
71	38,1	38,5	39,0	39,4	39,9	200	107,3	108,6	109,8	111,1	112,4
72	38,6	39,1	39,5	40,0	40,4	300	161,0	162,9	164,8	166,6	168,5
73	39,2	39,6	40,1	40,6	41,0	400	214,6	217,1	219,7	222,2	224,7
74	39,7	40,2	40,6	41,1	41,6	500	268,3	271,4	274,6	277,7	280,9
75	40,2	40,7	41,2	41,7	42,1	600	321,9	325,7	329,5	333,3	337,1
76	40,8	41,3	41,7	42,2	42,7	700	375,6	380,0	384,4	388,8	393,3
77	41,3	41,8	42,3	42,8	43,3	800	429,2	434,3	439,3	444,4	449,4
78	41,9	42,3	42,8	43,3	43,8	900	482,9	488,6	494,3	499,9	505,6
79	42,4	42,9	43,4	43,9	44,4						
80	42,9	43,4	43,9	44,4	44,9	1000	537	543	549	555	562
81	43,5	44,0	44,5	45,0	45,5	2000	1073	1086	1098	1111	1124
82	44,0	44,5	45,0	45,5	46,1	3000	1610	1629	1648	1666	1685
83	44,5	45,1	45,6	46,1	46,6	4000	2146	2171	2197	2222	2247
84	45,1	45,6	46,1	46,7	47,2	5000	2683	2714	2746	2777	2809
85	45,6	46,1	46,7	47,2	47,8	6000	3219	3257	3295	3333	3371
86	46,1	46,7	47,2	47,8	48,3	7000	3756	3800	3844	3888	3933
87	46,7	47,2	47,8	48,3	48,9	8000	4292	4343	4393	4444	4494
88	47,2	47,8	48,3	48,9	49,4	9000	4829	4886	4943	4999	5056
89	47,8	48,3	48,9	49,4	50,0	10000	5366	5429	5492	5555	5618

Tafel 2
zur Ermittelung des Gehaltes an reinem Alkohol.

Netto-Gewicht in Kilogramm	Wahre Stärke					Netto-Gewicht in Kilogramm	Wahre Stärke				
	45	45,5	46	46,5	47		45	45,5	46	46,5	47
	Gehalt an reinem Alkohol in Liter						Gehalt an reinem Alkohol in Liter				
0,5	0,3	0,3	0,3	0,3	0,3	30	17,0	17,2	17,4	17,6	17,8
1	0,6	0,6	0,6	0,6	0,6	31	17,6	17,8	18,0	18,2	18,4
2	1,1	1,1	1,2	1,2	1,2	32	18,2	18,4	18,6	18,8	19,0
3	1,7	1,7	1,7	1,8	1,8	33	18,7	19,0	19,2	19,4	19,6
4	2,3	2,3	2,3	2,3	2,4	34	19,3	19,5	19,7	20,0	20,2
5	2,8	2,9	2,9	2,9	3,0	35	19,9	20,1	20,3	20,5	20,8
6	3,4	3,4	3,5	3,5	3,6	36	20,5	20,7	20,9	21,1	21,4
7	4,0	4,0	4,1	4,1	4,2	37	21,0	21,3	21,5	21,7	22,0
8	4,5	4,6	4,6	4,7	4,7	38	21,6	21,8	22,1	22,3	22,5
9	5,1	5,2	5,2	5,3	5,3	39	22,2	22,4	22,6	22,9	23,1
10	5,7	5,7	5,8	5,9	5,9	40	22,7	23,0	23,2	23,5	23,7
11	6,2	6,3	6,4	6,5	6,5	41	23,3	23,6	23,8	24,1	24,3
12	6,8	6,9	7,0	7,0	7,1	42	23,9	24,1	24,4	24,7	24,9
13	7,4	7,5	7,5	7,6	7,7	43	24,4	24,7	25,0	25,2	25,5
14	8,0	8,0	8,1	8,2	8,3	44	25,0	25,3	25,6	25,8	26,1
15	8,5	8,6	8,7	8,8	8,9	45	25,6	25,8	26,1	26,4	26,7
16	9,1	9,2	9,3	9,4	9,5	46	26,1	26,4	26,7	27,0	27,3
17	9,7	9,8	9,9	10,0	10,1	47	26,7	27,0	27,3	27,6	27,9
18	10,2	10,3	10,5	10,6	10,7	48	27,3	27,6	27,9	28,2	28,5
19	10,8	10,9	11,0	11,2	11,3	49	27,8	28,1	28,5	28,8	29,1
20	11,4	11,5	11,6	11,7	11,9	50	28,4	28,7	29,0	29,4	29,7
21	11,9	12,1	12,2	12,3	12,5	51	29,0	29,3	29,6	29,9	30,3
22	12,5	12,6	12,8	12,9	13,1	52	29,5	29,9	30,2	30,5	30,9
23	13,1	13,2	13,4	13,5	13,6	53	30,1	30,4	30,8	31,1	31,4
24	13,6	13,8	13,9	14,1	14,2	54	30,7	31,0	31,4	31,7	32,0
25	14,2	14,4	14,5	14,7	14,8	55	31,2	31,6	31,9	32,3	32,6
26	14,8	14,9	15,1	15,3	15,4	56	31,8	32,2	32,5	32,9	33,2
27	15,3	15,5	15,7	15,9	16,0	57	32,4	32,7	33,1	33,5	33,8
28	15,9	16,1	16,3	16,4	16,6	58	33,0	33,3	33,7	34,0	34,4
29	16,5	16,7	16,8	17,0	17,2	59	33,5	33,9	34,3	34,6	35,0

Tafel 2
zur Ermittelung des Gehaltes an reinem Alkohol.

Netto-Gewicht in Kilogramm	Wahre Stärke				
	45	45,5	46	46,5	47
	Gehalt an reinem Alkohol in Liter				
60	34,1	34,5	34,8	35,2	35,6
61	34,7	35,0	35,4	35,8	36,2
62	35,2	35,6	36,0	36,4	36,8
63	35,8	36,2	36,6	37,0	37,4
64	36,4	36,8	37,2	37,6	38,0
65	36,9	37,3	37,7	38,2	38,6
66	37,5	37,9	38,3	38,7	39,2
67	38,1	38,5	38,9	39,3	39,8
68	38,6	39,1	39,5	39,9	40,3
69	39,2	39,6	40,1	40,5	40,9
70	39,8	40,2	40,7	41,1	41,5
71	40,3	40,8	41,2	41,7	42,1
72	40,9	41,4	41,8	42,3	42,7
73	41,5	41,9	42,4	42,9	43,3
74	42,0	42,5	43,0	43,4	43,9
75	42,6	43,1	43,6	44,0	44,5
76	43,2	43,7	44,1	44,6	45,1
77	43,7	44,2	44,7	45,2	45,7
78	44,3	44,8	45,3	45,8	46,3
79	44,9	45,4	45,9	46,4	46,9
80	45,4	46,0	46,5	47,0	47,5
81	46,0	46,5	47,0	47,6	48,1
82	46,6	47,1	47,6	48,1	48,7
83	47,2	47,7	48,2	48,7	49,2
84	47,7	48,3	48,8	49,3	49,8
85	48,3	48,8	49,4	49,9	50,4
86	48,9	49,4	49,9	50,5	51,0
87	49,4	50,0	50,5	51,1	51,6
88	50,0	50,5	51,1	51,7	52,2
89	50,6	51,1	51,7	52,2	52,8

Netto-Gewicht in Kilogramm	Wahre Stärke				
	45	45,5	46	46,5	47
	Gehalt an reinem Alkohol in Liter				
90	51,1	51,7	52,3	52,8	53,4
91	51,7	52,3	52,8	53,4	54,0
92	52,3	52,8	53,4	54,0	54,6
93	52,8	53,4	54,0	54,6	55,2
94	53,4	54,0	54,6	55,2	55,8
95	54,0	54,6	55,2	55,8	56,4
96	54,5	55,1	55,7	56,4	57,0
97	55,1	55,7	56,3	56,9	57,6
98	55,7	56,3	56,9	57,5	58,1
99	56,2	56,9	57,5	58,1	58,7
100	56,8	57,4	58,1	58,7	59,3
200	113,6	114,9	116,1	117,4	118,7
300	170,4	172,3	174,2	176,1	178,0
400	227,2	229,8	232,3	234,8	237,3
500	284,1	287,2	290,4	293,5	296,7
600	340,9	344,7	348,4	352,2	356,0
700	397,7	402,1	406,5	410,9	415,4
800	454,5	459,5	464,6	469,6	474,7
900	511,3	517,0	522,7	528,3	534,0
1000	568	574	581	587	593
2000	1136	1149	1161	1174	1187
3000	1704	1723	1742	1761	1780
4000	2272	2298	2323	2348	2373
5000	2841	2872	2904	2935	2967
6000	3409	3447	3484	3522	3560
7000	3977	4021	4065	4109	4154
8000	4545	4595	4646	4696	4747
9000	5113	5170	5227	5283	5340
10000	5681	5744	5807	5870	5934

6*

Tafel 2
zur Ermittelung des Gehaltes an reinem Alkohol.

Netto-Ge-wicht in Kilo-gramm	Wahre Stärke					Netto-Ge-wicht in Kilo-gramm	Wahre Stärke				
	47,5	48	48,5	49	49,5		47,5	48	48,5	49	49,5
	Gehalt an reinem Alkohol in Liter						Gehalt an reinem Alkohol in Liter				
0,5	0,3	0,3	0,3	0,3	0,3	30	18,0	18,2	18,4	18,6	18,7
1	0,6	0,6	0,6	0,6	0,6	31	18,6	18,8	19,0	19,2	19,4
2	1,2	1,2	1,2	1,2	1,2	32	19,2	19,4	19,6	19,8	20,0
3	1,8	1,8	1,8	1,9	1,9	33	19,8	20,0	20,2	20,4	20,6
4	2,4	2,4	2,4	2,5	2,5	34	20,4	20,6	20,8	21,0	21,2
5	3,0	3,0	3,1	3,1	3,1	35	21,0	21,2	21,4	21,7	21,9
6	3,6	3,6	3,7	3,7	3,7	36	21,6	21,8	22,0	22,3	22,5
7	4,2	4,2	4,3	4,3	4,4	37	22,2	22,4	22,7	22,9	23,1
8	4,8	4,8	4,9	4,9	5,0	38	22,8	23,0	23,3	23,5	23,7
9	5,4	5,5	5,5	5,6	5,6	39	23,4	23,6	23,9	24,1	24,4
10	6,0	6,1	6,1	6,2	6,2	40	24,0	24,2	24,5	24,7	25,0
11	6,6	6,7	6,7	6,8	6,9	41	24,6	24,8	25,1	25,4	25,6
12	7,2	7,3	7,3	7,4	7,5	42	25,2	25,5	25,7	26,0	26,2
13	7,8	7,9	8,0	8,0	8,1	43	25,8	26,1	26,3	26,6	26,9
14	8,4	8,5	8,6	8,7	8,7	44	26,4	26,7	26,9	27,2	27,5
15	9,0	9,1	9,2	9,3	9,4	45	27,0	27,3	27,6	27,8	28,1
16	9,6	9,7	9,8	9,9	10,0	46	27,6	27,9	28,2	28,5	28,7
17	10,2	10,3	10,4	10,5	10,6	47	28,2	28,5	28,8	29,1	29,4
18	10,8	10,9	11,0	11,1	11,2	48	28,8	29,1	29,4	29,7	30,0
19	11,4	11,5	11,6	11,8	11,9	49	29,4	29,7	30,0	30,3	30,6
20	12,0	12,1	12,2	12,4	12,5	50	30,0	30,3	30,6	30,9	31,2
21	12,6	12,7	12,9	13,0	13,1	51	30,6	30,9	31,2	31,5	31,9
22	13,2	13,3	13,5	13,6	13,7	52	31,2	31,5	31,8	32,2	32,5
23	13,8	13,9	14,1	14,2	14,4	53	31,8	32,1	32,5	32,8	33,1
24	14,4	14,5	14,7	14,8	15,0	54	32,4	32,7	33,1	33,4	33,7
25	15,0	15,1	15,3	15,5	15,6	55	33,0	33,3	33,7	34,0	34,4
26	15,6	15,8	15,9	16,1	16,2	56	33,6	33,9	34,3	34,6	35,0
27	16,2	16,4	16,5	16,7	16,9	57	34,2	34,5	34,9	35,3	35,6
28	16,8	17,0	17,1	17,3	17,5	58	34,8	35,1	35,5	35,9	36,2
29	17,4	17,6	17,8	17,9	18,1	59	35,4	35,8	36,1	36,5	36,9

Tafel 2
zur Ermittelung des Gehaltes an reinem Alkohol.

Netto-Gewicht in Kilogramm	Wahre Stärke				
	47,5	48	48,5	49	49,5
	Gehalt an reinem Alkohol in Liter				
60	36,0	36,4	36,7	37,1	37,5
61	36,6	37,0	37,4	37,7	38,1
62	37,2	37,6	38,0	38,4	38,7
63	37,8	38,2	38,6	39,0	39,4
64	38,4	38,8	39,2	39,6	40,0
65	39,0	39,4	39,8	40,2	40,6
66	39,6	40,0	40,4	40,8	41,2
67	40,2	40,6	41,0	41,4	41,9
68	40,8	41,2	41,6	42,1	42,5
69	41,4	41,8	42,2	42,7	43,1
70	42,0	42,4	42,9	43,3	43,7
71	42,6	43,0	43,5	43,9	44,4
72	43,2	43,6	44,1	44,5	45,0
73	43,8	44,2	44,7	45,2	45,6
74	44,4	44,8	45,3	45,8	46,2
75	45,0	45,4	45,9	46,4	46,9
76	45,6	46,1	46,5	47,0	47,5
77	46,2	46,7	47,1	47,6	48,1
78	46,8	47,3	47,8	48,3	48,7
79	47,4	47,9	48,4	48,9	49,4
80	48,0	48,5	49,0	49,5	50,0
81	48,6	49,1	49,6	50,1	50,6
82	49,2	49,7	50,2	50,7	51,2
83	49,8	50,3	50,8	51,3	51,9
84	50,4	50,9	51,4	52,0	52,5
85	51,0	51,5	52,0	52,6	53,1
86	51,6	52,1	52,7	53,2	53,7
87	52,2	52,7	53,3	53,8	54,4
88	52,8	53,3	53,9	54,4	55,0
89	53,4	53,9	54,5	55,1	55,6

Netto-Gewicht in Kilogramm	Wahre Stärke				
	47,5	48	48,5	49	49,5
	Gehalt an reinem Alkohol in Liter				
90	54,0	54,5	55,1	55,7	56,2
91	54,6	55,1	55,7	56,3	56,9
92	55,2	55,8	56,3	56,9	57,5
93	55,8	56,4	56,9	57,5	58,1
94	56,4	57,0	57,6	58,1	58,7
95	57,0	57,6	58,2	58,8	59,4
96	57,6	58,2	58,8	59,4	60,0
97	58,2	58,8	59,4	60,0	60,6
98	58,8	59,4	60,0	60,6	61,2
99	59,4	60,0	60,6	61,2	61,9
100	60,0	60,6	61,2	61,9	62,5
200	119,9	121,2	122,5	123,7	125,0
300	179,9	181,8	183,7	185,6	187,5
400	239,9	242,4	244,9	247,4	250,0
500	299,8	303,0	306,1	309,3	312,5
600	359,8	363,6	367,4	371,2	375,0
700	419,8	424,2	428,6	433,0	437,4
800	479,7	484,8	489,8	494,9	499,9
900	539,7	545,4	551,1	556,7	562,4
1000	600	606	612	619	625
2000	1199	1212	1225	1237	1250
3000	1799	1818	1837	1856	1875
4000	2399	2424	2449	2474	2500
5000	2998	3030	3061	3093	3125
6000	3598	3636	3674	3712	3750
7000	4198	4242	4286	4330	4374
8000	4797	4848	4898	4949	4999
9000	5397	5454	5511	5567	5624
10000	5997	6060	6123	6186	6249

Tafel 2
zur Ermittelung des Gehaltes an reinem Alkohol.

Netto-Gewicht in Kilogramm	Wahre Stärke					Netto-Gewicht in Kilogramm	Wahre Stärke				
	50	50,5	51	51,5	52		50	50,5	51	51,5	52
	Gehalt an reinem Alkohol in Liter						Gehalt an reinem Alkohol in Liter				
0,5	0,3	0,3	0,3	0,3	0,3	30	18,9	19,1	19,3	19,5	19,7
1	0,6	0,6	0,6	0,7	0,7	31	19,6	19,8	20,0	20,2	20,4
2	1,3	1,3	1,3	1,3	1,3	32	20,2	20,4	20,6	20,8	21,0
3	1,9	1,9	1,9	2,0	2,0	33	20,8	21,0	21,2	21,5	21,7
4	2,5	2,6	2,6	2,6	2,6	34	21,5	21,7	21,9	22,1	22,3
5	3,2	3,2	3,2	3,3	3,3	35	22,1	22,3	22,5	22,8	23,0
6	3,8	3,8	3,9	3,9	3,9	36	22,7	23,0	23,2	23,4	23,6
7	4,4	4,5	4,5	4,6	4,6	37	23,4	23,6	23,8	24,1	24,3
8	5,0	5,1	5,2	5,2	5,3	38	24,0	24,2	24,5	24,7	24,9
9	5,7	5,7	5,8	5,9	5,9	39	24,6	24,9	25,1	25,4	25,6
10	6,3	6,4	6,4	6,5	6,6	40	25,2	25,5	25,8	26,0	26,3
11	6,9	7,0	7,1	7,2	7,2	41	25,9	26,1	26,4	26,7	26,9
12	7,6	7,7	7,7	7,8	7,9	42	26,5	26,8	27,0	27,3	27,6
13	8,2	8,3	8,4	8,5	8,5	43	27,1	27,4	27,7	28,0	28,2
14	8,8	8,9	9,0	9,1	9,2	44	27,8	28,1	28,3	28,6	28,9
15	9,5	9,6	9,7	9,8	9,8	45	28,4	28,7	29,0	29,3	29,5
16	10,1	10,2	10,3	10,4	10,5	46	29,0	29,3	29,6	29,9	30,2
17	10,7	10,8	10,9	11,1	11,2	47	29,7	30,0	30,3	30,6	30,9
18	11,4	11,5	11,6	11,7	11,8	48	30,3	30,6	30,9	31,2	31,5
19	12,0	12,1	12,2	12,4	12,5	49	30,9	31,2	31,5	31,9	32,2
20	12,6	12,8	12,9	13,0	13,1	50	31,6	31,9	32,2	32,5	32,8
21	13,3	13,4	13,5	13,7	13,8	51	32,2	32,5	32,8	33,2	33,5
22	13,9	14,0	14,2	14,3	14,4	52	32,8	33,2	33,5	33,8	34,1
23	14,5	14,7	14,8	15,0	15,1	53	33,5	33,8	34,1	34,5	34,8
24	15,1	15,3	15,5	15,6	15,8	54	34,1	34,4	34,8	35,1	35,5
25	15,8	15,9	16,1	16,3	16,4	55	34,7	35,1	35,4	35,8	36,1
26	16,4	16,6	16,7	16,9	17,1	56	35,3	35,7	36,1	36,4	36,8
27	17,0	17,2	17,4	17,6	17,7	57	36,0	36,3	36,7	37,1	37,4
28	17,7	17,9	18,0	18,2	18,4	58	36,6	37,0	37,3	37,7	38,1
29	18,3	18,5	18,7	18,9	19,0	59	37,2	37,6	38,0	38,4	38,7

Tafel 2
zur Ermittelung des Gehaltes an reinem Alkohol.

Netto-Gewicht in Kilogramm	Wahre Stärke					Netto-Gewicht in Kilogramm	Wahre Stärke				
	50	50,5	51	51,5	52		50	50,5	51	51,5	52
	Gehalt an reinem Alkohol in Liter						Gehalt an reinem Alkohol in Liter				
60	37,9	38,3	38,6	39,0	39,4	90	56,8	57,4	57,9	58,5	59,1
61	38,5	38,9	39,3	39,7	40,0	91	57,4	58,0	58,6	59,2	59,7
62	39,1	39,5	39,9	40,3	40,7	92	58,1	58,7	59,2	59,8	60,4
63	39,8	40,2	40,6	41,0	41,4	93	58,7	59,3	59,9	60,5	61,1
64	40,4	40,8	41,2	41,6	42,0	94	59,3	59,9	60,5	61,1	61,7
65	41,0	41,4	41,9	42,3	42,7	95	60,0	60,6	61,2	61,8	62,4
66	41,7	42,1	42,5	42,9	43,3	96	60,6	61,2	61,8	62,4	63,0
67	42,3	42,7	43,1	43,6	44,0	97	61,2	61,8	62,5	63,1	63,7
68	42,9	43,4	43,8	44,2	44,6	98	61,9	62,5	63,1	63,7	64,3
69	43,6	44,0	44,4	44,9	45,3	99	62,5	63,1	63,7	64,4	65,0
70	44,2	44,6	45,1	45,5	46,0	100	63,1	63,8	64,4	65,0	65,6
71	44,8	45,3	45,7	46,2	46,6	200	126,2	127,5	128,8	130,0	131,3
72	45,4	45,9	46,4	46,8	47,3	300	189,4	191,3	193,2	195,1	196,9
73	46,1	46,5	47,0	47,5	47,9	400	252,5	255,0	257,5	260,1	262,6
74	46,7	47,2	47,6	48,1	48,6	500	315,6	318,8	321,9	325,1	328,2
75	47,3	17,8	48,3	48,8	49,2	600	378,7	382,5	386,3	390,1	393,9
76	48,0	48,5	48,9	49,4	49,9	700	441,9	446,3	450,7	455,1	459,5
77	48,6	49,1	49,6	50,1	50,5	800	505,0	510,0	515,1	520,1	525,2
78	49,2	49,7	50,2	50,7	51,2	900	568,1	573,8	579,5	585,2	590,8
79	49,9	50,4	50,9	51,4	51,9						
80	50,5	51,0	51,5	52,0	52,5	1000	631	638	644	650	656
81	51,1	51,6	52,2	52,7	53,2	2000	1262	1275	1288	1300	1313
82	51,8	52,3	52,8	53,3	53,8	3000	1894	1913	1932	1951	1969
83	52,4	52,9	53,4	54,0	54,5	4000	2525	2550	2575	2601	2626
84	53,0	53,6	54,1	54,6	55,1	5000	3156	3188	3219	3251	3282
85	53,7	54,2	54,7	55,3	55,8	6000	3787	3825	3863	3901	3939
86	54,3	54,8	55,4	55,9	56,5	7000	4419	4463	4507	4551	4595
87	54,9	55,5	56,0	56,6	57,1	8000	5050	5100	5151	5201	5252
88	55,5	56,1	56,7	57,2	57,8	9000	5681	5738	5795	5852	5908
89	56,2	56,7	57,3	57,9	58,4	10000	6312	6375	6439	6502	6565

Tafel 2
zur Ermittelung des Gehaltes an reinem Alkohol.

Netto-Ge-wicht in Kilo-gramm	Wahre Stärke					Netto-Ge-wicht in Kilo-gramm	Wahre Stärke				
	52,5	53	53,5	54	54,5		52,5	53	53,5	54	54,5
	Gehalt an reinem Alkohol in Liter						Gehalt an reinem Alkohol in Liter				
0,5	0,3	0,3	0,3	0,3	0,3	30	19,9	20,1	20,3	20,5	20,6
1	0,7	0,7	0,7	0,7	0,7	31	20,5	20,7	20,9	21,1	21,3
2	1,3	1,3	1,4	1,4	1,4	32	21,2	21,4	21,6	21,8	22,0
3	2,0	2,0	2,0	2,0	2,1	33	21,9	22,1	22,3	22,5	22,7
4	2,7	2,7	2,7	2,7	2,8	34	22,5	22,7	23,0	23,2	23,4
5	3,3	3,3	3,4	3,4	3,4	35	23,2	23,4	23,6	23,9	24,1
6	4,0	4,0	4,1	4,1	4,1	36	23,9	24,1	24,3	24,5	24,8
7	4,6	4,7	4,7	4,8	4,8	37	24,5	24,8	25,0	25,2	25,5
8	5,3	5,4	5,4	5,5	5,5	38	25,2	25,4	25,7	25,9	26,1
9	6,0	6,0	6,1	6,1	6,2	39	25,8	26,1	26,3	26,6	26,8
10	6,6	6,7	6,8	6,8	6,9	40	26,5	26,8	27,0	27,3	27,5
11	7,3	7,4	7,4	7,5	7,6	41	27,2	27,4	27,7	28,0	28,2
12	8,0	8,0	8,1	8,2	8,3	42	27,8	28,1	28,4	28,6	28,9
13	8,6	8,7	8,8	8,9	8,9	43	28,5	28,8	29,0	29,3	29,6
14	9,3	9,4	9,5	9,5	9,6	44	29,2	29,4	29,7	30,0	30,3
15	9,9	10,0	10,1	10,2	10,3	45	29,8	30,1	30,4	30,7	31,0
16	10,6	10,7	10,8	10,9	11,0	46	30,5	30,8	31,1	31,4	31,7
17	11,3	11,4	11,5	11,6	11,7	47	31,2	31,4	31,7	32,0	32,3
18	11,9	12,0	12,2	12,3	12,4	48	31,8	32,1	32,4	32,7	33,0
19	12,6	12,7	12,8	13,0	13,1	49	32,5	32,8	33,1	33,4	33,7
20	13,3	13,4	13,5	13,6	13,8	50	33,1	33,5	33,8	34,1	34,4
21	13,9	14,1	14,2	14,3	14,4	51	33,8	34,1	34,4	34,8	35,1
22	14,6	14,7	14,9	15,0	15,1	52	34,5	34,8	35,1	35,5	35,8
23	15,2	15,4	15,5	15,7	15,8	53	35,1	35,5	35,8	36,1	36,5
24	15,9	16,1	16,2	16,4	16,5	54	35,8	36,1	36,5	36,8	37,2
25	16,6	16,7	16,9	17,0	17,2	55	36,5	36,8	37,1	37,5	37,8
26	17,2	17,4	17,6	17,7	17,9	56	37,1	37,5	37,8	38,2	38,5
27	17,9	18,1	18,2	18,4	18,6	57	37,8	38,1	38,5	38,9	39,2
28	18,6	18,7	18,9	19,1	19,3	58	38,4	38,8	39,2	39,5	39,9
29	19,2	19,4	19,6	19,8	20,0	59	39,1	39,5	39,8	40,2	40,6

Tafel 2
zur Ermittelung des Gehaltes an reinem Alkohol.

Netto-Gewicht in Kilogramm	Wahre Stärke				
	52,5	53	53,5	54	54,5
	Gehalt an reinem Alkohol in Liter				
60	39,8	40,1	40,5	40,9	41,3
61	40,4	40,8	41,2	41,6	42,0
62	41,1	41,5	41,9	42,3	42,7
63	41,8	42,2	42,6	42,9	43,3
64	42,4	42,8	43,2	43,6	44,0
65	43,1	43,5	43,9	44,3	44,7
66	43,7	44,2	44,6	45,0	45,4
67	44,4	44,8	45,3	45,7	46,1
68	45,1	45,5	45,9	46,4	46,8
69	45,7	46,2	46,6	47,0	47,5
70	46,4	46,8	47,3	47,7	48,2
71	47,1	47,5	48,0	48,4	48,9
72	47,7	48,2	48,6	49,1	49,5
73	48,4	48,8	49,3	49,8	50,2
74	49,0	49,5	50,0	50,4	50,9
75	49,7	50,2	50,7	51,1	51,6
76	50,4	50,9	51,3	51,8	52,3
77	51,0	51,5	52,0	52,5	53,0
78	51,7	52,2	52,7	53,2	53,7
79	52,4	52,9	53,4	53,9	54,4
80	53,0	53,5	54,0	54,5	55,0
81	53,7	54,3	54,7	55,2	55,7
82	54,3	54,9	55,4	55,9	56,4
83	55,0	55,5	56,1	56,6	57,1
84	55,7	56,2	56,7	57,3	57,8
85	56,3	56,9	57,4	57,9	58,5
86	57,0	57,5	58,1	58,6	59,2
87	57,7	58,2	58,8	59,3	59,9
88	58,3	58,9	59,4	60,0	60,5
89	59,0	59,6	60,1	60,7	61,2

Netto-Gewicht in Kilogramm	Wahre Stärke				
	52,5	53	53,5	54	54,5
	Gehalt an reinem Alkohol in Liter				
90	59,7	60,2	60,8	61,4	61,9
91	60,3	60,9	61,5	62,0	62,6
92	61,0	61,6	62,1	62,7	63,3
93	61,6	62,2	62,8	63,4	64,0
94	62,3	62,9	63,5	64,1	64,7
95	63,0	63,6	64,2	64,8	65,4
96	63,6	64,2	64,8	65,4	66,1
97	64,3	64,9	65,5	66,1	66,7
98	65,0	65,6	66,2	66,8	67,4
99	65,6	66,2	66,9	67,5	68,1
100	66,3	66,9	67,5	68,2	68,8
200	132,6	133,8	135,1	136,3	137,6
300	198,8	200,7	202,6	204,5	206,4
400	265,1	267,6	270,2	272,7	275,2
500	331,4	334,6	337,7	340,9	344,0
600	397,7	401,5	405,3	409,0	412,8
700	464,0	468,4	472,8	477,2	481,6
800	530,2	535,3	540,3	545,4	550,4
900	596,5	602,2	607,9	613,6	619,2
1000	663	669	675	682	688
2000	1326	1338	1351	1363	1376
3000	1988	2007	2026	2045	2064
4000	2651	2676	2702	2727	2752
5000	3314	3346	3377	3409	3440
6000	3977	4015	4053	4090	4128
7000	4640	4684	4728	4772	4816
8000	5302	5353	5403	5454	5504
9000	5965	6022	6079	6136	6192
10000	6628	6691	6754	6817	6880

Tafel 2
zur Ermittelung des Gehaltes an reinem Alkohol.

Netto-Ge-wicht in Kilo-gramm	Wahre Stärke					Netto-Ge-wicht in Kilo-gramm	Wahre Stärke				
	55	55,5	56	56,5	57		55	55,5	56	56,5	57
	Gehalt an reinem Alkohol in Liter						Gehalt an reinem Alkohol in Liter				
0,5	0,3	0,4	0,4	0,4	0,4	30	20,8	21,0	21,2	21,4	21,6
1	0,7	0,7	0,7	0,7	0,7	31	21,5	21,7	21,9	22,1	22,3
2	1,4	1,4	1,4	1,4	1,4	32	22,2	22,4	22,6	22,8	23,0
3	2,1	2,1	2,1	2,1	2,2	33	22,9	23,1	23,3	23,5	23,7
4	2,8	2,8	2,8	2,9	2,9	34	23,6	23,8	24,0	24,3	24,5
5	3,5	3,5	3,5	3,6	3,6	35	24,3	24,5	24,7	25,0	25,2
6	4,2	4,2	4,2	4,3	4,3	36	25,0	25,2	25,5	25,7	25,9
7	4,9	4,9	4,9	5,0	5,0	37	25,7	25,9	26,2	26,4	26,6
8	5,6	5,6	5,7	5,7	5,8	38	26,4	26,6	26,9	27,1	27,3
9	6,2	6,3	6,4	6,4	6,5	39	27,1	27,3	27,6	27,8	28,1
10	6,9	7,0	7,1	7,1	7,2	40	27,8	28,0	28,3	28,5	28,8
11	7,6	7,7	7,8	7,8	7,9	41	28,5	28,7	29,0	29,2	29,5
12	8,3	8,4	8,5	8,6	8,6	42	29,2	29,4	29,7	30,0	30,2
13	9,0	9,1	9,2	9,3	9,4	43	29,9	30,1	30,4	30,7	30,9
14	9,7	9,8	9,9	10,0	10,1	44	30,6	30,8	31,1	31,4	31,7
15	10,4	10,5	10,6	10,7	10,8	45	31,2	31,5	31,8	32,1	32,4
16	11,1	11,2	11,3	11,4	11,5	46	31,9	32,2	32,5	32,8	33,1
17	11,8	11,9	12,0	12,1	12,2	47	32,6	32,9	33,2	33,5	33,8
18	12,5	12,6	12,7	12,8	13,0	48	33,3	33,6	33,9	34,2	34,5
19	13,2	13,3	13,4	13,6	13,7	49	34,0	34,3	34,6	35,0	35,3
20	13,9	14,0	14,1	14,3	14,4	50	34,7	35,0	35,3	35,7	36,0
21	14,6	14,7	14,8	15,0	15,1	51	35,4	35,7	36,1	36,4	36,7
22	15,3	15,4	15,6	15,7	15,8	52	36,1	36,4	36,8	37,1	37,4
23	16,0	16,1	16,3	16,4	16,6	53	36,8	37,1	37,5	37,8	38,1
24	16,7	16,8	17,0	17,1	17,3	54	37,5	37,8	38,2	38,5	38,9
25	17,4	17,5	17,7	17,8	18,0	55	38,2	38,5	38,9	39,2	39,6
26	18,1	18,2	18,4	18,5	18,7	56	38,9	39,2	39,6	39,9	40,3
27	18,7	18,9	19,1	19,3	19,4	57	39,6	39,9	40,3	40,7	41,0
28	19,4	19,6	19,8	20,0	20,1	58	40,3	40,6	41,0	41,4	41,7
29	20,1	20,3	20,5	20,7	20,9	59	41,0	41,3	41,7	42,1	42,5

Tafel 2
zur Ermittelung des Gehaltes an reinem Alkohol.

Netto-Gewicht in Kilogramm	Wahre Stärke					Netto-Gewicht in Kilogramm	Wahre Stärke				
	55	55,5	56	56,5	57		55	55,5	56	56,5	57
	Gehalt an reinem Alkohol in Liter						Gehalt an reinem Alkohol in Liter				
60	41,7	42,0	42,4	42,8	43,2	90	62,5	63,1	63,6	64,2	64,8
61	42,4	42,7	43,1	43,5	43,9	91	63,2	63,8	64,3	64,9	65,5
62	43,1	43,4	43,8	44,2	44,6	92	63,9	64,5	65,0	65,6	66,2
63	43,7	44,1	44,5	44,9	45,3	93	64,6	65,2	65,7	66,3	66,9
64	44,4	44,8	45,2	45,7	46,1	94	65,3	65,9	66,5	67,0	67,6
65	45,1	45,5	46,0	46,4	46,8	95	66,0	66,6	67,2	67,8	68,4
66	45,8	46,2	46,7	47,1	47,5	96	66,7	67,3	67,9	68,5	69,1
67	46,5	46,9	47,4	47,8	48,2	97	67,4	68,0	68,6	69,2	69,8
68	47,2	47,6	48,1	48,5	48,9	98	68,0	68,7	69,3	69,9	70,5
69	47,9	48,3	48,8	49,2	49,7	99	68,7	69,4	70,0	70,6	71,2
70	48,6	49,0	49,5	49,9	50,4	100	69,4	70,1	70,7	71,3	72,0
71	49,3	49,7	50,2	50,6	51,1	200	138,9	140,1	141,4	142,7	143,9
72	50,0	50,4	50,9	51,4	51,8	300	208,3	210,2	212,1	214,0	215,9
73	50,7	51,1	51,6	52,1	52,5	400	277,7	280,3	282,8	285,3	287,8
74	51,4	51,8	52,3	52,8	53,3	500	347,2	350,3	353,5	356,6	359,8
75	52,1	52,6	53,0	53,5	54,0	600	416,6	420,4	424,2	428,0	431,8
76	52,8	53,3	53,7	54,2	54,7	700	486,1	490,5	494,9	499,3	503,7
77	53,5	54,0	54,4	54,9	55,4	800	555,5	560,5	565,6	570,6	575,7
78	54,2	54,7	55,1	55,6	56,1	900	624,9	630,6	636,3	642,0	647,6
79	54,9	55,4	55,9	56,4	56,8						
80	55,5	56,1	56,6	57,1	57,6	1000	694	701	707	713	720
81	56,2	56,8	57,3	57,8	58,3	2000	1389	1401	1414	1427	1439
82	56,9	57,5	58,0	58,5	59,0	3000	2083	2102	2121	2140	2159
83	57,6	58,2	58,7	59,2	59,7	4000	2777	2803	2828	2853	2878
84	58,3	58,9	59,4	59,9	60,4	5000	3472	3503	3535	3566	3598
85	59,0	59,6	60,1	60,6	61,2	6000	4166	4204	4242	4280	4318
86	59,7	60,3	60,8	61,3	61,9	7000	4861	4905	4949	4993	5037
87	60,4	61,0	61,5	62,1	62,6	8000	5555	5605	5656	5706	5757
88	61,1	61,7	62,2	62,8	63,3	9000	6249	6306	6363	6420	6476
89	61,8	62,4	62,9	63,5	64,0	10000	6944	7007	7070	7133	7196

Tafel 2
zur Ermittelung des Gehaltes an reinem Alkohol.

Netto-Gewicht in Kilogramm	Wahre Stärke					Netto-Gewicht in Kilogramm	Wahre Stärke				
	57,5	58	58,5	59	59,5		57,5	58	58,5	59	59,5
	Gehalt an reinem Alkohol in Liter						Gehalt an reinem Alkohol in Liter				
0,5	0,4	0,4	0,4	0,4	0,4	30	21,8	22,0	22,2	22,3	22,5
1	0,7	0,7	0,7	0,7	0,8	31	22,5	22,7	22,9	23,1	23,3
2	1,5	1,5	1,5	1,5	1,5	32	23,2	23,4	23,6	23,8	24,0
3	2,2	2,2	2,2	2,2	2,3	33	24,0	24,2	24,4	24,6	24,8
4	2,9	2,9	3,0	3,0	3,0	34	24,7	24,9	25,1	25,3	25,5
5	3,6	3,7	3,7	3,7	3,8	35	25,4	25,6	25,8	26,1	26,3
6	4,4	4,4	4,4	4,5	4,5	36	26,1	26,4	26,6	26,8	27,0
7	5,1	5,1	5,2	5,2	5,3	37	26,9	27,1	27,3	27,6	27,8
8	5,8	5,9	5,9	6,0	6,0	38	27,6	27,8	28,1	28,3	28,5
9	6,5	6,6	6,6	6,7	6,8	39	28,3	28,6	28,8	29,0	29,3
10	7,3	7,3	7,4	7,4	7,5	40	29,0	29,3	29,5	29,8	30,0
11	8,0	8,1	8,1	8,2	8,3	41	29,8	30,0	30,3	30,5	30,8
12	8,7	8,8	8,9	8,9	9,0	42	30,5	30,8	31,0	31,3	31,5
13	9,4	9,5	9,6	9,7	9,8	43	31,2	31,5	31,8	32,0	32,3
14	10,2	10,3	10,3	10,4	10,5	44	31,9	32,2	32,5	32,8	33,1
15	10,9	11,0	11,1	11,2	11,3	45	32,7	33,0	33,2	33,5	33,8
16	11,6	11,7	11,8	11,9	12,0	46	33,4	33,7	34,0	34,3	34,6
17	12,3	12,4	12,6	12,7	12,8	47	34,1	34,4	34,7	35,0	35,3
18	13,1	13,2	13,3	13,4	13,5	48	34,8	35,1	35,5	35,8	36,1
19	13,8	13,9	14,0	14,2	14,3	49	35,6	35,9	36,2	36,5	36,8
20	14,5	14,6	14,8	14,9	15,0	50	36,3	36,6	36,9	37,2	37,6
21	15,2	15,4	15,5	15,6	15,8	51	37,0	37,3	37,7	38,0	38,3
22	16,0	16,1	16,2	16,4	16,5	52	37,7	38,1	38,4	38,7	39,1
23	16,7	16,8	17,0	17,1	17,3	53	38,5	38,8	39,1	39,5	39,8
24	17,4	17,6	17,7	17,9	18,0	54	39,2	39,5	39,9	40,2	40,6
25	18,1	18,3	18,5	18,6	18,8	55	39,9	40,3	40,6	41,0	41,3
26	18,9	19,0	19,2	19,4	19,5	56	40,7	41,0	41,4	41,7	42,1
27	19,6	19,8	19,9	20,1	20,3	57	41,4	41,7	42,1	42,5	42,8
28	20,3	20,5	20,7	20,9	21,0	58	42,1	42,5	42,8	43,2	43,6
29	21,1	21,2	21,4	21,6	21,8	59	42,8	43,2	43,6	43,9	44,3

Tafel 2
zur Ermittelung des Gehaltes an reinem Alkohol.

Netto-Gewicht in Kilogramm	Wahre Stärke					Netto-Gewicht in Kilogramm	Wahre Stärke				
	57,5	58	58,5	59	59,5		57,5	58	58,5	59	59,5
	Gehalt an reinem Alkohol in Liter						Gehalt an reinem Alkohol in Liter				
60	43,6	43,9	44,3	44,7	45,1	90	65,3	65,9	66,5	67,0	67,6
61	44,3	44,7	45,1	45,4	45,8	91	66,1	66,6	67,2	67,8	68,4
62	45,0	45,4	45,8	46,2	46,6	92	66,8	67,4	67,9	68,5	69,1
63	45,7	46,1	46,5	46,9	47,3	93	67,5	68,1	68,7	69,3	69,9
64	46,5	46,9	47,3	47,7	48,1	94	68,2	68,8	69,4	70,0	70,6
65	47,2	47,6	48,0	48,4	48,8	95	69,0	69,6	70,2	70,8	71,4
66	47,9	48,3	48,7	49,2	49,6	96	69,7	70,3	70,9	71,5	72,1
67	48,6	49,1	49,5	49,9	50,3	97	70,4	71,0	71,6	72,3	72,9
68	49,4	49,8	50,2	50,7	51,1	98	71,1	71,8	72,4	73,0	73,6
69	50,1	50,5	51,0	51,4	51,8	99	71,9	72,5	73,1	73,7	74,4
70	50,8	51,3	51,7	52,1	52,6	100	72,6	73,2	73,9	74,5	75,1
71	51,5	52,0	52,4	52,9	53,3	200	145,2	146,4	147,7	149,0	150,2
72	52,3	52,7	53,2	53,6	54,1	300	217,8	219,7	221,6	223,5	225,4
73	53,0	53,5	53,9	54,4	54,8	400	290,4	292,9	295,4	297,9	300,5
74	53,7	54,2	54,7	55,1	55,6	500	363,0	366,1	369,3	372,4	375,6
75	54,4	54,9	55,4	55,9	56,3	600	435,6	439,3	443,1	446,9	450,7
76	55,2	55,6	56,1	56,6	57,1	700	508,1	512,6	517,0	521,4	525,8
77	55,9	56,4	56,9	57,4	57,8	800	580,7	585,8	590,8	595,9	600,9
78	56,6	57,1	57,6	58,1	58,6	900	653,3	659,0	664,7	670,4	676,1
79	57,3	57,8	58,3	58,8	59,3						
80	58,1	58,6	59,1	59,6	60,1	1000	726	732	739	745	751
81	58,8	59,3	59,8	60,3	60,8	2000	1452	1464	1477	1490	1502
82	59,5	60,0	60,6	61,1	61,6	3000	2178	2197	2216	2235	2254
83	60,3	60,8	61,3	61,8	62,3	4000	2904	2929	2954	2979	3005
84	61,0	61,5	62,0	62,6	63,1	5000	3630	3661	3693	3724	3756
85	61,7	62,2	62,8	63,3	63,8	6000	4356	4393	4431	4469	4507
86	62,4	63,0	63,5	64,1	64,6	7000	5081	5126	5170	5214	5258
87	63,2	63,7	64,3	64,8	65,4	8000	5807	5858	5908	5959	6009
88	63,9	64,4	65,0	65,5	66,1	9000	6533	6590	6647	6704	6761
89	64,6	65,2	65,7	66,3	66,9	10000	7259	7322	7385	7449	7512

Tafel 2
zur Ermittelung des Gehaltes an reinem Alkohol.

Netto-Gewicht in Kilogramm	Wahre Stärke					Netto-Gewicht in Kilogramm	Wahre Stärke				
	60	60,5	61	61,5	62		60	60,5	61	61,5	62
	Gehalt an reinem Alkohol in Liter						Gehalt an reinem Alkohol in Liter				
0,5	0,4	0,4	0,4	0,4	0,4	30	22,7	22,9	23,1	23,3	23,5
1	0,8	0,8	0,8	0,8	0,8	31	23,5	23,7	23,9	24,1	24,3
2	1,5	1,5	1,5	1,6	1,6	32	24,2	24,4	24,6	24,8	25,0
3	2,3	2,3	2,3	2,3	2,3	33	25,0	25,2	25,4	25,6	25,8
4	3,0	3,1	3,1	3,1	3,1	34	25,8	26,0	26,2	26,4	26,6
5	3,8	3,8	3,9	3,9	3,9	35	26,5	26,7	27,0	27,2	27,4
6	4,5	4,6	4,6	4,7	4,7	36	27,3	27,5	27,7	28,0	28,2
7	5,3	5,3	5,4	5,4	5,5	37	28,0	28,3	28,5	28,7	29,0
8	6,1	6,1	6,2	6,2	6,3	38	28,8	29,0	29,3	29,5	29,7
9	6,8	6,9	6,9	7,0	7,0	39	29,5	29,8	30,0	30,3	30,5
10	7,6	7,6	7,7	7,8	7,8	40	30,3	30,6	30,8	31,1	31,3
11	8,3	8,4	8,5	8,5	8,6	41	31,1	31,3	31,6	31,8	32,1
12	9,1	9,2	9,2	9,3	9,4	42	31,8	32,1	32,3	32,6	32,9
13	9,8	9,9	10,0	10,1	10,2	43	32,6	32,8	33,1	33,4	33,7
14	10,6	10,7	10,8	10,9	11,0	44	33,3	33,6	33,9	34,2	34,4
15	11,4	11,5	11,6	11,6	11,7	45	34,1	34,4	34,7	34,9	35,2
16	12,1	12,2	12,3	12,4	12,5	46	34,8	35,1	35,4	35,7	36,0
17	12,9	13,0	13,1	13,2	13,3	47	35,6	35,9	36,2	36,5	36,8
18	13,6	13,7	13,9	14,0	14,1	48	36,4	36,7	37,0	37,3	37,6
19	14,4	14,5	14,6	14,8	14,9	49	37,1	37,4	37,7	38,0	38,4
20	15,1	15,3	15,4	15,5	15,7	50	37,9	38,2	38,5	38,8	39,1
21	15,9	16,0	16,2	16,3	16,4	51	38,6	39,0	39,3	39,6	39,9
22	16,7	16,8	16,9	17,1	17,2	52	39,4	39,7	40,0	40,4	40,7
23	17,4	17,6	17,7	17,9	18,0	53	40,1	40,5	40,8	41,2	41,5
24	18,2	18,3	18,5	18,6	18,8	54	40,9	41,2	41,6	41,9	42,3
25	18,9	19,1	19,3	19,4	19,6	55	41,7	42,0	42,4	42,7	43,1
26	19,7	19,9	20,0	20,2	20,4	56	42,4	42,8	43,1	43,5	43,8
27	20,5	20,6	20,8	21,0	21,1	57	43,2	43,5	43,9	44,3	44,6
28	21,2	21,4	21,6	21,7	21,9	58	43,9	44,3	44,7	45,0	45,4
29	22,0	22,2	22,3	22,5	22,7	59	44,7	45,1	45,4	45,8	46,2

Tafel 2
zur Ermittelung des Gehaltes an reinem Alkohol.

Netto-Gewicht in Kilogramm	Wahre Stärke					Netto-Gewicht in Kilogramm	Wahre Stärke				
	60	60,5	61	61,5	62		60	60,5	61	61,5	62
	Gehalt an reinem Alkohol in Liter						Gehalt an reinem Alkohol in Liter				
60	45,4	45,8	46,2	46,6	47,0	90	68,2	68,7	69,3	69,9	70,4
61	46,2	46,6	47,0	47,4	47,7	91	68,9	69,5	70,1	70,7	71,2
62	47,0	47,4	47,7	48,1	48,5	92	69,7	70,3	70,8	71,4	72,0
63	47,7	48,1	48,5	48,9	49,3	93	70,4	71,0	71,6	72,2	72,8
64	48,5	48,9	49,3	49,7	50,1	94	71,2	71,8	72,4	73,0	73,6
65	49,2	49,6	50,1	50,5	50,9	95	72,0	72,6	73,2	73,8	74,4
66	50,0	50,4	50,8	51,2	51,7	96	72,7	73,3	73,9	74,5	75,1
67	50,8	51,2	51,6	52,0	52,4	97	73,5	74,1	74,7	75,3	75,9
68	51,5	51,9	52,4	52,8	53,2	98	74,2	74,9	75,5	76,1	76,7
69	52,3	52,7	53,1	53,6	54,0	99	75,0	75,6	76,2	76,9	77,5
70	53,0	53,5	53,9	54,3	54,8	100	75,7	76,4	77,0	77,6	78,3
71	53,8	54,2	54,7	55,1	55,6	200	151,5	152,8	154,0	155,3	156,5
72	54,5	55,0	55,4	55,9	56,4	300	227,2	229,1	231,0	232,9	234,8
73	55,3	55,8	56,2	56,7	57,1	400	303,0	305,5	308,0	310,6	313,1
74	56,1	56,5	57,0	57,5	57,9	500	378,7	381,9	385,1	388,2	391,4
75	56,8	57,3	57,8	58,2	58,7	600	454,5	158,3	462,1	165,9	169,6
76	57,6	58,0	58,5	59,0	59,5	700	530,2	534,7	539,1	543,5	547,9
77	58,3	58,8	59,3	59,8	60,3	800	606,0	611,0	616,1	621,1	626,2
78	59,1	59,6	60,1	60,6	61,1	900	681,7	687,4	693,1	698,8	704,5
79	59,8	60,3	60,8	61,3	61,8						
80	60,6	61,1	61,6	62,1	62,6	1000	757	764	770	776	783
81	61,4	61,9	62,4	62,9	63,4	2000	1515	1528	1540	1553	1565
82	62,1	62,6	63,1	63,7	64,2	3000	2272	2291	2310	2329	2348
83	62,9	63,4	63,9	64,4	65,0	4000	3030	3055	3080	3106	3131
84	63,6	64,2	64,7	65,2	65,7	5000	3787	3819	3851	3882	3914
85	64,4	64,9	65,5	66,0	66,5	6000	4545	4583	4621	4659	4696
86	65,1	65,7	66,2	66,8	67,3	7000	5302	5347	5391	5435	5479
87	65,9	66,5	67,0	67,5	68,1	8000	6060	6110	6161	6211	6262
88	66,7	67,2	67,8	68,3	68,9	9000	6817	6874	6931	6988	7045
89	67,4	68,0	68,5	69,1	69,7	10000	7575	7638	7701	7764	7827

Tafel 2
zur Ermittelung des Gehaltes an reinem Alkohol.

Netto-Gewicht in Kilogramm	Wahre Stärke					Netto-Gewicht in Kilogramm	Wahre Stärke				
	62,5	63	63,5	64	64,5		62,5	63	63,5	64	64,5
	Gehalt an reinem Alkohol in Liter						Gehalt an reinem Alkohol in Liter				
0,5	0,4	0,4	0,4	0,4	0,4	30	23,7	23,9	24,1	24,2	24,4
1	0,8	0,8	0,8	0,8	0,8	31	24,5	24,7	24,9	25,0	25,2
2	1,6	1,6	1,6	1,6	1,6	32	25,2	25,5	25,7	25,9	26,1
3	2,4	2,4	2,4	2,4	2,4	33	26,0	26,2	26,5	26,7	26,9
4	3,2	3,2	3,2	3,2	3,3	34	26,8	27,0	27,3	27,5	27,7
5	3,9	4,0	4,0	4,0	4,1	35	27,6	27,8	28,1	28,3	28,5
6	4,7	4,8	4,8	4,8	4,9	36	28,4	28,6	28,9	29,1	29,3
7	5,5	5,6	5,6	5,7	5,7	37	29,2	29,4	29,7	29,9	30,1
8	6,3	6,4	6,4	6,5	6,5	38	30,0	30,2	30,5	30,7	30,9
9	7,1	7,2	7,2	7,3	7,3	39	30,8	31,0	31,3	31,5	31,8
10	7,9	8,0	8,0	8,1	8,1	40	31,6	31,8	32,1	32,3	32,6
11	8,7	8,7	8,8	8,9	9,0	41	32,4	32,6	32,9	33,1	33,4
12	9,5	9,5	9,6	9,7	9,8	42	33,1	33,4	33,7	33,9	34,2
13	10,3	10,3	10,4	10,5	10,6	43	33,9	34,2	34,5	34,7	35,0
14	11,0	11,1	11,2	11,3	11,4	44	34,7	35,0	35,3	35,6	35,8
15	11,8	11,9	12,0	12,1	12,2	45	35,5	35,8	36,1	36,4	36,6
16	12,6	12,7	12,8	12,9	13,0	46	36,3	36,6	36,9	37,2	37,5
17	13,4	13,5	13,6	13,7	13,8	47	37,1	37,4	37,7	38,0	38,3
18	14,2	14,3	14,4	14,5	14,7	48	37,9	38,2	38,5	38,8	39,1
19	15,0	15,1	15,2	15,4	15,5	49	38,7	39,0	39,3	39,6	39,9
20	15,8	15,9	16,0	16,2	16,3	50	39,5	39,8	40,1	40,4	40,7
21	16,6	16,7	16,8	17,0	17,1	51	40,2	40,6	40,9	41,2	41,5
22	17,4	17,5	17,6	17,8	17,9	52	41,0	41,4	41,7	42,0	42,3
23	18,1	18,3	18,4	18,6	18,7	53	41,8	42,2	42,5	42,8	43,2
24	18,9	19,1	19,2	19,4	19,5	54	42,6	42,9	43,3	43,6	44,0
25	19,7	19,9	20,0	20,2	20,4	55	43,4	43,7	44,1	44,4	44,8
26	20,5	20,7	20,8	21,0	21,2	56	44,2	44,5	44,9	45,2	45,6
27	21,3	21,5	21,6	21,8	22,0	57	45,0	45,3	45,7	46,1	46,4
28	22,1	22,3	22,4	22,6	22,8	58	45,8	46,1	46,5	46,9	47,2
29	22,9	23,1	23,2	23,4	23,6	59	46,6	46,9	47,3	47,7	48,0

Tafel 2
zur Ermittelung des Gehaltes an reinem Alkohol.

Netto-Gewicht in Kilogramm	Wahre Stärke					Netto-Gewicht in Kilogramm	Wahre Stärke				
	62,5	63	63,5	64	64,5		62,5	63	63,5	64	64,5
	Gehalt an reinem Alkohol in Liter						Gehalt an reinem Alkohol in Liter				
60	47,3	47,7	48,1	48,5	48,9	90	71,0	71,6	72,2	72,7	73,3
61	48,1	48,5	48,9	49,3	49,7	91	71,8	72,4	73,0	73,5	74,1
62	48,9	49,3	49,7	50,1	50,5	92	72,6	73,2	73,8	74,3	74,9
63	49,7	50,1	50,5	50,9	51,3	93	73,4	74,0	74,6	75,1	75,7
64	50,5	50,9	51,3	51,7	52,1	94	74,2	74,8	75,4	76,0	76,5
65	51,3	51,7	52,1	52,5	52,9	95	75,0	75,6	76,2	76,8	77,4
66	52,1	52,5	52,9	53,3	53,7	96	75,7	76,4	77,0	77,6	78,2
67	52,9	53,3	53,7	54,1	54,6	97	76,5	77,1	77,8	78,4	79,0
68	53,7	54,1	54,5	54,9	55,4	98	77,3	77,9	78,6	79,2	79,8
69	54,4	54,9	55,3	55,8	56,2	99	78,1	78,7	79,4	80,0	80,6
70	55,2	55,7	56,1	56,6	57,0	100	78,9	79,5	80,2	80,8	81,4
71	56,0	56,5	56,9	57,4	57,8	200	157,8	159,1	160,3	161,6	162,9
72	56,8	57,3	57,7	58,2	58,6	300	236,7	238,6	240,5	242,4	244,3
73	57,6	58,1	58,5	59,0	59,4	400	315,6	318,1	320,7	323,2	325,7
74	58,4	58,9	59,3	59,8	60,3	500	394,5	397,7	400,8	404,0	407,1
75	59,2	59,7	60,1	60,6	61,1	600	473,4	477,2	481,0	484,8	488,6
76	60,0	60,4	60,9	61,4	61,9	700	552,3	556,7	561,2	565,6	570,0
77	60,8	61,2	61,7	62,2	62,7	800	631,2	636,3	641,3	646,4	651,4
78	61,5	62,0	62,5	63,0	63,5	900	710,1	715,8	721,5	727,2	732,9
79	62,3	62,8	63,3	63,8	64,3						
80	63,1	63,6	64,1	64,6	65,1	1000	789	795	802	808	814
81	63,9	64,4	64,9	65,4	66,0	2000	1578	1591	1603	1616	1629
82	64,7	65,2	65,7	66,3	66,8	3000	2367	2386	2405	2424	2443
83	65,5	66,0	66,5	67,1	67,6	4000	3156	3181	3207	3232	3257
84	66,3	66,8	67,3	67,9	68,4	5000	3945	3977	4008	4040	4071
85	67,1	67,6	68,1	68,7	69,2	6000	4734	4772	4810	4848	4886
86	67,9	68,4	68,9	69,5	70,0	7000	5523	5567	5612	5656	5700
87	68,6	69,2	69,7	70,3	70,8	8000	6312	6363	6413	6464	6514
88	69,4	70,0	70,5	71,1	71,7	9000	7101	7158	7215	7272	7329
89	70,2	70,8	71,3	71,9	72,5	10000	7890	7954	8017	8080	8143

7

Tafel 2
zur Ermittelung des Gehaltes an reinem Alkohol.

Netto-Ge-wicht in Kilo-gramm	Wahre Stärke					Netto-Ge-wicht in Kilo-gramm	Wahre Stärke				
	65,0	65,2	65,4	65,6	65,8		65,0	65,2	65,4	65,6	65,8
	Gehalt an reinem Alkohol in Liter						Gehalt an reinem Alkohol in Liter				
0,5	0,4	0,4	0,4	0,4	0,4	30	24,6	24,7	24,8	24,8	24,9
1	0,8	0,8	0,8	0,8	0,8	31	25,4	25,5	25,6	25,7	25,8
2	1,6	1,6	1,7	1,7	1,7	32	26,3	26,3	26,4	26,5	26,6
3	2,5	2,5	2,5	2,5	2,5	33	27,1	27,2	27,2	27,3	27,4
4	3,3	3,3	3,3	3,3	3,3	34	27,9	28,0	28,1	28,2	28,2
5	4,1	4,1	4,1	4,1	4,2	35	28,7	28,8	28,9	29,0	29,1
6	4,9	4,9	5,0	5,0	5,0	36	29,5	29,6	29,7	29,8	29,9
7	5,7	5,8	5,8	5,8	5,8	37	30,4	30,5	30,5	30,6	30,7
8	6,6	6,6	6,6	6,6	6,6	38	31,2	31,3	31,4	31,5	31,6
9	7,4	7,4	7,4	7,5	7,5	39	32,0	32,1	32,2	32,3	32,4
10	8,2	8,2	8,3	8,3	8,3	40	32,8	32,9	33,0	33,1	33,2
11	9,0	9,1	9,1	9,1	9,1	41	33,6	33,7	33,9	34,0	34,1
12	9,8	9,9	9,9	9,9	10,0	42	34,5	34,6	34,7	34,8	34,9
13	10,7	10,7	10,7	10,8	10,8	43	35,3	35,4	35,5	35,6	35,7
14	11,5	11,5	11,6	11,6	11,6	44	36,1	36,2	36,3	36,4	36,6
15	12,3	12,3	12,4	12,4	12,5	45	36,9	37,0	37,2	37,3	37,4
16	13,1	13,2	13,2	13,3	13,3	46	37,7	37,9	38,0	38,1	38,2
17	14,0	14,0	14,0	14,1	14,1	47	38,6	38,7	38,8	38,9	39,0
18	14,8	14,8	14,9	14,9	15,0	48	39,4	39,5	39,6	39,8	39,9
19	15,6	15,6	15,7	15,7	15,8	49	40,2	40,3	40,5	40,6	40,7
20	16,4	16,5	16,5	16,6	16,6	50	41,0	41,2	41,3	41,4	41,5
21	17,2	17,3	17,3	17,4	17,4	51	41,9	42,0	42,1	42,2	42,4
22	18,1	18,1	18,2	18,2	18,3	52	42,7	42,8	42,9	43,1	43,2
23	18,9	18,9	19,0	19,0	19,1	53	43,5	43,6	43,8	43,9	44,0
24	19,7	19,8	19,8	19,9	19,9	54	44,3	44,4	44,6	44,7	44,9
25	20,5	20,6	20,6	20,7	20,8	55	45,1	45,3	45,4	45,5	45,7
26	21,3	21,4	21,5	21,5	21,6	56	46,0	46,1	46,2	46,4	46,5
27	22,2	22,2	22,3	22,4	22,4	57	46,8	46,9	47,1	47,2	47,4
28	23,0	23,0	23,1	23,2	23,3	58	47,6	47,7	47,9	48,0	48,2
29	23,8	23,9	23,9	24,0	24,1	59	48,4	48,6	48,7	48,9	49,0

Tafel 2
zur Ermittelung des Gehaltes an reinem Alkohol.

Netto-Gewicht in Kilogramm	Wahre Stärke 65,0	65,2	65,4	65,6	65,8
	Gehalt an reinem Alkohol in Liter				
60	49,2	49,4	49,5	49,7	49,8
61	50,1	50,2	50,4	50,5	50,7
62	50,9	51,0	51,2	51,3	51,5
63	51,7	51,9	52,0	52,2	52,3
64	52,5	52,7	52,8	53,0	53,2
65	53,3	53,5	53,7	53,8	54,0
66	54,2	54,3	54,5	54,7	54,8
67	55,0	55,1	55,3	55,5	55,7
68	55,8	56,0	56,1	56,3	56,5
69	56,6	56,8	57,0	57,1	57,3
70	57,4	57,6	57,8	58,0	58,1
71	58,3	58,4	58,6	58,8	59,0
72	59,1	59,3	59,4	59,6	59,8
73	59,9	60,1	60,3	60,5	60,6
74	60,7	60,9	61,1	61,3	61,5
75	61,5	61,7	61,9	62,1	62,3
76	62,4	62,6	62,7	62,9	63,1
77	63,2	63,4	63,6	63,8	64,0
78	64,0	64,2	64,4	64,6	64,8
79	64,8	65,0	65,2	65,4	65,6
80	65,6	65,9	66,1	66,3	66,5
81	66,5	66,7	66,9	67,1	67,3
82	67,3	67,5	67,7	67,9	68,1
83	68,1	68,3	68,5	68,7	68,9
84	68,9	69,1	69,4	69,6	69,8
85	69,8	70,0	70,2	70,4	70,6
86	70,6	70,8	71,0	71,2	71,4
87	71,4	71,6	71,8	72,1	72,3
88	72,2	72,4	72,7	72,9	73,1
89	73,0	73,3	73,5	73,7	73,9

Netto-Gewicht in Kilogramm	Wahre Stärke 65,0	65,2	65,4	65,6	65,8
	Gehalt an reinem Alkohol in Liter				
90	73,9	74,1	74,3	74,5	74,8
91	74,7	74,9	75,1	75,4	75,6
92	75,5	75,7	76,0	76,2	76,4
93	76,3	76,6	76,8	77,0	77,3
94	77,1	77,4	77,6	77,8	78,1
95	78,0	78,2	78,4	78,7	78,9
96	78,8	79,0	79,3	79,5	79,7
97	79,6	79,8	80,1	80,3	80,6
98	80,4	80,7	80,9	81,2	81,4
99	81,2	81,5	81,7	82,0	82,2
100	82,1	82,3	82,6	82,8	83,1
200	164,1	164,6	165,1	165,6	166,1
300	246,2	246,9	247,7	248,5	249,2
400	328,2	329,3	330,3	331,3	332,3
500	410,3	411,6	412,8	414,1	415,4
600	492,4	493,9	495,4	496,9	498,4
700	574,4	576,2	578,0	579,7	581,5
800	656,5	658,5	660,5	662,5	664,6
900	738,5	740,8	743,1	745,4	747,6
1000	821	823	826	828	831
2000	1641	1646	1651	1656	1661
3000	2462	2469	2477	2485	2492
4000	3282	3293	3303	3313	3323
5000	4103	4116	4128	4141	4154
6000	4924	4939	4954	4969	4984
7000	5744	5762	5780	5797	5815
8000	6565	6585	6605	6625	6646
9000	7385	7408	7431	7454	7476
10000	8206	8231	8257	8282	8307

7*

Tafel 2
zur Ermittelung des Gehaltes an reinem Alkohol.

Netto-Ge-wicht in Kilo-gramm	Wahre Stärke					Netto-Ge-wicht in Kilo-gramm	Wahre Stärke				
	66,0	66,2	66,4	66,6	66,8		66,0	66,2	66,4	66,6	66,8
	Gehalt an reinem Alkohol in Liter						Gehalt an reinem Alkohol in Liter				
0,5	0,4	0,4	0,4	0,4	0,4	30	25,0	25,1	25,1	25,2	25,3
1	0,8	0,8	0,8	0,8	0,8	31	25,8	25,9	26,0	26,1	26,1
2	1,7	1,7	1,7	1,7	1,7	32	26,7	26,7	26,8	26,9	27,0
3	2,5	2,5	2,5	2,5	2,5	33	27,5	27,6	27,7	27,7	27,8
4	3,3	3,3	3,4	3,4	3,4	34	28,3	28,4	28,5	28,6	28,7
5	4,2	4,2	4,2	4,2	4,2	35	29,2	29,3	29,3	29,4	29,5
6	5,0	5,0	5,0	5,0	5,1	36	30,0	30,1	30,2	30,3	30,4
7	5,8	5,9	5,9	5,9	5,9	37	30,8	30,9	31,0	31,1	31,2
8	6,7	6,7	6,7	6,7	6,7	38	31,7	31,8	31,9	32,0	32,0
9	7,5	7,5	7,5	7,6	7,6	39	32,5	32,6	32,7	32,8	32,9
10	8,3	8,4	8,4	8,4	8,4	40	33,3	33,4	33,5	33,6	33,7
11	9,2	9,2	9,2	9,2	9,3	41	34,2	34,3	34,4	34,5	34,6
12	10,0	10,0	10,1	10,1	10,1	42	35,0	35,1	35,2	35,3	35,4
13	10,8	10,9	10,9	10,9	11,0	43	35,8	35,9	36,0	36,2	36,3
14	11,7	11,7	11,7	11,8	11,8	44	36,7	36,8	36,9	37,0	37,1
15	12,5	12,5	12,6	12,6	12,6	45	37,5	37,6	37,7	37,8	37,9
16	13,3	13,4	13,4	13,5	13,5	46	38,3	38,4	38,6	38,7	38,8
17	14,2	14,2	14,3	14,3	14,3	47	39,2	39,3	39,4	39,5	39,6
18	15,0	15,0	15,1	15,1	15,2	48	40,0	40,1	40,2	40,4	40,5
19	15,8	15,9	15,9	16,0	16,0	49	40,8	41,0	41,1	41,2	41,3
20	16,7	16,7	16,8	16,8	16,9	50	41,7	41,8	41,9	42,0	42,2
21	17,5	17,6	17,6	17,7	17,7	51	42,5	42,6	42,8	42,9	43,0
22	18,3	18,4	18,4	18,5	18,6	52	43,3	43,5	43,6	43,7	43,9
23	19,2	19,2	19,3	19,3	19,4	53	44,2	44,3	44,4	44,6	44,7
24	20,0	20,1	20,1	20,2	20,2	54	45,0	45,1	45,3	45,4	45,5
25	20,8	20,9	21,0	21,0	21,1	55	45,8	46,0	46,1	46,2	46,4
26	21,7	21,7	21,8	21,9	21,9	56	46,7	46,8	46,9	47,1	47,2
27	22,5	22,6	22,6	22,7	22,8	57	47,5	47,6	47,8	47,9	48,1
28	23,3	23,4	23,5	23,5	23,6	58	48,3	48,5	48,6	48,8	48,9
29	24,2	24,2	24,3	24,4	24,5	59	49,2	49,3	49,5	49,6	49,8

Tafel 2
zur Ermittelung des Gehaltes an reinem Alkohol.

Netto-Gewicht in Kilogramm	Wahre Stärke					Netto-Gewicht in Kilogramm	Wahre Stärke				
	66,0	66,2	66,4	66,6	66,8		66,0	66,2	66,4	66,6	66,8
	Gehalt an reinem Alkohol in Liter						Gehalt an reinem Alkohol in Liter				
60	50,0	50,1	50,3	50,4	50,6	90	75,0	75,2	75,4	75,7	75,9
61	50,8	51,0	51,1	51,3	51,4	91	75,8	76,1	76,3	76,5	76,7
62	51,7	51,8	52,0	52,1	52,3	92	76,7	76,9	77,1	77,4	77,6
63	52,5	52,7	52,8	53,0	53,1	93	77,5	77,7	78,0	78,2	78,4
64	53,3	53,5	53,6	53,8	54,0	94	78,3	78,6	78,8	79,0	79,3
65	54,2	54,3	54,5	54,7	54,8	95	79,2	79,4	79,6	79,9	80,1
66	55,0	55,2	55,3	55,5	55,7	96	80,0	80,2	80,5	80,7	81,0
67	55,8	56,0	56,2	56,3	56,5	97	80,8	81,1	81,3	81,6	81,8
68	56,7	56,8	57,0	57,2	57,3	98	81,7	81,9	82,2	82,4	82,6
69	57,5	57,7	57,8	58,0	58,2	99	82,5	82,7	83,0	83,2	83,5
70	58,3	58,5	58,7	58,9	59,0	100	83,3	83,6	83,8	84,1	84,3
71	59,2	59,3	59,5	59,7	59,9	200	166,6	167,2	167,7	168,2	168,7
72	60,0	60,2	60,4	60,5	60,7	300	250,0	250,7	251,5	252,2	253,0
73	60,8	61,0	61,2	61,4	61,6	400	333,3	334,3	335,3	336,3	337,3
74	61,7	61,8	62,0	62,2	62,4	500	416,6	417,9	419,1	420,4	421,7
75	62,5	62,7	62,9	63,1	63,2	600	499,9	501,5	503,0	504,5	506,0
76	63,3	63,5	63,7	63,9	64,1	700	583,3	585,0	586,8	588,6	590,3
77	64,2	64,4	64,5	64,7	64,9	800	666,6	668,6	670,6	672,6	674,7
78	65,0	65,2	65,4	65,6	65,8	900	749,9	752,2	754,5	756,7	759,0
79	65,8	66,0	66,2	66,4	66,6						
80	66,7	66,9	67,1	67,3	67,5	1000	833	836	838	841	843
81	67,5	67,7	67,9	68,1	68,3	2000	1666	1672	1677	1682	1687
82	68,3	68,5	68,7	68,9	69,2	3000	2500	2507	2515	2522	2530
83	69,2	69,4	69,6	69,8	70,0	4000	3333	3343	3353	3363	3373
84	70,0	70,2	70,4	70,6	70,8	5000	4166	4179	4191	4204	4217
85	70,8	71,0	71,3	71,5	71,7	6000	4999	5015	5030	5045	5060
86	71,7	71,9	72,1	72,3	72,5	7000	5833	5850	5868	5886	5903
87	72,5	72,7	72,9	73,2	73,4	8000	6666	6686	6706	6726	6747
88	73,3	73,5	73,8	74,0	74,2	9000	7499	7522	7545	7567	7590
89	74,2	74,4	74,6	74,8	75,1	10000	8332	8358	8383	8408	8433

Tafel 2
zur Ermittelung des Gehaltes an reinem Alkohol.

Netto-Gewicht in Kilogramm	Wahre Stärke					Netto-Gewicht in Kilogramm	Wahre Stärke				
	67,0	67,2	67,4	67,6	67,8		67,0	67,2	67,4	67,6	67,8
	Gehalt an reinem Alkohol in Liter						Gehalt an reinem Alkohol in Liter				
0,5	0,4	0,4	0,4	0,4	0,4	30	25,4	25,5	25,5	25,6	25,7
1	0,8	0,8	0,9	0,9	0,9	31	26,2	26,3	26,4	26,5	26,5
2	1,7	1,7	1,7	1,7	1,7	32	27,1	27,1	27,2	27,3	27,4
3	2,5	2,5	2,6	2,6	2,6	33	27,9	28,0	28,1	28,2	28,2
4	3,4	3,4	3,4	3,4	3,4	34	28,8	28,8	28,9	29,0	29,1
5	4,2	4,2	4,3	4,3	4,3	35	29,6	29,7	29,8	29,9	30,0
6	5,1	5,1	5,1	5,1	5,1	36	30,5	30,5	30,6	30,7	30,8
7	5,9	5,9	6,0	6,0	6,0	37	31,3	31,4	31,5	31,6	31,7
8	6,8	6,8	6,8	6,8	6,8	38	32,1	32,2	32,3	32,4	32,5
9	7,6	7,6	7,7	7,7	7,7	39	33,0	33,1	33,2	33,3	33,4
10	8,5	8,5	8,5	8,5	8,6	40	33,8	33,9	34,0	34,1	34,2
11	9,3	9,3	9,4	9,4	9,4	41	34,7	34,8	34,9	35,0	35,1
12	10,2	10,2	10,2	10,2	10,3	42	35,5	35,6	35,7	35,8	36,0
13	11,0	11,0	11,1	11,1	11,1	43	36,4	36,5	36,6	36,7	36,8
14	11,8	11,9	11,9	11,9	12,0	44	37,2	37,3	37,4	37,6	37,7
15	12,7	12,7	12,8	12,8	12,8	45	38,1	38,2	38,3	38,4	38,5
16	13,5	13,6	13,6	13,7	13,7	46	38,9	39,0	39,1	39,3	39,4
17	14,4	14,4	14,5	14,5	14,6	47	39,8	39,9	40,0	40,1	40,2
18	15,2	15,3	15,3	15,4	15,4	48	40,6	40,7	40,8	41,0	41,1
19	16,1	16,1	16,2	16,2	16,3	49	41,4	41,6	41,7	41,8	41,9
20	16,9	17,0	17,0	17,1	17,1	50	42,3	42,4	42,5	42,7	42,8
21	17,8	17,8	17,9	17,9	18,0	51	43,1	43,3	43,4	43,5	43,7
22	18,6	18,7	18,7	18,8	18,8	52	44,0	44,1	44,2	44,4	44,5
23	19,5	19,5	19,6	19,6	19,7	53	44,8	45,0	45,1	45,2	45,4
24	20,3	20,4	20,4	20,5	20,5	54	45,7	45,8	45,9	46,1	46,2
25	21,1	21,2	21,3	21,3	21,4	55	46,5	46,7	46,8	46,9	47,1
26	22,0	22,1	22,1	22,2	22,3	56	47,4	47,5	47,7	47,8	47,9
27	22,8	22,9	23,0	23,0	23,1	57	48,2	48,4	48,5	48,6	48,8
28	23,7	23,8	23,8	23,9	24,0	58	49,1	49,2	49,4	49,5	49,6
29	24,5	24,6	24,7	24,7	24,8	59	49,9	50,1	50,2	50,4	50,5

Tafel 2
zur Ermittelung des Gehaltes an reinem Alkohol.

Netto-Gewicht in Kilogramm	Wahre Stärke					Netto-Gewicht in Kilogramm	Wahre Stärke				
	67,0	67,2	67,4	67,6	67,8		67,0	67,2	67,4	67,6	67,8
	Gehalt an reinem Alkohol in Liter						Gehalt an reinem Alkohol in Liter				
60	50,8	50,9	51,1	51,2	51,4	90	76,1	76,4	76,6	76,8	77,0
61	51,6	51,8	51,9	52,1	52,2	91	77,0	77,2	77,4	77,7	77,9
62	52,4	52,6	52,8	52,9	53,1	92	77,8	78,1	78,3	78,5	78,7
63	53,3	53,4	53,6	53,8	53,9	93	78,7	78,9	79,1	79,4	79,6
64	54,1	54,3	54,5	54,6	54,8	94	79,5	79,7	80,0	80,2	80,5
65	55,0	55,1	55,3	55,5	55,6	95	80,4	80,6	80,8	81,1	81,3
66	55,8	56,0	56,2	56,3	56,5	96	81,2	81,4	81,7	81,9	82,2
67	56,7	56,8	57,0	57,2	57,3	97	82,0	82,3	82,5	82,8	83,0
68	57,5	57,7	57,9	58,0	58,2	98	82,9	83,1	83,4	83,6	83,9
69	58,4	58,5	58,7	58,9	59,1	99	83,7	84,0	84,2	84,5	84,7
70	59,2	59,4	59,6	59,7	59,9	100	84,6	84,8	85,1	85,3	85,6
71	60,1	60,2	60,4	60,6	60,8	200	169,2	169,7	170,2	170,7	171,2
72	60,9	61,1	61,3	61,4	61,6	300	253,8	254,5	255,3	256,0	256,8
73	61,7	61,9	62,1	62,3	62,5	400	338,3	339,4	340,4	341,4	342,4
74	62,6	62,8	63,0	63,2	63,3	500	422,9	424,2	425,5	426,7	428,0
75	63,4	63,6	63,8	64,0	64,2	600	507,5	509,0	510,5	512,1	513,6
76	64,3	64,5	64,7	64,9	65,1	700	592,1	593,9	595,6	597,4	599,2
77	65,1	65,3	65,5	65,7	65,9	800	676,7	678,7	680,7	682,7	684,8
78	66,0	66,2	66,4	66,6	66,8	900	761,3	763,5	765,8	768,1	770,4
79	66,8	67,0	67,2	67,4	67,6						
80	67,7	67,9	68,1	68,3	68,5	1000	846	848	851	853	856
81	68,5	68,7	68,9	69,1	69,3	2000	1692	1697	1702	1707	1712
82	69,4	69,6	69,8	70,0	70,2	3000	2538	2545	2553	2560	2568
83	70,2	70,4	70,6	70,8	71,0	4000	3383	3394	3404	3414	3424
84	71,1	71,3	71,5	71,7	71,9	5000	4229	4242	4255	4267	4280
85	71,9	72,1	72,3	72,5	72,8	6000	5075	5090	5105	5121	5136
86	72,7	73,0	73,2	73,4	73,6	7000	5921	5939	5956	5974	5992
87	73,6	73,8	74,0	74,2	74,5	8000	6767	6787	6807	6827	6848
88	74,4	74,7	74,9	75,1	75,3	9000	7613	7635	7658	7681	7704
89	75,3	75,5	75,7	76,0	76,2	10000	8459	8484	8509	8534	8560

Tafel 2
zur Ermittelung des Gehaltes an reinem Alkohol.

Netto-Gewicht in Kilogramm	Wahre Stärke					Netto-Gewicht in Kilogramm	Wahre Stärke				
	68,0	68,2	68,4	68,6	68,8		68,0	68,2	68,4	68,6	68,8
	Gehalt an reinem Alkohol in Liter						Gehalt an reinem Alkohol in Liter				
0,5	0,4	0,4	0,4	0,4	0,4	30	25,8	25,8	25,9	26,0	26,1
1	0,9	0,9	0,9	0,9	0,9	31	26,6	26,7	26,8	26,8	26,9
2	1,7	1,7	1,7	1,7	1,7	32	27,5	27,6	27,6	27,7	27,8
3	2,6	2,6	2,6	2,6	2,6	33	28,3	28,4	28,5	28,6	28,7
4	3,4	3,4	3,5	3,5	3,5	34	29,2	29,3	29,4	29,4	29,5
5	4,3	4,3	4,3	4,3	4,3	35	30,0	30,1	30,2	30,3	30,4
6	5,2	5,2	5,2	5,2	5,2	36	30,9	31,0	31,1	31,2	31,3
7	6,0	6,0	6,0	6,1	6,1	37	31,8	31,9	32,0	32,0	32,1
8	6,9	6,9	6,9	6,9	6,9	38	32,6	32,7	32,8	32,9	33,0
9	7,7	7,7	7,8	7,8	7,8	39	33,5	33,6	33,7	33,8	33,9
10	8,6	8,6	8,6	8,7	8,7	40	34,3	34,4	34,5	34,6	34,7
11	9,4	9,5	9,5	9,5	9,6	41	35,2	35,3	35,4	35,5	35,6
12	10,3	10,3	10,4	10,4	10,4	42	36,1	36,2	36,3	36,4	36,5
13	11,2	11,2	11,2	11,3	11,3	43	36,9	37,0	37,1	37,2	37,3
14	12,0	12,1	12,1	12,1	12,2	44	37,8	37,9	38,0	38,1	38,2
15	12,9	12,9	13,0	13,0	13,0	45	38,6	38,7	38,9	39,0	39,1
16	13,7	13,8	13,8	13,9	13,9	46	39,5	39,6	39,7	39,8	40,0
17	14,6	14,6	14,7	14,7	14,8	47	40,3	40,5	40,6	40,7	40,8
18	15,5	15,5	15,5	15,6	15,6	48	41,2	41,3	41,4	41,6	41,7
19	16,3	16,4	16,4	16,5	16,5	49	42,1	42,2	42,3	42,4	42,6
20	17,2	17,2	17,3	17,3	17,4	50	42,9	43,1	43,2	43,3	43,4
21	18,0	18,1	18,1	18,2	18,2	51	43,8	43,9	44,0	44,2	44,3
22	18,9	18,9	19,0	19,1	19,1	52	44,6	44,8	44,9	45,0	45,2
23	19,7	19,8	19,9	19,9	20,0	53	45,5	45,6	45,8	45,9	46,0
24	20,6	20,7	20,7	20,8	20,8	54	46,4	46,5	46,6	46,8	46,9
25	21,5	21,5	21,6	21,7	21,7	55	47,2	47,4	47,5	47,6	47,8
26	22,3	22,4	22,5	22,5	22,6	56	48,1	48,2	48,4	48,5	48,6
27	23,2	23,2	23,3	23,4	23,5	57	48,9	49,1	49,2	49,4	49,5
28	24,0	24,1	24,2	24,2	24,3	58	49,8	49,9	50,1	50,2	50,4
29	24,9	25,0	25,0	25,1	25,2	59	50,7	50,8	50,9	51,1	51,2

Tafel 2
zur Ermittelung des Gehaltes an reinem Alkohol.

Netto-Gewicht in Kilogramm	Wahre Stärke					Netto-Gewicht in Kilogramm	Wahre Stärke				
	68,0	68,2	68,4	68,6	68,8		68,0	68,2	68,4	68,6	68,8
	Gehalt an reinem Alkohol in Liter						Gehalt an reinem Alkohol in Liter				
60	51,5	51,7	51,8	52,0	52,1	90	77,3	77,5	77,7	77,9	78,2
61	52,4	52,5	52,7	52,8	53,0	91	78,1	78,4	78,6	78,8	79,0
62	53,2	53,4	53,5	53,7	53,9	92	79,0	79,2	79,4	79,7	79,9
63	54,1	54,2	54,4	54,6	54,7	93	79,8	80,1	80,3	80,5	80,8
64	54,9	55,1	55,3	55,4	55,6	94	80,7	80,9	81,2	81,4	81,6
65	55,8	56,0	56,1	56,3	56,5	95	81,6	81,8	82,0	82,3	82,5
66	56,7	56,8	57,0	57,2	57,3	96	82,4	82,7	82,9	83,1	83,4
67	57,5	57,7	57,9	58,0	58,2	97	83,3	83,5	83,8	84,0	84,3
68	58,4	58,5	58,7	58,9	59,1	98	84,1	84,4	84,6	84,9	85,1
69	59,2	59,4	59,6	59,8	59,9	99	85,0	85,2	85,5	85,7	86,0
70	60,1	60,3	60,4	60,6	60,8	100	85,8	86,1	86,4	86,6	86,9
71	61,0	61,1	61,3	61,5	61,7	200	171,7	172,2	172,7	173,2	173,7
72	61,8	62,0	62,2	62,4	62,5	300	257,5	258,3	259,1	259,8	260,6
73	62,7	62,9	63,0	63,2	63,4	400	343,4	344,4	345,4	346,4	347,4
74	63,5	63,7	63,9	64,1	64,3	500	429,2	430,5	431,8	433,0	434,3
75	64,4	64,6	64,8	65,0	65,1	600	515,1	516,6	518,1	519,6	521,1
76	65,2	65,4	65,6	65,8	66,0	700	600,9	602,7	604,5	606,2	608,0
77	66,1	66,3	66,5	66,7	66,9	800	686,8	688,8	690,8	692,8	694,9
78	67,0	67,2	67,4	67,6	67,7	900	772,6	774,9	777,2	779,4	781,7
79	67,8	68,0	68,2	68,4	68,6						
80	68,7	68,9	69,1	69,3	69,5	1000	858	861	864	866	869
81	69,5	69,7	69,9	70,2	70,4	2000	1717	1722	1727	1732	1737
82	70,4	70,6	70,8	71,0	71,2	3000	2575	2583	2591	2598	2606
83	71,3	71,5	71,7	71,9	72,1	4000	3434	3444	3454	3464	3474
84	72,1	72,3	72,5	72,7	73,0	5000	4292	4305	4318	4330	4343
85	73,0	73,2	73,4	73,6	73,8	6000	5151	5166	5181	5196	5211
86	73,8	74,0	74,3	74,5	74,7	7000	6009	6027	6045	6062	6080
87	74,7	74,9	75,1	75,3	75,6	8000	6868	6888	6908	6928	6949
88	75,5	75,8	76,0	76,2	76,4	9000	7726	7749	7772	7794	7817
89	76,4	76,6	76,9	77,1	77,3	10000	8585	8610	8635	8661	8686

Tafel 2
zur Ermittelung des Gehaltes an reinem Alkohol.

Netto-Gewicht in Kilogramm	Wahre Stärke					Netto-Gewicht in Kilogramm	Wahre Stärke				
	69,0	69,2	69,4	69,6	69,8		69,0	69,2	69,4	69,6	69,8
	Gehalt an reinem Alkohol in Liter						Gehalt an reinem Alkohol in Liter				
0,5	0,4	0,4	0,4	0,4	0,4	30	26,1	26,2	26,3	26,4	26,4
1	0,9	0,9	0,9	0,9	0,9	31	27,0	27,1	27,2	27,2	27,3
2	1,7	1,7	1,8	1,8	1,8	32	27,9	28,0	28,0	28,1	28,2
3	2,6	2,6	2,6	2,6	2,6	33	28,7	28,8	28,9	29,0	29,1
4	3,5	3,5	3,5	3,5	3,5	34	29,6	29,7	29,8	29,9	30,0
5	4,4	4,4	4,4	4,4	4,4	35	30,5	30,6	30,7	30,8	30,8
6	5,2	5,2	5,3	5,3	5,3	36	31,4	31,5	31,5	31,6	31,7
7	6,1	6,1	6,1	6,2	6,2	37	32,2	32,3	32,4	32,5	32,6
8	7,0	7,0	7,0	7,0	7,0	38	33,1	33,2	33,3	33,4	33,5
9	7,8	7,9	7,9	7,9	7,9	39	34,0	34,1	34,2	34,3	34,4
10	8,7	8,7	8,8	8,8	8,8	40	34,8	34,9	35,0	35,1	35,2
11	9,6	9,6	9,6	9,7	9,7	41	35,7	35,8	35,9	36,0	36,1
12	10,5	10,5	10,5	10,5	10,6	42	36,6	36,7	36,8	36,9	37,0
13	11,3	11,4	11,4	11,4	11,5	43	37,5	37,6	37,7	37,8	37,9
14	12,2	12,2	12,3	12,3	12,3	44	38,3	38,4	38,6	38,7	38,8
15	13,1	13,1	13,1	13,2	13,2	45	39,2	39,3	39,4	39,5	39,7
16	13,9	14,0	14,0	14,1	14,1	46	40,1	40,2	40,3	40,4	40,5
17	14,8	14,9	14,9	14,9	15,0	47	40,9	41,1	41,2	41,3	41,4
18	15,7	15,7	15,8	15,8	15,9	48	41,8	41,9	42,1	42,2	42,3
19	16,6	16,6	16,6	16,7	16,7	49	42,7	42,8	42,9	43,1	43,2
20	17,4	17,5	17,5	17,6	17,6	50	43,6	43,7	43,8	43,9	44,1
21	18,3	18,3	18,4	18,5	18,5	51	44,4	44,6	44,7	44,8	44,9
22	19,2	19,2	19,3	19,3	19,4	52	45,3	45,4	45,6	45,7	45,8
23	20,0	20,1	20,2	20,2	20,3	53	46,2	46,3	46,4	46,6	46,7
24	20,9	21,0	21,0	21,1	21,1	54	47,0	47,2	47,3	47,4	47,6
25	21,8	21,8	21,9	22,0	22,0	55	47,9	48,0	48,2	48,3	48,5
26	22,6	22,7	22,8	22,8	22,9	56	48,8	48,9	49,1	49,2	49,3
27	23,5	23,6	23,7	23,7	23,8	57	49,7	49,8	49,9	50,1	50,2
28	24,4	24,5	24,5	24,6	24,7	58	50,5	50,7	50,8	51,0	51,1
29	25,3	25,3	25,4	25,5	25,6	59	51,4	51,5	51,7	51,8	52,0

Tafel 2
zur Ermittelung des Gehaltes an reinem Alkohol.

Netto-Gewicht in Kilogramm	Wahre Stärke					Netto-Gewicht in Kilogramm	Wahre Stärke				
	69,0	69,2	69,4	69,6	69,8		69,0	69,2	69,4	69,6	69,8
	Gehalt an reinem Alkohol in Liter						Gehalt an reinem Alkohol in Liter				
60	52,3	52,4	52,6	52,7	52,9	90	78,4	78,6	78,9	79,1	79,3
61	53,1	53,3	53,4	53,6	53,8	91	79,3	79,5	79,7	80,0	80,2
62	54,0	54,2	54,3	54,5	54,6	92	80,1	80,4	80,6	80,8	81,1
63	54,9	55,0	55,2	55,4	55,5	93	81,0	81,2	81,5	81,7	82,0
64	55,8	55,9	56,1	56,2	56,4	94	81,9	82,1	82,4	82,6	82,8
65	56,6	56,8	57,0	57,1	57,3	95	82,8	83,0	83,2	83,5	83,7
66	57,5	57,7	57,8	58,0	58,2	96	83,6	83,9	84,1	84,4	84,6
67	58,4	58,5	58,7	58,9	59,0	97	84,5	84,7	85,0	85,2	85,5
68	59,2	59,4	59,6	59,8	59,9	98	85,4	85,6	85,9	86,1	86,4
69	60,1	60,3	60,5	60,6	60,8	99	86,2	86,5	86,7	87,0	87,2
70	61,0	61,2	61,3	61,5	61,7	100	87,1	87,4	87,6	87,9	88,1
71	61,8	62,0	62,2	62,4	62,6	200	174,2	174,7	175,2	175,7	176,2
72	62,7	62,9	63,1	63,3	63,4	300	261,3	262,1	262,8	263,6	264,4
73	63,6	63,8	64,0	64,1	64,3	400	348,4	349,5	350,5	351,5	352,5
74	64,5	64,6	64,8	65,0	65,2	500	435,6	436,8	438,1	439,3	440,6
75	65,3	65,5	65,7	65,9	66,1	600	522,7	524,2	525,7	527,2	528,7
76	66,2	66,4	66,6	66,8	67,0	700	609,8	611,5	613,3	615,1	616,8
77	67,1	67,3	67,5	67,7	67,9	800	696,9	698,9	700,9	702,9	705,0
78	67,9	68,1	68,3	68,5	68,7	900	784,0	786,3	788,5	790,8	793,1
79	68,8	69,0	69,2	69,4	69,6						
80	69,7	69,9	70,1	70,3	70,5	1000	871	874	876	879	881
81	70,6	70,8	71,0	71,2	71,4	2000	1742	1747	1752	1757	1762
82	71,4	71,6	71,8	72,1	72,3	3000	2613	2621	2628	2636	2644
83	72,3	72,5	72,7	72,9	73,1	4000	3484	3495	3505	3515	3525
84	73,2	73,4	73,6	73,8	74,0	5000	4356	4368	4381	4393	4406
85	74,0	74,3	74,5	74,7	74,9	6000	5227	5242	5257	5272	5287
86	74,9	75,1	75,3	75,6	75,8	7000	6098	6115	6133	6151	6168
87	75,8	76,0	76,2	76,4	76,7	8000	6969	6989	7009	7029	7050
88	76,7	76,9	77,1	77,3	77,5	9000	7840	7863	7885	7908	7931
89	77,5	77,8	78,0	78,2	78,4	10000	8711	8736	8762	8787	8812

Tafel 2
zur Ermittelung des Gehaltes an reinem Alkohol.

Netto-Ge-wicht in Kilo-gramm	Wahre Stärke — Gehalt an reinem Alkohol in Liter					Netto-Ge-wicht in Kilo-gramm	Wahre Stärke — Gehalt an reinem Alkohol in Liter				
	70,0	70,2	70,4	70,6	70,8		70,0	70,2	70,4	70,6	70,8
0,5	0,4	0,4	0,4	0,4	0,4	30	26,5	26,6	26,7	26,7	26,8
1	0,9	0,9	0,9	0,9	0,9	31	27,4	27,5	27,6	27,6	27,7
2	1,8	1,8	1,8	1,8	1,8	32	28,3	28,4	28,4	28,5	28,6
3	2,7	2,7	2,7	2,7	2,7	33	29,2	29,2	29,3	29,4	29,5
4	3,5	3,5	3,6	3,6	3,6	34	30,0	30,1	30,2	30,3	30,4
5	4,4	4,4	4,4	4,5	4,5	35	30,9	31,0	31,1	31,2	31,3
6	5,3	5,3	5,3	5,3	5,4	36	31,8	31,9	32,0	32,1	32,2
7	6,2	6,2	6,2	6,2	6,3	37	32,7	32,8	32,9	33,0	33,1
8	7,1	7,1	7,1	7,1	7,2	38	33,6	33,7	33,8	33,9	34,0
9	8,0	8,0	8,0	8,0	8,0	39	34,5	34,6	34,7	34,8	34,9
10	8,8	8,9	8,9	8,9	8,9	40	35,3	35,5	35,6	35,7	35,8
11	9,7	9,7	9,8	9,8	9,8	41	36,2	36,3	36,4	36,5	36,6
12	10,6	10,6	10,7	10,7	10,7	42	37,1	37,2	37,3	37,4	37,5
13	11,5	11,5	11,6	11,6	11,6	43	38,0	38,1	38,2	38,3	38,4
14	12,4	12,4	12,4	12,5	12,5	44	38,9	39,0	39,1	39,2	39,3
15	13,3	13,3	13,3	13,4	13,4	45	39,8	39,9	40,0	40,1	40,2
16	14,1	14,2	14,2	14,3	14,3	46	40,7	40,8	40,9	41,0	41,1
17	15,0	15,1	15,1	15,2	15,2	47	41,5	41,7	41,8	41,9	42,0
18	15,9	16,0	16,0	16,0	16,1	48	42,4	42,5	42,7	42,8	42,9
19	16,8	16,8	16,9	16,9	17,0	49	43,3	43,4	43,6	43,7	43,8
20	17,7	17,7	17,8	17,8	17,9	50	44,2	44,3	44,4	44,6	44,7
21	18,6	18,6	18,7	18,7	18,8	51	45,1	45,2	45,3	45,5	45,6
22	19,4	19,5	19,6	19,6	19,7	52	46,0	46,1	46,2	46,3	46,5
23	20,3	20,4	20,4	20,5	20,6	53	46,8	47,0	47,1	47,2	47,4
24	21,2	21,3	21,3	21,4	21,5	54	47,7	47,9	48,0	48,1	48,3
25	22,1	22,2	22,2	22,3	22,3	55	48,6	48,7	48,9	49,0	49,2
26	23,0	23,0	23,1	23,2	23,2	56	49,5	49,6	49,8	49,9	50,1
27	23,9	23,9	24,0	24,1	24,1	57	50,4	50,5	50,7	50,8	50,9
28	24,7	24,8	24,9	25,0	25,0	58	51,3	51,4	51,5	51,7	51,8
29	25,6	25,7	25,8	25,8	25,9	59	52,1	52,3	52,4	52,6	52,7

Tafel 2
zur Ermittelung des Gehaltes an reinem Alkohol.

Netto-Ge-wicht in Kilo-gramm	Wahre Stärke					Netto-Ge-wicht in Kilo-gramm	Wahre Stärke				
	70,0	70,2	70,4	70,6	70,8		70,0	70,2	70,4	70,6	70,8
	Gehalt an reinem Alkohol in Liter						Gehalt an reinem Alkohol in Liter				
60	53,0	53,2	53,3	53,5	53,6	90	79,5	79,8	80,0	80,2	80,4
61	53,9	54,1	54,2	54,4	54,5	91	80,4	80,6	80,9	81,1	81,3
62	54,8	54,9	55,1	55,3	55,4	92	81,3	81,5	81,8	82,0	82,2
63	55,7	55,8	56,0	56,2	56,3	93	82,2	82,4	82,7	82,9	83,1
64	56,6	56,7	56,9	57,0	57,2	94	83,1	83,3	83,5	83,8	84,0
65	57,4	57,6	57,8	57,9	58,1	95	84,0	84,2	84,4	84,7	84,9
66	58,3	58,5	58,7	58,8	59,0	96	84,8	85,1	85,3	85,6	85,8
67	59,2	59,4	59,5	59,7	59,9	97	85,7	86,0	86,2	86,5	86,7
68	60,1	60,3	60,4	60,6	60,8	98	86,6	86,9	87,1	87,3	87,6
69	61,0	61,2	61,3	61,5	61,7	99	87,5	87,7	88,0	88,2	88,5
70	61,9	62,0	62,2	62,4	62,6	100	88,4	88,6	88,9	89,1	89,4
71	62,7	62,9	63,1	63,3	63,5	200	176,7	177,3	177,8	178,3	178,8
72	63,6	63,8	64,0	64,2	64,4	300	265,1	265,9	266,6	267,4	268,1
73	64,5	64,7	64,9	65,1	65,2	400	353,5	354,5	355,5	356,5	357,5
74	65,4	65,6	65,8	66,0	66,1	500	441,9	443,1	444,4	445,7	446,9
75	66,3	66,5	66,7	66,8	67,0	600	530,2	531,8	533,3	534,8	536,3
76	67,2	67,4	67,5	67,7	67,9	700	618,6	620,4	622,1	623,9	625,7
77	68,0	68,2	68,4	68,6	68,8	800	707,0	709,0	711,0	713,0	715,1
78	68,9	69,1	69,3	69,5	69,7	900	795,4	797,6	799,9	802,2	804,4
79	69,8	70,0	70,2	70,4	70,6						
80	70,7	70,9	71,1	71,3	71,5	1000	884	886	889	891	894
81	71,6	71,8	72,0	72,2	72,4	2000	1767	1773	1778	1783	1788
82	72,5	72,7	72,9	73,1	73,3	3000	2651	2659	2666	2674	2681
83	73,3	73,6	73,8	74,0	74,2	4000	3535	3545	3555	3565	3575
84	74,2	74,4	74,7	74,9	75,1	5000	4419	4431	4444	4457	4469
85	75,1	75,3	75,5	75,8	76,0	6000	5302	5318	5333	5348	5363
86	76,0	76,2	76,4	76,7	76,9	7000	6186	6204	6221	6239	6257
87	76,9	77,1	77,3	77,5	77,8	8000	7070	7090	7110	7130	7151
88	77,8	78,0	78,2	78,4	78,7	9000	7954	7976	7999	8022	8044
89	78,7	78,9	79,1	79,3	79,6	10000	8837	8863	8888	8913	8938

Tafel 2
zur Ermittelung des Gehaltes an reinem Alkohol.

Netto-Gewicht in Kilogramm	Wahre Stärke 71,0	71,2	71,4	71,6	71,8
	Gehalt an reinem Alkohol in Liter				
0,5	0,4	0,4	0,5	0,5	0,5
1	0,9	0,9	0,9	0,9	0,9
2	1,8	1,8	1,8	1,8	1,8
3	2,7	2,7	2,7	2,7	2,7
4	3,6	3,6	3,6	3,6	3,6
5	4,5	4,5	4,5	4,5	4,5
6	5,4	5,4	5,4	5,4	5,4
7	6,3	6,3	6,3	6,3	6,3
8	7,2	7,2	7,2	7,2	7,3
9	8,1	8,1	8,1	8,1	8,2
10	9,0	9,0	9,0	9,0	9,1
11	9,9	9,9	9,9	9,9	10,0
12	10,8	10,8	10,8	10,8	10,9
13	11,7	11,7	11,7	11,8	11,8
14	12,5	12,6	12,6	12,7	12,7
15	13,4	13,5	13,5	13,6	13,6
16	14,3	14,4	14,4	14,5	14,5
17	15,2	15,3	15,3	15,4	15,4
18	16,1	16,2	16,2	16,3	16,3
19	17,0	17,1	17,1	17,2	17,2
20	17,9	18,0	18,0	18,1	18,1
21	18,8	18,9	18,9	19,0	19,0
22	19,7	19,8	19,8	19,9	19,9
23	20,6	20,7	20,7	20,8	20,8
24	21,5	21,6	21,6	21,7	21,8
25	22,4	22,5	22,5	22,6	22,7
26	23,3	23,4	23,4	23,5	23,6
27	24,2	24,3	24,3	24,4	24,5
28	25,1	25,2	25,2	25,3	25,4
29	26,0	26,1	26,1	26,2	26,3

Netto-Gewicht in Kilogramm	Wahre Stärke 71,0	71,2	71,4	71,6	71,8
	Gehalt an reinem Alkohol in Liter				
30	26,9	27,0	27,0	27,1	27,2
31	27,8	27,9	27,9	28,0	28,1
32	28,7	28,8	28,8	28,9	29,0
33	29,6	29,7	29,7	29,8	29,9
34	30,5	30,6	30,6	30,7	30,8
35	31,4	31,5	31,5	31,6	31,7
36	32,3	32,4	32,4	32,5	32,6
37	33,2	33,3	33,3	33,4	33,5
38	34,1	34,2	34,3	34,3	34,4
39	35,0	35,1	35,2	35,3	35,4
40	35,9	36,0	36,1	36,2	36,3
41	36,8	36,9	37,0	37,1	37,2
42	37,6	37,8	37,9	38,0	38,1
43	38,5	38,7	38,8	38,9	39,0
44	39,4	39,6	39,7	39,8	39,9
45	40,3	40,4	40,6	40,7	40,8
46	41,2	41,3	41,5	41,6	41,7
47	42,1	42,2	42,4	42,5	42,6
48	43,0	43,1	43,3	43,4	43,5
49	43,9	44,0	44,2	44,3	44,4
50	44,8	44,9	45,1	45,2	45,3
51	45,7	45,8	46,0	46,1	46,2
52	46,6	46,7	46,9	47,0	47,1
53	47,5	47,6	47,8	47,9	48,0
54	48,4	48,5	48,7	48,8	48,9
55	49,3	49,4	49,6	49,7	49,9
56	50,2	50,3	50,5	50,6	50,8
57	51,1	51,2	51,4	51,5	51,7
58	52,0	52,1	52,3	52,4	52,6
59	52,9	53,0	53,2	53,3	53,5

Tafel 2
zur Ermittelung des Gehaltes an reinem Alkohol.

Netto-Gewicht in Kilogramm	Wahre Stärke					Netto-Gewicht in Kilogramm	Wahre Stärke				
	71,0	71,2	71,4	71,6	71,8		71,0	71,2	71,4	71,6	71,8
	Gehalt an reinem Alkohol in Liter						Gehalt an reinem Alkohol in Liter				
60	53,8	53,9	54,1	54,2	54,4	90	80,7	80,9	81,1	81,4	81,6
61	54,7	54,8	55,0	55,1	55,3	91	81,6	81,8	82,0	82,3	82,5
62	55,6	55,7	55,9	56,0	56,2	92	82,5	82,7	82,9	83,2	83,4
63	56,5	56,6	56,8	56,9	57,1	93	83,4	83,6	83,8	84,1	84,3
64	57,4	57,5	57,7	57,9	58,0	94	84,3	84,5	84,7	85,0	85,2
65	58,3	58,4	58,6	58,8	58,9	95	85,2	85,4	85,6	85,9	86,1
66	59,2	59,3	59,5	59,7	59,8	96	86,0	86,3	86,5	86,8	87,0
67	60,1	60,2	60,4	60,6	60,7	97	86,9	87,2	87,4	87,7	87,9
68	61,0	61,1	61,3	61,5	61,6	98	87,8	88,1	88,3	88,6	88,8
69	61,8	62,0	62,2	62,4	62,5	99	88,7	89,0	89,2	89,5	89,7
70	62,7	62,9	63,1	63,3	63,5	100	89,6	89,9	90,1	90,4	90,6
71	63,6	63,8	64,0	64,2	64,4	200	179,3	179,8	180,3	180,8	181,3
72	64,5	64,7	64,9	65,1	65,3	300	268,9	269,7	270,4	271,2	271,9
73	65,4	65,6	65,8	66,0	66,2	400	358,5	359,6	360,6	361,6	362,6
74	66,3	66,5	66,7	66,9	67,1	500	448,2	449,4	450,7	452,0	453,2
75	67,2	67,4	67,6	67,8	68,0	600	537,8	539,3	540,8	542,4	543,9
76	68,1	68,3	68,5	68,7	68,9	700	627,4	629,2	631,0	632,7	634,5
77	69,0	69,2	69,4	69,6	69,8	800	717,1	719,1	721,1	723,1	725,2
78	69,9	70,1	70,3	70,5	70,7	900	806,7	809,0	811,3	813,5	815,8
79	70,8	71,0	71,2	71,4	71,6						
80	71,7	71,9	72,1	72,3	72,5	1000	896	899	901	904	906
81	72,6	72,8	73,0	73,2	73,4	2000	1793	1798	1803	1808	1813
82	73,5	73,7	73,9	74,1	74,3	3000	2689	2697	2704	2712	2719
83	74,4	74,6	74,8	75,0	75,2	4000	3585	3596	3606	3616	3626
84	75,3	75,5	75,7	75,9	76,1	5000	4482	4494	4507	4520	4532
85	76,2	76,4	76,6	76,8	77,0	6000	5378	5393	5408	5424	5439
86	77,1	77,3	77,5	77,7	78,0	7000	6274	6292	6310	6327	6345
87	78,0	78,2	78,4	78,6	78,9	8000	7171	7191	7211	7231	7252
88	78,9	79,1	79,3	79,5	79,8	9000	8067	8090	8113	8135	8158
89	79,8	80,0	80,2	80,4	80,7	10000	8964	8989	9014	9039	9065

Tafel 2
zur Ermittelung des Gehaltes an reinem Alkohol.

Netto-Gewicht in Kilogramm	Wahre Stärke					Netto-Gewicht in Kilogramm	Wahre Stärke				
	72,0	72,2	72,4	72,6	72,8		72,0	72,2	72,4	72,6	72,8
	Gehalt an reinem Alkohol in Liter						Gehalt an reinem Alkohol in Liter				
0,5	0,5	0,5	0,5	0,5	0,5	30	27,3	27,3	27,4	27,5	27,6
1	0,9	0,9	0,9	0,9	0,9	31	28,2	28,3	28,3	28,4	28,5
2	1,8	1,8	1,8	1,8	1,8	32	29,1	29,2	29,2	29,3	29,4
3	2,7	2,7	2,7	2,7	2,8	33	30,0	30,1	30,2	30,2	30,3
4	3,6	3,6	3,7	3,7	3,7	34	30,9	31,0	31,1	31,2	31,2
5	4,5	4,6	4,6	4,6	4,6	35	31,8	31,9	32,0	32,1	32,2
6	5,5	5,5	5,5	5,5	5,5	36	32,7	32,8	32,9	33,0	33,1
7	6,4	6,4	6,4	6,4	6,4	37	33,6	33,7	33,8	33,9	34,0
8	7,3	7,3	7,3	7,3	7,4	38	34,5	34,6	34,7	34,8	34,9
9	8,2	8,2	8,2	8,2	8,3	39	35,5	35,5	35,6	35,7	35,8
10	9,1	9,1	9,1	9,2	9,2	40	36,4	36,5	36,6	36,7	36,8
11	10,0	10,0	10,1	10,1	10,1	41	37,3	37,4	37,5	37,6	37,7
12	10,9	10,9	11,0	11,0	11,0	42	38,2	38,3	38,4	38,5	38,6
13	11,8	11,8	11,9	11,9	11,9	43	39,1	39,2	39,3	39,4	39,5
14	12,7	12,8	12,8	12,8	12,9	44	40,0	40,1	40,2	40,3	40,4
15	13,6	13,7	13,7	13,7	13,8	45	40,9	41,0	41,1	41,2	41,4
16	14,5	14,6	14,6	14,7	14,7	46	41,8	41,9	42,0	42,2	42,3
17	15,5	15,5	15,5	15,6	15,6	47	42,7	42,8	43,0	43,1	43,2
18	16,4	16,4	16,5	16,5	16,5	48	43,6	43,8	43,9	44,0	44,1
19	17,3	17,3	17,4	17,4	17,5	49	44,5	44,7	44,8	44,9	45,0
20	18,2	18,2	18,3	18,3	18,4	50	45,4	45,6	45,7	45,8	46,0
21	19,1	19,1	19,2	19,2	19,3	51	46,4	46,5	46,6	46,7	46,9
22	20,0	20,1	20,1	20,2	20,2	52	47,3	47,4	47,5	47,7	47,8
23	20,9	21,0	21,0	21,1	21,1	53	48,2	48,3	48,4	48,6	48,7
24	21,8	21,9	21,9	22,0	22,1	54	49,1	49,2	49,4	49,5	49,6
25	22,7	22,8	22,9	22,9	23,0	55	50,0	50,1	50,3	50,4	50,5
26	23,6	23,7	23,8	23,8	23,9	56	50,9	51,0	51,2	51,3	51,5
27	24,5	24,6	24,7	24,7	24,8	57	51,8	52,0	52,1	52,2	52,4
28	25,5	25,5	25,6	25,7	25,7	58	52,7	52,9	53,0	53,2	53,3
29	26,4	26,4	26,5	26,6	26,7	59	53,6	53,8	53,9	54,1	54,2

Tafel 2
zur Ermittelung des Gehaltes an reinem Alkohol.

Netto-Gewicht in Kilogramm	Wahre Stärke					Netto-Gewicht in Kilogramm	Wahre Stärke				
	72, 0	72, 2	72, 4	72, 6	72, 8		72, 0	72, 2	72, 4	72, 6	72, 8
	Gehalt an reinem Alkohol in Liter						Gehalt an reinem Alkohol in Liter				
60	54, 5	54, 7	54, 8	55, 0	55, 1	90	81, 8	82, 0	82, 3	82, 5	82, 7
61	55, 4	55, 6	55, 8	55, 9	56, 1	91	82, 7	82, 9	83, 2	83, 4	83, 6
62	56, 4	56, 5	56, 7	56, 8	57, 0	92	83, 6	83, 9	84, 1	84, 3	84, 6
63	57, 3	57, 4	57, 6	57, 7	57, 9	93	84, 5	84, 8	85, 0	85, 2	85, 5
64	58, 2	58, 3	58, 5	58, 7	58, 8	94	85, 4	85, 7	85, 9	86, 2	86, 4
65	59, 1	59, 2	59, 4	59, 6	59, 7	95	86, 4	86, 6	86, 8	87, 1	87, 3
66	60, 0	60, 2	60, 3	60, 5	60, 7	96	87, 3	87, 5	87, 7	88, 0	88, 2
67	60, 9	61, 1	61, 2	61, 4	61, 6	97	88, 2	88, 4	88, 7	88, 9	89, 2
68	61, 8	62, 0	62, 2	62, 3	62, 5	98	89, 1	89, 3	89, 6	89, 8	90, 1
69	62, 7	62, 9	63, 1	63, 2	63, 4	99	90, 0	90, 2	90, 5	90, 7	91, 0
70	63, 6	63, 8	64, 0	64, 2	64, 3	100	90, 9	91, 2	91, 4	91, 7	91, 9
71	64, 5	64, 7	64, 9	65, 1	65, 3	200	181, 8	182, 3	182, 8	183, 3	183, 8
72	65, 4	65, 6	65, 8	66, 0	66, 2	300	272, 7	273, 5	274, 2	275, 0	275, 7
73	66, 4	66, 5	66, 7	66, 9	67, 1	400	363, 6	364, 6	365, 6	366, 6	367, 6
74	67, 3	67, 5	67, 6	67, 8	68, 0	500	454, 5	455, 8	457, 0	458, 3	459, 5
75	68, 2	68, 4	68, 6	68, 7	68, 9	600	545, 4	546, 9	548, 4	549, 9	551, 4
76	69, 1	69, 3	69, 5	69, 7	69, 8	700	636, 3	638, 1	639, 8	641, 6	643, 4
77	70, 0	70, 2	70, 4	70, 6	70, 8	800	727, 2	729, 2	731, 2	733, 2	735, 3
78	70, 9	71, 1	71, 3	71, 5	71, 7	900	818, 1	820, 4	822, 6	824, 9	827, 2
79	71, 8	72, 0	72, 2	72, 4	72, 6						
80	72, 7	72, 9	73, 1	73, 3	73, 5	1000	909	912	914	917	919
81	73, 6	73, 8	74, 0	74, 2	74, 4	2000	1818	1823	1828	1833	1838
82	74, 5	74, 7	75, 0	75, 2	75, 4	3000	2727	2735	2742	2750	2757
83	75, 4	75, 7	75, 9	76, 1	76, 3	4000	3636	3646	3656	3666	3676
84	76, 4	76, 6	76, 8	77, 0	77, 2	5000	4545	4558	4570	4583	4595
85	77, 3	77, 5	77, 7	77, 9	78, 1	6000	5454	5469	5484	5499	5514
86	78, 2	78, 4	78, 6	78, 8	79, 0	7000	6363	6381	6398	6416	6434
87	79, 1	79, 3	79, 5	79, 7	80, 0	8000	7272	7292	7312	7332	7353
88	80, 0	80, 2	80, 4	80, 7	80, 9	9000	8181	8204	8226	8249	8272
89	80, 9	81, 1	81, 3	81, 6	81, 8	10000	9090	9115	9140	9166	9191

Tafel 2
zur Ermittelung des Gehaltes an reinem Alkohol.

Netto-Gewicht in Kilogramm	Wahre Stärke 73,0	73,2	73,4	73,6	73,8	Netto-Gewicht in Kilogramm	Wahre Stärke 73,0	73,2	73,4	73,6	73,8
	Gehalt an reinem Alkohol in Liter						Gehalt an reinem Alkohol in Liter				
0,5	0,5	0,5	0,5	0,5	0,5	30	27,6	27,7	27,8	27,9	28,0
1	0,9	0,9	0,9	0,9	0,9	31	28,6	28,6	28,7	28,8	28,9
2	1,8	1,8	1,9	1,9	1,9	32	29,5	29,6	29,7	29,7	29,8
3	2,8	2,8	2,8	2,8	2,8	33	30,4	30,5	30,6	30,7	30,7
4	3,7	3,7	3,7	3,7	3,7	34	31,3	31,4	31,5	31,6	31,7
5	4,6	4,6	4,6	4,6	4,7	35	32,3	32,3	32,4	32,5	32,6
6	5,5	5,5	5,6	5,6	5,6	36	33,2	33,3	33,4	33,5	33,5
7	6,5	6,5	6,5	6,5	6,5	37	34,1	34,2	34,3	34,4	34,5
8	7,4	7,4	7,4	7,4	7,5	38	35,0	35,1	35,2	35,3	35,4
9	8,3	8,3	8,3	8,4	8,4	39	35,9	36,0	36,1	36,2	36,3
10	9,2	9,2	9,3	9,3	9,3	40	36,9	37,0	37,1	37,2	37,3
11	10,1	10,2	10,2	10,2	10,2	41	37,8	37,9	38,0	38,1	38,2
12	11,1	11,1	11,1	11,2	11,2	42	38,7	38,8	38,9	39,0	39,1
13	12,0	12,0	12,0	12,1	12,1	43	39,6	39,7	39,8	40,0	40,1
14	12,9	12,9	13,0	13,0	13,0	44	40,6	40,7	40,8	40,9	41,0
15	13,8	13,9	13,9	13,9	14,0	45	41,5	41,6	41,7	41,8	41,9
16	14,7	14,8	14,8	14,9	14,9	46	42,4	42,5	42,6	42,7	42,9
17	15,7	15,7	15,8	15,8	15,8	47	43,3	43,4	43,6	43,7	43,8
18	16,6	16,6	16,7	16,7	16,8	48	44,2	44,4	44,5	44,6	44,7
19	17,5	17,6	17,6	17,7	17,7	49	45,2	45,3	45,4	45,5	45,7
20	18,4	18,5	18,5	18,6	18,6	50	46,1	46,2	46,3	46,5	46,6
21	19,4	19,4	19,5	19,5	19,6	51	47,0	47,1	47,3	47,4	47,5
22	20,3	20,3	20,4	20,4	20,5	52	47,9	48,1	48,2	48,3	48,4
23	21,2	21,3	21,3	21,4	21,4	53	48,8	49,0	49,1	49,2	49,4
24	22,1	22,2	22,2	22,3	22,4	54	49,8	49,9	50,0	50,2	50,3
25	23,0	23,1	23,2	23,2	23,3	55	50,7	50,8	51,0	51,1	51,2
26	24,0	24,0	24,1	24,2	24,2	56	51,6	51,8	51,9	52,0	52,2
27	24,9	25,0	25,0	25,1	25,2	57	52,5	52,7	52,8	53,0	53,1
28	25,8	25,9	25,9	26,0	26,1	58	53,5	53,6	53,7	53,9	54,0
29	26,7	26,8	26,9	26,9	27,0	59	54,4	54,5	54,7	54,8	55,0

Tafel 2
zur Ermittelung des Gehaltes an reinem Alkohol.

Netto-Gewicht in Kilogramm	Wahre Stärke					Netto-Gewicht in Kilogramm	Wahre Stärke				
	73,0	73,2	73,4	73,6	73,8		73,0	73,2	73,4	73,6	73,8
	Gehalt an reinem Alkohol in Liter						Gehalt an reinem Alkohol in Liter				
60	55,3	55,4	55,6	55,8	55,9	90	82,9	83,2	83,4	83,6	83,9
61	56,2	56,4	56,5	56,7	56,8	91	83,9	84,1	84,3	84,6	84,8
62	57,1	57,3	57,5	57,6	57,8	92	84,8	85,0	85,3	85,5	85,7
63	58,1	58,2	58,4	58,5	58,7	93	85,7	85,9	86,2	86,4	86,6
64	59,0	59,1	59,3	59,5	59,6	94	86,6	86,9	87,1	87,3	87,6
65	59,9	60,1	60,2	60,4	60,6	95	87,6	87,8	88,0	88,3	88,5
66	60,8	61,0	61,2	61,3	61,5	96	88,5	88,7	89,0	89,2	89,4
67	61,7	61,9	62,1	62,3	62,4	97	89,4	89,6	89,9	90,1	90,4
68	62,7	62,8	63,0	63,2	63,4	98	90,3	90,6	90,8	91,1	91,3
69	63,6	63,8	63,9	64,1	64,3	99	91,2	91,5	91,7	92,0	92,2
70	64,5	64,7	64,9	65,0	65,2	100	92,2	92,4	92,7	92,9	93,2
71	65,4	65,6	65,8	66,0	66,2	200	184,3	184,8	185,3	185,8	186,3
72	66,4	66,5	66,7	66,9	67,1	300	276,5	277,2	278,0	278,8	279,5
73	67,3	67,5	67,6	67,8	68,0	400	368,6	369,7	370,7	371,7	372,7
74	68,2	68,4	68,6	68,8	68,9	500	460,8	462,1	463,3	464,6	465,9
75	69,1	69,3	69,5	69,7	69,9	600	553,0	554,5	556,0	557,5	559,0
76	70,0	70,2	70,4	70,6	70,8	700	645,1	646,9	648,7	650,4	652,2
77	71,0	71,2	71,4	71,5	71,7	800	737,3	739,3	741,3	743,3	745,4
78	71,9	72,1	72,3	72,5	72,7	900	829,4	831,7	834,0	836,3	838,5
79	72,8	73,0	73,2	73,4	73,6						
80	73,7	73,9	74,1	74,3	74,5	1000	922	924	927	929	932
81	74,6	74,9	75,1	75,3	75,5	2000	1843	1848	1853	1858	1863
82	75,6	75,8	76,0	76,2	76,4	3000	2765	2772	2780	2788	2795
83	76,5	76,7	76,9	77,1	77,3	4000	3686	3697	3707	3717	3727
84	77,4	77,6	77,8	78,1	78,3	5000	4608	4621	4633	4646	4659
85	78,3	78,6	78,8	79,0	79,2	6000	5530	5545	5560	5575	5590
86	79,3	79,5	79,7	79,9	80,1	7000	6451	6469	6487	6504	6522
87	80,2	80,4	80,6	80,8	81,1	8000	7373	7393	7413	7433	7454
88	81,1	81,3	81,5	81,8	82,0	9000	8294	8317	8340	8363	8385
89	82,0	82,2	82,5	82,7	82,9	10000	9216	9241	9267	9292	9317

Tafel 2
zur Ermittelung des Gehaltes an reinem Alkohol.

Netto-Gewicht in Kilogramm	Wahre Stärke 74,0	74,2	74,4	74,6	74,8	Netto-Gewicht in Kilogramm	Wahre Stärke 74,0	74,2	74,4	74,6	74,8
	Gehalt an reinem Alkohol in Liter						Gehalt an reinem Alkohol in Liter				
0,5	0,5	0,5	0,5	0,5	0,5	30	28,0	28,1	28,2	28,3	28,3
1	0,9	0,9	0,9	0,9	0,9	31	29,0	29,0	29,1	29,2	29,3
2	1,9	1,9	1,9	1,9	1,9	32	29,9	30,0	30,1	30,1	30,2
3	2,8	2,8	2,8	2,8	2,8	33	30,8	30,9	31,0	31,1	31,2
4	3,7	3,7	3,8	3,8	3,8	34	31,8	31,8	31,9	32,0	32,1
5	4,7	4,7	4,7	4,7	4,7	35	32,7	32,8	32,9	33,0	33,1
6	5,6	5,6	5,6	5,7	5,7	36	33,6	33,7	33,8	33,9	34,0
7	6,5	6,6	6,6	6,6	6,6	37	34,6	34,7	34,8	34,8	34,9
8	7,5	7,5	7,5	7,5	7,6	38	35,5	35,6	35,7	35,8	35,9
9	8,4	8,4	8,5	8,5	8,5	39	36,4	36,5	36,6	36,7	36,8
10	9,3	9,4	9,4	9,4	9,4	40	37,4	37,5	37,6	37,7	37,8
11	10,3	10,3	10,3	10,4	10,4	41	38,3	38,4	38,5	38,6	38,7
12	11,2	11,2	11,3	11,3	11,3	42	39,2	39,3	39,4	39,6	39,7
13	12,1	12,2	12,2	12,2	12,3	43	40,2	40,3	40,4	40,5	40,6
14	13,1	13,1	13,1	13,2	13,2	44	41,1	41,2	41,3	41,4	41,6
15	14,0	14,1	14,1	14,1	14,2	45	42,0	42,2	42,3	42,4	42,5
16	14,9	15,0	15,0	15,1	15,1	46	43,0	43,1	43,2	43,3	43,4
17	15,9	15,9	16,0	16,0	16,1	47	43,9	44,0	44,1	44,3	44,4
18	16,8	16,9	16,9	17,0	17,0	48	44,8	45,0	45,1	45,2	45,3
19	17,8	17,8	17,8	17,9	17,9	49	45,8	45,9	46,0	46,1	46,3
20	18,7	18,7	18,8	18,8	18,9	50	46,7	46,8	47,0	47,1	47,2
21	19,6	19,7	19,7	19,8	19,8	51	47,6	47,8	47,9	48,0	48,2
22	20,6	20,6	20,7	20,7	20,8	52	48,6	48,7	48,8	49,0	49,1
23	21,5	21,5	21,6	21,7	21,7	53	49,5	49,6	49,8	49,9	50,0
24	22,4	22,5	22,5	22,6	22,7	54	50,4	50,6	50,7	50,9	51,0
25	23,4	23,4	23,5	23,5	23,6	55	51,4	51,5	51,7	51,8	51,9
26	24,3	24,4	24,4	24,5	24,6	56	52,3	52,5	52,6	52,7	52,9
27	25,2	25,3	25,4	25,4	25,5	57	53,3	53,4	53,5	53,7	53,8
28	26,2	26,2	26,3	26,4	26,4	58	54,2	54,3	54,5	54,6	54,8
29	27,1	27,2	27,2	27,3	27,4	59	55,1	55,3	55,4	55,6	55,7

Tafel 2
zur Ermittelung des Gehaltes an reinem Alkohol.

Netto-Ge-wicht in Kilo-gramm	Wahre Stärke					Netto-Ge-wicht in Kilo-gramm	Wahre Stärke				
	74,0	74,2	74,4	74,6	74,8		74,0	74,2	74,4	74,6	74,8
	Gehalt an reinem Alkohol in Liter						Gehalt an reinem Alkohol in Liter				
60	56,1	56,2	56,4	56,5	56,7	90	84,1	84,3	84,5	84,8	85,0
61	57,0	57,1	57,3	57,4	57,6	91	85,0	85,2	85,5	85,7	85,9
62	57,9	58,1	58,2	58,4	58,5	92	85,9	86,2	86,4	86,6	86,9
63	58,9	59,0	59,2	59,3	59,5	93	86,9	87,1	87,4	87,6	87,8
64	59,8	60,0	60,1	60,3	60,4	94	87,8	88,1	88,3	88,5	88,8
65	60,7	60,9	61,1	61,2	61,4	95	88,8	89,0	89,2	89,5	89,7
66	61,7	61,8	62,0	62,2	62,3	96	89,7	89,9	90,2	90,4	90,7
67	62,6	62,8	62,9	63,1	63,3	97	90,6	90,9	91,1	91,4	91,6
68	63,5	63,7	63,9	64,0	64,2	98	91,6	91,8	92,0	92,3	92,5
69	64,5	64,6	64,8	65,0	65,2	99	92,5	92,7	93,0	93,2	93,5
70	65,4	65,6	65,7	65,9	66,1	100	93,4	93,7	93,9	94,2	94,4
71	66,3	66,5	66,7	66,9	67,0	200	186,8	187,4	187,9	188,4	188,9
72	67,3	67,4	67,6	67,8	68,0	300	280,3	281,0	281,8	282,5	283,3
73	68,2	68,4	68,6	68,8	68,9	400	373,7	374,7	375,7	376,7	377,7
74	69,1	69,3	69,5	69,7	69,9	500	467,1	468,4	469,6	470,9	472,2
75	70,1	70,3	70,4	70,6	70,8	600	560,5	562,1	563,6	565,1	566,6
76	71,0	71,2	71,4	71,6	71,8	700	654,0	655,7	657,5	659,3	661,0
77	71,9	72,1	72,3	72,5	72,7	800	747,4	749,4	751,4	753,4	755,5
78	72,9	73,1	73,3	73,5	73,7	900	840,8	843,1	845,3	847,6	849,9
79	73,8	74,0	74,2	74,4	74,6						
80	74,7	74,9	75,1	75,3	75,5	1000	934	937	939	942	944
81	75,7	75,9	76,1	76,3	76,5	2000	1868	1874	1879	1884	1889
82	76,6	76,8	77,0	77,2	77,4	3000	2803	2810	2818	2825	2833
83	77,5	77,8	78,0	78,2	78,4	4000	3737	3747	3757	3767	3777
84	78,5	78,7	78,9	79,1	79,3	5000	4671	4684	4696	4709	4722
85	79,4	79,6	79,8	80,1	80,3	6000	5605	5621	5636	5651	5666
86	80,3	80,6	80,8	81,0	81,2	7000	6540	6557	6575	6593	6610
87	81,3	81,5	81,7	81,9	82,2	8000	7474	7494	7514	7534	7555
88	82,2	82,4	82,7	82,9	83,1	9000	8408	8431	8453	8476	8499
89	83,1	83,4	83,6	83,8	84,0	10000	9342	9368	9393	9418	9443

Tafel 2
zur Ermittelung des Gehaltes an reinem Alkohol.

Netto-Gewicht in Kilogramm	Wahre Stärke					Netto-Gewicht in Kilogramm	Wahre Stärke				
	75,0	75,2	75,4	75,6	75,8		75,0	75,2	75,4	75,6	75,8
	Gehalt an reinem Alkohol in Liter						Gehalt an reinem Alkohol in Liter				
0,5	0,5	0,5	0,5	0,5	0,5	30	28,4	28,5	28,6	28,6	28,7
1	0,9	0,9	1,0	1,0	1,0	31	29,4	29,4	29,5	29,6	29,7
2	1,9	1,9	1,9	1,9	1,9	32	30,3	30,4	30,5	30,5	30,6
3	2,8	2,8	2,9	2,9	2,9	33	31,2	31,3	31,4	31,5	31,6
4	3,8	3,8	3,8	3,8	3,8	34	32,2	32,3	32,4	32,5	32,5
5	4,7	4,7	4,8	4,8	4,8	35	33,1	33,2	33,3	33,4	33,5
6	5,7	5,7	5,7	5,7	5,7	36	34,1	34,2	34,3	34,4	34,5
7	6,6	6,6	6,7	6,7	6,7	37	35,0	35,1	35,2	35,3	35,4
8	7,6	7,6	7,6	7,6	7,7	38	36,0	36,1	36,2	36,3	36,4
9	8,5	8,5	8,6	8,6	8,6	39	36,9	37,0	37,1	37,2	37,3
10	9,5	9,5	9,5	9,5	9,6	40	37,9	38,0	38,1	38,2	38,3
11	10,4	10,4	10,5	10,5	10,5	41	38,8	38,9	39,0	39,1	39,2
12	11,4	11,4	11,4	11,5	11,5	42	39,8	39,9	40,0	40,1	40,2
13	12,3	12,3	12,4	12,4	12,4	43	40,7	40,8	40,9	41,0	41,1
14	13,3	13,3	13,3	13,4	13,4	44	41,7	41,8	41,9	42,0	42,1
15	14,2	14,2	14,3	14,3	14,4	45	42,6	42,7	42,8	42,9	43,1
16	15,1	15,2	15,2	15,3	15,3	46	43,6	43,7	43,8	43,9	44,0
17	16,1	16,1	16,2	16,2	16,3	47	44,5	44,6	44,7	44,9	45,0
18	17,0	17,1	17,1	17,2	17,2	48	45,4	45,6	45,7	45,8	45,9
19	18,0	18,0	18,1	18,1	18,2	49	46,4	46,5	46,6	46,8	46,9
20	18,9	19,0	19,0	19,1	19,1	50	47,3	47,5	47,6	47,7	47,8
21	19,9	19,9	20,0	20,0	20,1	51	48,3	48,4	48,5	48,7	48,8
22	20,8	20,9	20,9	21,0	21,1	52	49,2	49,4	49,5	49,6	49,8
23	21,8	21,8	21,9	22,0	22,0	53	50,2	50,3	50,5	50,6	50,7
24	22,7	22,8	22,8	22,9	23,0	54	51,1	51,3	51,4	51,5	51,7
25	23,7	23,7	23,8	23,9	23,9	55	52,1	52,2	52,4	52,5	52,6
26	24,6	24,7	24,8	24,8	24,9	56	53,0	53,2	53,3	53,4	53,6
27	25,6	25,6	25,7	25,8	25,8	57	54,0	54,1	54,3	54,4	54,5
28	26,5	26,6	26,7	26,7	26,8	58	54,9	55,1	55,2	55,4	55,5
29	27,5	27,5	27,6	27,7	27,8	59	55,9	56,0	56,2	56,3	56,5

Tafel 2
zur Ermittelung des Gehaltes an reinem Alkohol.

Netto-Gewicht in Kilogramm	Wahre Stärke 75,0	75,2	75,4	75,6	75,8	Netto-Gewicht in Kilogramm	Wahre Stärke 75,0	75,2	75,4	75,6	75,8
	Gehalt an reinem Alkohol in Liter						Gehalt an reinem Alkohol in Liter				
60	56,8	57,0	57,1	57,3	57,4	90	85,2	85,4	85,7	85,9	86,1
61	57,8	57,9	58,1	58,2	58,4	91	86,2	86,4	86,6	86,9	87,1
62	58,7	58,9	59,0	59,2	59,3	92	87,1	87,3	87,6	87,8	88,0
63	59,7	59,8	60,0	60,1	60,3	93	88,1	88,3	88,5	88,8	89,0
64	60,6	60,8	60,9	61,1	61,2	94	89,0	89,2	89,5	89,7	90,0
65	61,5	61,7	61,9	62,0	62,2	95	90,0	90,2	90,4	90,7	90,9
66	62,5	62,7	62,8	63,0	63,2	96	90,9	91,1	91,4	91,6	91,9
67	63,4	63,6	63,8	63,9	64,1	97	91,8	92,1	92,3	92,6	92,8
68	64,4	64,6	64,7	64,9	65,1	98	92,8	93,0	93,3	93,5	93,8
69	65,3	65,5	65,7	65,9	66,0	99	93,7	94,0	94,2	94,5	94,7
70	66,3	66,5	66,6	66,8	67,0	100	94,7	94,9	95,2	95,4	95,7
71	67,2	67,4	67,6	67,8	67,9	200	189,4	189,9	190,4	190,9	191,4
72	68,2	68,4	68,5	68,7	68,9	300	284,1	284,8	285,6	286,3	287,1
73	69,1	69,3	69,5	69,7	69,9	400	378,7	379,8	380,8	381,8	382,8
74	70,1	70,3	70,4	70,6	70,8	500	473,4	474,7	476,0	477,2	478,5
75	71,0	71,2	71,4	71,6	71,8	600	568,1	569,6	571,1	572,7	574,2
76	72,0	72,2	72,3	72,5	72,7	700	662,8	664,6	666,3	668,1	669,9
77	72,9	73,1	73,3	73,5	73,7	800	757,5	759,5	761,5	763,5	765,6
78	73,9	74,1	74,2	74,4	74,6	900	852,2	854,4	856,7	859,0	861,3
79	74,8	75,0	75,2	75,4	75,6						
80	75,7	76,0	76,2	76,4	76,6	1000	947	949	952	954	957
81	76,7	76,9	77,1	77,3	77,5	2000	1894	1899	1904	1909	1914
82	77,6	77,8	78,1	78,3	78,5	3000	2841	2848	2856	2863	2871
83	78,6	78,8	79,0	79,2	79,4	4000	3787	3798	3808	3818	3828
84	79,5	79,7	80,0	80,2	80,4	5000	4734	4747	4760	4772	4785
85	80,5	80,7	80,9	81,1	81,3	6000	5681	5696	5711	5727	5742
86	81,4	81,6	81,9	82,1	82,3	7000	6628	6646	6663	6681	6699
87	82,4	82,6	82,8	83,0	83,3	8000	7575	7595	7615	7635	7656
88	83,3	83,5	83,8	84,0	84,2	9000	8522	8544	8567	8590	8613
89	84,3	84,5	84,7	84,9	85,2	10000	9469	9494	9519	9544	9570

Tafel 2
zur Ermittelung des Gehaltes an reinem Alkohol.

Netto-Ge-wicht in Kilo-gramm	Wahre Stärke					Netto-Ge-wicht in Kilo-gramm	Wahre Stärke				
	76,0	76,2	76,4	76,6	76,8		76,0	76,2	76,4	76,6	76,8
	Gehalt an reinem Alkohol in Liter						Gehalt an reinem Alkohol in Liter				
0,5	0,5	0,5	0,5	0,5	0,5	30	28,8	28,9	28,9	29,0	29,1
1	1,0	1,0	1,0	1,0	1,0	31	29,7	29,8	29,9	30,0	30,1
2	1,9	1,9	1,9	1,9	1,9	32	30,7	30,8	30,9	30,9	31,0
3	2,9	2,9	2,9	2,9	2,9	33	31,7	31,7	31,8	31,9	32,0
4	3,8	3,8	3,9	3,9	3,9	34	32,6	32,7	32,8	32,9	33,0
5	4,8	4,8	4,8	4,8	4,8	35	33,6	33,7	33,8	33,8	33,9
6	5,8	5,8	5,8	5,8	5,8	36	34,5	34,6	34,7	34,8	34,9
7	6,7	6,7	6,8	6,8	6,8	37	35,5	35,6	35,7	35,8	35,9
8	7,7	7,7	7,7	7,7	7,8	38	36,5	36,6	36,7	36,7	36,8
9	8,6	8,7	8,7	8,7	8,7	39	37,4	37,5	37,6	37,7	37,8
10	9,6	9,6	9,6	9,7	9,7	40	38,4	38,5	38,6	38,7	38,8
11	10,6	10,6	10,6	10,6	10,7	41	39,3	39,4	39,5	39,6	39,8
12	11,5	11,5	11,6	11,6	11,6	42	40,3	40,4	40,5	40,6	40,7
13	12,5	12,5	12,5	12,6	12,6	43	41,3	41,4	41,5	41,6	41,7
14	13,4	13,5	13,5	13,5	13,6	44	42,2	42,3	42,4	42,5	42,7
15	14,4	14,4	14,5	14,5	14,5	45	43,2	43,3	43,4	43,5	43,6
16	15,4	15,4	15,4	15,5	15,5	46	44,1	44,3	44,4	44,5	44,6
17	16,3	16,4	16,4	16,4	16,5	47	45,1	45,2	45,3	45,5	45,6
18	17,3	17,3	17,4	17,4	17,5	48	46,1	46,2	46,3	46,4	46,5
19	18,2	18,3	18,3	18,4	18,4	49	47,0	47,1	47,3	47,4	47,5
20	19,2	19,2	19,3	19,3	19,4	50	48,0	48,1	48,2	48,4	48,5
21	20,1	20,2	20,3	20,3	20,4	51	48,9	49,1	49,2	49,3	49,4
22	21,1	21,2	21,2	21,3	21,3	52	49,9	50,0	50,2	50,3	50,4
23	22,1	22,1	22,2	22,2	22,3	53	50,9	51,0	51,1	51,3	51,4
24	23,0	23,1	23,1	23,2	23,3	54	51,8	51,9	52,1	52,2	52,4
25	24,0	24,1	24,1	24,2	24,2	55	52,8	52,9	53,0	53,2	53,3
26	24,9	25,0	25,1	25,1	25,2	56	53,7	53,9	54,0	54,2	54,3
27	25,9	26,0	26,0	26,1	26,2	57	54,7	54,8	55,0	55,1	55,3
28	26,9	26,9	27,0	27,1	27,1	58	55,6	55,8	55,9	56,1	56,2
29	27,8	27,9	28,0	28,0	28,1	59	56,6	56,8	56,9	57,1	57,2

Tafel 2
zur Ermittelung des Gehaltes an reinem Alkohol.

Netto-Gewicht in Kilogramm	Wahre Stärke					Netto-Gewicht in Kilogramm	Wahre Stärke				
	76,0	76,2	76,4	76,6	76,8		76,0	76,2	76,4	76,6	76,8
	Gehalt an reinem Alkohol in Liter						Gehalt an reinem Alkohol in Liter				
60	57,6	57,7	57,9	58,0	58,2	90	86,4	86,6	86,8	87,0	87,3
61	58,5	58,7	58,8	59,0	59,1	91	87,3	87,5	87,8	88,0	88,2
62	59,5	59,6	59,8	60,0	60,1	92	88,3	88,5	88,7	89,0	89,2
63	60,4	60,6	60,8	60,9	61,1	93	89,2	89,5	89,7	89,9	90,2
64	61,4	61,6	61,7	61,9	62,1	94	90,2	90,4	90,7	90,9	91,1
65	62,4	62,5	62,7	62,9	63,0	95	91,1	91,4	91,6	91,9	92,1
66	63,3	63,5	63,7	63,8	64,0	96	92,1	92,4	92,6	92,8	93,1
67	64,3	64,5	64,6	64,8	65,0	97	93,1	93,3	93,6	93,8	94,0
68	65,2	65,4	65,6	65,8	65,9	98	94,0	94,3	94,5	94,8	95,0
69	66,2	66,4	66,6	66,7	66,9	99	95,0	95,2	95,5	95,7	96,0
70	67,2	67,3	67,5	67,7	67,9	100	95,9	96,2	96,5	96,7	97,0
71	68,1	68,3	68,5	68,7	68,8	200	191,9	192,4	192,9	193,4	193,9
72	69,1	69,3	69,4	69,6	69,8	300	287,8	288,6	289,4	290,1	290,9
73	70,0	70,2	70,4	70,6	70,8	400	383,8	384,8	385,8	386,8	387,8
74	71,0	71,2	71,4	71,6	71,7	500	479,7	481,0	482,3	483,5	484,8
75	72,0	72,2	72,3	72,5	72,7	600	575,7	577,2	578,7	580,2	581,7
76	72,9	73,1	73,3	73,5	73,7	700	671,6	673,4	675,2	676,9	678,7
77	73,9	74,1	74,3	74,5	74,7	800	767,6	769,6	771,6	773,6	775,7
78	74,8	75,0	75,2	75,4	75,6	900	863,5	865,8	868,1	870,3	872,6
79	75,8	76,0	76,2	76,4	76,6						
80	76,8	77,0	77,2	77,4	77,6	1000	959	962	965	967	970
81	77,7	77,9	78,1	78,3	78,5	2000	1919	1924	1929	1934	1939
82	78,7	78,9	79,1	79,3	79,5	3000	2878	2886	2894	2901	2909
83	79,6	79,8	80,1	80,3	80,5	4000	3838	3848	3858	3868	3878
84	80,6	80,8	81,0	81,2	81,4	5000	4797	4810	4823	4835	4848
85	81,6	81,8	82,0	82,2	82,4	6000	5757	5772	5787	5802	5817
86	82,5	82,7	82,9	83,2	83,4	7000	6716	6734	6752	6769	6787
87	83,5	83,7	83,9	84,1	84,4	8000	7676	7696	7716	7736	7757
88	84,4	84,7	84,9	85,1	85,3	9000	8635	8658	8681	8703	8726
89	85,4	85,6	85,8	86,1	86,3	10000	9595	9620	9645	9671	9696

Tafel 2
zur Ermittelung des Gehaltes an reinem Alkohol.

Netto-Gewicht in Kilogramm	Wahre Stärke 77,0	77,2	77,4	77,6	77,8	Netto-Gewicht in Kilogramm	Wahre Stärke 77,0	77,2	77,4	77,6	77,8
	Gehalt an reinem Alkohol in Liter						Gehalt an reinem Alkohol in Liter				
0,5	0,5	0,5	0,5	0,5	0,5	30	29,2	29,2	29,3	29,4	29,5
1	1,0	1,0	1,0	1,0	1,0	31	30,1	30,2	30,3	30,4	30,5
2	1,9	1,9	2,0	2,0	2,0	32	31,1	31,2	31,3	31,3	31,4
3	2,9	2,9	2,9	2,9	2,9	33	32,1	32,2	32,2	32,3	32,4
4	3,9	3,9	3,9	3,9	3,9	34	33,1	33,1	33,2	33,3	33,4
5	4,9	4,9	4,9	4,9	4,9	35	34,0	34,1	34,2	34,3	34,4
6	5,8	5,8	5,9	5,9	5,9	36	35,0	35,1	35,2	35,3	35,4
7	6,8	6,8	6,8	6,9	6,9	37	36,0	36,1	36,2	36,2	36,3
8	7,8	7,8	7,8	7,8	7,9	38	36,9	37,0	37,1	37,2	37,3
9	8,7	8,8	8,8	8,8	8,8	39	37,9	38,0	38,1	38,2	38,3
10	9,7	9,7	9,8	9,8	9,8	40	38,9	39,0	39,1	39,2	39,3
11	10,7	10,7	10,7	10,8	10,8	41	39,9	40,0	40,1	40,2	40,3
12	11,7	11,7	11,7	11,8	11,8	42	40,8	40,9	41,0	41,1	41,3
13	12,6	12,7	12,7	12,7	12,8	43	41,8	41,9	42,0	42,1	42,2
14	13,6	13,6	13,7	13,7	13,8	44	42,8	42,9	43,0	43,1	43,2
15	14,6	14,6	14,7	14,7	14,7	45	43,7	43,9	44,0	44,1	44,2
16	15,6	15,6	15,6	15,7	15,7	46	44,7	44,8	45,0	45,1	45,2
17	16,5	16,6	16,6	16,7	16,7	47	45,7	45,8	45,9	46,0	46,2
18	17,5	17,5	17,6	17,6	17,7	48	46,7	46,8	46,9	47,0	47,1
19	18,5	18,5	18,6	18,6	18,7	49	47,6	47,8	47,9	48,0	48,1
20	19,4	19,5	19,5	19,6	19,6	50	48,6	48,7	48,9	49,0	49,1
21	20,4	20,5	20,5	20,6	20,6	51	49,6	49,7	49,8	50,0	50,1
22	21,4	21,4	21,5	21,5	21,6	52	50,5	50,7	50,8	50,9	51,1
23	22,4	22,4	22,5	22,5	22,6	53	51,5	51,7	51,8	51,9	52,1
24	23,3	23,4	23,4	23,5	23,6	54	52,5	52,6	52,8	52,9	53,0
25	24,3	24,4	24,4	24,5	24,6	55	53,5	53,6	53,7	53,9	54,0
26	25,3	25,3	25,4	25,5	25,5	56	54,4	54,6	54,7	54,9	55,0
27	26,2	26,3	26,4	26,4	26,5	57	55,4	55,6	55,7	55,8	56,0
28	27,2	27,3	27,4	27,4	27,5	58	56,4	56,5	56,7	56,8	57,0
29	28,2	28,3	28,3	28,4	28,5	59	57,4	57,5	57,7	57,8	57,9

Tafel 2
zur Ermittelung des Gehaltes an reinem Alkohol.

Netto-Ge-wicht in Kilo-gramm	Wahre Stärke					Netto-Ge-wicht in Kilo-gramm	Wahre Stärke				
	77,0	77,2	77,4	77,6	77,8		77,0	77,2	77,4	77,6	77,8
	Gehalt an reinem Alkohol in Liter						Gehalt an reinem Alkohol in Liter				
60	58,3	58,5	58,6	58,8	58,9	90	87,5	87,7	87,9	88,2	88,4
61	59,3	59,5	59,6	59,8	59,9	91	88,5	88,7	88,9	89,1	89,4
62	60,3	60,4	60,6	60,7	60,9	92	89,4	89,7	89,9	90,1	90,4
63	61,2	61,4	61,6	61,7	61,9	93	90,4	90,6	90,9	91,1	91,3
64	62,2	62,4	62,5	62,7	62,9	94	91,4	91,6	91,8	92,1	92,3
65	63,2	63,4	63,5	63,7	63,8	95	92,4	92,6	92,8	93,1	93,3
66	64,2	64,3	64,5	64,7	64,8	96	93,3	93,6	93,8	94,0	94,3
67	65,1	65,3	65,5	65,6	65,8	97	94,3	94,5	94,8	95,0	95,3
68	66,1	66,3	66,4	66,6	66,8	98	95,3	95,5	95,8	96,0	96,3
69	67,1	67,2	67,4	67,6	67,8	99	96,2	96,5	96,7	97,0	97,2
70	68,0	68,2	68,4	68,6	68,8	100	97,2	97,5	97,7	98,0	98,2
71	69,0	69,2	69,4	69,6	69,7	200	194,4	194,9	195,4	195,9	196,4
72	70,0	70,2	70,4	70,5	70,7	300	291,6	292,4	293,1	293,9	294,7
73	71,0	71,1	71,3	71,5	71,7	400	388,8	389,9	390,9	391,9	392,9
74	71,9	72,1	72,3	72,5	72,7	500	486,1	487,3	488,6	489,8	491,1
75	72,9	73,1	73,3	73,5	73,7	600	583,3	584,8	586,3	587,8	589,3
76	73,9	74,1	74,3	74,5	74,6	700	680,5	682,2	684,0	685,8	687,5
77	74,9	75,0	75,2	75,4	75,6	800	777,7	779,7	781,7	783,7	785,8
78	75,8	76,0	76,2	76,4	76,6	900	874,9	877,2	879,4	881,7	884,0
79	76,8	77,0	77,2	77,4	77,6						
80	77,8	78,0	78,2	78,4	78,6	1000	972	975	977	980	982
81	78,7	78,9	79,1	79,3	79,6	2000	1911	1919	1954	1959	1964
82	79,7	79,9	80,1	80,3	80,5	3000	2916	2924	2931	2939	2947
83	80,7	80,9	81,1	81,3	81,5	4000	3888	3899	3909	3919	3929
84	81,7	81,9	82,1	82,3	82,5	5000	4861	4873	4886	4898	4911
85	82,6	82,8	83,1	83,3	83,5	6000	5833	5848	5863	5878	5893
86	83,6	83,8	84,0	84,3	84,5	7000	6805	6822	6840	6858	6875
87	84,6	84,8	85,0	85,2	85,5	8000	7777	7797	7817	7837	7858
88	85,5	85,8	86,0	86,2	86,4	9000	8749	8772	8794	8817	8840
89	86,5	86,7	87,0	87,2	87,4	10000	9721	9746	9772	9797	9822

Tafel 2
zur Ermittelung des Gehaltes an reinem Alkohol.

Netto-Gewicht in Kilogramm	Wahre Stärke					Netto-Gewicht in Kilogramm	Wahre Stärke				
	78,0	78,2	78,4	78,6	78,8		78,0	78,2	78,4	78,6	78,8
	Gehalt an reinem Alkohol in Liter						Gehalt an reinem Alkohol in Liter				
0,5	0,5	0,5	0,5	0,5	0,5	30	29,5	29,6	29,7	29,8	29,8
1	1,0	1,0	1,0	1,0	1,0	31	30,5	30,6	30,7	30,8	30,8
2	2,0	2,0	2,0	2,0	2,0	32	31,5	31,6	31,7	31,7	31,8
3	3,0	3,0	3,0	3,0	3,0	33	32,5	32,6	32,7	32,7	32,8
4	3,9	3,9	4,0	4,0	4,0	34	33,5	33,6	33,7	33,7	33,8
5	4,9	4,9	4,9	5,0	5,0	35	34,5	34,6	34,6	34,7	34,8
6	5,9	5,9	5,9	6,0	6,0	36	35,4	35,5	35,6	35,7	35,8
7	6,9	6,9	6,9	6,9	7,0	37	36,4	36,5	36,6	36,7	36,8
8	7,9	7,9	7,9	7,9	8,0	38	37,4	37,5	37,6	37,7	37,8
9	8,9	8,9	8,9	8,9	9,0	39	38,4	38,5	38,6	38,7	38,8
10	9,8	9,9	9,9	9,9	9,9	40	39,4	39,5	39,6	39,7	39,8
11	10,8	10,9	10,9	10,9	10,9	41	40,4	40,5	40,6	40,7	40,8
12	11,8	11,8	11,9	11,9	11,9	42	41,4	41,5	41,6	41,7	41,8
13	12,8	12,8	12,9	12,9	12,9	43	42,3	42,5	42,6	42,7	42,8
14	13,8	13,8	13,9	13,9	13,9	44	43,3	43,4	43,5	43,7	43,8
15	14,8	14,8	14,8	14,9	14,9	45	44,3	44,4	44,5	44,7	44,8
16	15,8	15,8	15,8	15,9	15,9	46	45,3	45,4	45,5	45,6	45,8
17	16,7	16,8	16,8	16,9	16,9	47	46,3	46,4	46,5	46,6	46,8
18	17,7	17,8	17,8	17,9	17,9	48	47,3	47,4	47,5	47,6	47,8
19	18,7	18,8	18,8	18,9	18,9	49	48,3	48,4	48,5	48,6	48,7
20	19,7	19,7	19,8	19,8	19,9	50	49,2	49,4	49,5	49,6	49,7
21	20,7	20,7	20,8	20,8	20,9	51	50,2	50,3	50,5	50,6	50,7
22	21,7	21,7	21,8	21,8	21,9	52	51,2	51,3	51,5	51,6	51,7
23	22,6	22,7	22,8	22,8	22,9	53	52,2	52,3	52,5	52,6	52,7
24	23,6	23,7	23,8	23,8	23,9	54	53,2	53,3	53,4	53,6	53,7
25	24,6	24,7	24,7	24,8	24,9	55	54,2	54,3	54,4	54,6	54,7
26	25,6	25,7	25,7	25,8	25,9	56	55,1	55,3	55,4	55,6	55,7
27	26,6	26,7	26,7	26,8	26,9	57	56,1	56,3	56,4	56,6	56,7
28	27,6	27,6	27,7	27,8	27,9	58	57,1	57,3	57,4	57,6	57,7
29	28,6	28,6	28,7	28,8	28,8	59	58,1	58,2	58,4	58,5	58,7

Tafel 2
zur Ermittelung des Gehaltes an reinem Alkohol.

Netto-Gewicht in Kilogramm	Wahre Stärke					Netto-Gewicht in Kilogramm	Wahre Stärke				
	78,0	78,2	78,4	78,6	78,8		73,0	78,2	78,4	78,6	78,8
	Gehalt an reinem Alkohol in Liter						Gehalt an reinem Alkohol in Liter				
60	59,1	59,2	59,4	59,5	59,7	90	88,6	88,9	89,1	89,3	89,5
61	60,1	60,2	60,4	60,5	60,7	91	89,6	89,8	90,1	90,3	90,5
62	61,0	61,2	61,4	61,5	61,7	92	90,6	90,8	91,1	91,3	91,5
63	62,0	62,2	62,4	62,5	62,7	93	91,6	91,8	92,0	92,3	92,5
64	63,0	63,2	63,3	63,5	63,7	94	92,6	92,8	93,0	93,3	93,5
65	64,0	64,2	64,3	64,5	64,7	95	93,5	93,8	94,0	94,3	94,5
66	65,0	65,2	65,3	65,5	65,7	96	94,5	94,8	95,0	95,3	95,5
67	66,0	66,1	66,3	66,5	66,7	97	95,5	95,8	96,0	96,3	96,5
68	67,0	67,1	67,3	67,5	67,6	98	96,5	96,8	97,0	97,2	97,5
69	67,9	68,1	68,3	68,5	68,6	99	97,5	97,7	98,0	98,2	98,5
70	68,9	69,1	69,3	69,5	69,6	100	98,5	98,7	99,0	99,2	99,5
71	69,9	70,1	70,3	70,5	70,6	200	196,9	197,5	198,0	198,5	199,0
72	70,9	71,1	71,3	71,4	71,6	300	295,4	296,2	296,9	297,7	298,4
73	71,9	72,1	72,3	72,4	72,6	400	393,9	394,9	395,9	396,9	397,9
74	72,9	73,1	73,2	73,4	73,6	500	492,4	493,6	494,9	496,2	497,4
75	73,9	74,0	74,2	74,4	74,6	600	590,8	592,4	593,9	595,4	596,9
76	74,8	75,0	75,2	75,4	75,6	700	689,3	691,1	692,8	694,6	696,4
77	75,8	76,0	76,2	76,4	76,6	800	787,8	789,8	791,8	793,8	795,9
78	76,8	77,0	77,2	77,4	77,6	900	886,3	888,5	890,8	893,1	895,3
79	77,8	78,0	78,2	78,4	78,6						
80	78,8	79,0	79,2	79,4	79,6	1000	985	987	990	992	995
81	79,8	80,0	80,2	80,4	80,6	2000	1969	1975	1980	1985	1990
82	80,7	81,0	81,2	81,4	81,6	3000	2954	2962	2969	2977	2984
83	81,7	81,9	82,1	82,4	82,6	4000	3939	3949	3959	3969	3979
84	82,7	82,9	83,1	83,4	83,6	5000	4924	4936	4949	4962	4974
85	83,7	83,9	84,1	84,3	84,6	6000	5908	5924	5939	5954	5969
86	84,7	84,9	85,1	85,3	85,6	7000	6893	6911	6928	6946	6964
87	85,7	85,9	86,1	86,3	86,5	8000	7878	7898	7918	7938	7959
88	86,7	86,9	87,1	87,3	87,5	9000	8863	8885	8908	8931	8953
89	87,6	87,9	88,1	88,3	88,5	10000	9847	9873	9898	9923	9948

Tafel 2
zur Ermittelung des Gehaltes an reinem Alkohol.

Netto-Gewicht in Kilogramm	Wahre Stärke				
	79,0	79,2	79,4	79,6	79,8
	Gehalt an reinem Alkohol in Liter				
0,5	0,5	0,5	0,5	0,5	0,5
1	1,0	1,0	1,0	1,0	1,0
2	2,0	2,0	2,0	2,0	2,0
3	3,0	3,0	3,0	3,0	3,0
4	4,0	4,0	4,0	4,0	4,0
5	5,0	5,0	5,0	5,0	5,0
6	6,0	6,0	6,0	6,0	6,0
7	7,0	7,0	7,0	7,0	7,1
8	8,0	8,0	8,0	8,0	8,1
9	9,0	9,0	9,0	9,0	9,1
10	10,0	10,0	10,0	10,0	10,1
11	11,0	11,0	11,0	11,1	11,1
12	12,0	12,0	12,0	12,1	12,1
13	13,0	13,0	13,0	13,1	13,1
14	14,0	14,0	14,0	14,1	14,1
15	15,0	15,0	15,0	15,1	15,1
16	16,0	16,0	16,0	16,1	16,1
17	17,0	17,0	17,0	17,1	17,1
18	18,0	18,0	18,0	18,1	18,1
19	18,9	19,0	19,0	19,1	19,1
20	19,9	20,0	20,0	20,1	20,1
21	20,9	21,0	21,1	21,1	21,2
22	21,9	22,0	22,1	22,1	22,2
23	22,9	23,0	23,1	23,1	23,2
24	23,9	24,0	24,1	24,1	24,2
25	24,9	25,0	25,1	25,1	25,2
26	25,9	26,0	26,1	26,1	26,2
27	26,9	27,0	27,1	27,1	27,2
28	27,9	28,0	28,1	28,1	28,2
29	28,9	29,0	29,1	29,1	29,2

Netto-Gewicht in Kilogramm	Wahre Stärke				
	79,0	79,2	79,4	79,6	79,8
	Gehalt an reinem Alkohol in Liter				
30	29,9	30,0	30,1	30,1	30,2
31	30,9	31,0	31,1	31,2	31,2
32	31,9	32,0	32,1	32,2	32,2
33	32,9	33,0	33,1	33,2	33,2
34	33,9	34,0	34,1	34,2	34,3
35	34,9	35,0	35,1	35,2	35,3
36	35,9	36,0	36,1	36,2	36,3
37	36,9	37,0	37,1	37,2	37,3
38	37,9	38,0	38,1	38,2	38,3
39	38,9	39,0	39,1	39,2	39,3
40	39,9	40,0	40,1	40,2	40,3
41	40,9	41,0	41,1	41,2	41,3
42	41,9	42,0	42,1	42,2	42,3
43	42,9	43,0	43,1	43,2	43,3
44	43,9	44,0	44,1	44,2	44,3
45	44,9	45,0	45,1	45,2	45,3
46	45,9	46,0	46,1	46,2	46,3
47	46,9	47,0	47,1	47,2	47,4
48	47,9	48,0	48,1	48,2	48,4
49	48,9	49,0	49,1	49,2	49,4
50	49,9	50,0	50,1	50,2	50,4
51	50,9	51,0	51,1	51,3	51,4
52	51,9	52,0	52,1	52,3	52,4
53	52,9	53,0	53,1	53,3	53,4
54	53,9	54,0	54,1	54,3	54,4
55	54,9	55,0	55,1	55,3	55,4
56	55,9	56,0	56,1	56,3	56,4
57	56,8	57,0	57,1	57,3	57,4
58	57,8	58,0	58,1	58,3	58,4
59	58,8	59,0	59,1	59,3	59,4

Tafel 2
zur Ermittelung des Gehaltes an reinem Alkohol.

Netto-Gewicht in Kilogramm	Wahre Stärke					Netto-Gewicht in Kilogramm	Wahre Stärke				
	79,0	79,2	79,4	79,6	79,8		79,0	79,2	79,4	79,6	79,8
	Gehalt an reinem Alkohol in Liter						Gehalt an reinem Alkohol in Liter				
60	59,8	60,0	60,1	60,3	60,4	90	89,8	90,0	90,2	90,4	90,7
61	60,8	61,0	61,1	61,3	61,5	91	90,8	91,0	91,2	91,4	91,7
62	61,8	62,0	62,1	62,3	62,5	92	91,8	92,0	92,2	92,5	92,7
63	62,8	63,0	63,2	63,3	63,5	93	92,8	93,0	93,2	93,5	93,7
64	63,8	64,0	64,2	64,3	64,5	94	93,8	94,0	94,2	94,5	94,7
65	64,8	65,0	65,2	65,3	65,5	95	94,7	95,0	95,2	95,5	95,7
66	65,8	66,0	66,2	66,3	66,5	96	95,7	96,0	96,2	96,5	96,7
67	66,8	67,0	67,2	67,3	67,5	97	96,7	97,0	97,2	97,5	97,7
68	67,8	68,0	68,2	68,3	68,5	98	97,7	98,0	98,2	98,5	98,7
69	68,8	69,0	69,2	69,3	69,5	99	98,7	99,0	99,2	99,5	99,7
70	69,8	70,0	70,2	70,3	70,5	100	99,7	100,0	100,2	100,5	100,7
71	70,8	71,0	71,2	71,3	71,5	200	199,5	200,0	200,5	201,0	201,5
72	71,8	72,0	72,2	72,4	72,5	300	299,2	300,0	300,7	301,5	302,2
73	72,8	73,0	73,2	73,4	73,5	400	398,9	400,0	401,0	402,0	403,0
74	73,8	74,0	74,2	74,4	74,6	500	498,7	499,9	501,2	502,5	503,7
75	74,8	75,0	75,2	75,1	75,6	600	598,1	599,9	601,4	603,0	604,5
76	75,8	76,0	76,2	76,4	76,6	700	698,1	699,9	701,7	703,4	705,2
77	76,8	77,0	77,2	77,4	77,6	800	797,9	799,9	801,9	803,9	806,0
78	77,8	78,0	78,2	78,4	78,6	900	897,6	899,9	902,2	904,4	906,7
79	78,8	79,0	79,2	79,4	79,6						
80	79,8	80,0	80,2	80,4	80,6	1000	997	1000	1002	1005	1007
81	80,8	81,0	81,2	81,4	81,6	2000	1995	2000	2005	2010	2015
82	81,8	82,0	82,2	82,4	82,6	3000	2992	3000	3007	3015	3022
83	82,8	83,0	83,2	83,4	83,6	4000	3989	4000	4010	4020	4030
84	83,8	84,0	84,2	84,4	84,6	5000	4987	4999	5012	5025	5037
85	84,8	85,0	85,2	85,4	85,6	6000	5984	5999	6014	6030	6045
86	85,8	86,0	86,2	86,4	86,6	7000	6981	6999	7017	7034	7052
87	86,8	87,0	87,2	87,4	87,6	8000	7979	7999	8019	8039	8060
88	87,8	88,0	88,2	88,4	88,7	9000	8976	8999	9022	9044	9067
89	88,8	89,0	89,2	89,4	89,7	10000	9974	9999	10024	10049	10075

Tafel 2
zur Ermittelung des Gehaltes an reinem Alkohol.

Netto-Ge-wicht in Kilo-gramm	Wahre Stärke					Netto-Ge-wicht in Kilo-gramm	Wahre Stärke				
	80,0	80,2	80,4	80,6	80,8		80,0	80,2	80,4	80,6	80,8
	Gehalt an reinem Alkohol in Liter						Gehalt an reinem Alkohol in Liter				
0,5	0,5	0,5	0,5	0,5	9,5	30	30,3	30,4	30,5	30,5	30,6
1	1,0	1,0	1,0	1,0	1,0	31	31,3	31,4	31,5	31,5	31,6
2	2,0	2,0	2,0	2,0	2,0	32	32,3	32,4	32,5	32,6	32,6
3	3,0	3,0	3,0	3,1	3,1	33	33,3	33,4	33,5	33,6	33,7
4	4,0	4,1	4,1	4,1	4,1	34	34,3	34,4	34,5	34,6	34,7
5	5,0	5,1	5,1	5,1	5,1	35	35,3	35,4	35,5	35,6	35,7
6	6,1	6,1	6,1	6,1	6,1	36	36,4	36,5	36,5	36,6	36,7
7	7,1	7,1	7,1	7,1	7,1	37	37,4	37,5	37,6	37,7	37,7
8	8,1	8,1	8,1	8,1	8,2	38	38,4	38,5	38,6	38,7	38,8
9	9,1	9,1	9,1	9,2	9,2	39	39,4	39,5	39,6	39,7	39,8
10	10,1	10,1	10,2	10,2	10,2	40	40,4	40,5	40,6	40,7	40,8
11	11,1	11,1	11,2	11,2	11,2	41	41,4	41,5	41,6	41,7	41,8
12	12,1	12,2	12,2	12,2	12,2	42	42,4	42,5	42,6	42,7	42,8
13	13,1	13,2	13,2	13,2	13,3	43	43,4	43,5	43,6	43,8	43,9
14	14,1	14,2	14,2	14,2	14,3	44	44,4	44,6	44,7	44,8	44,9
15	15,1	15,2	15,2	15,3	15,3	45	45,4	45,6	45,7	45,8	45,9
16	16,2	16,2	16,2	16,3	16,3	46	46,5	46,6	46,7	46,8	46,9
17	17,2	17,2	17,3	17,3	17,3	47	47,5	47,6	47,7	47,8	47,9
18	18,2	18,2	18,3	18,3	18,4	48	48,5	48,6	48,7	48,8	49,0
19	19,2	19,2	19,3	19,3	19,4	49	49,5	49,6	49,7	49,9	50,0
20	20,2	20,3	20,3	20,4	20,4	50	50,5	50,6	50,8	50,9	51,0
21	21,2	21,3	21,3	21,4	21,4	51	51,5	51,6	51,8	51,9	52,0
22	22,2	22,3	22,3	22,4	22,4	52	52,5	52,7	52,8	52,9	53,0
23	23,2	23,3	23,3	23,4	23,5	53	53,5	53,7	53,8	53,9	54,1
24	24,2	24,3	24,4	24,4	24,5	54	54,5	54,7	54,8	54,9	55,1
25	25,2	25,3	25,4	25,4	25,5	55	55,5	55,7	55,8	56,0	56,1
26	26,3	26,3	26,4	26,5	26,5	56	56,6	56,7	56,8	57,0	57,1
27	27,3	27,3	27,4	27,5	27,5	57	57,6	57,7	57,9	58,0	58,1
28	28,3	28,4	28,4	28,5	28,6	58	58,6	58,7	58,9	59,0	59,2
29	29,3	29,4	29,4	29,5	29,6	59	59,6	59,7	59,9	60,0	60,2

Tafel 2
zur Ermittelung des Gehaltes an reinem Alkohol.

Netto-Gewicht in Kilogramm	Wahre Stärke				
	80,0	80,2	80,4	80,6	80,8
	Gehalt an reinem Alkohol in Liter				
60	60,6	60,8	60,9	61,1	61,2
61	61,6	61,8	61,9	62,1	62,2
62	62,6	62,8	62,9	63,1	63,2
63	63,6	63,8	63,9	64,1	64,3
64	64,6	64,8	65,0	65,1	65,3
65	65,6	65,8	66,0	66,1	66,3
66	66,7	66,8	67,0	67,2	67,3
67	67,7	67,8	68,0	68,2	68,3
68	68,7	68,9	69,0	69,2	69,4
69	69,7	69,9	70,0	70,2	70,4
70	70,7	70,9	71,1	71,2	71,4
71	71,7	71,9	72,1	72,2	72,4
72	72,7	72,9	73,1	73,3	73,4
73	73,7	73,9	74,1	74,3	74,5
74	74,7	74,9	75,1	75,3	75,5
75	75,7	75,9	76,1	76,3	76,5
76	76,8	77,0	77,1	77,3	77,5
77	77,8	78,0	78,2	78,4	78,5
78	78,8	79,0	79,2	79,4	79,6
79	79,8	80,0	80,2	80,4	80,6
80	80,8	81,0	81,2	81,4	81,6
81	81,8	82,0	82,2	82,4	82,6
82	82,8	83,0	83,2	83,4	83,6
83	83,8	84,0	84,2	84,5	84,7
84	84,8	85,1	85,3	85,5	85,7
85	85,8	86,1	86,3	86,5	86,7
86	86,9	87,1	87,3	87,5	87,7
87	87,9	88,1	88,3	88,5	88,7
88	88,9	89,1	89,3	89,5	89,8
89	89,9	90,1	90,3	90,6	90,8

Netto-Gewicht in Kilogramm	Wahre Stärke				
	80,0	80,2	80,4	80,6	80,8
	Gehalt an reinem Alkohol in Liter				
90	90,9	91,1	91,4	91,6	91,8
91	91,9	92,1	92,4	92,6	92,8
92	92,9	93,2	93,4	93,6	93,8
93	93,9	94,2	94,4	94,6	94,9
94	94,9	95,2	95,4	95,6	95,9
95	95,9	96,2	96,4	96,7	96,9
96	97,0	97,2	97,4	97,7	97,9
97	98,0	98,2	98,5	98,7	98,9
98	99,0	99,2	99,5	99,7	100,0
99	100,0	100,2	100,5	100,7	101,0
100	101,0	101,3	101,5	101,8	102,0
200	202,0	202,5	203,0	203,5	204,0
300	303,0	303,8	304,5	305,3	306,0
400	404,0	405,0	406,0	407,0	408,0
500	505,0	506,3	507,5	508,8	510,0
600	606,0	607,5	609,0	610,5	612,0
700	707,0	708,8	710,5	712,3	714,1
800	808,0	810,0	812,0	814,0	816,1
900	909,0	911,3	913,5	915,8	918,1
1000	1010	1013	1015	1018	1020
2000	2020	2025	2030	2035	2040
3000	3030	3038	3045	3053	3060
4000	4040	4050	4060	4070	4080
5000	5050	5063	5075	5088	5100
6000	6060	6075	6090	6105	6120
7000	7070	7088	7105	7123	7141
8000	8080	8100	8120	8140	8161
9000	9090	9113	9135	9158	9181
10000	10100	10125	10150	10176	10201

9

Tafel 2
zur Ermittelung des Gehaltes an reinem Alkohol.

Netto-Gewicht in Kilogramm	Wahre Stärke					Netto-Gewicht in Kilogramm	Wahre Stärke				
	81,0	81,2	81,4	81,6	81,8		81,0	81,2	81,4	81,6	81,8
	Gehalt an reinem Alkohol in Liter						Gehalt an reinem Alkohol in Liter				
0,5	0,5	0,5	0,5	0,5	0,5	30	30,7	30,8	30,8	30,9	31,0
1	1,0	1,0	1,0	1,0	1,0	31	31,7	31,8	31,9	31,9	32,0
2	2,0	2,1	2,1	2,1	2,1	32	32,7	32,8	32,9	33,0	33,0
3	3,1	3,1	3,1	3,1	3,1	33	33,7	33,8	33,9	34,0	34,1
4	4,1	4,1	4,1	4,1	4,1	34	34,8	34,9	34,9	35,0	35,1
5	5,1	5,1	5,1	5,2	5,2	35	35,8	35,9	36,0	36,1	36,1
6	6,1	6,2	6,2	6,2	6,2	36	36,8	36,9	37,0	37,1	37,2
7	7,2	7,2	7,2	7,2	7,2	37	37,8	37,9	38,0	38,1	38,2
8	8,2	8,2	8,2	8,2	8,3	38	38,9	39,0	39,1	39,1	39,2
9	9,2	9,2	9,2	9,3	9,3	39	39,9	40,0	40,1	40,2	40,3
10	10,2	10,3	10,3	10,3	10,3	40	40,9	41,0	41,1	41,2	41,3
11	11,2	11,3	11,3	11,3	11,4	41	41,9	42,0	42,1	42,2	42,3
12	12,3	12,3	12,3	12,4	12,4	42	42,9	43,1	43,2	43,3	43,4
13	13,3	13,3	13,4	13,4	13,4	43	44,0	44,1	44,2	44,3	44,4
14	14,3	14,4	14,4	14,4	14,5	44	45,0	45,1	45,2	45,3	45,4
15	15,3	15,4	15,4	15,5	15,5	45	46,0	46,1	46,2	46,4	46,5
16	16,4	16,4	16,4	16,5	16,5	46	47,0	47,2	47,3	47,4	47,5
17	17,4	17,4	17,5	17,5	17,6	47	48,1	48,2	48,3	48,4	48,5
18	18,4	18,5	18,5	18,5	18,6	48	49,1	49,2	49,3	49,4	49,6
19	19,4	19,5	19,5	19,6	19,6	49	50,1	50,2	50,4	50,5	50,6
20	20,5	20,5	20,6	20,6	20,7	50	51,1	51,3	51,4	51,5	51,6
21	21,5	21,5	21,6	21,6	21,7	51	52,2	52,3	52,4	52,5	52,7
22	22,5	22,6	22,6	22,7	22,7	52	53,2	53,3	53,4	53,6	53,7
23	23,5	23,6	23,6	23,7	23,8	53	54,2	54,3	54,5	54,6	54,7
24	24,5	24,6	24,7	24,7	24,8	54	55,2	55,4	55,5	55,6	55,8
25	25,6	25,6	25,7	25,8	25,8	55	56,2	56,4	56,5	56,7	56,8
26	26,6	26,7	26,7	26,8	26,9	56	57,3	57,4	57,5	57,7	57,8
27	27,6	27,7	27,7	27,8	27,9	57	58,3	58,4	58,6	58,7	58,9
28	28,6	28,7	28,8	28,8	28,9	58	59,3	59,5	59,6	59,8	59,9
29	29,7	29,7	29,8	29,9	29,9	59	60,3	60,5	60,6	60,8	60,9

Tafel 2
zur Ermittelung des Gehaltes an reinem Alkohol.

Netto-Gewicht in Kilogramm	81,0	81,2	81,4	81,6	81,8
	Gehalt an reinem Alkohol in Liter				
60	61,4	61,5	61,7	61,8	62,0
61	62,4	62,5	62,7	62,8	63,0
62	63,4	63,6	63,7	63,9	64,0
63	64,4	64,6	64,7	64,9	65,1
64	65,4	65,6	65,8	65,9	66,1
65	66,5	66,6	66,8	67,0	67,1
66	67,5	67,7	67,8	68,0	68,2
67	68,5	68,7	68,9	69,0	69,2
68	69,5	69,7	69,9	70,1	70,2
69	70,6	70,7	70,9	71,1	71,3
70	71,6	71,8	71,9	72,1	72,3
71	72,6	72,8	73,0	73,1	73,3
72	73,6	73,8	74,0	74,2	74,4
73	74,6	74,8	75,0	75,2	75,4
74	75,7	75,9	76,0	76,2	76,4
75	76,7	76,9	77,1	77,3	77,5
76	77,7	77,9	78,1	78,3	78,5
77	78,7	78,9	79,1	79,3	79,5
78	79,8	80,0	80,2	80,4	80,6
79	80,8	81,0	81,2	81,4	81,6
80	81,8	82,0	82,2	82,4	82,6
81	82,8	83,0	83,2	83,4	83,6
82	83,9	84,1	84,3	84,5	84,7
83	84,9	85,1	85,3	85,5	85,7
84	85,9	86,1	86,3	86,5	86,7
85	86,9	87,1	87,4	87,6	87,8
86	87,9	88,2	88,4	88,6	88,8
87	89,0	89,2	89,4	89,6	89,8
88	90,0	90,2	90,4	90,7	90,9
89	91,0	91,2	91,5	91,7	91,9

Netto-Gewicht in Kilogramm	81,0	81,2	81,4	81,6	81,8
	Gehalt an reinem Alkohol in Liter				
90	92,0	92,3	92,5	92,7	92,9
91	93,1	93,3	93,5	93,7	94,0
92	94,1	94,3	94,5	94,8	95,0
93	95,1	95,3	95,6	95,8	96,0
94	96,1	96,4	96,6	96,8	97,1
95	97,1	97,4	97,6	97,9	98,1
96	98,2	98,4	98,7	98,9	99,1
97	99,2	99,4	99,7	99,9	100,2
98	100,2	100,5	100,7	101,0	101,2
99	101,2	101,5	101,7	102,0	102,2
100	102,3	102,5	102,8	103,0	103,3
200	204,5	205,0	205,5	206,0	206,5
300	306,8	307,5	308,3	309,1	309,8
400	409,0	410,1	411,1	412,1	413,1
500	511,3	512,6	513,8	515,1	516,4
600	613,6	615,1	616,6	618,1	619,6
700	715,8	717,6	719,4	721,1	722,9
800	818,1	820,1	822,1	824,1	826,2
900	920,3	922,6	924,9	927,2	929,4
1000	1023	1025	1028	1030	1033
2000	2045	2050	2055	2060	2065
3000	3068	3075	3083	3091	3098
4000	4090	4101	4111	4121	4131
5000	5113	5126	5138	5151	5164
6000	6136	6151	6166	6181	6196
7000	7158	7176	7194	7211	7229
8000	8181	8201	8221	8241	8262
9000	9203	9226	9249	9272	9294
10000	10226	10251	10277	10302	10327

9*

Tafel 2
zur Ermittelung des Gehaltes an reinem Alkohol.

Netto-Gewicht in Kilogramm	Wahre Stärke					Netto-Gewicht in Kilogramm	Wahre Stärke				
	82,0	82,2	82,4	82,6	82,8		82,0	82,2	82,4	82,6	82,8
	Gehalt an reinem Alkohol in Liter						Gehalt an reinem Alkohol in Liter				
0,5	0,5	0,5	0,5	0,5	0,5	30	31,1	31,1	31,2	31,3	31,4
1	1,0	1,0	1,0	1,0	1,0	31	32,1	32,2	32,2	32,3	32,4
2	2,1	2,1	2,1	2,1	2,1	32	33,1	33,2	33,3	33,4	33,5
3	3,1	3,1	3,1	3,1	3,1	33	34,2	34,2	34,3	34,4	34,5
4	4,1	4,2	4,2	4,2	4,2	34	35,2	35,3	35,4	35,5	35,5
5	5,2	5,2	5,2	5,2	5,2	35	36,2	36,3	36,4	36,5	36,6
6	6,2	6,2	6,2	6,3	6,3	36	37,3	37,4	37,4	37,5	37,6
7	7,2	7,3	7,3	7,3	7,3	37	38,3	38,4	38,5	38,6	38,7
8	8,3	8,3	8,3	8,3	8,4	38	39,3	39,4	39,5	39,6	39,7
9	9,3	9,3	9,4	9,4	9,4	39	40,4	40,5	40,6	40,7	40,8
10	10,4	10,4	10,4	10,4	10,5	40	41,4	41,5	41,6	41,7	41,8
11	11,4	11,4	11,4	11,5	11,5	41	42,4	42,5	42,7	42,8	42,9
12	12,4	12,5	12,5	12,5	12,5	42	43,5	43,6	43,7	43,8	43,9
13	13,5	13,5	13,5	13,6	13,6	43	44,5	44,6	44,7	44,8	44,9
14	14,5	14,5	14,6	14,6	14,6	44	45,5	45,7	45,8	45,9	46,0
15	15,5	15,6	15,6	15,6	15,7	45	46,6	46,7	46,8	46,9	47,0
16	16,6	16,6	16,6	16,7	16,7	46	47,6	47,7	47,9	48,0	48,1
17	17,6	17,6	17,7	17,7	17,8	47	48,7	48,8	48,9	49,0	49,1
18	18,6	18,7	18,7	18,8	18,8	48	49,7	49,8	49,9	50,1	50,2
19	19,7	19,7	19,8	19,8	19,9	49	50,7	50,8	51,0	51,1	51,2
20	20,7	20,8	20,8	20,9	20,9	50	51,8	51,9	52,0	52,1	52,3
21	21,7	21,8	21,8	21,9	22,0	51	52,8	52,9	53,1	53,2	53,3
22	22,8	22,8	22,9	22,9	23,0	52	53,8	54,0	54,1	54,2	54,4
23	23,8	23,9	23,9	24,0	24,0	53	54,9	55,0	55,1	55,3	55,4
24	24,8	24,9	25,0	25,0	25,1	54	55,9	56,0	56,2	56,3	56,4
25	25,9	25,9	26,0	26,1	26,1	55	56,9	57,1	57,2	57,4	57,5
26	26,9	27,0	27,0	27,1	27,2	56	58,0	58,1	58,3	58,4	58,5
27	28,0	28,0	28,1	28,2	28,2	57	59,0	59,2	59,3	59,4	59,6
28	29,0	29,1	29,1	29,2	29,3	58	60,0	60,2	60,3	60,5	60,6
29	30,0	30,1	30,2	30,2	30,3	59	61,1	61,2	61,4	61,5	61,7

Tafel 2
zur Ermittelung des Gehaltes an reinem Alkohol.

Netto-Gewicht in Kilogramm	Wahre Stärke 82,0	82,2	82,4	82,6	82,8
	Gehalt an reinem Alkohol in Liter				
60	62,1	62,3	62,4	62,6	62,7
61	63,1	63,3	63,5	63,6	63,8
62	64,2	64,3	64,5	64,7	64,8
63	65,2	65,4	65,5	65,7	65,9
64	66,3	66,4	66,6	66,7	66,9
65	67,3	67,5	67,6	67,8	67,9
66	68,3	68,5	68,7	68,8	69,0
67	69,4	69,5	69,7	69,9	70,0
68	70,4	70,6	70,7	70,9	71,1
69	71,4	71,6	71,8	72,0	72,1
70	72,5	72,6	72,8	73,0	73,2
71	73,5	73,7	73,9	74,0	74,2
72	74,5	74,7	74,9	75,1	75,3
73	75,6	75,8	75,9	76,1	76,3
74	76,6	76,8	77,0	77,2	77,4
75	77,6	77,8	78,0	78,2	78,4
76	78,7	78,9	79,1	79,3	79,4
77	79,7	79,9	80,1	80,3	80,5
78	80,7	80,9	81,1	81,3	81,5
79	81,8	82,0	82,2	82,4	82,6
80	82,8	83,0	83,2	83,4	83,6
81	83,9	84,1	84,3	84,5	84,7
82	84,9	85,1	85,3	85,5	85,7
83	85,9	86,1	86,3	86,6	86,8
84	87,0	87,2	87,4	87,6	87,8
85	88,0	88,2	88,4	88,6	88,9
86	89,0	89,2	89,5	89,7	89,9
87	90,1	90,3	90,5	90,7	90,9
88	91,1	91,3	91,5	91,8	92,0
89	92,1	92,4	92,6	92,8	93,0

Netto-Gewicht in Kilogramm	Wahre Stärke 82,0	82,2	82,4	82,6	82,8
	Gehalt an reinem Alkohol in Liter				
90	93,2	93,4	93,6	93,9	94,1
91	94,2	94,4	94,7	94,9	95,1
92	95,2	95,5	95,7	95,9	96,2
93	96,3	96,5	96,7	97,0	97,2
94	97,3	97,5	97,8	98,0	98,3
95	98,3	98,6	98,8	99,1	99,3
96	99,4	99,6	99,9	100,1	100,4
97	100,4	100,7	100,9	101,2	101,4
98	101,5	101,7	101,9	102,2	102,4
99	102,5	102,7	103,0	103,2	103,5
100	103,5	103,8	104,0	104,3	104,5
200	207,0	207,6	208,1	208,6	209,1
300	310,6	311,3	312,1	312,8	313,6
400	414,1	415,1	416,1	417,1	418,1
500	517,6	518,9	520,1	521,4	522,7
600	621,1	622,7	624,2	625,7	627,2
700	724,7	726,4	728,2	730,0	731,7
800	828,2	830,2	832,2	834,2	836,3
900	931,7	934,0	936,2	938,5	940,8
1000	1035	1038	1040	1043	1045
2000	2070	2076	2081	2086	2091
3000	3106	3113	3121	3128	3136
4000	4141	4151	4161	4171	4181
5000	5176	5189	5201	5214	5227
6000	6211	6227	6242	6257	6272
7000	7247	7264	7282	7300	7317
8000	8282	8302	8322	8342	8363
9000	9317	9340	9362	9385	9408
10000	10352	10378	10403	10428	10453

Tafel 2
zur Ermittelung des Gehaltes an reinem Alkohol.

Netto-Gewicht in Kilogramm	Wahre Stärke 83,0	83,2	83,4	83,6	83,8
	Gehalt an reinem Alkohol in Liter				
0,5	0,5	0,5	0,5	0,5	0,5
1	1,0	1,1	1,1	1,1	1,1
2	2,1	2,1	2,1	2,1	2,1
3	3,1	3,2	3,2	3,2	3,2
4	4,2	4,2	4,2	4,2	4,2
5	5,2	5,3	5,3	5,3	5,3
6	6,3	6,3	6,3	6,3	6,3
7	7,3	7,4	7,4	7,4	7,4
8	8,4	8,4	8,4	8,4	8,5
9	9,4	9,5	9,5	9,5	9,5
10	10,5	10,5	10,5	10,6	10,6
11	11,5	11,6	11,6	11,6	11,6
12	12,6	12,6	12,6	12,7	12,7
13	13,6	13,7	13,7	13,7	13,8
14	14,7	14,7	14,7	14,8	14,8
15	15,7	15,8	15,8	15,8	15,9
16	16,8	16,8	16,8	16,9	16,9
17	17,8	17,9	17,9	17,9	18,0
18	18,9	18,9	19,0	19,0	19,0
19	19,9	20,0	20,0	20,1	20,1
20	21,0	21,0	21,1	21,1	21,2
21	22,0	22,1	22,1	22,2	22,2
22	23,1	23,1	23,2	23,2	23,3
23	24,1	24,2	24,2	24,3	24,3
24	25,1	25,2	25,3	25,3	25,4
25	26,2	26,3	26,3	26,4	26,4
26	27,2	27,3	27,4	27,4	27,5
27	28,3	28,4	28,4	28,5	28,6
28	29,3	29,4	29,5	29,6	29,6
29	30,4	30,5	30,5	30,6	30,7

Netto-Gewicht in Kilogramm	Wahre Stärke 83,0	83,2	83,4	83,6	83,8
	Gehalt an reinem Alkohol in Liter				
30	31,4	31,5	31,6	31,7	31,7
31	32,5	32,6	32,6	32,7	32,8
32	33,5	33,6	33,7	33,8	33,9
33	34,6	34,7	34,7	34,8	34,9
34	35,6	35,7	35,8	35,9	36,0
35	36,7	36,8	36,9	36,9	37,0
36	37,7	37,8	37,9	38,0	38,1
37	38,8	38,9	39,0	39,1	39,1
38	39,8	39,9	40,0	40,1	40,2
39	40,9	41,0	41,1	41,2	41,3
40	41,9	42,0	42,1	42,2	42,3
41	43,0	43,1	43,2	43,3	43,4
42	44,0	44,1	44,2	44,3	44,4
43	45,1	45,2	45,3	45,4	45,5
44	46,1	46,2	46,3	46,4	46,5
45	47,2	47,3	47,4	47,5	47,6
46	48,2	48,3	48,4	48,5	48,7
47	49,3	49,4	49,5	49,6	49,7
48	50,3	50,4	50,5	50,7	50,8
49	51,3	51,5	51,6	51,7	51,8
50	52,4	52,5	52,6	52,8	52,9
51	53,4	53,6	53,7	53,8	54,0
52	54,5	54,6	54,8	54,9	55,0
53	55,5	55,7	55,8	55,9	56,1
54	56,6	56,7	56,9	57,0	57,1
55	57,6	57,8	57,9	58,0	58,2
56	58,7	58,8	59,0	59,1	59,2
57	59,7	59,9	60,0	60,2	60,3
58	60,8	60,9	61,1	61,2	61,4
59	61,8	62,0	62,1	62,3	62,4

Tafel 2
zur Ermittelung des Gehaltes an reinem Alkohol.

Netto-Gewicht in Kilogramm	Wahre Stärke					Netto-Gewicht in Kilogramm	Wahre Stärke				
	83,0	83,2	83,4	83,6	83,8		83,0	83,2	**83,4**	83,6	83,8
	Gehalt an reinem Alkohol in Liter						Gehalt an reinem Alkohol in Liter				
60	62,9	63,0	63,2	63,3	63,5	90	94,3	94,5	94,8	95,0	95,2
61	63,9	64,1	64,2	64,4	64,5	91	95,4	95,6	95,8	96,0	96,3
62	65,0	65,1	65,3	65,4	65,6	92	96,4	96,6	96,9	97,1	97,3
63	66,0	66,2	66,3	66,5	66,7	93	97,5	97,7	97,9	98,2	98,4
64	67,1	67,2	67,4	67,5	67,7	94	98,5	98,7	99,0	99,2	99,4
65	68,1	68,3	68,4	68,6	68,8	95	99,5	99,8	100,0	100,3	100,5
66	69,2	69,3	69,5	69,7	69,8	96	100,6	100,8	101,1	101,3	101,6
67	70,2	70,4	70,5	70,7	70,9	97	101,6	101,9	102,1	102,4	102,6
68	71,3	71,4	71,6	71,8	71,9	98	102,7	102,9	103,2	103,4	103,7
69	72,3	72,5	72,7	72,8	73,0	99	103,7	104,0	104,2	104,5	104,7
70	73,3	73,5	73,7	73,9	74,1	100	104,8	105,0	105,3	105,5	105,8
71	74,4	74,6	74,8	74,9	75,1	200	209,6	210,1	210,6	211,1	211,6
72	75,4	75,6	75,8	76,0	76,2	300	314,4	315,1	315,9	316,6	317,4
73	76,5	76,7	76,9	77,0	77,2	400	419,1	420,2	421,2	422,2	423,2
74	77,5	77,7	77,9	78,1	78,3	500	523,9	525,2	526,4	527,7	529,0
75	78,6	78,8	79,0	79,2	79,3	600	628,7	630,2	631,7	633,3	634,8
76	79,6	79,8	80,0	80,2	80,4	700	733,5	735,3	737,0	738,8	740,6
77	80,7	80,9	81,1	81,3	81,5	800	838,3	840,3	842,3	844,3	846,4
78	81,7	81,9	82,1	82,3	82,5	900	943,1	945,3	947,6	949,9	952,2
79	82,8	83,0	83,2	83,4	83,6						
80	83,8	84,0	84,2	84,4	84,6	1000	1048	1050	1053	1055	1058
81	84,9	85,1	85,3	85,5	85,7	2000	2096	2101	2106	2111	2116
82	85,9	86,1	86,3	86,5	86,8	3000	3144	3151	3159	3166	3174
83	87,0	87,2	87,4	87,6	87,8	4000	4191	4202	4212	4222	4232
84	88,0	88,2	88,4	88,7	88,9	5000	5239	5252	5264	5277	5290
85	89,1	89,3	89,5	89,7	89,9	6000	6287	6302	6317	6333	6348
86	90,1	90,3	90,5	90,8	91,0	7000	7335	7353	7370	7388	7406
87	91,2	91,4	91,6	91,8	92,0	8000	8383	8403	8423	8443	8464
88	92,2	92,4	92,7	92,9	93,1	9000	9431	9453	9476	9499	9522
89	93,3	93,5	93,7	93,9	94,2	10000	10479	10504	10529	10554	10579

Tafel 2
zur Ermittelung des Gehaltes an reinem Alkohol.

Netto-Gewicht in Kilogramm	Wahre Stärke					Netto-Gewicht in Kilogramm	Wahre Stärke				
	84,0	84,2	84,4	84,6	84,8		84,0	84,2	84,4	84,6	84,8
	Gehalt an reinem Alkohol in Liter						Gehalt an reinem Alkohol in Liter				
0,5	0,5	0,5	0,5	0,5	0,5	30	31,8	31,9	32,0	32,0	32,1
1	1,1	1,1	1,1	1,1	1,1	31	32,9	33,0	33,0	33,1	33,2
2	2,1	2,1	2,1	2,1	2,1	32	33,9	34,0	34,1	34,2	34,3
3	3,2	3,2	3,2	3,2	3,2	33	35,0	35,1	35,2	35,2	35,3
4	4,2	4,3	4,3	4,3	4,3	34	36,1	36,1	36,2	36,3	36,4
5	5,3	5,3	5,3	5,3	5,4	35	37,1	37,2	37,3	37,4	37,5
6	6,4	6,4	6,4	6,4	6,4	36	38,2	38,3	38,4	38,4	38,5
7	7,4	7,4	7,5	7,5	7,5	37	39,2	39,3	39,4	39,5	39,6
8	8,5	8,5	8,5	8,5	8,6	38	40,3	40,4	40,5	40,6	40,7
9	9,5	9,6	9,6	9,6	9,6	39	41,4	41,5	41,6	41,7	41,8
10	10,6	10,6	10,7	10,7	10,7	40	42,4	42,5	42,6	42,7	42,8
11	11,7	11,7	11,7	11,7	11,8	41	43,5	43,6	43,7	43,8	43,9
12	12,7	12,8	12,8	12,8	12,8	42	44,5	44,6	44,8	44,9	45,0
13	13,8	13,8	13,9	13,9	13,9	43	45,6	45,7	45,8	45,9	46,0
14	14,8	14,9	14,9	15,0	15,0	44	46,7	46,8	46,9	47,0	47,1
15	15,9	15,9	16,0	16,0	16,1	45	47,7	47,8	47,9	48,1	48,2
16	17,0	17,0	17,0	17,1	17,1	46	48,8	48,9	49,0	49,1	49,2
17	18,0	18,1	18,1	18,2	18,2	47	49,8	50,0	50,1	50,2	50,3
18	19,1	19,1	19,2	19,2	19,3	48	50,9	51,0	51,1	51,3	51,4
19	20,1	20,2	20,2	20,3	20,3	49	52,0	52,1	52,2	52,3	52,5
20	21,2	21,3	21,3	21,4	21,4	50	53,0	53,1	53,3	53,4	53,5
21	22,3	22,3	22,4	22,4	22,5	51	54,1	54,2	54,3	54,5	54,6
22	23,3	23,4	23,4	23,5	23,6	52	55,1	55,3	55,4	55,5	55,7
23	24,4	24,4	24,5	24,6	24,6	53	56,2	56,3	56,5	56,6	56,7
24	25,5	25,5	25,6	25,6	25,7	54	57,3	57,4	57,5	57,7	57,8
25	26,5	26,6	26,6	26,7	26,8	55	58,3	58,5	58,6	58,7	58,9
26	27,6	27,6	27,7	27,8	27,8	56	59,4	59,5	59,7	59,8	60,0
27	28,6	28,7	28,8	28,8	28,9	57	60,4	60,6	60,7	60,9	61,0
28	29,7	29,8	29,8	29,9	30,0	58	61,5	61,7	61,8	61,9	62,1
29	30,8	30,8	30,9	31,0	31,0	59	62,6	62,7	62,9	63,0	63,2

Tafel 2
zur Ermittelung des Gehaltes an reinem Alkohol.

Netto-Gewicht in Kilogramm	Wahre Stärke 84,0	84,2	84,4	84,6	84,8	Netto-Gewicht in Kilogramm	Wahre Stärke 84,0	84,2	84,4	84,6	84,8
	Gehalt an reinem Alkohol in Liter						Gehalt an reinem Alkohol in Liter				
60	63,6	63,8	63,9	64,1	64,2	90	95,4	95,7	95,9	96,1	96,4
61	64,7	64,8	65,0	65,2	65,3	91	96,5	96,7	97,0	97,2	97,4
62	65,7	65,9	66,1	66,2	66,4	92	97,6	97,8	98,0	98,3	98,5
63	66,8	67,0	67,1	67,3	67,4	93	98,6	98,9	99,1	99,3	99,6
64	67,9	68,0	68,2	68,4	68,5	94	99,7	99,9	100,2	100,4	100,6
65	68,9	69,1	69,3	69,4	69,6	95	100,7	101,0	101,2	101,5	101,7
66	70,0	70,2	70,3	70,5	70,7	96	101,8	102,0	102,3	102,5	102,8
67	71,1	71,2	71,4	71,6	71,7	97	102,9	103,1	103,4	103,6	103,8
68	72,1	72,3	72,5	72,6	72,8	98	103,9	104,2	104,4	104,7	104,9
69	73,2	73,3	73,5	73,7	73,9	99	105,0	105,2	105,5	105,7	106,0
70	74,2	74,4	74,6	74,8	74,9	100	106,0	106,3	106,6	106,8	107,1
71	75,3	75,5	75,7	75,8	76,0	200	212,1	212,6	213,1	213,6	214,1
72	76,4	76,5	76,7	76,9	77,1	300	318,1	318,9	319,7	320,4	321,2
73	77,4	77,6	77,8	78,0	78,2	400	424,2	425,2	426,2	427,2	428,2
74	78,5	78,7	78,8	79,0	79,2	500	530,2	531,5	532,8	534,0	535,3
75	79,5	79,7	79,9	80,1	80,3	600	636,3	637,8	639,3	640,8	642,3
76	80,6	80,8	81,0	81,2	81,4	700	742,3	744,1	745,9	747,6	749,4
77	81,7	81,9	82,0	82,2	82,4	800	848,4	850,4	852,4	854,4	856,5
78	82,7	82,9	83,1	83,3	83,5	900	954,4	956,7	959,0	961,2	963,5
79	83,8	84,0	84,2	84,4	84,6						
80	84,8	85,0	85,2	85,4	85,6	1000	1060	1063	1066	1068	1071
81	85,9	86,1	86,3	86,5	86,7	2000	2121	2126	2131	2136	2141
82	87,0	87,2	87,4	87,6	87,8	3000	3181	3189	3197	3204	3212
83	88,0	88,2	88,4	88,6	88,9	4000	4242	4252	4262	4272	4282
84	89,1	89,3	89,5	89,7	89,9	5000	5302	5315	5328	5340	5353
85	90,1	90,4	90,6	90,8	91,0	6000	6363	6378	6393	6408	6423
86	91,2	91,4	91,6	91,9	92,1	7000	7423	7441	7459	7476	7494
87	92,3	92,5	92,7	92,9	93,1	8000	8484	8504	8524	8544	8565
88	93,3	93,5	93,8	94,0	94,2	9000	9544	9567	9590	9612	9635
89	94,4	94,6	94,8	95,1	95,3	10000	10605	10630	10655	10680	10706

Tafel 2
zur Ermittelung des Gehaltes an reinem Alkohol.

Netto-Gewicht in Kilogramm	Wahre Stärke 85,0	85,2	85,4	85,6	85,8	Netto-Gewicht in Kilogramm	Wahre Stärke 85,0	85,2	85,4	85,6	85,8
	Gehalt an reinem Alkohol in Liter						Gehalt an reinem Alkohol in Liter				
0,5	0,5	0,5	0,5	0,5	0,5	30	32,2	32,3	32,3	32,4	32,5
1	1,1	1,1	1,1	1,1	1,1	31	33,3	33,3	33,4	33,5	33,6
2	2,1	2,2	2,2	2,2	2,2	82	34,3	34,4	34,5	34,6	34,7
3	3,2	3,2	3,2	3,2	3,2	83	35,4	35,5	35,6	35,7	35,7
4	4,3	4,3	4,3	4,3	4,3	84	36,5	36,6	36,7	36,7	36,8
5	5,4	5,4	5,4	5,4	5,4	35	37,6	37,6	37,7	37,8	37,9
6	6,4	6,5	6,5	6,5	6,5	36	38,6	38,7	38,8	38,9	39,0
7	7,5	7,5	7,5	7,6	7,6	37	39,7	39,8	39,9	40,0	40,1
8	8,6	8,6	8,6	8,6	8,7	38	40,8	40,9	41,0	41,1	41,2
9	9,7	9,7	9,7	9,7	9,7	39	41,9	41,9	42,0	42,1	42,2
10	10,7	10,8	10,8	10,8	10,8	40	42,9	43,0	43,1	43,2	43,3
11	11,8	11,8	11,9	11,9	11,9	41	44,0	44,1	44,2	44,3	44,4
12	12,9	12,9	12,9	13,0	13,0	42	45,1	45,2	45,3	45,4	45,5
13	14,0	14,0	14,0	14,0	14,1	43	46,1	46,3	46,4	46,5	46,6
14	15,0	15,1	15,1	15,1	15,2	44	47,2	47,3	47,4	47,5	47,7
15	16,1	16,1	16,2	16,2	16,2	45	48,3	48,4	48,5	48,6	48,7
16	17,2	17,2	17,3	17,3	17,3	46	49,4	49,5	49,6	49,7	49,8
17	18,2	18,3	18,3	18,4	18,4	47	50,4	50,6	50,7	50,8	50,9
18	19,3	19,4	19,4	19,5	19,5	48	51,5	51,6	51,8	51,9	52,0
19	20,4	20,4	20,5	20,5	20,6	49	52,6	52,7	52,8	53,0	53,1
20	21,5	21,5	21,6	21,6	21,7	50	53,7	53,8	53,9	54,0	54,2
21	22,5	22,6	22,6	22,7	22,7	51	54,7	54,9	55,0	55,1	55,2
22	23,6	23,7	23,7	23,8	23,8	52	55,8	55,9	56,1	56,2	56,3
23	24,7	24,7	24,8	24,9	24,9	53	56,9	57,0	57,1	57,3	57,4
24	25,8	25,8	25,9	25,9	26,0	54	57,9	58,1	58,2	58,4	58,5
25	26,8	26,9	27,0	27,0	27,1	55	59,0	59,2	59,3	59,4	59,6
26	27,9	28,0	28,0	28,1	28,2	56	60,1	60,2	60,4	60,5	60,7
27	29,0	29,0	29,1	29,2	29,2	57	61,2	61,3	61,5	61,6	61,7
28	30,0	30,1	30,2	30,3	30,3	58	62,2	62,4	62,5	62,7	62,8
29	31,1	31,2	31,3	31,3	31,4	59	63,3	63,5	63,6	63,8	63,9

Tafel 2
zur Ermittelung des Gehaltes an reinem Alkohol.

Netto-Gewicht in Kilogramm	Wahre Stärke					Netto-Gewicht in Kilogramm	Wahre Stärke				
	85,0	85,2	85,4	85,6	85,8		85,0	85,2	85,4	85,6	85,8
	Gehalt an reinem Alkohol in Liter						Gehalt an reinem Alkohol in Liter				
60	64,4	64,5	64,7	64,8	65,0	90	96,6	96,8	97,0	97,3	97,5
61	65,5	65,6	65,8	65,9	66,1	91	97,7	97,9	98,1	98,3	98,6
62	66,5	66,7	66,8	67,0	67,2	92	98,7	99,0	99,2	99,4	99,7
63	67,6	67,8	67,9	68,1	68,2	93	99,8	100,0	100,3	100,5	100,7
64	68,7	68,8	69,0	69,2	69,3	94	100,9	101,1	101,3	101,6	101,8
65	69,8	69,9	70,1	70,2	70,4	95	101,9	102,2	102,4	102,7	102,9
66	70,8	71,0	71,2	71,3	71,5	96	103,0	103,3	103,5	103,7	104,0
67	71,9	72,1	72,2	72,4	72,6	97	104,1	104,3	104,6	104,8	105,1
68	73,0	73,1	73,3	73,5	73,7	98	105,2	105,4	105,7	105,9	106,2
69	74,0	74,2	74,4	74,6	74,7	99	106,2	106,5	106,7	107,0	107,2
70	75,1	75,3	75,5	75,6	75,8	100	107,3	107,6	107,8	108,1	108,3
71	76,2	76,4	76,5	76,7	76,9	200	214,6	215,1	215,6	216,1	216,6
72	77,3	77,4	77,6	77,8	78,0	300	321,9	322,7	323,4	324,2	325,0
73	78,3	78,5	78,7	78,9	79,1	400	429,2	430,2	431,3	432,3	433,3
74	79,4	79,6	79,8	80,0	80,2	500	536,5	537,8	539,1	540,3	541,6
75	80,5	80,7	80,9	81,1	81,2	600	643,9	645,4	646,9	648,4	649,9
76	81,6	81,7	81,9	82,1	82,3	700	751,2	752,9	754,7	756,5	758,2
77	82,6	82,8	83,0	83,2	83,4	800	858,5	860,5	862,5	864,5	866,6
78	83,7	83,9	84,1	84,3	84,5	900	965,8	968,1	970,3	972,6	974,9
79	84,8	85,0	85,2	85,4	85,6						
80	85,8	86,0	86,3	86,5	86,7	1000	1073	1076	1078	1081	1083
81	86,9	87,1	87,3	87,5	87,7	2000	2146	2151	2156	2161	2166
82	88,0	88,2	88,4	88,6	88,8	3000	3219	3227	3234	3242	3250
83	89,1	89,3	89,5	89,7	89,9	4000	4292	4302	4313	4323	4333
84	90,1	90,4	90,6	90,8	91,0	5000	5365	5378	5391	5403	5416
85	91,2	91,4	91,6	91,9	92,1	6000	6439	6454	6469	6484	6499
86	92,3	92,5	92,7	92,9	93,2	7000	7512	7529	7547	7565	7582
87	93,4	93,6	93,8	94,0	94,2	8000	8585	8605	8625	8645	8666
88	94,4	94,7	94,9	95,1	95,3	9000	9658	9681	9703	9726	9749
89	95,5	95,7	96,0	96,2	96,4	10000	10731	10756	10781	10807	10832

Tafel 2
zur Ermittelung des Gehaltes an reinem Alkohol.

Netto-Gewicht in Kilogramm	Wahre Stärke					Netto-Gewicht in Kilogramm	Wahre Stärke				
	86,0	86,2	86,4	86,6	86,8		86,0	86,2	86,4	86,6	86,8
	Gehalt an reinem Alkohol in Liter						Gehalt an reinem Alkohol in Liter				
0,5	0,5	0,5	0,5	0,5	0,5	30	32,6	32,6	32,7	32,8	32,9
1	1,1	1,1	1,1	1,1	1,1	31	33,7	33,7	33,8	33,9	34,0
2	2,2	2,2	2,2	2,2	2,2	32	34,7	34,8	34,9	35,0	35,1
3	3,3	3,3	3,3	3,3	3,3	33	35,8	35,9	36,0	36,1	36,2
4	4,3	4,4	4,4	4,4	4,4	34	36,9	37,0	37,1	37,2	37,3
5	5,4	5,4	5,5	5,5	5,5	35	38,0	38,1	38,2	38,3	38,4
6	6,5	6,5	6,5	6,6	6,6	36	39,1	39,2	39,3	39,4	39,4
7	7,6	7,6	7,6	7,7	7,7	37	40,2	40,3	40,4	40,5	40,5
8	8,7	8,7	8,7	8,7	8,8	38	41,3	41,4	41,4	41,5	41,6
9	9,8	9,8	9,8	9,8	9,9	39	42,3	42,4	42,5	42,6	42,7
10	10,9	10,9	10,9	10,9	11,0	40	43,4	43,5	43,6	43,7	43,8
11	11,9	12,0	12,0	12,0	12,1	41	44,5	44,6	44,7	44,8	44,9
12	13,0	13,1	13,1	13,1	13,1	42	45,6	45,7	45,8	45,9	46,0
13	14,1	14,1	14,2	14,2	14,2	43	46,7	46,8	46,9	47,0	47,1
14	15,2	15,2	15,3	15,3	15,3	44	47,8	47,9	48,0	48,1	48,2
15	16,3	16,3	16,4	16,4	16,4	45	48,9	49,0	49,1	49,2	49,3
16	17,4	17,4	17,5	17,5	17,5	46	49,9	50,1	50,2	50,3	50,4
17	18,5	18,5	18,5	18,6	18,6	47	51,0	51,1	51,3	51,4	51,5
18	19,5	19,6	19,6	19,7	19,7	48	52,1	52,2	52,4	52,5	52,6
19	20,6	20,7	20,7	20,8	20,8	49	53,2	53,3	53,4	53,6	53,7
20	21,7	21,8	21,8	21,9	21,9	50	54,3	54,4	54,5	54,7	54,8
21	22,8	22,9	22,9	23,0	23,0	51	55,4	55,5	55,6	55,8	55,9
22	23,9	23,9	24,0	24,1	24,1	52	56,5	56,6	56,7	56,9	57,0
23	25,0	25,0	25,1	25,1	25,2	53	57,5	57,7	57,8	57,9	58,1
24	26,1	26,1	26,2	26,2	26,3	54	58,6	58,8	58,9	59,0	59,2
25	27,1	27,2	27,3	27,3	27,4	55	59,7	59,9	60,0	60,1	60,3
26	28,2	28,3	28,4	28,4	28,5	56	60,8	60,9	61,1	61,2	61,4
27	29,3	29,4	29,5	29,5	29,6	57	61,9	62,0	62,2	62,3	62,5
28	30,4	30,5	30,5	30,6	30,7	58	63,0	63,1	63,3	63,4	63,6
29	31,5	31,6	31,6	31,7	31,8	59	64,1	64,2	64,4	64,5	64,7

Tafel 2
zur Ermittelung des Gehaltes an reinem Alkohol.

Netto-Gewicht in Kilogramm	Wahre Stärke					Netto-Gewicht in Kilogramm	Wahre Stärke				
	86,0	86,2	86,4	86,6	86,8		86,0	86,2	86,4	86,6	86,8
	Gehalt an reinem Alkohol in Liter						Gehalt an reinem Alkohol in Liter				
60	65,1	65,3	65,4	65,6	65,7	90	97,7	97,9	98,2	98,4	98,6
61	66,2	66,4	66,5	66,7	66,8	91	98,8	99,0	99,3	99,5	99,7
62	67,3	67,5	67,6	67,8	67,9	92	99,9	100,1	100,4	100,6	100,8
63	68,4	68,6	68,7	68,9	69,0	93	101,0	101,2	101,4	101,7	101,9
64	69,5	69,6	69,8	70,0	70,1	94	102,1	102,3	102,5	102,8	103,0
65	70,6	70,7	70,9	71,1	71,2	95	103,1	103,4	103,6	103,9	104,1
66	71,7	71,8	72,0	72,2	72,3	96	104,2	104,5	104,7	105,0	105,2
67	72,7	72,9	73,1	73,3	73,4	97	105,3	105,6	105,8	106,1	106,3
68	73,8	74,0	74,2	74,3	74,5	98	106,4	106,6	106,9	107,1	107,4
69	74,9	75,1	75,3	75,4	75,6	99	107,5	107,7	108,0	108,2	108,5
70	76,0	76,2	76,4	76,5	76,7	100	108,6	108,8	109,1	109,3	109,6
71	77,1	77,3	77,4	77,6	77,8	200	217,1	217,6	218,2	218,7	219,2
72	78,2	78,4	78,5	78,7	78,9	300	325,7	326,5	327,2	328,0	328,7
73	79,3	79,4	79,6	79,8	80,0	400	434,3	435,3	436,3	437,3	438,3
74	80,3	80,5	80,7	80,9	81,1	500	542,9	544,1	545,4	546,6	547,9
75	81,4	81,6	81,8	82,0	82,2	600	651,4	652,9	654,5	656,0	657,5
76	82,5	82,7	82,9	83,1	83,3	700	760,0	761,8	763,5	765,3	767,1
77	83,6	83,8	84,0	84,2	84,4	800	868,6	870,6	872,6	874,6	876,7
78	84,7	84,9	85,1	85,3	85,5	900	977,2	979,4	981,7	984,0	986,2
79	85,8	86,0	86,2	86,4	86,6						
80	86,9	87,1	87,3	87,5	87,7	1000	1086	1088	1091	1093	1096
81	87,9	88,1	88,4	88,6	88,8	2000	2171	2176	2182	2187	2192
82	89,0	89,2	89,4	89,7	89,9	3000	3257	3265	3272	3280	3287
83	90,1	90,3	90,5	90,7	91,0	4000	4343	4353	4363	4373	4383
84	91,2	91,4	91,6	91,8	92,0	5000	5429	5441	5454	5466	5479
85	92,3	92,5	92,7	92,9	93,1	6000	6514	6529	6545	6560	6575
86	93,4	93,6	93,8	94,0	94,2	7000	7600	7618	7635	7653	7671
87	94,5	94,7	94,9	95,1	95,3	8000	8686	8706	8726	8746	8767
88	95,5	95,8	96,0	96,2	96,4	9000	9772	9794	9817	9840	9862
89	96,6	96,9	97,1	97,3	97,5	10000	10857	10882	10908	10933	10958

Tafel 2
zur Ermittelung des Gehaltes an reinem Alkohol.

Netto-Gewicht in Kilogramm	Wahre Stärke 87,0	87,2	87,4	87,6	87,8	Netto-Gewicht in Kilogramm	Wahre Stärke 87,0	87,2	87,4	87,6	87,8
	Gehalt an reinem Alkohol in Liter						Gehalt an reinem Alkohol in Liter				
0,5	0,5	0,6	0,6	0,6	0,6	30	33,0	33,0	33,1	33,2	33,3
1	1,1	1,1	1,1	1,1	1,1	31	34,0	34,1	34,2	34,3	34,4
2	2,2	2,2	2,2	2,2	2,2	32	35,1	35,2	35,3	35,4	35,5
3	3,3	3,3	3,3	3,3	3,3	33	36,2	36,3	36,4	36,5	36,6
4	4,4	4,4	4,4	4,4	4,4	34	37,3	37,4	37,5	37,6	37,7
5	5,5	5,5	5,5	5,5	5,5	35	38,4	38,5	38,6	38,7	38,8
6	6,6	6,6	6,6	6,6	6,7	36	39,5	39,6	39,7	39,8	39,9
7	7,7	7,7	7,7	7,7	7,8	37	40,6	40,7	40,8	40,9	41,0
8	8,8	8,8	8,8	8,8	8,9	38	41,7	41,8	41,9	42,0	42,1
9	9,9	9,9	9,9	10,0	10,0	39	42,8	42,9	43,0	43,1	43,2
10	11,0	11,0	11,0	11,1	11,1	40	43,9	44,0	44,1	44,2	44,3
11	12,1	12,1	12,1	12,2	12,2	41	45,0	45,1	45,2	45,3	45,4
12	13,2	13,2	13,2	13,3	13,3	42	46,1	46,2	46,3	46,4	46,6
13	14,3	14,3	14,3	14,4	14,4	43	47,2	47,3	47,4	47,6	47,7
14	15,4	15,4	15,4	15,5	15,5	44	48,3	48,4	48,5	48,7	48,8
15	16,5	16,5	16,6	16,6	16,6	45	49,4	49,5	49,7	49,8	49,9
16	17,6	17,6	17,7	17,7	17,7	46	50,5	50,6	50,8	50,9	51,0
17	18,7	18,7	18,8	18,8	18,8	47	51,6	51,7	51,9	52,0	52,1
18	19,8	19,8	19,9	19,9	20,0	48	52,7	52,8	53,0	53,1	53,2
19	20,9	20,9	21,0	21,0	21,1	49	53,8	53,9	54,1	54,2	54,3
20	22,0	22,0	22,1	22,1	22,2	50	54,9	55,0	55,2	55,3	55,4
21	23,1	23,1	23,2	23,2	23,3	51	56,0	56,1	56,3	56,4	56,5
22	24,2	24,2	24,3	24,3	24,4	52	57,1	57,2	57,4	57,5	57,6
23	25,3	25,3	25,4	25,4	25,5	53	58,2	58,3	58,5	58,6	58,7
24	26,4	26,4	26,5	26,5	26,6	54	59,3	59,4	59,6	59,7	59,9
25	27,5	27,5	27,6	27,6	27,7	55	60,4	60,5	60,7	60,8	61,0
26	28,6	28,6	28,7	28,8	28,8	56	61,5	61,6	61,8	61,9	62,1
27	29,7	29,7	29,8	29,9	29,9	57	62,6	62,7	62,9	63,0	63,2
28	30,8	30,8	30,9	31,0	31,0	58	63,7	63,9	64,0	64,1	64,3
29	31,9	31,9	32,0	32,1	32,1	59	64,8	65,0	65,1	65,2	65,4

Tafel 2
zur Ermittelung des Gehaltes an reinem Alkohol.

Netto-Gewicht in Kilogramm	Wahre Stärke					Netto-Gewicht in Kilogramm	Wahre Stärke				
	87,0	87,2	87,4	87,6	87,8		**87,0**	87,2	87,4	87,6	87,8
	Gehalt an reinem Alkohol in Liter						Gehalt an reinem Alkohol in Liter				
60	65,9	66,1	66,2	66,4	66,5	90	98,9	99,1	99,3	99,5	99,8
61	67,0	67,2	67,3	67,5	67,6	91	99,9	100,2	100,4	100,6	100,9
62	68,1	68,3	68,4	68,6	68,7	92	101,0	101,3	101,5	101,7	102,0
63	69,2	69,4	69,5	69,7	69,8	93	102,1	102,4	102,6	102,9	103,1
64	70,3	70,5	70,6	70,8	70,9	94	103,2	103,5	103,7	104,0	104,2
65	71,4	71,6	71,7	71,9	72,0	95	104,3	104,6	104,8	105,1	105,3
66	72,5	72,7	72,8	73,0	73,2	96	105,4	105,7	105,9	106,2	106,4
67	73,6	73,8	73,9	74,1	74,3	97	106,5	106,8	107,0	107,3	107,5
68	74,7	74,9	75,0	75,2	75,4	98	107,6	107,9	108,1	108,4	108,6
69	75,8	76,0	76,1	76,3	76,5	99	108,7	109,0	109,2	109,5	109,7
70	76,9	77,1	77,2	77,4	77,6	100	109,8	110,1	110,3	110,6	110,8
71	78,0	78,2	78,3	78,5	78,7	200	219,7	220,2	220,7	221,2	221,7
72	79,1	79,3	79,4	79,6	79,8	300	329,5	330,3	331,0	331,8	332,5
73	80,2	80,4	80,5	80,7	80,9	400	439,3	440,3	441,4	442,4	443,4
74	81,3	81,5	81,7	81,8	82,0	500	549,2	550,4	551,7	553,0	554,2
75	82,4	82,6	82,8	82,9	83,1	600	659,0	660,5	662,0	663,6	665,1
76	83,5	83,7	83,9	84,1	84,2	700	768,8	770,6	772,4	774,1	775,9
77	84,6	84,8	85,0	85,2	85,4	800	878,7	880,7	882,7	884,7	886,8
78	85,7	85,9	86,1	86,3	86,5	900	988,5	990,8	993,1	995,3	997,6
79	86,8	87,0	87,2	87,4	87,6						
80	87,9	88,1	88,3	88,5	88,7	1000	1098	1101	1103	1106	1108
81	89,0	89,2	89,4	89,6	89,8	2000	2197	2203	2207	2213	2217
82	90,1	90,3	90,5	90,7	90,9	3000	3295	3303	3310	3318	3325
83	91,2	91,4	91,6	91,8	92,0	4000	4393	4403	4414	4424	4434
84	92,3	92,5	92,7	92,9	93,1	5000	5492	5504	5517	5530	5542
85	93,4	93,6	93,8	94,0	94,2	6000	6590	6605	6620	6636	6651
86	94,5	94,7	94,9	95,1	95,3	7000	7688	7706	7724	7741	7759
87	95,6	95,8	96,0	96,2	96,4	8000	8787	8807	8827	8847	8868
88	96,7	96,9	97,1	97,3	97,5	9000	9885	9908	9931	9953	9976
89	97,8	98,0	98,2	98,4	98,7	10000	10983	11009	11034	11059	11084

Tafel 2
zur Ermittelung des Gehaltes an reinem Alkohol.

Netto-Gewicht in Kilogramm	Wahre Stärke					Netto-Gewicht in Kilogramm	Wahre Stärke				
	88,0	88,2	88,4	88,6	88,8		88,0	88,2	88,4	88,6	88,8
	Gehalt an reinem Alkohol in Liter						Gehalt an reinem Alkohol in Liter				
0,5	0,6	0,6	0,6	0,6	0,6	30	33,3	33,4	33,5	33,6	33,6
1	1,1	1,1	1,1	1,1	1,1	31	34,4	34,5	34,6	34,7	34,8
2	2,2	2,2	2,2	2,2	2,2	32	35,6	35,6	35,7	35,8	35,9
3	3,3	3,3	3,3	3,4	3,4	33	36,7	36,7	36,8	36,9	37,0
4	4,4	4,5	4,5	4,5	4,5	34	37,8	37,9	37,9	38,0	38,1
5	5,6	5,6	5,6	5,6	5,6	35	38,9	39,0	39,1	39,1	39,2
6	6,7	6,7	6,7	6,7	6,7	36	40,0	40,1	40,2	40,3	40,4
7	7,8	7,8	7,8	7,8	7,8	37	41,1	41,2	41,3	41,4	41,5
8	8,9	8,9	8,9	8,9	9,0	38	42,2	42,3	42,4	42,5	42,6
9	10,0	10,0	10,0	10,1	10,1	39	43,3	43,4	43,5	43,6	43,7
10	11,1	11,1	11,2	11,2	11,2	40	44,4	44,5	44,6	44,7	44,8
11	12,2	12,2	12,3	12,3	12,3	41	45,5	45,7	45,8	45,9	46,0
12	13,3	13,4	13,4	13,4	13,5	42	46,7	46,8	46,9	47,0	47,1
13	14,4	14,5	14,5	14,5	14,6	43	47,8	47,9	48,0	48,1	48,2
14	15,6	15,6	15,6	15,7	15,7	44	48,9	49,0	49,1	49,2	49,3
15	16,7	16,7	16,7	16,8	16,8	45	50,0	50,1	50,2	50,3	50,4
16	17,8	17,8	17,9	17,9	17,9	46	51,1	51,2	51,3	51,5	51,6
17	18,9	18,9	19,0	19,0	19,1	47	52,2	52,3	52,5	52,6	52,7
18	20,0	20,0	20,1	20,1	20,2	48	53,3	53,4	53,6	53,7	53,8
19	21,1	21,2	21,2	21,3	21,3	49	54,4	54,6	54,7	54,8	54,9
20	22,2	22,3	22,3	22,4	22,4	50	55,5	55,7	55,8	55,9	56,1
21	23,3	23,4	23,4	23,5	23,5	51	56,7	56,8	56,9	57,0	57,2
22	24,4	24,5	24,6	24,6	24,7	52	57,8	57,9	58,0	58,2	58,3
23	25,6	25,6	25,7	25,7	25,8	53	58,9	59,0	59,1	59,3	59,4
24	26,7	26,7	26,8	26,8	26,9	54	60,0	60,1	60,3	60,4	60,5
25	27,8	27,8	27,9	28,0	28,0	55	61,1	61,2	61,4	61,5	61,7
26	28,9	29,0	29,0	29,1	29,1	56	62,2	62,4	62,5	62,6	62,8
27	30,0	30,1	30,1	30,2	30,3	57	63,3	63,5	63,6	63,8	63,9
28	31,1	31,2	31,2	31,3	31,4	58	64,4	64,6	64,7	64,9	65,0
29	32,2	32,3	32,4	32,4	32,5	59	65,5	65,7	65,8	66,0	66,1

Tafel 2
zur Ermittelung des Gehaltes an reinem Alkohol.

Netto-Gewicht in Kilogramm	Wahre Stärke					Netto-Gewicht in Kilogramm	Wahre Stärke				
	88,0	88,2	88,4	88,6	88,8		88,0	88,2	88,4	88,6	88,8
	Gehalt an reinem Alkohol in Liter						Gehalt an reinem Alkohol in Liter				
60	66,7	66,8	67,0	67,1	67,3	90	100,0	100,2	100,4	100,7	100,9
61	67,8	67,9	68,1	68,2	68,4	91	101,1	101,3	101,6	101,8	102,0
62	68,9	69,0	69,2	69,3	69,5	92	102,2	102,4	102,7	102,9	103,1
63	70,0	70,1	70,3	70,5	70,6	93	103,3	103,6	103,8	104,0	104,3
64	71,1	71,3	71,4	71,6	71,7	94	104,4	104,7	104,9	105,1	105,4
65	72,2	72,4	72,5	72,7	72,9	95	105,5	105,8	106,0	106,3	106,5
66	73,3	73,5	73,7	73,8	74,0	96	106,7	106,9	107,1	107,4	107,6
67	74,4	74,6	74,8	74,9	75,1	97	107,8	108,0	108,3	108,5	108,7
68	75,5	75,7	75,9	76,1	76,2	98	108,9	109,1	109,4	109,6	109,9
69	76,7	76,8	77,0	77,2	77,4	99	110,0	110,2	110,5	110,7	111,0
70	77,8	77,9	78,1	78,3	78,5	100	111,1	111,3	111,6	111,9	112,1
71	78,9	79,1	79,2	79,4	79,6	200	222,2	222,7	223,2	223,7	224,2
72	80,0	80,2	80,4	80,5	80,7	300	333,3	334,0	334,8	335,6	336,3
73	81,1	81,3	81,5	81,7	81,8	400	444,4	445,4	446,4	447,4	448,4
74	82,2	82,4	82,6	82,8	83,0	500	555,5	556,7	558,0	559,3	560,5
75	83,3	83,5	83,7	83,9	84,1	600	666,6	668,1	669,6	671,1	672,6
76	84,4	84,6	84,8	85,0	85,2	700	777,7	779,4	781,2	783,0	784,8
77	85,5	85,7	85,9	86,1	86,3	800	888,8	890,8	892,8	894,8	896,9
78	86,7	86,9	87,0	87,2	87,4	900	999,9	1002,1	1004,4	1006,7	1009,0
79	87,8	88,0	88,2	88,4	88,6						
80	88,9	89,1	89,3	89,5	89,7	1000	1111	1113	1116	1119	1121
81	90,0	90,2	90,4	90,6	90,8	2000	2222	2227	2232	2237	2242
82	91,1	91,3	91,5	91,7	91,9	3000	3333	3340	3348	3356	3363
83	92,2	92,4	92,6	92,8	93,0	4000	4444	4454	4464	4474	4484
84	93,3	93,5	93,7	94,0	94,2	5000	5555	5567	5580	5593	5605
85	94,4	94,6	94,9	95,1	95,3	6000	6666	6681	6696	6711	6726
86	95,5	95,8	96,0	96,2	96,4	7000	7777	7794	7812	7830	7848
87	96,7	96,9	97,1	97,3	97,5	8000	8888	8908	8928	8948	8969
88	97,8	98,0	98,2	98,4	98,7	9000	9999	10021	10044	10067	10090
89	98,9	99,1	99,3	99,5	99,8	10000	11110	11135	11160	11185	11211

Tafel 2
zur Ermittelung des Gehaltes an reinem Alkohol.

Netto-Gewicht in Kilogramm	Wahre Stärke					Netto-Gewicht in Kilogramm	Wahre Stärke				
	89,0	89,2	89,4	89,6	89,8		89,0	89,2	89,4	89,6	89,8
	Gehalt an reinem Alkohol in Liter						Gehalt an reinem Alkohol in Liter				
0,5	0,6	0,6	0,6	0,6	0,6	30	33,7	33,8	33,9	33,9	34,0
1	1,1	1,1	1,1	1,1	1,1	31	34,8	34,9	35,0	35,1	35,1
2	2,2	2,3	2,3	2,3	2,3	32	36,0	36,0	36,1	36,2	36,3
3	3,4	3,4	3,4	3,4	3,4	33	37,1	37,2	37,2	37,3	37,4
4	4,5	4,5	4,5	4,5	4,5	34	38,2	38,3	38,4	38,5	38,5
5	5,6	5,6	5,6	5,7	5,7	35	39,3	39,4	39,5	39,6	39,7
6	6,7	6,8	6,8	6,8	6,8	36	40,4	40,5	40,6	40,7	40,8
7	7,9	7,9	7,9	7,9	7,9	37	41,6	41,7	41,8	41,9	41,9
8	9,0	9,0	9,0	9,0	9,1	38	42,7	42,8	42,9	43,0	43,1
9	10,1	10,1	10,2	10,2	10,2	39	43,8	43,9	44,0	44,1	44,2
10	11,2	11,3	11,3	11,3	11,3	40	44,9	45,0	45,1	45,2	45,3
11	12,4	12,4	12,4	12,4	12,5	41	46,1	46,2	46,3	46,4	46,5
12	13,5	13,5	13,5	13,6	13,6	42	47,2	47,3	47,4	47,5	47,6
13	14,6	14,6	14,7	14,7	14,7	43	48,3	48,4	48,5	48,6	48,7
14	15,7	15,8	15,8	15,8	15,9	44	49,4	49,5	49,7	49,8	49,9
15	16,9	16,9	16,9	17,0	17,0	45	50,6	50,7	50,8	50,9	51,0
16	18,0	18,0	18,1	18,1	18,1	46	51,7	51,8	51,9	52,0	52,2
17	19,1	19,1	19,2	19,2	19,3	47	52,8	52,9	53,0	53,2	53,3
18	20,2	20,3	20,3	20,4	20,4	48	53,9	54,1	54,2	54,3	54,4
19	21,3	21,4	21,4	21,5	21,5	49	55,1	55,2	55,3	55,4	55,6
20	22,5	22,5	22,6	22,6	22,7	50	56,2	56,3	56,4	56,6	56,7
21	23,6	23,6	23,7	23,8	23,8	51	57,3	57,4	57,6	57,7	57,8
22	24,7	24,8	24,8	24,9	24,9	52	58,4	58,6	58,7	58,8	59,0
23	25,8	25,9	26,0	26,0	26,1	53	59,6	59,7	59,8	60,0	60,1
24	27,0	27,0	27,1	27,1	27,2	54	60,7	60,8	60,9	61,1	61,2
25	28,1	28,2	28,2	28,3	28,3	55	61,8	61,9	62,1	62,2	62,4
26	29,2	29,3	29,3	29,4	29,5	56	62,9	63,1	63,2	63,3	63,5
27	30,3	30,4	30,5	30,5	30,6	57	64,0	64,2	64,3	64,5	64,6
28	31,5	31,5	31,6	31,7	31,7	58	65,2	65,3	65,5	65,6	65,8
29	32,6	32,7	32,7	32,8	32,9	59	66,3	66,4	66,6	66,7	66,9

Tafel 2
zur Ermittelung des Gehaltes an reinem Alkohol.

Netto-Gewicht in Kilogramm	Wahre Stärke					Netto-Gewicht in Kilogramm	Wahre Stärke				
	89,0	89,2	89,4	89,6	89,8		89,0	89,2	89,4	89,6	89,8
	Gehalt an reinem Alkohol in Liter						Gehalt an reinem Alkohol in Liter				
60	67,4	67,6	67,7	67,9	68,0	90	101,1	101,4	101,6	101,8	102,0
61	68,5	68,7	68,8	69,0	69,2	91	102,2	102,5	102,7	102,9	103,2
62	69,7	69,8	70,0	70,1	70,3	92	103,4	103,6	103,8	104,1	104,3
63	70,8	70,9	71,1	71,3	71,4	93	104,5	104,7	105,0	105,2	105,4
64	71,9	72,1	72,2	72,4	72,6	94	105,6	105,9	106,1	106,3	106,6
65	73,0	73,2	73,4	73,5	73,7	95	106,7	107,0	107,2	107,5	107,7
66	74,2	74,3	74,5	74,7	74,8	96	107,9	108,1	108,4	108,6	108,8
67	75,3	75,5	75,6	75,8	76,0	97	109,0	109,2	109,5	109,7	110,0
68	76,4	76,6	76,7	76,9	77,1	98	110,1	110,4	110,6	110,9	111,1
69	77,5	77,7	77,9	78,1	78,2	99	111,2	111,5	111,7	112,0	112,2
70	78,7	78,8	79,0	79,2	79,4	100	112,4	112,6	112,9	113,1	113,4
71	79,8	80,0	80,1	80,3	80,5	200	224,7	225,2	225,7	226,2	226,7
72	80,9	81,1	81,3	81,4	81,6	300	337,1	337,8	338,6	339,4	340,1
73	82,0	82,2	82,4	82,6	82,8	400	449,4	450,4	451,5	452,5	453,5
74	83,1	83,3	83,5	83,7	83,9	500	561,8	563,1	564,3	565,6	566,8
75	84,3	84,5	84,6	84,8	85,0	600	674,2	675,7	677,2	678,7	680,2
76	85,4	85,6	85,8	86,0	86,2	700	786,5	788,3	790,1	791,8	793,6
77	86,5	86,7	86,9	87,1	87,3	800	898,9	900,9	902,9	904,9	907,0
78	87,6	87,8	88,0	88,2	88,4	900	1011,2	1013,5	1015,8	1018,1	1020,3
79	88,8	89,0	89,2	89,4	89,6						
80	89,9	90,1	90,3	90,5	90,7	1000	1124	1126	1129	1131	1134
81	91,0	91,2	91,4	91,6	91,8	2000	2247	2252	2257	2262	2267
82	92,1	92,3	92,5	92,8	93,0	3000	3371	3378	3386	3394	3401
83	93,3	93,5	93,7	93,9	94,1	4000	4494	4504	4515	4525	4535
84	94,4	94,6	94,8	95,0	95,2	5000	5618	5631	5643	5656	5668
85	95,5	95,7	95,9	96,1	96,4	6000	6742	6757	6772	6787	6802
86	96,6	96,8	97,1	97,3	97,5	7000	7865	7883	7901	7918	7936
87	97,8	98,0	98,2	98,4	98,6	8000	8989	9009	9029	9049	9070
88	98,9	99,1	99,3	99,5	99,8	9000	10112	10135	10158	10181	10203
89	100,0	100,2	100,4	100,7	100,9	10000	11236	11261	11286	11312	11337

10*

Tafel 2
zur Ermittelung des Gehaltes an reinem Alkohol.

Netto-Gewicht in Kilogramm	90,0	90,2	90,4	90,6	90,8
	Gehalt an reinem Alkohol in Liter				
0,5	0,6	0,6	0,6	0,6	0,6
1	1,1	1,1	1,1	1,1	1,1
2	2,3	2,3	2,3	2,3	2,3
3	3,4	3,4	3,4	3,4	3,4
4	4,5	4,6	4,6	4,6	4,6
5	5,7	5,7	5,7	5,7	5,7
6	6,8	6,8	6,8	6,9	6,9
7	8,0	8,0	8,0	8,0	8,0
8	9,1	9,1	9,1	9,2	9,2
9	10,2	10,2	10,3	10,3	10,3
10	11,4	11,4	11,4	11,4	11,5
11	12,5	12,5	12,6	12,6	12,6
12	13,6	13,7	13,7	13,7	13,8
13	14,8	14,8	14,8	14,9	14,9
14	15,9	15,9	16,0	16,0	16,0
15	17,0	17,1	17,1	17,2	17,2
16	18,2	18,2	18,3	18,3	18,3
17	19,3	19,4	19,4	19,4	19,5
18	20,5	20,5	20,5	20,6	20,6
19	21,6	21,6	21,7	21,7	21,8
20	22,7	22,8	22,8	22,9	22,9
21	23,9	23,9	24,0	24,0	24,1
22	25,0	25,1	25,1	25,2	25,2
23	26,1	26,2	26,2	26,3	26,4
24	27,3	27,3	27,4	27,5	27,5
25	28,4	28,5	28,5	28,6	28,7
26	29,5	29,6	29,7	29,7	29,8
27	30,7	30,7	30,8	30,9	31,0
28	31,8	31,9	32,0	32,0	32,1
29	33,0	33,0	33,1	33,2	33,2

Netto-Gewicht in Kilogramm	90,0	90,2	90,4	90,6	90,8
	Gehalt an reinem Alkohol in Liter				
30	34,1	34,2	34,2	34,3	34,4
31	35,2	35,3	35,4	35,5	35,5
32	36,4	36,4	36,5	36,6	36,7
33	37,5	37,6	37,7	37,7	37,8
34	38,6	38,7	38,8	38,9	39,0
35	39,8	39,9	39,9	40,0	40,1
36	40,9	41,0	41,1	41,2	41,3
37	42,0	42,1	42,2	42,3	42,4
38	43,2	43,3	43,4	43,5	43,6
39	44,3	44,4	44,5	44,6	44,7
40	45,4	45,5	45,7	45,8	45,9
41	46,6	46,7	46,8	46,9	47,0
42	47,7	47,8	47,9	48,0	48,1
43	48,9	49,0	49,1	49,2	49,3
44	50,0	50,1	50,2	50,3	50,4
45	51,1	51,2	51,4	51,5	51,6
46	52,3	52,4	52,5	52,6	52,7
47	53,4	53,5	53,6	53,8	53,9
48	54,5	54,7	54,8	54,9	55,0
49	55,7	55,8	55,9	56,0	56,2
50	56,8	56,9	57,1	57,2	57,3
51	57,9	58,1	58,2	58,3	58,5
52	59,1	59,2	59,3	59,5	59,6
53	60,2	60,4	60,5	60,6	60,8
54	61,4	61,5	61,6	61,8	61,9
55	62,5	62,6	62,8	62,9	63,0
56	63,6	63,8	63,9	64,1	64,2
57	64,8	64,9	65,1	65,2	65,3
58	65,9	66,0	66,2	66,3	66,5
59	67,0	67,2	67,3	67,5	67,6

Tafel 2
zur Ermittelung des Gehaltes an reinem Alkohol.

Netto-Gewicht in Kilogramm	Wahre Stärke 90,0	90,2	90,4	90,6	90,8
	Gehalt an reinem Alkohol in Liter				
60	68,2	68,3	68,5	68,6	68,8
61	69,3	69,5	69,6	69,8	69,9
62	70,4	70,6	70,8	70,9	71,1
63	71,6	71,7	71,9	72,1	72,2
64	72,7	72,9	73,0	73,2	73,4
65	73,9	74,0	74,2	74,3	74,5
66	75,0	75,2	75,3	75,5	75,7
67	76,1	76,3	76,5	76,6	76,8
68	77,3	77,4	77,6	77,8	77,9
69	78,4	78,6	78,7	78,9	79,1
70	79,5	79,7	79,9	80,1	80,2
71	80,7	80,9	81,0	81,2	81,4
72	81,8	82,0	82,2	82,4	82,5
73	82,9	83,1	83,3	83,5	83,7
74	84,1	84,3	84,5	84,6	84,8
75	85,2	85,4	85,6	85,8	86,0
76	86,4	86,5	86,7	86,9	87,1
77	87,5	87,7	87,9	88,1	88,3
78	88,6	88,8	89,0	89,2	89,4
79	89,8	90,0	90,2	90,4	90,6
80	90,9	91,1	91,3	91,5	91,7
81	92,0	92,2	92,4	92,6	92,9
82	93,2	93,4	93,6	93,8	94,0
83	94,3	94,5	94,7	94,9	95,1
84	95,4	95,7	95,9	96,1	96,3
85	96,6	96,8	97,0	97,2	97,4
86	97,7	97,9	98,1	98,4	98,6
87	98,9	99,1	99,3	99,5	99,7
88	100,0	100,2	100,4	100,7	100,9
89	101,1	101,3	101,6	101,8	102,0

Netto-Gewicht in Kilogramm	Wahre Stärke 90,0	90,2	90,4	90,6	90,8
	Gehalt an reinem Alkohol in Liter				
90	102,3	102,5	102,7	102,9	103,2
91	103,4	103,6	103,9	104,1	104,3
92	104,5	104,8	105,0	105,2	105,5
93	105,7	105,9	106,1	106,4	106,6
94	106,8	107,0	107,3	107,5	107,8
95	107,9	108,2	108,4	108,7	108,9
96	109,1	109,3	109,6	109,8	110,0
97	110,2	110,5	110,7	110,9	111,2
98	111,3	111,6	111,8	112,1	112,3
99	112,5	112,7	113,0	113,2	113,5
100	113,6	113,9	114,1	114,4	114,6
200	227,2	227,7	228,3	228,8	229,3
300	340,9	341,6	342,4	343,1	343,9
400	454,5	455,5	456,5	457,5	458,5
500	568,1	569,4	570,6	571,9	573,2
600	681,7	683,2	684,8	686,3	687,8
700	795,4	797,1	798,9	800,7	802,4
800	909,0	911,0	913,0	915,0	917,1
900	1022,6	1024,9	1027,1	1029,4	1031,7
1000	1136	1139	1141	1144	1146
2000	2272	2277	2283	2288	2293
3000	3409	3416	3424	3431	3439
4000	4545	4555	4565	4575	4585
5000	5681	5694	5706	5719	5732
6000	6817	6832	6848	6863	6878
7000	7951	7971	7989	8007	8024
8000	9090	9110	9130	9150	9171
9000	10226	10249	10271	10294	10317
10000	11362	11387	11413	11438	11463

Tafel 2
zur Ermittelung des Gehaltes an reinem Alkohol.

Netto-Gewicht in Kilogramm	Wahre Stärke 91,0	91,2	91,4	91,6	91,8
	Gehalt an reinem Alkohol in Liter				
0,5	0,6	0,6	0,6	0,6	0,6
1	1,1	1,2	1,2	1,2	1,2
2	2,3	2,3	2,3	2,3	2,3
3	3,4	3,5	3,5	3,5	3,5
4	4,6	4,6	4,6	4,6	4,6
5	5,7	5,8	5,8	5,8	5,8
6	6,9	6,9	6,9	6,9	7,0
7	8,0	8,1	8,1	8,1	8,1
8	9,2	9,2	9,2	9,3	9,3
9	10,3	10,4	10,4	10,4	10,4
10	11,5	11,5	11,5	11,6	11,6
11	12,6	12,7	12,7	12,7	12,7
12	13,8	13,8	13,8	13,9	13,9
13	14,9	15,0	15,0	15,0	15,1
14	16,1	16,1	16,2	16,2	16,2
15	17,2	17,3	17,3	17,3	17,4
16	18,4	18,4	18,5	18,5	18,5
17	19,5	19,6	19,6	19,7	19,7
18	20,7	20,7	20,8	20,8	20,9
19	21,8	21,9	21,9	22,0	22,0
20	23,0	23,0	23,1	23,1	23,2
21	24,1	24,2	24,2	24,3	24,3
22	25,3	25,3	25,4	25,4	25,5
23	26,4	26,5	26,5	26,6	26,7
24	27,6	27,6	27,7	27,8	27,8
25	28,7	28,8	28,8	28,9	29,0
26	29,9	29,9	30,0	30,1	30,1
27	31,0	31,1	31,2	31,2	31,3
28	32,2	32,2	32,3	32,4	32,5
29	33,3	33,4	33,5	33,5	33,6

Netto-Gewicht in Kilogramm	Wahre Stärke 91,0	91,2	91,4	91,6	91,8
	Gehalt an reinem Alkohol in Liter				
30	34,5	34,5	34,6	34,7	34,8
31	35,6	35,7	35,8	35,8	35,9
32	36,8	36,8	36,9	37,0	37,1
33	37,9	38,0	38,1	38,2	38,2
34	39,1	39,1	39,2	39,3	39,4
35	40,2	40,3	40,4	40,5	40,6
36	41,4	41,4	41,5	41,6	41,7
37	42,5	42,6	42,7	42,8	42,9
38	43,7	43,8	43,8	43,9	44,0
39	44,8	44,9	45,0	45,1	45,2
40	46,0	46,1	46,2	46,3	46,4
41	47,1	47,2	47,3	47,4	47,5
42	48,3	48,4	48,5	48,6	48,7
43	49,4	49,5	49,6	49,7	49,8
44	50,5	50,7	50,8	50,9	51,0
45	51,7	51,8	51,9	52,0	52,2
46	52,8	53,0	53,1	53,2	53,3
47	54,0	54,1	54,2	54,4	54,5
48	55,1	55,3	55,4	55,5	55,6
49	56,3	56,4	56,5	56,7	56,8
50	57,4	57,6	57,7	57,8	57,9
51	58,6	58,7	58,8	59,0	59,1
52	59,7	59,9	60,0	60,1	60,3
53	60,9	61,0	61,2	61,3	61,4
54	62,0	62,2	62,3	62,4	62,6
55	63,2	63,3	63,5	63,6	63,7
56	64,3	64,5	64,6	64,8	64,9
57	65,5	65,6	65,8	65,9	66,1
58	66,6	66,8	66,9	67,1	67,2
59	67,8	67,9	68,1	68,2	68,4

Tafel 2
zur Ermittelung des Gehaltes an reinem Alkohol.

Netto-Gewicht in Kilogramm	Wahre Stärke					Netto-Gewicht in Kilogramm	Wahre Stärke				
	91,0	91,2	91,4	91,6	91,8		91,0	91,2	91,4	91,6	91,8
	Gehalt an reinem Alkohol in Liter						Gehalt an reinem Alkohol in Liter				
60	68,9	69,1	69,2	69,4	69,5	90	103,4	103,6	103,9	104,1	104,3
61	70,1	70,2	70,4	70,5	70,7	91	104,5	104,8	105,0	105,2	105,5
62	71,2	71,4	71,5	71,7	71,9	92	105,7	105,9	106,2	106,4	106,6
63	72,4	72,5	72,7	72,9	73,0	93	106,8	107,1	107,3	107,5	107,8
64	73,5	73,7	73,8	74,0	74,2	94	108,0	108,2	108,5	108,7	108,9
65	74,7	74,8	75,0	75,2	75,3	95	109,1	109,4	109,6	109,9	110,1
66	75,8	76,0	76,2	76,3	76,5	96	110,3	110,5	110,8	111,0	111,3
67	77,0	77,1	77,3	77,5	77,6	97	111,4	111,7	111,9	112,2	112,4
68	78,1	78,3	78,5	78,6	78,8	98	112,6	112,8	113,1	113,3	113,6
69	79,3	79,4	79,6	79,8	80,0	99	113,7	114,0	114,2	114,5	114,7
70	80,4	80,6	80,8	80,9	81,1	100	114,9	115,1	115,4	115,6	115,9
71	81,6	81,7	81,9	82,1	82,3	200	229,8	230,3	230,8	231,3	231,8
72	82,7	82,9	83,1	83,3	83,4	300	344,7	345,4	346,2	346,9	347,7
73	83,9	84,1	84,2	84,4	84,6	400	459,5	460,5	461,6	462,6	463,6
74	85,0	85,2	85,4	85,6	85,8	500	574,4	575,7	576,9	578,2	579,5
75	86,2	86,4	86,5	86,7	86,9	600	689,3	690,8	692,3	693,9	695,4
76	87,3	87,5	87,7	87,9	88,1	700	804,2	806,0	807,7	809,5	811,3
77	88,5	88,7	88,9	89,0	89,2	800	919,1	921,1	923,1	925,1	927,2
78	89,6	89,8	90,0	90,2	90,4	900	1034,0	1036,2	1038,5	1040,8	1043,1
79	90,8	91,0	91,2	91,4	91,6						
80	91,9	92,1	92,3	92,5	92,7	1000	1149	1151	1154	1156	1159
81	93,1	93,3	93,5	93,7	93,9	2000	2298	2303	2308	2313	2318
82	94,2	94,4	94,6	94,8	95,0	3000	3447	3454	3462	3469	3477
83	95,4	95,6	95,8	96,0	96,2	4000	4595	4605	4616	4626	4636
84	96,5	96,7	96,9	97,1	97,4	5000	5744	5757	5769	5782	5795
85	97,7	97,9	98,1	98,3	98,5	6000	6893	6908	6923	6939	6954
86	98,8	99,0	99,2	99,5	99,7	7000	8042	8060	8077	8095	8113
87	99,9	100,2	100,4	100,6	100,8	8000	9191	9211	9231	9251	9272
88	101,1	101,3	101,5	101,8	102,0	9000	10340	10362	10385	10408	10431
89	102,2	102,5	102,7	102,9	103,1	10000	11488	11514	11539	11564	11589

Tafel 2
zur Ermittelung des Gehaltes an reinem Alkohol.

Netto-Gewicht in Kilogramm	Wahre Stärke 92,0	92,2	92,4	92,6	92,8	Netto-Gewicht in Kilogramm	Wahre Stärke 92,0	92,2	92,4	92,6	92,8
	Gehalt an reinem Alkohol in Liter						Gehalt an reinem Alkohol in Liter				
0,5	0,6	0,6	0,6	0,6	0,6	30	34,8	34,9	35,0	35,1	35,1
1	1,2	1,2	1,2	1,2	1,2	31	36,0	36,1	36,2	36,2	36,3
2	2,3	2,3	2,3	2,3	2,3	32	37,2	37,2	37,3	37,4	37,5
3	3,5	3,5	3,5	3,5	3,5	33	38,3	38,4	38,5	38,6	38,7
4	4,6	4,7	4,7	4,7	4,7	34	39,5	39,6	39,7	39,7	39,8
5	5,8	5,8	5,8	5,8	5,9	35	40,7	40,7	40,8	40,9	41,0
6	7,0	7,0	7,0	7,0	7,0	36	41,8	41,9	42,0	42,1	42,2
7	8,1	8,1	8,2	8,2	8,2	37	43,0	43,1	43,2	43,3	43,3
8	9,3	9,3	9,3	9,4	9,4	38	44,1	44,2	44,3	44,4	44,5
9	10,5	10,5	10,5	10,5	10,5	39	45,3	45,4	45,5	45,6	45,7
10	11,6	11,6	11,7	11,7	11,7	40	46,5	46,6	46,7	46,8	46,9
11	12,8	12,8	12,8	12,9	12,9	41	47,6	47,7	47,8	47,9	48,0
12	13,9	14,0	14,0	14,0	14,1	42	48,8	48,9	49,0	49,1	49,2
13	15,1	15,1	15,2	15,2	15,2	43	49,9	50,1	50,2	50,3	50,4
14	16,3	16,3	16,3	16,4	16,4	44	51,1	51,2	51,3	51,4	51,5
15	17,4	17,5	17,5	17,5	17,6	45	52,3	52,4	52,5	52,6	52,7
16	18,6	18,6	18,7	18,7	18,7	46	53,4	53,5	53,7	53,8	53,9
17	19,7	19,8	19,8	19,9	19,9	47	54,6	54,7	54,8	54,9	55,1
18	20,9	21,0	21,0	21,0	21,1	48	55,8	55,9	56,0	56,1	56,2
19	22,1	22,1	22,2	22,2	22,3	49	56,9	57,0	57,2	57,3	57,4
20	23,2	23,3	23,3	23,4	23,4	50	58,1	58,2	58,3	58,5	58,6
21	24,4	24,4	24,5	24,5	24,6	51	59,2	59,4	59,5	59,6	59,8
22	25,6	25,6	25,7	25,7	25,8	52	60,4	60,5	60,7	60,8	60,9
23	26,7	26,8	26,8	26,9	26,9	53	61,6	61,7	61,8	62,0	62,1
24	27,9	27,9	28,0	28,1	28,1	54	62,7	62,9	63,0	63,1	63,3
25	29,0	29,1	29,2	29,2	29,3	55	63,9	64,0	64,2	64,3	64,4
26	30,2	30,3	30,3	30,4	30,5	56	65,0	65,2	65,3	65,5	65,6
27	31,4	31,4	31,5	31,6	31,6	57	66,2	66,3	66,5	66,6	66,8
28	32,5	32,6	32,7	32,7	32,8	58	67,4	67,5	67,7	67,8	68,0
29	33,7	33,8	33,8	33,9	34,0	59	68,5	68,7	68,8	69,0	69,1

Tafel 2
zur Ermittelung des Gehaltes an reinem Alkohol.

Netto-Gewicht in Kilogramm	Wahre Stärke					Netto-Gewicht in Kilogramm	Wahre Stärke				
	92,0	92,2	92,4	92,6	92,8		92,0	92,2	92,4	92,6	92,8
	Gehalt an reinem Alkohol in Liter						Gehalt an reinem Alkohol in Liter				
60	69,7	69,8	70,0	70,1	70,3	90	104,5	104,8	105,0	105,2	105,4
61	70,8	71,0	71,2	71,3	71,5	91	105,7	105,9	106,2	106,4	106,6
62	72,0	72,2	72,3	72,5	72,6	92	106,9	107,1	107,3	107,6	107,8
63	73,2	73,3	73,5	73,6	73,8	93	108,0	108,3	108,5	108,7	109,0
64	74,3	74,5	74,7	74,8	75,0	94	109,2	109,4	109,7	109,9	110,1
65	75,5	75,7	75,8	76,0	76,2	95	110,3	110,6	110,8	111,1	111,3
66	76,7	76,8	77,0	77,2	77,3	96	111,5	111,7	112,0	112,2	112,5
67	77,8	78,0	78,2	78,3	78,5	97	112,7	112,9	113,2	113,4	113,6
68	79,0	79,2	79,3	79,5	79,7	98	113,8	114,1	114,3	114,6	114,8
69	80,1	80,3	80,5	80,7	80,8	99	115,0	115,2	115,5	115,7	116,0
70	81,3	81,5	81,7	81,8	82,0	100	116,1	116,4	116,7	116,9	117,2
71	82,5	82,6	82,8	83,0	83,2	200	232,3	232,8	233,3	233,8	234,3
72	83,6	83,8	84,0	84,2	84,4	300	348,4	349,2	350,0	350,7	351,5
73	84,8	85,0	85,2	85,3	85,5	400	464,6	465,6	466,6	467,6	468,6
74	85,9	86,1	86,3	86,5	86,7	500	580,7	582,0	583,3	584,5	585,8
75	87,1	87,3	87,5	87,7	87,9	600	696,9	698,4	699,9	701,4	702,9
76	88,3	88,5	88,7	88,8	89,0	700	813,0	814,8	816,6	818,3	820,1
77	89,4	89,6	89,8	90,0	90,2	800	929,2	931,2	933,2	935,2	937,3
78	90,6	90,8	91,0	91,2	91,4	900	1045,3	1047,6	1049,9	1052,1	1054,4
79	91,8	92,0	92,2	92,4	92,6						
80	92,9	93,1	93,3	93,5	93,7	1000	1161	1164	1167	1169	1172
81	94,1	94,3	94,5	91,7	91,9	2000	2323	2328	2333	2338	2343
82	95,2	95,4	95,7	95,9	96,1	3000	3484	3492	3500	3507	3515
83	96,4	96,6	96,8	97,0	97,2	4000	4646	4656	4666	4676	4686
84	97,6	97,8	98,0	98,2	98,4	5000	5807	5820	5833	5845	5858
85	98,7	98,9	99,2	99,4	99,6	6000	6969	6984	6999	7014	7029
86	99,9	100,1	100,3	100,5	100,8	7000	8130	8148	8166	8183	8201
87	101,0	101,3	101,5	101,7	101,9	8000	9292	9312	9332	9352	9373
88	102,2	102,4	102,7	102,9	103,1	9000	10453	10476	10499	10521	10544
89	103,4	103,6	103,8	104,0	104,3	10000	11615	11640	11665	11690	11716

Tafel 2
zur Ermittelung des Gehaltes an reinem Alkohol.

Netto-Ge-wicht in Kilo-gramm	Wahre Stärke					Netto-Ge-wicht in Kilo-gramm	Wahre Stärke				
	93,0	93,2	93,4	93,6	93,8		93,0	93,2	93,4	93,6	93,8
	Gehalt an reinem Alkohol in Liter						Gehalt an reinem Alkohol in Liter				
0,5	0,6	0,6	0,6	0,6	0,6	30	35,2	35,3	35,4	35,5	35,5
1	1,2	1,2	1,2	1,2	1,2	31	36,4	36,5	36,6	36,6	36,7
2	2,3	2,4	2,4	2,4	2,4	32	37,6	37,7	37,7	37,8	37,9
3	3,5	3,5	3,5	3,5	3,6	33	38,7	38,8	38,9	39,0	39,1
4	4,7	4,7	4,7	4,7	4,7	34	39,9	40,0	40,1	40,2	40,3
5	5,9	5,9	5,9	5,9	5,9	35	41,1	41,2	41,3	41,4	41,4
6	7,0	7,1	7,1	7,1	7,1	36	42,3	42,4	42,4	42,5	42,6
7	8,2	8,2	8,3	8,3	8,3	37	43,4	43,5	43,6	43,7	43,8
8	9,4	9,4	9,4	9,5	9,5	38	44,6	44,7	44,8	44,9	45,0
9	10,6	10,6	10,6	10,6	10,7	39	45,8	45,9	46,0	46,1	46,2
10	11,7	11,8	11,8	11,8	11,8	40	47,0	47,1	47,2	47,3	47,4
11	12,9	12,9	13,0	13,0	13,0	41	48,1	48,2	48,3	48,4	48,6
12	14,1	14,1	14,1	14,2	14,2	42	49,3	49,4	49,5	49,6	49,7
13	15,3	15,3	15,3	15,4	15,4	43	50,5	50,6	50,7	50,8	50,9
14	16,4	16,5	16,5	16,5	16,6	44	51,7	51,8	51,9	52,0	52,1
15	17,6	17,6	17,7	17,7	17,8	45	52,8	52,9	53,1	53,2	53,3
16	18,8	18,8	18,9	18,9	18,9	46	54,0	54,1	54,2	54,4	54,5
17	20,0	20,0	20,0	20,1	20,1	47	55,2	55,3	55,4	55,5	55,7
18	21,1	21,2	21,2	21,3	21,3	48	56,4	56,5	56,6	56,7	56,8
19	22,3	22,4	22,4	22,5	22,5	49	57,5	57,7	57,8	57,9	58,0
20	23,5	23,5	23,6	23,6	23,7	50	58,7	58,8	59,0	59,1	59,2
21	24,7	24,7	24,8	24,8	24,9	51	59,9	60,0	60,1	60,3	60,4
22	25,8	25,9	25,9	26,0	26,1	52	61,1	61,2	61,3	61,4	61,6
23	27,0	27,1	27,1	27,2	27,2	53	62,2	62,4	62,5	62,6	62,8
24	28,2	28,2	28,3	28,4	28,4	54	63,4	63,5	63,7	63,8	63,9
25	29,4	29,4	29,5	29,5	29,6	55	64,6	64,7	64,9	65,0	65,1
26	30,5	30,6	30,7	30,7	30,8	56	65,7	65,9	66,0	66,2	66,3
27	31,7	31,8	31,8	31,9	32,0	57	66,9	67,1	67,2	67,4	67,5
28	32,9	32,9	33,0	33,1	33,2	58	68,1	68,2	68,4	68,5	68,7
29	34,0	34,1	34,2	34,3	34,3	59	69,3	69,4	69,6	69,7	69,9

Tafel 2
zur Ermittelung des Gehaltes an reinem Alkohol.

Netto-Gewicht in Kilogramm	Wahre Stärke					Netto-Gewicht in Kilogramm	Wahre Stärke				
	93,0	93,2	93,4	93,6	93,8		93,0	93,2	93,4	93,6	93,8
	Gehalt an reinem Alkohol in Liter						Gehalt an reinem Alkohol in Liter				
60	70,4	70,6	70,7	70,9	71,1	90	105,7	105,9	106,1	106,4	106,6
61	71,6	71,8	71,9	72,1	72,2	91	106,8	107,1	107,3	107,5	107,8
62	72,8	73,0	73,1	73,3	73,4	92	108,0	108,2	108,5	108,7	108,9
63	74,0	74,1	74,3	74,4	74,6	93	109,2	109,4	109,7	109,9	110,1
64	75,1	75,3	75,5	75,6	75,8	94	110,4	110,6	110,8	111,1	111,3
65	76,3	76,5	76,6	76,8	77,0	95	111,5	111,8	112,0	112,3	112,5
66	77,5	77,7	77,8	78,0	78,2	96	112,7	113,0	113,2	113,4	113,7
67	78,7	78,8	79,0	79,2	79,3	97	113,9	114,1	114,4	114,6	114,9
68	79,8	80,0	80,2	80,4	80,5	98	115,1	115,3	115,6	115,8	116,1
69	81,0	81,2	81,4	81,5	81,7	99	116,2	116,5	116,7	117,0	117,2
70	82,2	82,4	82,5	82,7	82,9	100	117,4	117,7	117,9	118,2	118,4
71	83,4	83,5	83,7	83,9	84,1	200	234,8	235,3	235,8	236,3	236,8
72	84,5	84,7	84,9	85,1	85,3	300	352,2	353,0	353,7	354,5	355,3
73	85,7	85,9	86,1	86,3	86,4	400	469,6	470,6	471,7	472,7	473,7
74	86,9	87,1	87,3	87,4	87,6	500	587,0	588,3	589,6	590,8	592,1
75	88,1	88,2	88,4	88,6	88,8	600	704,5	706,0	707,5	709,0	710,5
76	89,2	89,4	89,6	89,8	90,0	700	821,9	823,6	825,4	827,2	828,9
77	90,4	90,6	90,8	91,0	91,2	800	939,3	941,3	943,3	945,3	947,4
78	91,6	91,8	92,0	92,2	92,4	900	1056,7	1059,0	1061,2	1063,5	1065,8
79	92,8	93,0	93,2	93,4	93,6						
80	93,9	94,1	94,3	94,5	94,7	1000	1174	1177	1179	1182	1184
81	95,1	95,3	95,5	95,7	95,9	2000	2348	2353	2358	2363	2368
82	96,3	96,5	96,7	96,9	97,1	3000	3522	3530	3537	3545	3553
83	97,5	97,7	97,9	98,1	98,3	4000	4696	4706	4717	4727	4737
84	98,6	98,8	99,0	99,3	99,5	5000	5870	5883	5896	5908	5921
85	99,8	100,0	100,2	100,4	100,7	6000	7045	7060	7075	7090	7105
86	101,0	101,2	101,4	101,6	101,8	7000	8219	8236	8254	8272	8289
87	102,1	102,4	102,6	102,8	103,0	8000	9393	9413	9433	9453	9474
88	103,3	103,5	103,8	104,0	104,2	9000	10567	10590	10612	10635	10658
89	104,5	104,7	104,9	105,2	105,4	10000	11741	11766	11791	11817	11842

Tafel 2
zur Ermittelung des Gehaltes an reinem Alkohol.

Netto-Ge-wicht in Kilo-gramm	Wahre Stärke					Netto-Ge-wicht in Kilo-gramm	Wahre Stärke				
	94,0	94,2	94,4	94,6	94,8		94,0	94,2	94,4	94,6	94,8
	Gehalt an reinem Alkohol in Liter						Gehalt an reinem Alkohol in Liter				
0,5	0,6	0,6	0,6	0,6	0,6	30	35,6	35,7	35,8	35,8	35,9
1	1,2	1,2	1,2	1,2	1,2	31	36,8	36,9	36,9	37,0	37,1
2	2,4	2,4	2,4	2,4	2,4	32	38,0	38,1	38,1	38,2	38,3
3	3,6	3,6	3,6	3,6	3,6	33	39,2	39,2	39,3	39,4	39,5
4	4,7	4,8	4,8	4,8	4,8	34	40,3	40,4	40,5	40,6	40,7
5	5,9	5,9	6,0	6,0	6,0	35	41,5	41,6	41,7	41,8	41,9
6	7,1	7,1	7,2	7,2	7,2	36	42,7	42,8	42,9	43,0	43,1
7	8,3	8,3	8,3	8,4	8,4	37	43,9	44,0	44,1	44,2	44,3
8	9,5	9,5	9,5	9,6	9,6	38	45,1	45,2	45,3	45,4	45,5
9	10,7	10,7	10,7	10,7	10,8	39	46,3	46,4	46,5	46,6	46,7
10	11,9	11,9	11,9	11,9	12,0	40	47,5	47,6	47,7	47,8	47,9
11	13,1	13,1	13,1	13,1	13,2	41	48,7	48,8	48,9	49,0	49,1
12	14,2	14,3	14,3	14,3	14,4	42	49,8	49,9	50,1	50,2	50,3
13	15,4	15,5	15,5	15,5	15,6	43	51,0	51,1	51,2	51,4	51,5
14	16,6	16,6	16,7	16,7	16,8	44	52,2	52,3	52,4	52,5	52,7
15	17,8	17,8	17,9	17,9	18,0	45	53,4	53,5	53,6	53,7	53,9
16	19,0	19,0	19,1	19,1	19,1	46	54,6	54,7	54,8	54,9	55,1
17	20,2	20,2	20,3	20,3	20,3	47	55,8	55,9	56,0	56,1	56,3
18	21,4	21,4	21,5	21,5	21,5	48	57,0	57,1	57,2	57,3	57,4
19	22,5	22,6	22,6	22,7	22,7	49	58,1	58,3	58,4	58,5	58,6
20	23,7	23,8	23,8	23,9	23,9	50	59,3	59,5	59,6	59,7	59,8
21	24,9	25,0	25,0	25,1	25,1	51	60,5	60,7	60,8	60,9	61,0
22	26,1	26,2	26,2	26,3	26,3	52	61,7	61,8	62,0	62,1	62,2
23	27,3	27,4	27,4	27,5	27,5	53	62,9	63,0	63,2	63,3	63,4
24	28,5	28,5	28,6	28,7	28,7	54	64,1	64,2	64,4	64,5	64,6
25	29,7	29,7	29,8	29,9	29,9	55	65,3	65,4	65,5	65,7	65,8
26	30,9	30,9	31,0	31,1	31,1	56	66,5	66,6	66,7	66,9	67,0
27	32,0	32,1	32,2	32,2	32,3	57	67,6	67,8	67,9	68,1	68,2
28	33,2	33,3	33,4	33,4	33,5	58	68,8	69,0	69,1	69,3	69,4
29	34,4	34,5	34,6	34,6	34,7	59	70,0	70,2	70,3	70,5	70,6

Tafel 2
zur Ermittelung des Gehaltes an reinem Alkohol.

Netto-Gewicht in Kilogramm	Wahre Stärke					Netto-Gewicht in Kilogramm	Wahre Stärke				
	94,0	94,2	94,4	94,6	94,8		94,0	94,2	94,4	94,6	94,8
	Gehalt an reinem Alkohol in Liter						Gehalt an reinem Alkohol in Liter				
60	71,2	71,4	71,5	71,7	71,8	90	106,8	107,0	107,3	107,5	107,7
61	72,4	72,5	72,7	72,9	73,0	91	108,0	108,2	108,5	108,7	108,9
62	73,6	73,7	73,9	74,0	74,2	92	109,2	109,4	109,6	109,9	110,1
63	74,8	74,9	75,1	75,2	75,4	93	110,4	110,6	110,8	111,1	111,3
64	76,0	76,1	76,3	76,4	76,6	94	111,6	111,8	112,0	112,3	112,5
65	77,1	77,3	77,5	77,6	77,8	95	112,7	113,0	113,2	113,5	113,7
66	78,3	78,5	78,7	78,8	79,0	96	113,9	114,2	114,4	114,7	114,9
67	79,5	79,7	79,8	80,0	80,2	97	115,1	115,4	115,6	115,8	116,1
68	80,7	80,9	81,0	81,2	81,4	98	116,3	116,5	116,8	117,0	117,3
69	81,9	82,1	82,2	82,4	82,6	99	117,5	117,7	118,0	118,2	118,5
70	83,1	83,2	83,4	83,6	83,8	100	118,7	118,9	119,2	119,4	119,7
71	84,3	84,4	84,6	84,8	85,0	200	237,3	237,8	238,4	238,9	239,4
72	85,4	85,6	85,8	86,0	86,2	300	356,0	356,8	357,5	358,3	359,0
73	86,6	86,8	87,0	87,2	87,4	400	474,7	475,7	476,7	477,7	478,7
74	87,8	88,0	88,2	88,4	88,6	500	593,4	594,6	595,9	597,1	598,4
75	89,0	89,2	89,4	89,6	89,8	600	712,0	713,5	715,1	716,6	718,1
76	90,2	90,4	90,6	90,8	91,0	700	830,7	832,5	834,2	836,0	837,8
77	91,4	91,6	91,8	92,0	92,2	800	949,4	951,4	953,4	955,4	957,5
78	92,6	92,8	93,0	93,2	93,4	900	1068,0	1070,3	1072,6	1074,9	1077,1
79	93,8	94,0	94,1	94,3	94,5	1000	1187	1189	1192	1194	1197
80	94,9	95,1	95,3	95,5	95,7	2000	2373	2378	2384	2389	2394
81	96,1	96,3	96,5	96,7	96,9	3000	3560	3568	3575	3583	3590
82	97,3	97,5	97,7	97,9	98,1	4000	4747	4757	4767	4777	4787
83	98,5	98,7	98,9	99,1	99,3	5000	5934	5946	5959	5971	5984
84	99,7	99,9	100,1	100,3	100,5	6000	7120	7135	7151	7166	7181
85	100,9	101,1	101,3	101,5	101,7	7000	8307	8325	8342	8360	8378
86	102,1	102,3	102,5	102,7	102,9	8000	9494	9514	9534	9554	9575
87	103,2	103,5	103,7	103,9	104,1	9000	10680	10703	10726	10749	10771
88	104,4	104,7	104,9	105,1	105,3	10000	11867	11892	11918	11943	11968
89	105,6	105,8	106,1	106,3	106,5						

Tafel 2
zur Ermittelung des Gehaltes an reinem Alkohol.

Netto-Gewicht in Kilogramm	Wahre Stärke					Netto-Gewicht in Kilogramm	Wahre Stärke				
	95,0	95,2	95,4	95,6	95,8		95,0	95,2	95,4	95,6	95,8
	Gehalt an reinem Alkohol in Liter						Gehalt an reinem Alkohol in Liter				
0,5	0,6	0,6	0,6	0,6	0,6	30	36,0	36,1	36,1	36,2	36,3
1	1,2	1,2	1,2	1,2	1,2	31	37,2	37,3	37,3	37,4	37,5
2	2,4	2,4	2,4	2,4	2,4	32	38,4	38,5	38,5	38,6	38,7
3	3,6	3,6	3,6	3,6	3,6	33	39,6	39,7	39,7	39,8	39,9
4	4,8	4,8	4,8	4,8	4,8	34	40,8	40,9	40,9	41,0	41,1
5	6,0	6,0	6,0	6,0	6,0	35	42,0	42,1	42,2	42,2	42,3
6	7,2	7,2	7,2	7,2	7,3	36	43,2	43,3	43,4	43,4	43,5
7	8,4	8,4	8,4	8,4	8,5	37	44,4	44,5	44,6	44,7	44,7
8	9,6	9,6	9,6	9,7	9,7	38	45,6	45,7	45,8	45,9	46,0
9	10,8	10,8	10,8	10,9	10,9	39	46,8	46,9	47,0	47,1	47,2
10	12,0	12,0	12,0	12,1	12,1	40	48,0	48,1	48,2	48,3	48,4
11	13,2	13,2	13,2	13,3	13,3	41	49,2	49,3	49,4	49,5	49,6
12	14,4	14,4	14,5	14,5	14,5	42	50,4	50,5	50,6	50,7	50,8
13	15,6	15,6	15,7	15,7	15,7	43	51,6	51,7	51,8	51,9	52,0
14	16,8	16,8	16,9	16,9	16,9	44	52,8	52,9	53,0	53,1	53,2
15	18,0	18,0	18,1	18,1	18,1	45	54,0	54,1	54,2	54,3	54,4
16	19,2	19,2	19,3	19,3	19,4	46	55,2	55,3	55,4	55,5	55,6
17	20,4	20,4	20,5	20,5	20,6	47	56,4	56,5	56,6	56,7	56,8
18	21,6	21,6	21,7	21,7	21,8	48	57,6	57,7	57,8	57,9	58,1
19	22,8	22,8	22,9	22,9	23,0	49	58,8	58,9	59,0	59,1	59,3
20	24,0	24,0	24,1	24,1	24,2	50	60,0	60,1	60,2	60,3	60,5
21	25,2	25,2	25,3	25,3	25,4	51	61,2	61,3	61,4	61,6	61,7
22	26,4	26,4	26,5	26,6	26,6	52	62,4	62,5	62,6	62,8	62,9
23	27,6	27,6	27,7	27,8	27,8	53	63,6	63,7	63,8	64,0	64,1
24	28,8	28,8	28,9	29,0	29,0	54	64,8	64,9	65,0	65,2	65,3
25	30,0	30,0	30,1	30,2	30,2	55	66,0	66,1	66,2	66,4	66,5
26	31,2	31,2	31,3	31,4	31,4	56	67,2	67,3	67,4	67,6	67,7
27	32,4	32,5	32,5	32,6	32,7	57	68,4	68,5	68,7	68,8	68,9
28	33,6	33,7	33,7	33,8	33,9	58	69,6	69,7	69,9	70,0	70,1
29	34,8	34,9	34,9	35,0	35,1	59	70,8	70,9	71,1	71,2	71,4

Tafel 2
zur Ermittelung des Gehaltes an reinem Alkohol.

Netto-Gewicht in Kilogramm	Wahre Stärke					Netto-Gewicht in Kilogramm	Wahre Stärke				
	95,0	95,2	95,4	95,6	95,8		95,0	95,2	95,4	95,6	95,8
	Gehalt an reinem Alkohol in Liter						Gehalt an reinem Alkohol in Liter				
60	72,0	72,1	72,3	72,4	72,6	90	107,9	108,2	108,4	108,6	108,9
61	73,2	73,3	73,5	73,6	73,8	91	109,1	109,4	109,6	109,8	110,1
62	74,4	74,5	74,7	74,8	75,0	92	110,3	110,6	110,8	111,0	111,3
63	75,6	75,7	75,9	76,0	76,2	93	111,5	111,8	112,0	112,2	112,5
64	76,8	76,9	77,1	77,2	77,4	94	112,7	113,0	113,2	113,5	113,7
65	78,0	78,1	78,3	78,4	78,6	95	113,9	114,2	114,4	114,7	114,9
66	79,2	79,3	79,5	79,7	79,8	96	115,1	115,4	115,6	115,9	116,1
67	80,4	80,5	80,7	80,9	81,0	97	116,3	116,6	116,8	117,1	117,3
68	81,6	81,7	81,9	82,1	82,2	98	117,5	117,8	118,0	118,3	118,5
69	82,8	82,9	83,1	83,3	83,5	99	118,7	119,0	119,2	119,5	119,7
70	84,0	84,1	84,3	84,5	84,7	100	119,9	120,2	120,4	120,7	120,9
71	85,2	85,3	85,5	85,7	85,9	200	239,9	240,4	240,9	241,4	241,9
72	86,4	86,5	86,7	86,9	87,1	300	359,8	360,6	361,3	362,1	362,8
73	87,6	87,7	87,9	88,1	88,3	400	479,7	480,7	481,8	482,8	483,8
74	88,8	88,9	89,1	89,3	89,5	500	599,7	600,9	602,2	603,5	604,7
75	90,0	90,1	90,3	90,5	90,7	600	719,6	721,1	722,6	724,2	725,7
76	91,2	91,3	91,5	91,7	91,9	700	839,5	841,3	843,1	844,8	846,6
77	92,3	92,5	92,7	92,9	93,1	800	959,5	961,5	963,5	965,5	967,6
78	93,5	93,7	93,9	94,1	94,3	900	1079,4	1081,7	1084,0	1086,2	1088,5
79	94,7	94,9	95,1	95,3	95,5						
80	95,9	96,1	96,4	96,6	96,8	1000	1199	1202	1204	1207	1209
81	97,1	97,4	97,6	97,8	98,0	2000	2399	2404	2409	2414	2419
82	98,3	98,6	98,8	99,0	99,2	3000	3598	3606	3613	3621	3628
83	99,5	99,8	100,0	100,2	100,4	4000	4797	4807	4818	4828	4838
84	100,7	101,0	101,2	101,4	101,6	5000	5997	6009	6022	6035	6047
85	101,9	102,2	102,4	102,6	102,8	6000	7196	7211	7226	7242	7257
86	103,1	103,4	103,6	103,8	104,0	7000	8395	8413	8431	8448	8466
87	104,3	104,6	104,8	105,0	105,2	8000	9595	9615	9635	9655	9676
88	105,5	105,8	106,0	106,2	106,4	9000	10794	10817	10840	10862	10885
89	106,7	107,0	107,2	107,4	107,6	10000	11993	12019	12044	12069	12094

Tafel 2
zur Ermittelung des Gehaltes an reinem Alkohol.

Netto-Gewicht in Kilogramm	Wahre Stärke 96,0	96,2	96,4	96,6	96,8	Netto-Gewicht in Kilogramm	Wahre Stärke 96,0	96,2	96,4	96,6	96,8
	Gehalt an reinem Alkohol in Liter						Gehalt an reinem Alkohol in Liter				
0,5	0,6	0,6	0,6	0,6	0,6	30	36,4	36,4	36,5	36,6	36,7
1	1,2	1,2	1,2	1,2	1,2	31	37,6	37,6	37,7	37,8	37,9
2	2,4	2,4	2,4	2,4	2,4	32	38,8	38,9	38,9	39,0	39,1
3	3,6	3,6	3,7	3,7	3,7	33	40,0	40,1	40,2	40,2	40,3
4	4,8	4,9	4,9	4,9	4,9	34	41,2	41,3	41,4	41,5	41,6
5	6,1	6,1	6,1	6,1	6,1	35	42,4	42,5	42,6	42,7	42,8
6	7,3	7,3	7,3	7,3	7,3	36	43,6	43,7	43,8	43,9	44,0
7	8,5	8,5	8,5	8,5	8,6	37	44,8	44,9	45,0	45,1	45,2
8	9,7	9,7	9,7	9,8	9,8	38	46,1	46,2	46,2	46,3	46,4
9	10,9	10,9	11,0	11,0	11,0	39	47,3	47,4	47,5	47,6	47,7
10	12,1	12,1	12,2	12,2	12,2	40	48,5	48,6	48,7	48,8	48,9
11	13,3	13,4	13,4	13,4	13,4	41	49,7	49,8	49,9	50,0	50,1
12	14,5	14,6	14,6	14,6	14,7	42	50,9	51,0	51,1	51,2	51,3
13	15,8	15,8	15,8	15,9	15,9	43	52,1	52,2	52,3	52,4	52,5
14	17,0	17,0	17,0	17,1	17,1	44	53,3	53,4	53,5	53,7	53,8
15	18,2	18,2	18,3	18,3	18,3	45	54,5	54,7	54,8	54,9	55,0
16	19,4	19,4	19,5	19,5	19,6	46	55,8	55,9	56,0	56,1	56,2
17	20,6	20,6	20,7	20,7	20,8	47	57,0	57,1	57,2	57,3	57,4
18	21,8	21,9	21,9	22,0	22,0	48	58,2	58,3	58,4	58,5	58,7
19	23,0	23,1	23,1	23,2	23,2	49	59,4	59,5	59,6	59,8	59,9
20	24,2	24,3	24,3	24,4	24,4	50	60,6	60,7	60,9	61,0	61,1
21	25,5	25,5	25,6	25,6	25,7	51	61,8	61,9	62,1	62,2	62,3
22	26,7	26,7	26,8	26,8	26,9	52	63,0	63,2	63,3	63,4	63,5
23	27,9	27,9	28,0	28,0	28,1	53	64,2	64,4	64,5	64,6	64,8
24	29,1	29,1	29,2	29,3	29,3	54	65,4	65,6	65,7	65,9	66,0
25	30,3	30,4	30,4	30,5	30,6	55	66,7	66,8	66,9	67,1	67,2
26	31,5	31,6	31,6	31,7	31,8	56	67,9	68,0	68,2	68,3	68,4
27	32,7	32,8	32,9	32,9	33,0	57	69,1	69,2	69,4	69,5	69,7
28	33,9	34,0	34,1	34,1	34,2	58	70,3	70,4	70,6	70,7	70,9
29	35,1	35,2	35,3	35,4	35,4	59	71,5	71,7	71,8	72,0	72,1

Tafel 2
zur Ermittelung des Gehaltes an reinem Alkohol.

Netto-Gewicht in Kilogramm	Wahre Stärke					Netto-Gewicht in Kilogramm	Wahre Stärke				
	96,0	96,2	96,4	96,6	96,8		96,0	96,2	96,4	96,6	96,8
	Gehalt an reinem Alkohol in Liter						Gehalt an reinem Alkohol in Liter				
60	72,7	72,9	73,0	73,2	73,3	90	109,1	109,3	109,5	109,8	110,0
61	73,9	74,1	74,2	74,4	74,5	91	110,3	110,5	110,7	111,0	111,2
62	75,1	75,3	75,5	75,6	75,8	92	111,5	111,7	112,0	112,2	112,4
63	76,4	76,5	76,7	76,8	77,0	93	112,7	112,9	113,2	113,4	113,7
64	77,6	77,7	77,9	78,1	78,2	94	113,9	114,2	114,4	114,6	114,9
65	78,8	78,9	79,1	79,3	79,4	95	115,1	115,4	115,6	115,9	116,1
66	80,0	80,2	80,3	80,5	80,7	96	116,3	116,6	116,8	117,1	117,3
67	81,2	81,4	81,5	81,7	81,9	97	117,6	117,8	118,1	118,3	118,5
68	82,4	82,6	82,8	82,9	83,1	98	118,8	119,0	119,3	119,5	119,8
69	83,6	83,8	84,0	84,1	84,3	99	120,0	120,2	120,5	120,7	121,0
70	84,8	85,0	85,2	85,4	85,5	100	121,2	121,4	121,7	122,0	122,2
71	86,0	86,2	86,4	86,6	86,8	200	242,4	242,9	243,4	243,9	244,4
72	87,3	87,4	87,6	87,8	88,0	300	363,6	364,3	365,1	365,9	366,6
73	88,5	88,7	88,8	89,0	89,2	400	484,8	485,8	486,8	487,8	488,8
74	89,7	89,9	90,1	90,2	90,4	500	606,0	607,2	608,5	609,8	611,0
75	90,9	91,1	91,3	91,5	91,7	600	727,2	728,7	730,2	731,7	733,2
76	92,1	92,3	92,5	92,7	92,9	700	848,4	850,1	851,9	853,7	855,4
77	93,3	93,5	93,7	93,9	94,1	800	969,6	971,6	973,6	975,6	977,7
78	94,5	94,7	94,9	95,1	95,3	900	1090,8	1093,0	1095,3	1097,6	1099,9
79	95,7	95,9	96,1	96,3	96,5						
80	97,0	97,2	97,4	97,6	97,8	1000	1212	1214	1217	1220	1222
81	98,2	98,4	98,6	98,8	99,0	2000	2424	2429	2434	2439	2444
82	99,4	99,6	99,8	100,0	100,2	3000	3636	3643	3651	3659	3666
83	100,6	100,8	101,0	101,2	101,4	4000	4848	4858	4868	4878	4888
84	101,8	102,0	102,2	102,4	102,7	5000	6060	6072	6085	6098	6110
85	103,0	103,2	103,4	103,7	103,9	6000	7272	7287	7302	7317	7332
86	104,2	104,4	104,7	104,9	105,1	7000	8484	8501	8519	8537	8551
87	105,4	105,7	105,9	106,1	106,3	8000	9696	9716	9736	9756	9777
88	106,7	106,9	107,1	107,3	107,5	9000	10908	10930	10953	10976	10999
89	107,9	108,1	108,3	108,5	108,8	10000	12120	12145	12170	12195	12221

Tafel 2
zur Ermittelung des Gehaltes an reinem Alkohol.

Netto-Gewicht in Kilogramm	Wahre Stärke 97,0	97,2	97,4	97,6	97,8	Netto-Gewicht in Kilogramm	Wahre Stärke 97,0	97,2	97,4	97,6	97,8
	Gehalt an reinem Alkohol in Liter						Gehalt an reinem Alkohol in Liter				
0,5	0,6	0,6	0,6	0,6	0,6	30	36,7	36,8	36,9	37,0	37,0
1	1,2	1,2	1,2	1,2	1,2	31	38,0	38,0	38,1	38,2	38,3
2	2,4	2,5	2,5	2,5	2,5	32	39,2	39,3	39,3	39,4	39,5
3	3,7	3,7	3,7	3,7	3,7	33	40,4	40,5	40,6	40,7	40,7
4	4,9	4,9	4,9	4,9	4,9	34	41,6	41,7	41,8	41,9	42,0
5	6,1	6,1	6,1	6,2	6,2	35	42,9	42,9	43,0	43,1	43,2
6	7,3	7,4	7,4	7,4	7,4	36	44,1	44,2	44,3	44,4	44,4
7	8,6	8,6	8,6	8,6	8,6	37	45,3	45,4	45,5	45,6	45,7
8	9,8	9,8	9,8	9,9	9,9	38	46,5	46,6	46,7	46,8	46,9
9	11,0	11,0	11,1	11,1	11,1	39	47,8	47,9	48,0	48,1	48,2
10	12,2	12,3	12,3	12,3	12,3	40	49,0	49,1	49,2	49,3	49,4
11	13,5	13,5	13,5	13,6	13,6	41	50,2	50,3	50,4	50,5	50,6
12	14,7	14,7	14,8	14,8	14,8	42	51,4	51,5	51,6	51,8	51,9
13	15,9	16,0	16,0	16,0	16,1	43	52,7	52,8	52,9	53,0	53,1
14	17,1	17,2	17,2	17,3	17,3	44	53,9	54,0	54,1	54,2	54,3
15	18,4	18,4	18,4	18,5	18,5	45	55,1	55,2	55,3	55,4	55,6
16	19,6	19,6	19,7	19,7	19,8	46	56,3	56,4	56,6	56,7	56,8
17	20,8	20,9	20,9	20,9	21,0	47	57,6	57,7	57,8	57,9	58,0
18	22,0	22,1	22,1	22,2	22,2	48	58,8	58,9	59,0	59,1	59,3
19	23,3	23,3	23,4	23,4	23,5	49	60,0	60,1	60,3	60,4	60,5
20	24,5	24,5	24,6	24,6	24,7	50	61,2	61,4	61,5	61,6	61,7
21	25,7	25,8	25,8	25,9	25,9	51	62,5	62,6	62,7	62,8	63,0
22	26,9	27,0	27,1	27,1	27,2	52	63,7	63,8	63,9	64,1	64,2
23	28,2	28,2	28,3	28,3	28,4	53	64,9	65,0	65,2	65,3	65,4
24	29,4	29,5	29,5	29,6	29,6	54	66,1	66,3	66,4	66,5	66,7
25	30,6	30,7	30,7	30,8	30,9	55	67,4	67,5	67,6	67,8	67,9
26	31,8	31,9	32,0	32,0	32,1	56	68,6	68,7	68,9	69,0	69,1
27	33,1	33,1	33,2	33,3	33,3	57	69,8	69,9	70,1	70,2	70,4
28	34,3	34,4	34,4	34,5	34,6	58	71,0	71,2	71,3	71,5	71,6
29	35,5	35,6	35,7	35,7	35,8	59	72,3	72,4	72,5	72,7	72,8

Tafel 2
zur Ermittelung des Gehaltes an reinem Alkohol.

Netto-Gewicht in Kilogramm	Wahre Stärke					Netto-Gewicht in Kilogramm	Wahre Stärke				
	97,0	97,2	97,4	97,6	97,8		97,0	97,2	97,4	97,6	97,8
	Gehalt an reinem Alkohol in Liter						Gehalt an reinem Alkohol in Liter				
60	73,5	73,6	73,8	73,9	74,1	90	110,2	110,4	110,7	110,9	111,1
61	74,7	74,9	75,0	75,2	75,3	91	111,4	111,7	111,9	112,1	112,4
62	75,9	76,1	76,2	76,4	76,6	92	112,7	112,9	113,1	113,4	113,6
63	77,1	77,3	77,5	77,6	77,8	93	113,9	114,1	114,4	114,6	114,8
64	78,4	78,5	78,7	78,9	79,0	94	115,1	115,3	115,6	115,8	116,1
65	79,6	79,8	79,9	80,1	80,3	95	116,3	116,6	116,8	117,1	117,3
66	80,8	81,0	81,2	81,3	81,5	96	117,6	117,8	118,0	118,3	118,5
67	82,0	82,2	82,4	82,6	82,7	97	118,8	119,0	119,3	119,5	119,8
68	83,3	83,4	83,6	83,8	84,0	98	120,0	120,3	120,5	120,8	121,0
69	84,5	84,7	84,8	85,0	85,2	99	121,2	121,5	121,7	122,0	122,2
70	85,7	85,9	86,1	86,3	86,4	100	122,5	122,7	123,0	123,2	123,5
71	86,9	87,1	87,3	87,5	87,7	200	244,9	245,4	245,9	246,4	246,9
72	88,2	88,4	88,5	88,7	88,9	300	367,4	368,1	368,9	369,7	370,4
73	89,4	89,6	89,8	89,9	90,1	400	489,8	490,8	491,9	492,9	493,9
74	90,6	90,8	91,0	91,2	91,4	500	612,3	613,6	614,8	616,1	617,3
75	91,8	92,0	92,2	92,4	92,6	600	734,8	736,3	737,8	739,3	740,8
76	93,1	93,3	93,5	93,6	93,8	700	857,2	859,0	860,8	862,5	864,3
77	94,3	94,5	94,7	94,9	95,1	800	979,7	981,7	983,7	985,7	987,8
78	95,5	95,7	95,9	96,1	96,3	900	1102,1	1104,4	1106,7	1109,0	1111,2
79	96,7	96,9	97,1	97,3	97,5						
80	98,0	98,2	98,4	98,6	98,8	1000	1225	1227	1230	1232	1235
81	99,2	99,4	99,6	99,8	100,0	2000	2449	2454	2459	2461	2469
82	100,4	100,6	100,8	101,0	101,2	3000	3674	3681	3689	3697	3704
83	101,6	101,9	102,1	102,3	102,5	4000	4898	4908	4919	4929	4939
84	102,9	103,1	103,3	103,5	103,7	5000	6123	6136	6148	6161	6173
85	104,1	104,3	104,5	104,7	104,9	6000	7348	7363	7378	7393	7408
86	105,3	105,5	105,7	106,0	106,2	7000	8572	8590	8608	8625	8643
87	106,5	106,8	107,0	107,2	107,4	8000	9797	9817	9837	9857	9878
88	107,8	108,0	108,2	108,4	108,7	9000	11021	11044	11067	11090	11112
89	109,0	109,2	109,4	109,7	109,9	10000	12246	12271	12296	12322	12347

11*

Tafel 2
zur Ermittelung des Gehaltes an reinem Alkohol.

Netto-Gewicht in Kilogramm	Wahre Stärke 98,0	98,2	98,4	98,6	98,8
	Gehalt an reinem Alkohol in Liter				
0,5	0,6	0,6	0,6	0,6	0,6
1	1,2	1,2	1,2	1,2	1,2
2	2,5	2,5	2,5	2,5	2,5
3	3,7	3,7	3,7	3,7	3,7
4	4,9	5,0	5,0	5,0	5,0
5	6,2	6,2	6,2	6,2	6,2
6	7,4	7,4	7,5	7,5	7,5
7	8,7	8,7	8,7	8,7	8,7
8	9,9	9,9	9,9	10,0	10,0
9	11,1	11,2	11,2	11,2	11,2
10	12,4	12,4	12,4	12,4	12,5
11	13,6	13,6	13,7	13,7	13,7
12	14,8	14,9	14,9	14,9	15,0
13	16,1	16,1	16,1	16,2	16,2
14	17,3	17,4	17,4	17,4	17,5
15	18,6	18,6	18,6	18,7	18,7
16	19,8	19,8	19,9	19,9	20,0
17	21,0	21,1	21,1	21,2	21,2
18	22,3	22,3	22,4	22,4	22,5
19	23,5	23,6	23,6	23,7	23,7
20	24,7	24,8	24,8	24,9	24,9
21	26,0	26,0	26,1	26,1	26,2
22	27,2	27,3	27,3	27,4	27,4
23	28,5	28,5	28,6	28,6	28,7
24	29,7	29,8	29,8	29,9	29,9
25	30,9	31,0	31,1	31,1	31,2
26	32,2	32,2	32,3	32,4	32,4
27	33,4	33,5	33,5	33,6	33,7
28	34,6	34,7	34,8	34,9	34,9
29	35,9	36,0	36,0	36,1	36,2

Netto-Gewicht in Kilogramm	Wahre Stärke 98,0	98,2	98,4	98,6	98,8
	Gehalt an reinem Alkohol in Liter				
30	37,1	37,2	37,3	37,3	37,4
31	38,4	38,4	38,5	38,6	38,7
32	39,6	39,7	39,8	39,8	39,9
33	40,8	40,9	41,0	41,1	41,2
34	42,1	42,2	42,2	42,3	42,4
35	43,3	43,4	43,5	43,6	43,7
36	44,5	44,6	44,7	44,8	44,9
37	45,8	45,9	46,0	46,1	46,2
38	47,0	47,1	47,2	47,3	47,4
39	48,3	48,4	48,4	48,5	48,6
40	49,5	49,6	49,7	49,8	49,9
41	50,7	50,8	50,9	51,0	51,1
42	52,0	52,1	52,2	52,3	52,4
43	53,2	53,3	53,4	53,5	53,6
44	54,4	54,5	54,7	54,8	54,9
45	55,7	55,8	55,9	56,0	56,1
46	56,9	57,0	57,1	57,3	57,4
47	58,1	58,3	58,4	58,5	58,6
48	59,4	59,5	59,6	59,8	59,9
49	60,6	60,7	60,9	61,0	61,1
50	61,9	62,0	62,1	62,2	62,4
51	63,1	63,2	63,4	63,5	63,6
52	64,3	64,5	64,6	64,7	64,9
53	65,6	65,7	65,8	66,0	66,1
54	66,8	66,9	67,1	67,2	67,4
55	68,0	68,2	68,3	68,5	68,6
56	69,3	69,4	69,6	69,7	69,8
57	70,5	70,7	70,8	71,0	71,1
58	71,8	71,9	72,1	72,2	72,3
59	73,0	73,1	73,3	73,4	73,6

Tafel 2
zur Ermittelung des Gehaltes an reinem Alkohol.

Netto-Gewicht in Kilogramm	Wahre Stärke 98,0	98,2	98,4	98,6	98,8	Netto-Gewicht in Kilogramm	Wahre Stärke 98,0	98,2	98,4	98,6	98,8
	Gehalt an reinem Alkohol in Liter						Gehalt an reinem Alkohol in Liter				
60	74,2	74,4	74,5	74,7	74,8	90	111,3	111,6	111,8	112,0	112,3
61	75,5	75,6	75,8	75,9	76,1	91	112,6	112,8	113,0	113,3	113,5
62	76,7	76,9	77,0	77,2	77,3	92	113,8	114,1	114,3	114,5	114,8
63	77,9	78,1	78,3	78,4	78,6	93	115,1	115,3	115,5	115,8	116,0
64	79,2	79,3	79,5	79,7	79,8	94	116,3	116,5	116,8	117,0	117,2
65	80,4	80,6	80,7	80,9	81,1	95	117,5	117,8	118,0	118,3	118,5
66	81,7	81,8	82,0	82,2	82,3	96	118,8	119,0	119,3	119,5	119,7
67	82,9	83,1	83,2	83,4	83,6	97	120,0	120,3	120,5	120,7	121,0
68	84,1	84,3	84,5	84,6	84,8	98	121,2	121,5	121,7	122,0	122,2
69	85,4	85,5	85,7	85,9	86,1	99	122,5	122,7	123,0	123,2	123,5
70	86,6	86,8	87,0	87,1	87,3	100	123,7	124,0	124,2	124,5	124,7
71	87,8	88,0	88,2	88,4	88,6	200	247,4	247,9	248,5	249,0	249,5
72	89,1	89,3	89,4	89,6	89,8	300	371,2	371,9	372,7	373,4	374,2
73	90,3	90,5	90,7	90,9	91,1	400	494,9	495,9	496,9	497,9	498,9
74	91,6	91,7	91,9	92,1	92,3	500	618,6	619,9	621,1	622,4	623,7
75	92,8	93,0	93,2	93,4	93,5	600	742,3	743,8	745,4	746,9	748,4
76	94,0	94,2	94,4	94,6	94,8	700	866,1	867,8	869,6	871,4	873,1
77	95,3	95,5	95,7	95,8	96,0	800	989,8	991,8	993,8	995,8	997,9
78	96,5	96,7	96,9	97,1	97,3	900	1113,5	1115,8	1118,0	1120,3	1122,6
79	97,7	97,9	98,1	98,3	98,5						
80	99,0	99,2	99,4	99,6	99,8	1000	1237	1240	1242	1245	1247
81	100,2	100,4	100,6	100,8	101,0	2000	2474	2479	2485	2490	2495
82	101,5	101,7	101,9	102,1	102,3	3000	3712	3719	3727	3734	3742
83	102,7	102,9	103,1	103,3	103,5	4000	4949	4959	4969	4979	4989
84	103,9	104,1	104,4	104,6	104,8	5000	6186	6199	6211	6224	6237
85	105,2	105,4	105,6	105,8	106,0	6000	7423	7438	7454	7469	7484
86	106,4	106,6	106,8	107,1	107,3	7000	8661	8678	8696	8714	8731
87	107,6	107,9	108,1	108,3	108,5	8000	9898	9918	9938	9958	9979
88	108,9	109,1	109,3	109,5	109,8	9000	11135	11158	11180	11203	11226
89	110,1	110,3	110,6	110,8	111,0	10000	12372	12397	12423	12448	12473

Tafel 2
zur Ermittelung des Gehaltes an reinem Alkohol.

Netto-Gewicht in Kilogramm	Wahre Stärke 99,0	99,2	99,4	99,6	99,8	Netto-Gewicht in Kilogramm	Wahre Stärke 99,0	99,2	99,4	99,6	99,8
	Gehalt an reinem Alkohol in Liter						Gehalt an reinem Alkohol in Liter				
0,5	0,6	0,6	0,6	0,6	0,6	30	37,5	37,6	37,6	37,7	37,8
1	1,2	1,3	1,3	1,3	1,3	31	38,7	38,8	38,9	39,0	39,1
2	2,5	2,5	2,5	2,5	2,5	32	40,0	40,1	40,2	40,2	40,3
3	3,7	3,8	3,8	3,8	3,8	33	41,2	41,3	41,4	41,5	41,6
4	5,0	5,0	5,0	5,0	5,0	34	42,5	42,6	42,7	42,8	42,8
5	6,2	6,3	6,3	6,3	6,3	35	43,7	43,8	43,9	44,0	44,1
6	7,5	7,5	7,5	7,5	7,6	36	45,0	45,1	45,2	45,3	45,4
7	8,7	8,8	8,8	8,8	8,8	37	46,2	46,3	46,4	46,5	46,6
8	10,0	10,0	10,0	10,1	10 1	38	47,5	47,6	47,7	47,8	47,9
9	11,2	11,3	11,3	11,3	11,3	39	48,7	48,8	48,9	49,0	49,1
10	12,5	12,5	12,5	12,6	12,6	40	50,0	50,1	50,2	50,3	50,4
11	13,7	13,8	13,8	13,8	13,9	41	51,2	51,3	51,5	51,6	51,7
12	15,0	15,0	15,1	15,1	15,1	42	52,5	52,6	52,7	52,8	52,9
13	16,2	16,3	16,3	16,3	16,4	43	53,7	53,9	54,0	54,1	54,2
14	17,5	17,5	17,6	17,6	17,6	44	55,0	55,1	55,2	55,3	55,4
15	18,7	18,8	18,8	18,9	18,9	45	56,2	56,4	56,5	56,6	56,7
16	20,0	20,0	20,1	20,1	20,2	46	57,5	57,6	57,7	57,8	58,0
17	21,2	21,3	21,3	21,4	21,4	47	58,7	58,9	59,0	59,1	59,2
18	22,5	22,5	22,6	22,6	22,7	48	60,0	60,1	60,2	60,4	60,5
19	23,7	23,8	23,8	23,9	23,9	49	61,2	61,4	61,5	61,6	61,7
20	25,0	25,0	25,1	25,1	25,2	50	62,5	62,6	62,7	62,9	63,0
21	26,2	26,3	26,4	26,4	26,5	51	63,7	63,9	64,0	64,1	64,3
22	27,5	27,6	27,6	27,7	27,7	52	65,0	65,1	65,3	65,4	65,5
23	28,7	28,8	28,9	28,9	29,0	53	66,2	66,4	66,5	66,6	66,8
24	30,0	30,1	30,1	30,2	30,2	54	67,5	67,6	67,8	67,9	68,0
25	31,2	31,3	31,4	31,4	31,5	55	68,7	68,9	69,0	69,2	69,3
26	32,5	32,6	32,6	32,7	32,8	56	70,0	70,1	70,3	70,4	70,6
27	33,7	33,8	33,9	34,0	34,0	57	71,2	71,4	71,5	71,7	71,8
28	35,0	35,1	35,1	35,2	35,3	58	72,5	72,6	72,8	72,9	73,1
29	36,2	36,3	36,4	36,5	36,5	59	73,7	73,9	74,0	74,2	74,3

Tafel 2
zur Ermittelung des Gehaltes an reinem Alkohol.

Netto-Gewicht in Kilogramm	Wahre Stärke					Netto-Gewicht in Kilogramm	Wahre Stärke				
	99,0	99,2	99,4	99,6	99,8		99,0	99,2	99,4	99,6	99,8
	Gehalt an reinem Alkohol in Liter						Gehalt an reinem Alkohol in Liter				
60	75,0	75,1	75,3	75,4	75,6	90	112,5	112,7	112,9	113,2	113,4
61	76,2	76,4	76,5	76,7	76,9	91	113,7	114,0	114,2	114,4	114,7
62	77,5	77,6	77,8	78,0	78,1	92	115,0	115,2	115,5	115,7	115,9
63	78,7	78,9	79,1	79,2	79,4	93	116,2	116,5	116,7	116,9	117,2
64	80,0	80,2	80,3	80,5	80,6	94	117,5	117,7	118,0	118,2	118,4
65	81,2	81,4	81,6	81,7	81,9	95	118,7	119,0	119,2	119,5	119,7
66	82,5	82,7	82,8	83,0	83,2	96	120,0	120,2	120,5	120,7	121,0
67	83,7	83,9	84,1	84,2	84,4	97	121,2	121,5	121,7	122,0	122,2
68	85,0	85,2	85,3	85,5	85,7	98	122,5	122,7	123,0	123,2	123,5
69	86,2	86,4	86,6	86,8	86,9	99	123,7	124,0	124,2	124,5	124,7
70	87,5	87,7	87,8	88,0	88,2	100	125,0	125,2	125,5	125,7	126,0
71	88,7	88,9	89,1	89,3	89,5	200	250,0	250,5	251,0	251,5	252,0
72	90,0	90,2	90,4	90,5	90,7	300	375,0	375,7	376,5	377,2	378,0
73	91,2	91,4	91,6	91,8	92,0	400	499,9	500,9	502,0	503,0	504,0
74	92,5	92,7	92,9	93,0	93,2	500	624,9	626,2	627,4	628,7	630,0
75	93,7	93,9	94,1	94,3	94,5	600	749,9	751,4	752,9	754,5	756,0
76	95,0	95,2	95,4	95,6	95,8	700	874,9	876,7	878,4	880,2	882,0
77	96,2	96,4	96,6	96,8	97,0	800	999,9	1001,9	1003,9	1005,9	1008,0
78	97,5	97,7	97,9	98,1	98,3	900	1124,9	1127,1	1129,4	1131,7	1134,0
79	98,7	98,9	99,1	99,3	99,5						
80	100,0	100,2	100,4	100,6	100,8	1000	1250	1252	1255	1257	1260
81	101,2	101,4	101,6	101,9	102,1	2000	2500	2505	2510	2515	2520
82	102,5	102,7	102,9	103,1	103,3	3000	3750	3757	3765	3772	3780
83	103,7	103,9	104,2	104,4	104,6	4000	4999	5009	5020	5030	5040
84	105,0	105,2	105,4	105,6	105,8	5000	6249	6262	6274	6287	6300
85	106,2	106,5	106,7	106,9	107,1	6000	7499	7514	7529	7545	7560
86	107,5	107,7	107,9	108,1	108,4	7000	8749	8767	8784	8802	8820
87	108,7	109,0	109,2	109,4	109,6	8000	9999	10019	10039	10059	10080
88	110,0	110,2	110,4	110,7	110,9	9000	11249	11271	11294	11317	11340
89	111,2	111,5	111,7	111,9	112,1	10000	12498	12524	12549	12574	12599

Tafel 3
zur Ermittelung des Nettogewichtes unter Anwendung der Normaltarasätze.

Brutto	Netto	Brutto	Netto	Brutto	Netto	Brutto	Netto	Brutto	Netto	Brutto	Netto
Kilogramm		Kilogramm		Kilogramm		Kilogramm		Kilogramm		Kilogramm	
30,5	24	51	40,5	71,5	56,5	92	72,5	112,5	89	133	105
31	24,5	51,5	40,5	72	57	92,5	73	113	89,5	133,5	105,5
31,5	25	52	41	72,5	57,5	93	73,5	113,5	89,5	134	106
32	25,5	52,5	41,5	73	57,5	93,5	74	114	90	134,5	106,5
32,5	25,5	53	42	73,5	58	94	74,5	114,5	90,5	135	106,5
33	26	53,5	42,5	74	58,5	94,5	74,5	115	91	135,5	107
33,5	26,5	54	42,5	74,5	59	95	75	115,5	91	136	107,5
34	27	54,5	43	75	59,5	95,5	75,5	116	91,5	136,5	108
34,5	27,5	55	43,5	75,5	59,5	96	76	116,5	92	137	108
35	27,5	55,5	44	76	60	96,5	76	117	92,5	137,5	108,5
35,5	28	56	44	76,5	60,5	97	76,5	117,5	93	138	109
36	28,5	56,5	44,5	77	61	97,5	77	118	93	138,5	109,5
36,5	29	57	45	77,5	61	98	77,5	118,5	93,5	139	110
37	29	57,5	45,5	78	61,5	98,5	78	119	94	139,5	110
37,5	29,5	58	46	78,5	62	99	78	119,5	94,5	140	110,5
38	30	58,5	46	79	62,5	99,5	78,5	120	95	140,5	111
38,5	30,5	59	46,5	79,5	63	100	79	120,5	95	141	111,5
39	31	59,5	47	80	63	100,5	79,5	121	95,5	141,5	112
39,5	31	60	47,5	80,5	63,5	101	80	121,5	96	142	112
40	31,5	60,5	48	81	64	101,5	80	122	96,5	142,5	112,5
40,5	32	61	48	81,5	64,5	102	80,5	122,5	97	143	113
41	32,5	61,5	48,5	82	65	102,5	81	123	97	143,5	113,5
41,5	33	62	49	82,5	65	103	81,5	123,5	97,5	144	114
42	33	62,5	49,5	83	65,5	103,5	82	124	98	144,5	114
42,5	33,5	63	50	83,5	66	104	82	124,5	98,5	145	114,5
43	34	63,5	50	84	66,5	104,5	82,5	125	99	145,5	115
43,5	34,5	64	50,5	84,5	67	105	83	125,5	99	146	115,5
44	35	64,5	51	85	67	105,5	83,5	126	99,5	146,5	115,5
44,5	35	65	51,5	85,5	67,5	106	83,5	126,5	100	147	116
45	35,5	65,5	51,5	86	68	106,5	84	127	100,5	147,5	116,5
45,5	36	66	52	86,5	68,5	107	84,5	127,5	100,5	148	117
46	36,5	66,5	52,5	87	68,5	107,5	85	128	101	148,5	117,5
46,5	36,5	67	53	87,5	69	108	85,5	128,5	101,5	149	117,5
47	37	67,5	53,5	88	69,5	108,5	85,5	129	102	149,5	118
47,5	37,5	68	53,5	88,5	70	109	86	129,5	102,5	150	118,5
48	38	68,5	54	89	70,5	109,5	86,5	130	102,5	150,5	119
48,5	38,5	69	54,5	89,5	70,5	110	87	130,5	103	151	119,5
49	38,5	69,5	55	90	71	110,5	87,5	131	103,5	151,5	119,5
49,5	39	70	55,5	90,5	71,5	111	87,5	131,5	104	152	120
50	39,5	70,5	55,5	91	72	111,5	88	132	104,5	152,5	120,5
50,5	40	71	56	91,5	72,5	112	88,5	132,5	104,5	153	121

Tafel 3
zur Ermittelung des Nettogewichtes unter Anwendung der Normaltarasätze.

Brutto	Netto	Brutto	Netto	Brutto	Netto	Brutto	Netto	Brutto	Netto	Brutto	Netto
Kilogramm		Kilogramm		Kilogramm		Kilogramm		Kilogramm		Kilogramm	
153,5	121,5	174	137,5	194,5	153,5	215	170	235,5	186	256	210
154	121,5	174,5	138	195	154	215,5	170	236	186,5	256,5	210,5
154,5	122	175	138,5	195,5	154,5	216	170,5	236,5	187	257	210,5
155	122,5	175,5	138,5	196	155	216,5	171	237	187	257,5	211
155,5	123	176	139	196,5	155	217	171,5	237,5	187,5	258	211,5
156	123	176,5	139,5	197	155,5	217,5	172	238	188	258,5	212
156,5	123,5	177	140	197,5	156	218	172	238,5	188,5	259	212,5
157	124	177,5	140	198	156,5	218,5	172,5	239	189	259,5	213
157,5	124,5	178	140,5	198,5	157	219	173	239,5	189	260	213
158	125	178,5	141	199	157	219,5	173,5	240	189,5	260,5	213,5
158,5	125	179	141,5	199,5	157,5	220	174	240,5	190	261	214
159	125,5	179,5	142	200	158	220,5	174	241	190,5	261,5	214,5
159,5	126	180	142	200,5	158,5	221	174,5	241,5	191	262	215
160	126,5	180,5	142,5	201	159	221,5	175	242	191	262,5	215,5
160,5	127	181	143	201,5	159	222	175,5	242,5	191,5	263	215,5
161	127	181,5	143,5	202	159,5	222,5	176	243	192	263,5	216
161,5	127,5	182	144	202,5	160	223	176	243,5	192,5	264	216,5
162	128	182,5	144	203	160,5	223,5	176,5	244	193	264,5	217
162,5	128,5	183	144,5	203,5	161	224	177	244,5	193	265	217,5
163	129	183,5	145	204	161	224,5	177,5	245	193,5	265,5	217,5
163,5	129	184	145,5	204,5	161,5	225	178	245,5	194	266	218
164	129,5	184,5	146	205	162	225,5	178	246	194,5	266,5	218,5
164,5	130	185	146	205,5	162,5	226	178,5	246,5	194,5	267	219
165	130,5	185,5	146,5	206	162,5	226,5	179	247	195	267,5	219,5
165,5	130,5	186	147	206,5	163	227	179,5	247,5	195,5	268	220
166	131	186,5	147,5	207	163,5	227,5	179,5	248	196	268,5	220
166,5	131,5	187	147,5	207,5	164	228	180	248,5	196,5	269	220,5
167	132	187,5	148	208	164,5	228,5	180,5	249	196,5	269,5	221
167,5	132,5	188	148,5	208,5	164,5	229	181	249,5	197	270	221,5
168	132,5	188,5	149	209	165	229,5	181,5	250	197,5	270,5	222
168,5	133	189	149,5	209,5	165,5	230	181,5	250,5	205,5	271	222
169	133,5	189,5	149,5	210	166	230,5	182	251	206	271,5	222,5
169,5	134	190	150	210,5	166,5	231	182,5	251,5	206	272	223
170	134,5	190,5	150,5	211	166,5	231,5	183	252	206,5	272,5	223,5
170,5	134,5	191	151	211,5	167	232	183,5	252,5	207	273	224
171	135	191,5	151,5	212	167,5	232,5	183,5	253	207,5	273,5	224,5
171,5	135,5	192	151,5	212,5	168	233	184	253,5	208	274	224,5
172	136	192,5	152	213	168,5	233,5	184,5	254	208,5	274,5	225
172,5	136,5	193	152,5	213,5	168,5	234	185	254,5	208,5	275	225,5
173	136,5	193,5	153	214	169	234,5	185,5	255	209	275,5	226
173,5	137	194	153,5	214,5	169,5	235	185,5	255,5	209,5	276	226,5

Tafel 3
zur Ermittelung des Nettogewichtes unter Anwendung der Normaltarasätze.

Brutto	Netto	Brutto	Netto	Brutto	Netto	Brutto	Netto	Brutto	Netto	Brutto	Netto
Kilogramm		Kilogramm		Kilogramm		Kilogramm		Kilogramm		Kilogramm	
276,5	226,5	297	243,5	317,5	260,5	338	277	358,5	294	379	311
277	227	297,5	244	318	261	338,5	277,5	359	294,5	379,5	311
277,5	227,5	298	244,5	318,5	261	339	278	359,5	295	380	311,5
278	228	298,5	245	319	261,5	339,5	278,5	360	295	380,5	312
278,5	228,5	299	245	319,5	262	340	279	360,5	295,5	381	312,5
279	229	299,5	245,5	320	262,5	340,5	279	361	296	381,5	313
279,5	229	300	246	320,5	263	341	279,5	361,5	296,5	382	313
280	229,5	300,5	246,5	321	263	341,5	280	362	297	382,5	313,5
280,5	230	301	247	321,5	263,5	342	280,5	362,5	297,5	383	314
281	230,5	301,5	247	322	264	342,5	281	363	297,5	383,5	314,5
281,5	231	302	247,5	322,5	264,5	343	281,5	363,5	298	384	315
282	231	302,5	248	323	265	343,5	281,5	364	298,5	384,5	315,5
282,5	231,5	303	248,5	323,5	265,5	344	282	364,5	299	385	315,5
283	232	303,5	249	324	265,5	344,5	282,5	365	299,5	385,5	316
283,5	232,5	304	249,5	324,5	266	345	283	365,5	299,5	386	316,5
284	233	304,5	249,5	325	266,5	345,5	283,5	366	300	386,5	317
284,5	233,5	305	250	325,5	267	346	283,5	366,5	300,5	387	317,5
285	233,5	305,5	250,5	326	267,5	346,5	284	367	301	387,5	318
285,5	234	306	251	326,5	267,5	347	284,5	367,5	301,5	388	318
286	234,5	306,5	251,5	327	268	347,5	285	368	302	388,5	318,5
286,5	235	307	251,5	327,5	268,5	348	285,5	368,5	302	389	319
287	235,5	307,5	252	328	269	348,5	286	369	302,5	389,5	319,5
287,5	236	308	252,5	328,5	269,5	349	286	369,5	303	390	320
288	236	308,5	253	329	270	349,5	286,5	370	303,5	390,5	320
288,5	236,5	309	253,5	329,5	270	350	287	370,5	304	391	320,5
289	237	309,5	254	330	270,5	350,5	287,5	371	304	391,5	321
289,5	237,5	310	254	330,5	271	351	288	371,5	304,5	392	321,5
290	238	310,5	254,5	331	271,5	351,5	288	372	305	392,5	322
290,5	238	311	255	331,5	272	352	288,5	372,5	305,5	393	322,5
291	238,5	311,5	255,5	332	272	352,5	289	373	306	393,5	322,5
291,5	239	312	256	332,5	272,5	353	289,5	373,5	306,5	394	323
292	239,5	312,5	256,5	333	273	353,5	290	374	306,5	394,5	323,5
292,5	240	313	256,5	333,5	273,5	354	290,5	374,5	307	395	324
293	240,5	313,5	257	334	274	354,5	290,5	375	307,5	395,5	324,5
293,5	240,5	314	257,5	334,5	274,5	355	291	375,5	308	396	324,5
294	241	314,5	258	335	274,5	355,5	291,5	376	308,5	396,5	325
294,5	241,5	315	258,5	335,5	275	356	292	376,5	308,5	397	325,5
295	242	315,5	258,5	336	275,5	356,5	292,5	377	309	397,5	326
295,5	242,5	316	259	336,5	276	357	292,5	377,5	309,5	398	326,5
296	242,5	316,5	259,5	337	276,5	357,5	293	378	310	398,5	327
296,5	243	317	260	337,5	277	358	293,5	378,5	310,5	399	327

Tafel 3
zur Ermittelung des Nettogewichtes unter Anwendung der Normaltarasätze.

Brutto	Netto	Brutto	Netto	Brutto	Netto	Brutto	Netto	Brutto	Netto	Brutto	Netto
Kilogramm		Kilogramm		Kilogramm		Kilogramm		Kilogramm		Kilogramm	
399,5	327,5	420	348,5	440,5	365,5	461	382,5	481,5	399,5	502	416,5
400	328	420,5	349	441	366	461,5	383	482	400	502,5	417
400,5	332,5	421	349,5	441,5	366,5	462	383,5	482,5	400,5	503	417,5
401	333	421,5	350	442	367	462,5	384	483	401	503,5	418
401,5	333	422	350,5	442,5	367,5	463	384,5	483,5	401,5	504	418,5
402	333,5	422,5	350,5	443	367,5	463,5	384,5	484	401,5	504,5	418,5
402,5	334	423	351	443,5	368	464	385	484,5	402	505	419
403	334,5	423,5	351,5	444	368,5	464,5	385,5	485	402,5	505,5	419,5
403,5	335	424	352	444,5	369	465	386	485,5	403	506	420
404	335,5	424,5	352,5	445	369,5	465,5	386,5	486	403,5	506,5	420,5
404,5	335,5	425	353	445,5	370	466	387	486,5	404	507	421
405	336	425,5	353	446	370	466,5	387	487	404	507,5	421
405,5	336,5	426	353,5	446,5	370,5	467	387,5	487,5	404,5	508	421,5
406	337	426,5	354	447	371	467,5	388	488	405	508,5	422
406,5	337,5	427	354,5	447,5	371,5	468	388,5	488,5	405,5	509	422,5
407	338	427,5	355	448	372	468,5	389	489	406	509,5	423
407,5	338	428	355	448,5	372,5	469	389,5	489,5	406,5	510	423,5
408	338,5	428,5	355,5	449	372,5	469,5	389,5	490	406,5	510,5	423,5
408,5	339	429	356	449,5	373	470	390	490,5	407	511	424
409	339,5	429,5	356,5	450	373,5	470,5	390,5	491	407,5	511,5	424,5
409,5	340	430	357	450,5	374	471	391	491,5	408	512	425
410	340,5	430,5	357,5	451	374,5	471,5	391,5	492	408,5	512,5	425,5
410,5	340,5	431	357,5	451,5	374,5	472	392	492,5	409	513	426
411	341	431,5	358	452	375	472,5	392	493	409	513,5	426
411,5	341,5	432	358,5	452,5	375,5	473	392,5	493,5	409,5	514	426,5
412	342	432,5	359	453	376	473,5	393	494	410	514,5	427
412,5	342,5	433	359,5	453,5	376,5	474	393,5	494,5	410,5	515	427,5
413	343	433,5	360	454	377	474,5	394	495	411	515,5	428
413,5	343	434	360	454,5	377	475	394,5	495,5	411,5	516	428,5
414	343,5	434,5	360,5	455	377,5	475,5	394,5	496	411,5	516,5	428,5
414,5	344	435	361	455,5	378	476	395	496,5	412	517	429
415	344,5	435,5	361,5	456	378,5	476,5	395,5	497	412,5	517,5	429,5
415,5	345	436	362	456,5	379	477	396	497,5	413	518	430
416	345,5	436,5	362,5	457	379,5	477,5	396,5	498	413,5	518,5	430,5
416,5	345,5	437	362,5	457,5	379,5	478	396,5	498,5	414	519	431
417	346	437,5	363	458	380	478,5	397	499	414	519,5	431
417,5	346,5	438	363,5	458,5	380,5	479	397,5	499,5	414,5	520	431,5
418	347	438,5	364	459	381	479,5	398	500	415	520,5	432
418,5	347,5	439	364,5	459,5	381,5	480	398,5	500,5	415,5	521	432,5
419	348	439,5	365	460	382	480,5	399	501	416	521,5	433
419,5	348	440	365	460,5	382	481	399	501,5	416	522	433,5

Tafel 3
zur Ermittelung des Nettogewichtes unter Anwendung der Normaltarasätze.

Brutto	Netto	Brutto	Netto	Brutto	Netto	Brutto	Netto	Brutto	Netto	Brutto	Netto
Kilogramm		Kilogramm		Kilogramm		Kilogramm		Kilogramm		Kilogramm	
522,5	433,5	543	450,5	563,5	467,5	584	484,5	604,5	501,5	625	519
523	434	543,5	451	564	468	584,5	485	605	502	625,5	519
523,5	434,5	544	451,5	564,5	468,5	585	485,5	605,5	502,5	626	519,5
524	435	544,5	452	565	469	585,5	486	606	503	626,5	520
524,5	435,5	545	452,5	565,5	469,5	586	486,5	606,5	503,5	627	520,5
525	436	545,5	453	566	470	586,5	487	607	504	627,5	521
525,5	436	546	453	566,5	470	587	487	607,5	504	628	521
526	436,5	546,5	453,5	567	470,5	587,5	487,5	608	504,5	628,5	521,5
526,5	437	547	454	567,5	471	588	488	608,5	505	629	522
527	437,5	547,5	454,5	568	471,5	588,5	488,5	609	505,5	629,5	522,5
527,5	438	548	455	568,5	472	589.	489	609,5	506	630	523
528	438	548,5	455,5	569	472,5	589,5	489,5	610	506,5	630,5	523,5
528,5	438,5	549	455,5	569,5	472,5	590	489,5	610,5	506,5	631	523,5
529	439	549,5	456	570	473	590,5	490	611	507	631,5	524
529,5	439,5	550	456,5	570,5	473,5	591	490,5	611,5	507,5	632	524,5
530	440	550,5	457	571	474	591,5	491	612	508	632,5	525
530,5	440,5	551	457,5	571,5	474,5	592	491,5	612,5	508,5	633	525,5
531	440,5	551,5	457,5	572	475	592,5	492	613	509	633,5	526
531,5	441	552	458	572,5	475	593	492	613,5	509	634	526
532	441,5	552,5	458,5	573	475,5	593,5	492,5	614	509,5	634,5	526,5
532,5	442	553	459	573,5	476	594	493	614,5	510	635	527
533	442,5	553,5	459,5	574	476,5	594,5	493,5	615	510,5	635,5	527,5
533,5	443	554	460	574,5	477	595	494	615,5	511	636	528
534	443	554,5	460	575	477,5	595,5	494,5	616	511,5	636,5	528,5
534,5	443,5	555	460,5	575,5	477,5	596	494,5	616,5	511,5	637	528,5
535	444	555,5	461	576	478	596,5	495	617	512	637,5	529
535,5	444,5	556	461,5	576,5	478,5	597	495,5	617,5	512,5	638	529,5
536	445	556,5	462	577	479	597,5	496	618	513	638,5	530
536,5	445,5	557	462,5	577,5	479,5	598	496,5	618,5	513,5	639	530,5
537	445,5	557,5	462,5	578	479,5	598,5	497	619	514	639,5	531
537,5	446	558	463	578,5	480	599	497	619,5	514	640	531
538	446,5	558,5	463,5	579	480,5	599,5	497,5	620	514,5	640,5	531,5
538,5	447	559	464	579,5	481	600	498	620,5	515	641	532
539	447,5	559,5	464,5	580	481,5	600,5	498,5	621	515,5	641,5	532,5
539,5	448	560	465	580,5	482	601	499	621,5	516	642	533
540	448	560,5	465	581	482	601,5	499	622	516,5	642,5	533,5
540,5	448,5	561	465,5	581,5	482,5	602	499,5	622,5	516,5	643	533,5
541	449	561,5	466	582	483	602,5	500	623	517	643,5	534
541,5	449,5	562	466,5	582,5	483,5	603	500,5	623,5	517,5	644	534,5
542	450	562,5	467	583	484	603,5	501	624	518	644,5	535
542,5	450,5	563	467,5	583,5	484,5	604	501,5	624,5	518,5	645	535,5

Tafel 3
zur Ermittelung des Nettogewichtes unter Anwendung der Normaltarasätze.

Brutto	Netto	Brutto	Netto	Brutto	Netto	Brutto	Netto	Brutto	Netto	Brutto	Netto
Kilogramm		Kilogramm		Kilogramm		Kilogramm		Kilogramm		Kilogramm	
645,5	536	666	553	686,5	570	707	587	727,5	604	748	621
646	536	666,5	553	687	570	707,5	587	728	604	748,5	621,5
646,5	536,5	667	553,5	687,5	570,5	708	587,5	728,5	604,5	749	621,5
647	537	667,5	554	688	571	708,5	588	729	605	749,5	622
647,5	537,5	668	554,5	688,5	571,5	709	588,5	729,5	605,5	750	622,5
648	538	668,5	555	689	572	709,5	589	730	606	750,5	623
648,5	538,5	669	555,5	689,5	572,5	710	589,5	730,5	606,5	751	623,5
649	538,5	669,5	555,5	690	572,5	710,5	589,5	731	606,5	751,5	623,5
649,5	539	670	556	690,5	573	711	590	731,5	607	752	624
650	539,5	670,5	556,5	691	573,5	711,5	590,5	732	607,5	752,5	624,5
650,5	540	671	557	691,5	574	712	591	732,5	608	753	625
651	540,5	671,5	557,5	692	574,5	712,5	591,5	733	608,5	753,5	625,5
651,5	540,5	672	558	692,5	575	713	592	733,5	609	754	626
652	541	672,5	558	693	575	713,5	592	734	609	754,5	626
652,5	541,5	673	558,5	693,5	575,5	714	592,5	734,5	609,5	755	626,5
653	542	673,5	559	694	576	714,5	593	735	610	755,5	627
653,5	542,5	674	559,5	694,5	576,5	715	593,5	735,5	610,5	756	627,5
654	543	674,5	560	695	577	715,5	594	736	611	756,5	628
654,5	543	675	560,5	695,5	577,5	716	594,5	736,5	611,5	757	628,5
655	543,5	675,5	560,5	696	577,5	716,5	594,5	737	611,5	757,5	628,5
655,5	544	676	561	696,5	578	717	595	737,5	612	758	629
656	544,5	676,5	561,5	697	578,5	717,5	595,5	738	612,5	758,5	629,5
656,5	545	677	562	697,5	579	718	596	738,5	613	759	630
657	545,5	677,5	562,5	698	579,5	718,5	596,5	739	613,5	759,5	630,5
657,5	545,5	678	562,5	698,5	580	719	597	739,5	614	760	631
658	546	678,5	563	699	580	719,5	597	740	614	760,5	631
658,5	546,5	679	563,5	699,5	580,5	720	597,5	740,5	614,5	761	631,5
659	547	679,5	564	700	581	720,5	598	741	615	761,5	632
659,5	547,5	680	564,5	700,5	581,5	721	598,5	741,5	615,5	762	632,5
660	548	680,5	565	701	582	721,5	599	742	616	762,5	633
660,5	548	681	565	701,5	582	722	599,5	742,5	616,5	763	633,5
661	548,5	681,5	565,5	702	582,5	722,5	599,5	743	616,5	763,5	633,5
661,5	549	682	566	702,5	583	723	600	743,5	617	764	634
662	549,5	682,5	566,5	703	583,5	723,5	600,5	744	617,5	764,5	634,5
662,5	550	683	567	703,5	584	724	601	744,5	618	765	635
663	550,5	683,5	567,5	704	584,5	724,5	601,5	745	618,5	765,5	635,5
663,5	550,5	684	567,5	704,5	584,5	725	602	745,5	619	766	636
664	551	684,5	568	705	585	725,5	602	746	619	766,5	636
664,5	551,5	685	568,5	705,5	585,5	726	602,5	746,5	619,5	767	636,5
665	552	685,5	569	706	586	726,5	603	747	620	767,5	637
665,5	552,5	686	569,5	706,5	586,5	727	603,5	747,5	620,5	768	637,5

Tafel 3
zur Ermittelung des Nettogewichtes unter Anwendung der Normaltarasätze.

Brutto	Netto	Brutto	Netto	Brutto	Netto	Brutto	Netto	Brutto	Netto	Brutto	Netto
Kilogramm		Kilogramm		Kilogramm		Kilogramm		Kilogramm		Kilogramm	
768,5	638	789	655	809,5	672	830	689	850,5	706	871	723
769	638,5	789,5	655,5	810	672,5	830,5	689,5	851	706,5	871,5	723,5
769,5	638,5	790	655,5	810,5	672,5	831	689,5	851,5	706,5	872	724
770	639	790,5	656	811	673	831,5	690	852	707	872,5	724
770,5	639,5	791	656,5	811,5	673,5	832	690,5	852,5	707,5	873	724,5
771	640	791,5	657	812	674	832,5	691	853	708	873,5	725
771,5	640,5	792	657,5	812,5	674,5	833	691,5	853,5	708,5	874	725,5
772	641	792,5	658	813	675	833,5	692	854	709	874,5	726
772,5	641	793	658	813,5	675	834	692	854,5	709	875	726,5
773	641,5	793,5	658,5	814	675,5	834,5	692,5	855	709,5	875,5	726,5
773,5	642	794	659	814,5	676	835	693	855,5	710	876	727
774	642,5	794,5	659,5	815	676,5	835,5	693,5	856	710,5	876,5	727,5
774,5	643	795	660	815,5	677	836	694	856,5	711	877	728
775	643,5	795,5	660,5	816	677,5	836,5	694,5	857	711,5	877,5	728,5
775,5	643,5	796	660,5	816,5	677,5	837	694,5	857,5	711,5	878	728,5
776	644	796,5	661	817	678	837,5	695	858	712	878,5	729
776,5	644,5	797	661,5	817,5	678,5	838	695,5	858,5	712,5	879	729,5
777	645	797,5	662	818	679	838,5	696	859	713	879,5	730
777,5	645,5	798	662,5	818,5	679,5	839	696,5	859,5	713,5	880	730,5
778	645,5	798,5	663	819	680	839,5	697	860	714	880,5	731
778,5	646	799	663	819,5	680	840	697	860,5	714	881	731
779	646,5	799,5	663,5	820	680,5	840,5	697,5	861	714,5	881,5	731,5
779,5	647	800	664	820,5	681	841	698	861,5	715	882	732
780	647,5	800,5	664,5	821	681,5	841,5	698,5	862	715,5	882,5	732,5
780,5	648	801	665	821,5	682	842	699	862,5	716	883	733
781	648	801,5	665	822	682,5	842,5	699,5	863	716,5	883,5	733,5
781,5	648,5	802	665,5	822,5	682,5	843	699,5	863,5	716,5	884	733,5
782	649	802,5	666	823	683	843,5	700	864	717	884,5	734
782,5	649,5	803	666,5	823,5	683,5	844	700,5	864,5	717,5	885	734,5
783	650	803,5	667	824	684	844,5	701	865	718	885,5	735
783,5	650,5	804	667,5	824,5	684,5	845	701,5	865,5	718,5	886	735,5
784	650,5	804,5	667,5	825	685	845,5	702	866	719	886,5	736
784,5	651	805	668	825,5	685	846	702	866,5	719	887	736
785	651,5	805,5	668,5	826	685,5	846,5	702,5	867	719,5	887,5	736,5
785,5	652	806	669	826,5	686	847	703	867,5	720	888	737
786	652,5	806,5	669,5	827	686,5	847,5	703,5	868	720,5	888,5	737,5
786,5	653	807	670	827,5	687	848	704	868,5	721	889	738
787	653	807,5	670	828	687	848,5	704,5	869	721,5	889,5	738,5
787,5	653,5	808	670,5	828,5	687,5	849	704,5	869,5	721,5	890	738,5
788	654	808,5	671	829	688	849,5	705	870	722	890,5	739
788,5	654,5	809	671,5	829,5	688,5	850	705,5	870,5	722,5	891	739,5

zur Ermittelung des Nettogewichtes unter Anwendung der Normaltarasätze.

Brutto	Netto	Brutto	Netto	Brutto	Netto	Brutto	Netto	Brutto	Netto	Brutto	Netto
Kilogramm		Kilogramm		Kilogramm		Kilogramm		Kilogramm		Kilogramm	
891,5	740	910,5	755,5	929,5	771,5	948,5	787,5	967,5	803	986,5	819
892	740,5	911	756	930	772	949	787,5	968	803,5	987	819
892,5	741	911,5	756,5	930,5	772,5	949,5	788	968,5	804	987,5	819,5
893	741	912	757	931	772,5	950	788,5	969	804,5	988	820
893,5	741,5	912,5	757,5	931,5	773	950,5	789	969,5	804,5	988,5	820,5
894	742	913	758	932	773,5	951	789,5	970	805	989	821
894,5	742,5	913,5	758	932,5	774	951,5	789,5	970,5	805,5	989,5	821,5
895	743	914	758,5	933	774,5	952	790	971	806	990	821,5
895,5	743,5	914,5	759	933,5	775	952,5	790,5	971,5	806,5	990,5	822
896	743,5	915	759,5	934	775	953	791	972	807	991	822,5
896,5	744	915,5	760	934,5	775,5	953,5	791,5	972,5	807	991,5	823
897	744,5	916	760,5	935	776	954	792	973	807,5	992	823,5
897,5	745	916,5	760,5	935,5	776,5	954,5	792	973,5	808	992,5	824
898	745,5	917	761	936	777	955	792,5	974	808,5	993	824
898,5	746	917,5	761,5	936,5	777,5	955,5	793	974,5	809	993,5	824,5
899	746	918	762	937	777,5	956	793,5	975	809,5	994	825
899,5	746,5	918,5	762,5	937,5	778	956,5	794	975,5	809,5	994,5	825,5
900	747	919	763	938	778,5	957	794,5	976	810	995	826
900,5	747,5	919,5	763	938,5	779	957,5	794,5	976,5	810,5	995,5	826,5
901	748	920	763,5	939	779,5	958	795	977	811	996	826,5
901,5	748	920,5	764	939,5	780	958,5	795,5	977,5	811,5	996,5	827
902	748,5	921	764,5	940	780	959	796	978	811,5	997	827,5
902,5	749	921,5	765	940,5	780,5	959,5	796,5	978,5	812	997,5	828
903	749,5	922	765,5	941	781	960	797	979	812,5	998	828,5
903,5	750	922,5	765,5	941,5	781,5	960,5	797	979,5	813	998,5	829
904	750,5	923	766	942	782	961	797,5	980	813,5	999	829
904,5	750,5	923,5	766,5	942,5	782,5	961,5	798	980,5	814	999,5	829,5
905	751	924	767	943	782,5	962	798,5	981	814	1000	830
905,5	751,5	924,5	767,5	943,5	783	962,5	799	981,5	814,5	1000,5	830,5
906	752	925	768	944	783,5	963	799,5	982	815	1001	831
906,5	752,5	925,5	768	944,5	784	963,5	799,5	982,5	815,5	1001,5	831
907	753	926	768,5	945	784,5	964	800	983	816	1002	831,5
907,5	753	926,5	769	945,5	785	964,5	800,5	983,5	816,5	1002,5	832
908	753,5	927	769,5	946	785	965	801	984	816,5	1003	832,5
908,5	754	927,5	770	946,5	785,5	965,5	801,5	984,5	817	1003,5	833
909	754,5	928	770	947	786	966	802	985	817,5	1004	833
909,5	755	928,5	770,5	947,5	786,5	966,5	802	985,5	818	1004,5	833,5
910	755,5	929	771	948	787	967	802,5	986	818,5	1005	834

Tafel 4
zur Ermittelung der wahren Stärke geringhaltiger Branntweine.

Wärme-grad	1	2	3	4	5	6	7	8	9	10
	Wahre für obige scheinbare Stärke									
0	1	2	3	4	5	6	7	9	10	11
+ 1	1	2	3	4	5	6	7	9	10	11
2	1	2	3	4	5	6	7	9	10	11
3	1	2	3	4	5	6	7	9	10	11
4	1	2	3	4	5	6	7	9	10	11
5	1	2	3	4	5	6	7	9	10	11
+ 6	1	2	3	4	5	6	7	9	10	11
+ 7	1	2	3	4	5	6	7	9	10	11
8	1	2	3	4	5	6	7	9	10	10, 5
9	1	2	3	4	5	6	7	8	10	10, 5
10	1	2	3	4	5	6	7	8	10	10, 5
11	1	2	3	4	5	6	7	8	9	10, 5
+12	1	2	3	4	5	6	7	8	9	10, 5
+13	1	2	3	4	5	6	7	8	9	10
14	1	2	3	4	5	6	7	8	9	10
15	1	2	3	4	5	6	7	8	9	10
16	1	2	3	4	5	6	7	8	9	10
17	1	2	3	4	5	6	7	8	9	10
+18	1	2	3	4	5	6	7	8	9	10
+19	1	2	3	4	5	6	7	8	9	9
20	1	2	3	4	5	6	7	7	8	9
21	1	2	3	4	5	6	6	7	8	9
22	1	2	3	3	4	5	6	7	8	9
23	0	1	2	3	4	5	6	7	8	9
+24	0	1	2	3	4	5	6	7	8	9
+25	0	1	2	3	4	5	6	7	8	9

12

Tafel 5
zur Ermittelung des Alkoholgehaltes geringhaltiger Branntweine.

Netto-Gewicht in Kilogramm	Wahre Stärke					Netto-Gewicht in Kilogramm	Wahre Stärke				
	1	2	3	4	5		1	2	3	4	5
	Gehalt an reinem Alkohol in Liter						Gehalt an reinem Alkohol in Liter				
0,5	0,0	0,0	0,0	0,0	0,0	30	0,4	0,8	1,1	1,5	1,9
1	0,0	0,0	0,0	0,1	0,1	31	0,4	0,8	1,2	1,6	2,0
2	0,0	0,1	0,1	0,1	0,1	32	0,4	0,8	1,2	1,6	2,0
3	0,0	0,1	0,1	0,2	0,2	33	0,4	0,8	1,2	1,7	2,1
4	0,1	0,1	0,2	0,2	0,3	34	0,4	0,9	1,3	1,7	2,1
5	0,1	0,1	0,2	0,3	0,3	35	0,4	0,9	1,3	1,8	2,2
6	0,1	0,2	0,2	0,3	0,4	36	0,5	0,9	1,4	1,8	2,3
7	0,1	0,2	0,3	0,4	0,4	37	0,5	0,9	1,4	1,9	2,3
8	0,1	0,2	0,3	0,4	0,5	38	0,5	1,0	1,4	1,9	2,4
9	0,1	0,2	0,3	0,5	0,6	39	0,5	1,0	1,5	2,0	2,5
10	0,1	0,3	0,4	0,5	0,6	40	0,5	1,0	1,5	2,0	2,5
11	0,1	0,3	0,4	0,6	0,7	41	0,5	1,0	1,6	2,1	2,6
12	0,2	0,3	0,5	0,6	0,8	42	0,5	1,1	1,6	2,1.	2,7
13	0,2	0,3	0,5	0,7	0,8	43	0,5	1,1	1,6	2,2	2,7
14	0,2	0,4	0,5	0,7	0,9	44	0,6	1,1	1,7	2,2	2,8
15	0,2	0,4	0,6	0,8	0,9	45	0,6	1,1	1,7	2,3	2,8
16	0,2	0,4	0,6	0,8	1,0	46	0,6	1,2	1,7	2,3	2,9
17	0,2	0,4	0,6	0,9	1,1	47	0,6	1,2	1,8	2,4	3,0
18	0,2	0,5	0,7	0,9	1,1	48	0,6	1,2	1,8	2,4	3,0
19	0,2	0,5	0,7	1,0	1,2	49	0,6	1,2	1,9	2,5	3,1
20	0,3	0,5	0,8	1,0	1,3	50	0,6	1,3	1,9	2,5	3,2
21	0,3	0,5	0,8	1,1	1,3	51	0,6	1,3	1,9	2,6	3,2
22	0,3	0,6	0,8	1,1	1,4	52	0,7	1,3	2,0	2,6	3,3
23	0,3	0,6	0,9	1,2	1,5	53	0,7	1,3	2,0	2,7	3,3
24	0,3	0,6	0,9	1,2	1,5	54	0,7	1,4	2,0	2,7	3,4
25	0,3	0,6	0,9	1,3	1,6	55	0,7	1,4	2,1	2,8	3,5
26	0,3	0,7	1,0	1,3	1,6	56	0,7	1,4	2,1	2,8	3,5
27	0,3	0,7	1,0	1,4	1,7	57	0,7	1,4	2,2	2,9	3,6
28	0,4	0,7	1,1	1,4	1,8	58	0,7	1,5	2,2	2,9	3,7
29	0,4	0,7	1,1	1,5	1,8	59	0,7	1,5	2,2	3,0	3,7

Tafel 5
Zur Ermittelung des Alkoholgehaltes geringhaltiger Branntweine.

Netto-Gewicht in Kilogramm	Wahre Stärke — Gehalt an reinem Alkohol in Liter				
	1	2	3	4	5
60	0,8	1,5	2,3	3,0	3,8
61	0,8	1,5	2,3	3,1	3,9
62	0,8	1,6	2,3	3,1	3,9
63	0,8	1,6	2,4	3,2	4,0
64	0,8	1,6	2,4	3,2	4,0
65	0,8	1,6	2,5	3,3	4,1
66	0,8	1,7	2,5	3,3	4,2
67	0,8	1,7	2,5	3,4	4,2
68	0,9	1,7	2,6	3,4	4,3
69	0,9	1,7	2,6	3,5	4,4
70	0,9	1,8	2,7	3,5	4,4
71	0,9	1,8	2,7	3,6	4,5
72	0,9	1,8	2,7	3,6	4,5
73	0,9	1,8	2,8	3,7	4,6
74	0,9	1,9	2,8	3,7	4,7
75	0,9	1,9	2,8	3,8	4,7
76	1,0	1,9	2,9	3,8	4,8
77	1,0	1,9	2,9	3,9	4,9
78	1,0	2,0	3,0	3,9	4,9
79	1,0	2,0	3,0	4,0	5,0
80	1,0	2,0	3,0	4,0	5,0
81	1,0	2,0	3,1	4,1	5,1
82	1,0	2,1	3,1	4,1	5,2
83	1,0	2,1	3,1	4,2	5,2
84	1,1	2,1	3,2	4,2	5,3
85	1,1	2,1	3,2	4,3	5,4
86	1,1	2,2	3,3	4,3	5,4
87	1,1	2,2	3,3	4,4	5,5
88	1,1	2,2	3,3	4,4	5,6
89	1,1	2,2	3,4	4,5	5,6

Netto-Gewicht in Kilogramm	Wahre Stärke — Gehalt an reinem Alkohol in Liter				
	1	2	3	4	5
90	1,1	2,3	3,4	4,5	5,7
91	1,1	2,3	3,4	4,6	5,7
92	1,2	2,3	3,5	4,6	5,8
93	1,2	2,3	3,5	4,7	5,9
94	1,2	2,4	3,6	4,7	5,9
95	1,2	2,4	3,6	4,8	6,0
96	1,2	2,4	3,6	4,8	6,1
97	1,2	2,4	3,7	4,9	6,1
98	1,2	2,5	3,7	4,9	6,2
99	1,2	2,5	3,7	5,0	6,2
100	1,3	2,5	3,8	5,0	6,3
200	2,5	5,0	7,6	10,1	12,6
300	3,8	7,6	11,4	15,1	18,9
400	5,0	10,1	15,1	20,2	25,2
500	6,3	12,6	18,9	25,2	31,6
600	7,6	15,1	22,7	30,3	37,9
700	8,8	17,7	26,5	35,3	44,2
800	10,1	20,2	30,3	40,4	50,5
900	11,4	22,7	34,1	45,4	56,8
1000	13	25	38	50	63
2000	25	50	76	101	126
3000	38	76	114	151	189
4000	50	101	151	202	252
5000	63	126	189	252	316
6000	76	151	227	303	379
7000	88	177	265	353	442
8000	101	202	303	404	505
9000	114	227	341	454	568
10000	126	252	379	505	631

12*

Tafel 5
zur Ermittelung des Alkoholgehaltes geringhaltiger Branntweine.

Netto-Gewicht in Kilogramm	Wahre Stärke					Netto-Gewicht in Kilogramm	Wahre Stärke				
	6	7	8	9	10		6	7	8	9	10
	Gehalt an reinem Alkohol in Liter						Gehalt an reinem Alkohol in Liter				
0,5	0,0	0,0	0,1	0,1	0,1	30	2,3	2,7	3,0	3,4	3,8
1	0,1	0,1	0,1	0,1	0,1	31	2,3	2,7	3,1	3,5	3,9
2	0,2	0,2	0,2	0,2	0,3	32	2,4	2,8	3,2	3,6	4,0
3	0,2	0,3	0,3	0,3	0,4	33	2,5	2,9	3,3	3,7	4,2
4	0,3	0,4	0,4	0,5	0,5	34	2,6	3,0	3,4	3,9	4,3
5	0,4	0,4	0,5	0,6	0,6	35	2,7	3,1	3,5	4,0	4,4
6	0,5	0,5	0,6	0,7	0,8	36	2,7	3,2	3,6	4,1	4,5
7	0,5	0,6	0,7	0,8	0,9	37	2,8	3,3	3,7	4,2	4,7
8	0,6	0,7	0,8	0,9	1,0	38	2,9	3,4	3,8	4,3	4,8
9	0,7	0,8	0,9	1,0	1,1	39	3,0	3,4	3,9	4,4	4,9
10	0,8	0,9	1,0	1,1	1,3	40	3,0	3,5	4,0	4,5	5,0
11	0,8	1,0	1,1	1,2	1,4	41	3,1	3,6	4,1	4,7	5,2
12	0,9	1,1	1,2	1,4	1,5	42	3,2	3,7	4,2	4,8	5,3
13	1,0	1,1	1,3	1,5	1,6	43	3,3	3,8	4,3	4,9	5,4
14	1,1	1,2	1,4	1,6	1,8	44	3,3	3,9	4,4	5,0	5,6
15	1,1	1,3	1,5	1,7	1,9	45	3,4	4,0	4,5	5,1	5,7
16	1,2	1,4	1,6	1,8	2,0	46	3,5	4,1	4,6	5,2	5,8
17	1,3	1,5	1,7	1,9	2,1	47	3,6	4,2	4,7	5,3	5,9
18	1,4	1,6	1,8	2,0	2,3	48	3,6	4,2	4,8	5,5	6,1
19	1,4	1,7	1,9	2,2	2,4	49	3,7	4,3	4,9	5,6	6,2
20	1,5	1,8	2,0	2,3	2,5	50	3,8	4,4	5,0	5,7	6,3
21	1,6	1,9	2,1	2,4	2,7	51	3,9	4,5	5,2	5,8	6,4
22	1,7	1,9	2,2	2,5	2,8	52	3,9	4,6	5,3	5,9	6,6
23	1,7	2,0	2,3	2,6	2,9	53	4,0	4,7	5,4	6,0	6,7
24	1,8	2,1	2,4	2,7	3,0	54	4,1	4,8	5,5	6,1	6,8
25	1,9	2,2	2,5	2,8	3,2	55	4,2	4,9	5,6	6,2	6,9
26	2,0	2,3	2,6	3,0	3,3	56	4,2	4,9	5,7	6,4	7,1
27	2,0	2,4	2,7	3,1	3,4	57	4,3	5,0	5,8	6,5	7,2
28	2,1	2,5	2,8	3,2	3,5	58	4,4	5,1	5,9	6,6	7,3
29	2,2	2,6	2,9	3,3	3,7	59	4,5	5,2	6,0	6,7	7,4

Tafel 5
zur Ermittelung des Alkoholgehaltes geringhaltiger Branntweine.

Netto-Gewicht in Kilogramm	Wahre Stärke					Netto-Gewicht in Kilogramm	Wahre Stärke				
	6	7	8	9	10		6	7	8	9	10
	Gehalt an reinem Alkohol in Liter						Gehalt an reinem Alkohol in Liter				
60	4,5	5,3	6,1	6,8	7,6	90	6,8	8,0	9,1	10,2	11,4
61	4,6	5,4	6,2	6,9	7,7	91	6,9	8,0	9,2	10,3	11,5
62	4,7	5,5	6,3	7,0	7,8	92	7,0	8,1	9,3	10,5	11,6
63	4,8	5,6	6,4	7,2	8,0	93	7,0	8,2	9,4	10,6	11,7
64	4,8	5,7	6,5	7,3	8,1	94	7,1	8,3	9,5	10,7	11,9
65	4,9	5,7	6,6	7,4	8,2	95	7,2	8,4	9,6	10,8	12,0
66	5,0	5,8	6,7	7,5	8,3	96	7,3	8,5	9,7	10,9	12,1
67	5,1	5,9	6,8	7,6	8,5	97	7,3	8,6	9,8	11,0	12,2
68	5,2	6,0	6,9	7,7	8,6	98	7,4	8,7	9,9	11,1	12,4
69	5,2	6,1	7,0	7,8	8,7	99	7,5	8,7	10,0	11,2	12,5
70	5,3	6,2	7,1	8,0	8,8	100	7,6	8,8	10,1	11,4	12,6
71	5,4	6,3	7,2	8,1	9,0	200	15,1	17,7	20,2	22,7	25,2
72	5,5	6,4	7,3	8,2	9,1	300	22,7	26,5	30,3	34,1	37,9
73	5,5	6,5	7,4	8,3	9,2	400	30,3	35,3	40,4	45,4	50,5
74	5,6	6,5	7,5	8,4	9,3	500	37,9	44,2	50,5	56,8	63,1
75	5,7	6,6	7,6	8,5	9,5	600	45,4	53,0	60,6	68,2	75,7
76	5,8	6,7	7,7	8,6	9,6	700	53,0	61,9	70,7	79,5	88,4
77	5,8	6,8	7,8	8,7	9,7	800	60,6	70,7	80,8	90,9	101,0
78	5,9	6,9	7,9	8,9	9,8	900	68,2	79,5	90,9	102,3	113,6
79	6,0	7,0	8,0	9,0	10,0						
80	6,1	7,1	8,1	9,1	10,1	1000	76	88	101	114	126
81	6,1	7,2	8,2	9,2	10,2	2000	151	177	202	227	252
82	6,2	7,2	8,3	9,3	10,4	3000	227	265	303	341	379
83	6,3	7,3	8,4	9,4	10,5	4000	303	353	404	454	505
84	6,4	7,4	8,5	9,5	10,6	5000	379	442	505	568	631
85	6,4	7,5	8,6	9,7	10,7	6000	454	530	606	682	757
86	6,5	7,6	8,7	9,8	10,9	7000	530	619	707	795	884
87	6,6	7,7	8,8	9,9	11,0	8000	606	707	808	909	1010
88	6,7	7,8	8,9	10,0	11,1	9000	682	795	909	1023	1136
89	6,7	7,9	9,0	10,1	11,2	10000	757	884	1010	1136	1262

Tafel 6

zur Ermittelung der Litermenge Branntweins aus dem Nettogewicht
und der wahren Stärke.

Wahre Stärke	Gewicht in Kilogramm								
	1	2	3	4	5	6	7	8	9
	Liter								
0	1,0019	2,0039	3,0059	4,0078	5,0098	6,0117	7,0137	8,0156	9,0176
1	1,0038	2,0077	3,0115	4,0154	5,0192	6,0230	7,0269	8,0307	9,0346
2	1,0057	2,0114	3,0170	4,0227	5,0284	6,0341	7,0398	8,0454	9,0511
3	1,0075	2,0149	3,0224	4,0299	5,0374	6,0448	7,0523	8,0598	9,0672
4	1,0092	2,0184	3,0276	4,0368	5,0460	6,0552	7,0644	8,0736	9,0828
5	1,0109	2,0217	3,0326	4,0435	5,0544	6,0652	7,0761	8,0870	9,0978
6	1,0125	2,0250	3,0375	4,0500	5,0625	6,0749	7,0874	8,0999	9,1124
7	1,0140	2,0281	3,0421	4,0562	5,0702	6,0842	7,0983	8,1123	9,1264
8	1,0155	2,0311	3,0466	4,0622	5,0777	6,0932	7,1088	8,1243	9,1399
9	1,0170	2,0339	3,0509	4,0679	5,0849	6,1018	7,1188	8,1358	9,1528
10	1,0184	2,0368	3,0551	4,0735	5,0919	6,1103	7,1287	8,1470	9,1654
10,5	1,0191	2,0381	3,0572	4,0763	5,0954	6,1144	7,1335	8,1526	9,1716
11	1,0198	2,0395	3,0593	4,0790	5,0988	6,1185	7,1383	8,1580	9,1778
11,5	1,0204	2,0408	3,0613	4,0817	5,1021	6,1225	7,1429	8,1634	9,1838
12	1,0211	2,0422	3,0632	4,0843	5,1054	6,1265	7,1476	8,1686	9,1897
12,5	1,0217	2,0435	3,0652	4,0870	5,1087	6,1304	7,1522	8,1739	9,1957
13	1,0224	2,0448	3,0672	4,0896	5,1120	6,1344	7,1568	8,1792	9,2016
13,5	1,0230	2,0461	3,0691	4,0922	5,1152	6,1382	7,1613	8,1843	9,2074
14	1,0237	2,0474	3,0710	4,0947	5,1184	6,1421	7,1658	8,1894	9,2131
14,5	1,0243	2,0486	3,0730	4,0973	5,1216	6,1459	7,1702	8,1946	9,2189
15	1,0250	2,0499	3,0749	4,0998	5,1248	6,1497	7,1747	8,1996	9,2246
15,5	1,0256	2,0512	3,0768	4,1024	5,1280	6,1535	7,1791	8,2047	9,2303
16	1,0262	2,0524	3,0787	4,1049	5,1311	6,1573	7,1835	8,2098	9,2360
16,5	1,0269	2,0537	3,0806	4,1074	5,1343	6,1612	7,1880	8,2149	9,2417
17	1,0275	2,0550	3,0825	4,1100	5,1375	6,1650	7,1925	8,2200	9,2475
17,5	1,0281	2,0563	3,0844	4,1126	5,1407	6,1688	7,1970	8,2251	9,2533
18	1,0288	2,0576	3,0863	4,1151	5,1439	6,1727	7,2015	8,2302	9,2590
18,5	1,0294	2,0589	3,0883	4,1177	5,1472	6,1766	7,2060	8,2354	9,2649
19	1,0301	2,0601	3,0902	4,1203	5,1504	6,1805	7,2105	8,2406	9,2707
19,5	1,0307	2,0615	3,0922	4,1229	5,1537	6,1844	7,2151	8,2458	9,2766

Tafel 6

zur Ermittelung der Litermenge Branntweins aus dem Nettogewicht
und der wahren Stärke.

Wahre Stärke	Gewicht in Kilogramm								
	1	2	3	4	5	6	7	8	9
	Liter								
20	1,0314	2,0628	3,0942	4,1256	5,1570	6,1883	7,2197	8,2511	9,2825
20,5	1,0321	2,0641	3,0962	4,1282	5,1603	6,1924	7,2244	8,2565	9,2885
21	1,0327	2,0655	3,0982	4,1309	5,1637	6,1964	7,2291	8,2618	9,2946
21,5	1,0334	2,0668	3,1002	4,1336	5,1671	6,2005	7,2339	8,2673	9,3007
22	1,0341	2,0682	3,1023	4,1364	5,1705	6,2046	7,2387	8,2728	9,3069
22,5	1,0348	2,0696	3,1044	4,1392	5,1740	6,2088	7,2436	8,2784	9,3132
23	1,0355	2,0710	3,1065	4,1420	5,1776	6,2131	7,2486	8,2841	9,3196
23,5	1,0362	2,0725	3,1087	4,1449	5,1811	6,2174	7,2536	8,2898	9,3261
24	1,0369	2,0739	3,1108	4,1478	5,1847	6,2217	7,2586	8,2955	9,3325
24,5	1,0377	2,0754	3,1130	4,1507	5,1884	6,2261	7,2637	8,3014	9,3391
25	1,0384	2,0769	3,1153	4,1537	5,1922	6,2306	7,2690	8,3074	9,3459
25,5	1,0392	2,0784	3,1176	4,1567	5,1960	6,2351	7,2743	8,3135	9,3527
26	1,0400	2,0799	3,1199	4,1598	5,1998	6,2397	7,2797	8,3196	9,3596
26,5	1,0407	2,0815	3,1222	4,1630	5,2037	6,2444	7,2852	8,3259	9,3667
27	1,0415	2,0831	3,1246	4,1661	5,2077	6,2492	7,2907	8,3322	9,3738
27,5	1,0423	2,0847	3,1270	4,1693	5,2117	6,2540	7,2964	8,3387	9,3811
28	1,0432	2,0863	3,1295	4,1726	5,2158	6,2589	7,3021	8,3452	9,3884
28,5	1,0440	2,0880	3,1320	4,1760	5,2200	6,2639	7,3079	8,3519	9,3959
29	1,0448	2,0897	3,1345	4,1793	5,2242	6,2690	7,3138	8,3586	9,4035
29,5	1,0457	2,0914	3,1371	4,1828	5,2285	6,2741	7,3198	8,3655	9,4112
30	1,0466	2,0931	3,1397	4,1863	5,2328	6,2793	7,3259	8,3724	9,4190
30,5	1,0474	2,0949	3,1423	4,1898	5,2373	6,2847	7,3321	8,3795	9,4270
31	1,0483	2,0967	3,1450	4,1934	5,2418	6,2901	7,3384	8,3867	9,4351
31,5	1,0493	2,0985	3,1478	4,1970	5,2463	6,2956	7,3448	8,3940	9,4433
32	1,0502	2,1003	3,1505	4,2007	5,2509	6,3011	7,3512	8,4014	9,4516
32,5	1,0511	2,1022	3,1533	4,2044	5,2556	6,3067	7,3578	8,4089	9,4600
33	1,0521	2,1041	3,1562	4,2082	5,2603	6,3123	7,3644	8,4164	9,4685
33,5	1,0530	2,1060	3,1591	4,2121	5,2651	6,3181	7,3711	8,4241	9,4772
34	1,0540	2,1080	3,1620	4,2160	5,2699	6,3239	7,3779	8,4319	9,4859
34,5	1,0550	2,1100	3,1649	4,2199	5,2749	6,3299	7,3849	8,4398	9,4948

Tafel 6
zur Ermittelung der Litermenge Branntweins aus dem Nettogewicht und der wahren Stärke.

Wahre Stärke	Gewicht in Kilogramm								
	1	2	3	4	5	6	7	8	9
	Liter								
35	1,0560	2,1120	3,1679	4,2239	5,2799	6,3359	7,3919	8,4478	9,5038
35,5	1,0570	2,1140	3,1710	4,2280	5,2851	6,3421	7,3991	8,4561	9,5131
36	1,0580	2,1161	3,1741	4,2321	5,2902	6,3482	7,4062	8,4643	9,5223
36,5	1,0591	2,1181	3,1772	4,2363	5,2954	6,3544	7,4135	8,4726	9,5316
37	1,0601	2,1202	3,1803	4,2404	5,3006	6,3607	7,4208	8,4809	9,5410
37,5	1,0612	2,1224	3,1835	4,2447	5,3059	6,3671	7,4283	8,4894	9,5506
38	1,0623	2,1245	3,1868	4,2490	5,3113	6,3735	7,4358	8,4980	9,5603
38,5	1,0633	2,1267	3,1901	4,2534	5,3168	6,3801	7,4435	8,5068	9,5702
39	1,0644	2,1289	3,1933	4,2578	5,3222	6,3867	7,4511	8,5156	9,5800
39,5	1,0656	2,1311	3,1967	4,2622	5,3278	6,3934	7,4589	8,5245	9,5900
40	1,0667	2,1334	3,2000	4,2667	5,3334	6,4001	7,4668	8,5335	9,6001
40,5	1,0678	2,1357	3,2035	4,2713	5,3392	6,4070	7,4748	8,5426	9,6104
41	1,0690	2,1379	3,2069	4,2759	5,3449	6,4138	7,4828	8,5518	9,6207
41,5	1,0701	2,1403	3,2104	4,2805	5,3507	6,4208	7,4909	8,5610	9,6312
42	1,0713	2,1426	3,2139	4,2852	5,3565	6,4278	7,4990	8,5703	9,6417
42,5	1,0725	2,1450	3,2174	4,2899	5,3624	6,4349	7,5073	8,5798	9,6523
43	1,0737	2,1473	3,2210	4,2946	5,3683	6,4420	7,5156	8,5893	9,6629
43,5	1,0749	2,1497	3,2246	4,2994	5,3743	6,4492	7,5240	8,5989	9,6737
44	1,0761	2,1521	3,2282	4,3042	5,3803	6,4564	7,5324	8,6085	9,6845
44,5	1,0773	2,1546	3,2318	4,3091	5,3864	6,4637	7,5410	8,6182	9,6955
45	1,0785	2,1570	3,2355	4,3140	5,3925	6,4710	7,5495	8,6280	9,7065
45,5	1,0797	2,1595	3,2392	4,3190	5,3987	6,4784	7,5582	8,6379	9,7177
46	1,0810	2,1620	3,2429	4,3239	5,4049	6,4859	7,5669	8,6479	9,7289
46,5	1,0822	2,1645	3,2467	4,3290	5,4113	6,4935	7,5758	8,6580	9,7403
47	1,0835	2,1670	3,2505	4,3340	5,4176	6,5011	7,5846	8,6681	9,7516
47,5	1,0848	2,1696	3,2543	4,3391	5,4239	6,5087	7,5935	8,6782	9,7630
48	1,0860	2,1721	3,2581	4,3442	5,4302	6,5163	7,6023	8,6883	9,7744
48,5	1,0873	2,1747	3,2620	4,3493	5,4367	6,5240	7,6113	8,6986	9,7860
49	1,0886	2,1772	3,2659	4,3545	5,4431	6,5317	7,6203	8,7090	9,7976
49,5	1,0899	2,1799	3,2698	4,3597	5,4497	6,5396	7,6295	8,7194	9,8094

Tafel 6
zur Ermittelung der Litermenge Branntweins aus dem Nettogewicht und der wahren Stärke.

Wahre Stärke	Gewicht in Kilogramm								
	1	2	3	4	5	6	7	8	9
	Liter								
50	1,0912	2,1825	3,2737	4,3650	5,4562	6,5474	7,6387	8,7299	9,8212
50,5	1,0925	2,1851	3,2777	4,3702	5,4628	6,5553	7,6479	8,7404	9,8330
51	1,0939	2,1877	3,2816	4,3755	5,4694	6,5632	7,6571	8,7510	9,8449
51,5	1,0952	2,1904	3,2856	4,3808	5,4761	6,5713	7,6665	8,7617	9,8569
52	1,0966	2,1931	3,2897	4,3862	5,4828	6,5793	7,6759	8,7724	9,8690
52,5	1,0979	2,1958	3,2937	4,3916	5,4895	6,5874	7,6853	8,7832	9,8811
53	1,0993	2,1985	3,2978	4,3970	5,4963	6,5955	7,6948	8,7940	9,8933
53,5	1,1006	2,2012	3,3018	4,4024	5,5031	6,6037	7,7043	8,8049	9,9055
54	1,1020	2,2039	3,3059	4,4079	5,5099	6,6118	7,7138	8,8158	9,9177
54,5	1,1033	2,2067	3,3101	4,4134	5,5168	6,6201	7,7234	8,8268	9,9301
55	1,1047	2,2094	3,3142	4,4189	5,5236	6,6283	7,7330	8,8378	9,9425
55,5	1,1061	2,2122	3,3184	4,4245	5,5306	6,6367	7,7428	8,8490	9,9551
56	1,1075	2,2150	3,3225	4,4300	5,5376	6,6451	7,7526	8,8601	9,9676
56,5	1,1089	2,2178	3,3267	4,4356	5,5446	6,6535	7,7624	8,8713	9,9802
57	1,1103	2,2206	3,3309	4,4412	5,5515	6,6618	7,7721	8,8824	9,9927
57,5	1,1117	2,2234	3,3351	4,4468	5,5586	6,6703	7,7820	8,8937	10,0054
58	1,1131	2,2262	3,3394	4,4525	5,5656	6,6787	7,7918	8,9050	10,0181
58,5	1,1145	2,2291	3,3436	4,4582	5,5727	6,6872	7,8018	8,9163	10,0309
59	1,1160	2,2319	3,3479	4,4638	5,5798	6,6958	7,8117	8,9277	10,0437
59,5	1,1174	2,2348	3,3522	4,4696	5,5870	6,7044	7,8218	8,9392	10,0566
60	1,1188	2,2377	3,3565	4,4754	5,5942	6,7130	7,8319	8,9507	10,0696
60,5	1,1203	2,2406	3,3609	4,4812	5,6015	6,7218	7,8421	8,9624	10,0827
61	1,1218	2,2435	3,3653	4,4870	5,6088	6,7305	7,8523	8,9740	10,0958
61,5	1,1232	2,2464	3,3697	4,4929	5,6161	6,7393	7,8625	8,9858	10,1090
62	1,1247	2,2494	3,3740	4,4987	5,6234	6,7481	7,8728	8,9974	10,1221
62,5	1,1262	2,2523	3,3785	4,5046	5,6308	6,7569	7,8831	9,0092	10,1354
63	1,1276	2,2552	3,3829	4,5105	5,6381	6,7657	7,8934	9,0210	10,1486
63,5	1,1291	2,2582	3,3873	4,5164	5,6456	6,7747	7,9038	9,0329	10,1620
64	1,1306	2,2612	3,3918	4,5224	5,6530	6,7836	7,9142	9,0447	10,1753
64,5	1,1321	2,2642	3,3963	4,5284	5,6605	6,7925	7,9246	9,0567	10,1888

Tafel 6
zur Ermittelung der Litermenge Branntweins aus dem Nettogewicht und der wahren Stärke.

Wahre Stärke	Gewicht in Kilogramm								
	1	2	3	4	5	6	7	8	9
	Liter								
65,0	1,1336	2,2672	3,4007	4,5343	5,6679	6,8015	7,9351	9,0686	10,2022
65,2	1,1342	2,2684	3,4026	4,5368	5,6709	6,8051	7,9393	9,0735	10,2077
65,4	1,1348	2,2696	3,4044	4,5392	5,6740	6,8087	7,9435	9,0783	10,2131
65,6	1,1354	2,2708	3,4062	4,5416	5,6770	6,8124	7,9478	9,0832	10,2186
65,8	1,1360	2,2720	3,4080	4,5440	5,6801	6,8161	7,9521	9,0881	10,2241
66,0	1,1366	2,2732	3,4098	4,5464	5,6831	6,8197	7,9563	9,0929	10,2295
66,2	1,1372	2,2744	3,4116	4,5488	5,6861	6,8233	7,9605	9,0977	10,2349
66,4	1,1378	2,2756	3,4135	4,5513	5,6891	6,8269	7,9647	9,1026	10,2404
66,6	1,1384	2,2768	3,4153	4,5537	5,6921	6,8305	7,9689	9,1074	10,2458
66,8	1,1390	2,2781	3,4171	4,5561	5,6952	6,8342	7,9732	9,1122	10,2513
67,0	1,1396	2,2793	3,4189	4,5586	5,6982	6,8378	7,9775	9,1171	10,2568
67,2	1,1403	2,2805	3,4208	4,5610	5,7013	6,8415	7,9817	9,1220	10,2623
67,4	1,1409	2,2817	3,4226	4,5635	5,7044	6,8452	7,9860	9,1269	10,2678
67,6	1,1415	2,2830	3,4244	4,5659	5,7074	6,8489	7,9904	9,1318	10,2733
67,8	1,1421	2,2842	3,4263	4,5684	5,7105	6,8526	7,9947	9,1368	10,2789
68,0	1,1427	2,2854	3,4281	4,5708	5,7136	6,8563	7,9990	9,1417	10,2844
68,2	1,1433	2,2867	3,4300	4,5733	5,7167	6,8600	8,0033	9,1466	10,2900
68,4	1,1439	2,2879	3,4319	4,5758	5,7198	6,8637	8,0076	9,1516	10,2956
68,6	1,1446	2,2891	3,4337	4,5782	5,7228	6,8674	8,0119	9,1565	10,3011
68,8	1,1452	2,2904	3,4355	4,5807	5,7259	6,8711	8,0163	9,1614	10,3066
69,0	1,1458	2,2916	3,4374	4,5832	5,7290	6,8748	8,0206	9,1664	10,3122
69,2	1,1464	2,2928	3,4393	4,5857	5,7321	6,8785	8,0250	9,1714	10,3178
69,4	1,1471	2,2941	3,4412	4,5882	5,7353	6,8823	8,0294	9,1764	10,3234
69,6	1,1477	2,2953	3,4430	4,5907	5,7384	6,8860	8,0337	9,1814	10,3290
69,8	1,1483	2,2966	3,4449	4,5932	5,7415	6,8898	8,0381	9,1864	10,3347
70,0	1,1489	2,2978	3,4468	4,5957	5,7446	6,8935	8,0424	9,1914	10,3403
70,2	1,1495	2,2991	3,4486	4,5982	5,7477	6,8973	8,0468	9,1964	10,3459
70,4	1,1502	2,3003	3,4505	4,6007	5,7509	6,9010	8,0512	9,2014	10,3515
70,6	1,1508	2,3016	3,4524	4,6032	5,7540	6,9048	8,0556	9,2064	10,3572
70,8	1,1514	2,3028	3,4543	4,6057	5,7571	6,9085	8,0600	9,2114	10,3628

Tafel 6
zur Ermittelung der Litermenge Branntweins aus dem Nettogewicht und der wahren Stärke.

Wahre Stärke	Gewicht in Kilogramm								
	1	2	3	4	5	6	7	8	9
	Liter								
71,0	1,1521	2,3041	3,4562	4,6082	5,7603	6,9123	8,0644	9,2164	10,3685
71,2	1,1527	2,3054	3,4581	4,6107	5,7634	6,9161	8,0688	9,2215	10,3742
71,4	1,1533	2,3066	3,4600	4,6133	5,7666	6,9199	8,0733	9,2266	10,3799
71,6	1,1540	2,3079	3,4619	4,6158	5,7698	6,9237	8,0777	9,2317	10,3856
71,8	1,1546	2,3092	3,4638	4,6184	5,7730	6,9276	8,0822	9,2368	10,3913
72,0	1,1552	2,3105	3,4657	4,6209	5,7762	6,9314	8,0866	9,2418	10,3971
72,2	1,1559	2,3117	3,4676	4,6235	5,7793	6,9352	8,0911	9,2469	10,4028
72,4	1,1565	2,3130	3,4695	4,6260	5,7825	6,9390	8,0955	9,2520	10,4086
72,6	1,1571	2,3143	3,4714	4,6286	5,7857	6,9429	8,1000	9,2572	10,4143
72,8	1,1578	2,3156	3,4733	4,6311	5,7889	6,9467	8,1045	9,2623	10,4200
73,0	1,1584	2,3168	3,4753	4,6337	5,7921	6,9505	8,1089	9,2674	10,4258
73,2	1,1591	2,3181	3,4772	4,6363	5,7953	6,9544	8,1134	9,2725	10,4316
73,4	1,1597	2,3194	3,4791	4,6388	5,7986	6,9583	8,1180	9,2777	10,4374
73,6	1,1604	2,3207	3,4811	4,6414	5,8018	6,9621	8,1225	9,2829	10,4432
73,8	1,1610	2,3220	3,4830	4,6440	5,8050	6,9660	8,1270	9,2880	10,4490
74,0	1,1617	2,3233	3,4850	4,6466	5,8083	6,9699	8,1316	9,2932	10,4549
74,2	1,1623	2,3246	3,4869	4,6492	5,8115	6,9738	8,1361	9,2984	10,4607
74,4	1,1630	2,3259	3,4889	4,6518	5,8148	6,9777	8,1407	9,3036	10,4666
74,6	1,1636	2,3272	3,4908	4,6544	5,8180	6,9816	8,1452	9,3088	10,4725
74,8	1,1643	2,3285	3,4928	4,6570	5,8213	6,9855	8,1498	9,3141	10,4783
75,0	1,1649	2,3298	3,4947	4,6596	5,8246	6,9895	8,1544	9,3193	10,4842
75,2	1,1656	2,3311	3,4967	4,6623	5,8278	6,9934	8,1590	9,3245	10,4901
75,4	1,1662	2,3325	3,4987	4,6649	5,8311	6,9973	8,1636	9,3298	10,4960
75,6	1,1669	2,3338	3,5007	4,6675	5,8344	7,0013	8,1682	9,3351	10,5020
75,8	1,1675	2,3351	3,5026	4,6702	5,8377	7,0053	8,1728	9,3403	10,5079
76,0	1,1682	2,3364	3,5046	4,6728	5,8410	7,0092	8,1774	9,3456	10,5138
76,2	1,1689	2,3377	3,5066	4,6754	5,8443	7,0132	8,1820	9,3509	10,5198
76,4	1,1695	2,3390	3,5086	4,6781	5,8476	7,0171	8,1867	9,3562	10,5257
76,6	1,1702	2,3404	3,5106	4,6808	5,8509	7,0211	8,1913	9,3615	10,5317
76,8	1,1708	2,3417	3,5125	4,6834	5,8542	7,0251	8,1959	9,3668	10,5376

Tafel 6
zur Ermittelung der Litermenge Branntweins aus dem Nettogewicht
und der wahren Stärke.

Wahre Stärke	Gewicht in Kilogramm								
	1	2	3	4	5	6	7	8	9
					Liter				
77,0	1,1715	2,3430	3,5145	4,6860	5,8575	7,0291	8,2006	9,3721	10,5436
77,2	1,1722	2,3444	3,5165	4,6887	5,8609	7,0331	8,2053	9,3774	10,5496
77,4	1,1728	2,3457	3,5185	4,6914	5,8643	7,0371	8,2100	9,3828	10,5557
77,6	1,1735	2,3471	3,5206	4,6941	5,8677	7,0412	8,2147	9,3882	10,5618
77,8	1,1742	2,3484	3,5226	4,6968	5,8710	7,0452	8,2194	9,3936	10,5678
78,0	1,1749	2,3497	3,5246	4,6995	5,8744	7,0492	8,2241	9,3990	10,5738
78,2	1,1755	2,3511	3,5266	4,7022	5,8777	7,0532	8,2288	9,4044	10,5799
78,4	1,1762	2,3524	3,5287	4,7049	5,8811	7,0573	8,2335	9,4098	10,5860
78,6	1,1769	2,3538	3,5307	4,7076	5,8845	7,0614	8,2383	9,4152	10,5921
78,8	1,1776	2,3551	3,5327	4,7103	5,8879	7,0654	8,2430	9,4206	10,5981
79,0	1,1782	2,3565	3,5347	4,7130	5,8913	7,0695	8,2478	9,4260	10,6042
79,2	1,1789	2,3579	3,5368	4,7157	5,8947	7,0736	8,2525	9,4314	10,6104
79,4	1,1796	2,3592	3,5388	4,7184	5,8981	7,0777	8,2573	9,4369	10,6165
79,6	1,1803	2,3606	3,5409	4,7212	5,9015	7,0818	8,2621	9,4424	10,6227
79,8	1,1810	2,3620	3,5429	4,7239	5,9049	7,0859	8,2669	9,4479	10,6288
80,0	1,1817	2,3633	3,5450	4,7267	5,9084	7,0900	8,2717	9,4534	10,6350
80,2	1,1824	2,3647	3,5471	4,7294	5,9118	7,0942	8,2765	9,4589	10,6412
80,4	1,1831	2,3661	3,5492	4,7322	5,9153	7,0983	8,2814	9,4644	10,6475
80,6	1,1837	2,3675	3,5512	4,7350	5,9187	7,1024	8,2862	9,4699	10,6537
80,8	1,1844	2,3689	3,5533	4,7377	5,9222	7,1066	8,2910	9,4754	10,6599
81,0	1,1851	2,3702	3,5554	4,7405	5,9256	7,1107	8,2958	9,4810	10,6661
81,2	1,1858	2,3716	3,5575	4,7433	5,9291	7,1149	8,3007	9,4866	10,6724
81,4	1,1865	2,3730	3,5596	4,7461	5,9326	7,1191	8,3056	9,4922	10,6787
81,6	1,1872	2,3744	3,5616	4,7488	5,9361	7,1233	8,3105	9,4977	10,6849
81,8	1,1879	2,3758	3,5637	4,7516	5,9396	7,1275	8,3154	9,5033	10,6912
82,0	1,1886	2,3772	3,5658	4,7544	5,9431	7,1317	8,3203	9,5089	10,6975
82,2	1,1893	2,3786	3,5680	4,7573	5,9466	7,1359	8,3252	9,5146	10,7039
82,4	1,1900	2,3801	3,5701	4,7601	5,9502	7,1402	8,3302	9,5202	10,7103
82,6	1,1907	2,3815	3,5722	4,7629	5,9537	7,1444	8,3351	9,5258	10,7166
82,8	1,1914	2,3829	3,5743	4,7658	5,9572	7,1486	8,3401	9,5315	10,7230

Tafel 6
zur Ermittelung der Litermenge Branntweins aus dem Nettogewicht und der wahren Stärke.

Wahre Stärke	Gewicht in Kilogramm								
	1	2	3	4	5	6	7	8	9
	Liter								
83,0	1,1922	2,3843	3,5765	4,7686	5,9608	7,1529	8,3451	9,5372	10,7294
83,2	1,1929	2,3857	3,5786	4,7715	5,9643	7,1572	8,3501	9,5429	10,7358
83,4	1,1936	2,3872	3,5807	4,7743	5,9679	7,1615	8,3551	9,5487	10,7422
83,6	1,1943	2,3886	3,5829	4,7772	5,9715	7,1658	8,3601	9,5544	10,7487
83,8	1,1950	2,3900	3,5850	4,7801	5,9751	7,1701	8,3651	9,5601	10,7551
84,0	1,1957	2,3915	3,5872	4,7829	5,9786	7,1744	8,3701	9,5658	10,7616
84,2	1,1965	2,3929	3,5894	4,7858	5,9823	7,1787	8,3752	9,5716	10,7681
84,4	1,1972	2,3944	3,5915	4,7887	5,9859	7,1831	8,3803	9,5775	10,7746
84,6	1,1979	2,3958	3,5937	4,7916	5,9895	7,1874	8,3854	9,5833	10,7812
84,8	1,1986	2,3973	3,5959	4,7945	5,9932	7,1918	8,3904	9,5891	10,7877
85,0	1,1994	2,3987	3,5981	4,7974	5,9968	7,1962	8,3955	9,5949	10,7942
85,2	1,2001	2,4002	3,6003	4,8004	6,0005	7,2006	8,4007	9,6008	10,8008
85,4	1,2008	2,4017	3,6025	4,8033	6,0041	7,2050	8,4058	9,6066	10,8074
85,6	1,2016	2,4031	3,6047	4,8062	6,0078	7,2094	8,4109	9,6125	10,8141
85,8	1,2023	2,4046	3,6069	4,8092	6,0115	7,2138	8,4161	9,6184	10,8207
86,0	1,2030	2,4061	3,6091	4,8121	6,0152	7,2182	8,4212	9,6242	10,8273
86,2	1,2038	2,4076	3,6113	4,8151	6,0189	7,2227	8,4264	9,6302	10,8340
86,4	1,2045	2,4090	3,6135	4,8181	6,0226	7,2272	8,4317	9,6362	10,8407
86,6	1,2053	2,4105	3,6158	4,8211	6,0264	7,2316	8,4369	9,6422	10,8475
86,8	1,2060	2,4120	3,6181	4,8241	6,0301	7,2361	8,4422	9,6482	10,8542
87,0	1,2068	2,4135	3,6203	4,8270	6,0338	7,2406	8,4474	9,6542	10,8609
87,2	1,2075	2,4151	3,6226	4,8301	6,0376	7,2452	8,4527	9,6602	10,8677
87,4	1,2083	2,4166	3,6249	4,8331	6,0414	7,2497	8,4580	9,6663	10,8746
87,6	1,2090	2,4181	3,6271	4,8362	6,0452	7,2543	8,4633	9,6724	10,8814
87,8	1,2098	2,4196	3,6294	4,8392	6,0490	7,2588	8,4686	9,6784	10,8882
88,0	1,2106	2,4211	3,6317	4,8422	6,0528	7,2634	8,4739	9,6845	10,8950
88,2	1,2113	2,4227	3,6340	4,8453	6,0567	7,2680	8,4793	9,6906	10,9020
88,4	1,2121	2,4242	3,6363	4,8484	6,0605	7,2726	8,4847	9,6968	10,9089
88,6	1,2129	2,4257	3,6386	4,8515	6,0644	7,2772	8,4901	9,7030	10,9158
88,8	1,2136	2,4273	3,6409	4,8546	6,0682	7,2818	8,4955	9,7091	10,9228

Tafel 6
zur Ermittelung der Litermenge Branntweins aus dem Nettogewicht und der wahren Stärke.

Wahre Stärke	Gewicht in Kilogramm								
	1	2	3	4	5	6	7	8	9
	Liter								
89,0	1,2144	2,4288	3,6432	4,8576	6,0721	7,2865	8,5009	9,7153	10,9297
89,2	1,2152	2,4304	3,6456	4,8608	6,0760	7,2912	8,5063	9,7215	10,9367
89,4	1,2160	2,4319	3,6479	4,8639	6,0799	7,2958	8,5118	9,7278	10,9438
89,6	1,2168	2,4335	3,6503	4,8670	6,0838	7,3005	8,5173	9,7340	10,9508
89,8	1,2175	2,4351	3,6526	4,8702	6,0877	7,3052	8,5227	9,7403	10,9578
90,0	1,2183	2,4366	3,6550	4,8733	6,0916	7,3099	8,5282	9,7466	10,9649
90,2	1,2191	2,4382	3,6574	4,8765	6,0956	7,3147	8,5338	9,7529	10,9720
90,4	1,2199	2,4398	3,6597	4,8797	6,0996	7,3195	8,5394	9,7593	10,9792
90,6	1,2207	2,4414	3,6621	4,8829	6,1036	7,3243	8,5450	9,7657	10,9864
90,8	1,2215	2,4430	3,6645	4,8860	6,1076	7,3291	8,5506	9,7721	10,9936
91,0	1,2223	2,4446	3,6669	4,8892	6,1116	7,3339	8,5562	9,7785	11,0008
91,2	1,2231	2,4463	3,6694	4,8925	6,1156	7,3388	8,5619	9,7850	11,0081
91,4	1,2239	2,4479	3,6718	4,8958	6,1197	7,3437	8,5676	9,7916	11,0155
91,6	1,2248	2,4495	3,6743	4,8991	6,1238	7,3486	8,5733	9,7981	11,0229
91,8	1,2256	2,4512	3,6767	4,9023	6,1279	7,3535	8,5791	9,8047	11,0302
92,0	1,2264	2,4528	3,6792	4,9056	6,1320	7,3584	8,5848	9,8112	11,0376
92,2	1,2272	2,4545	3,6817	4,9089	6,1362	7,3634	8,5906	9,8178	11,0451
92,4	1,2281	2,4561	3,6842	4,9122	6,1403	7,3684	8,5964	9,8245	11,0525
92,6	1,2289	2,4578	3,6867	4,9156	6,1444	7,3733	8,6022	9,8311	11,0600
92,8	1,2297	2,4594	3,6892	4,9189	6,1486	7,3783	8,6080	9,8378	11,0675
93,0	1,2305	2,4611	3,6917	4,9222	6,1528	7,3833	8,6139	9,8444	11,0750
93,2	1,2314	2,4628	3,6942	4,9256	6,1570	7,3884	8,6198	9,8512	11,0826
93,4	1,2323	2,4645	3,6968	4,9290	6,1613	7,3935	8,6258	9,8580	11,0903
93,6	1,2331	2,4662	3,6993	4,9324	6,1655	7,3986	8,6317	9,8648	11,0980
93,8	1,2340	2,4679	3,7019	4,9358	6,1698	7,4037	8,6377	9,8717	11,1056
94,0	1,2348	2,4696	3,7044	4,9392	6,1741	7,4089	8,6437	9,8785	11,1133
94,2	1,2357	2,4714	3,7070	4,9427	6,1784	7,4141	8,6498	9,8854	11,1211
94,4	1,2366	2,4731	3,7097	4,9462	6,1828	7,4193	8,6559	9,8924	11,1290
94,6	1,2374	2,4748	3,7123	4,9497	6,1871	7,4245	8,6619	9,8994	11,1368
94,8	1,2383	2,4766	3,7149	4,9532	6,1915	7,4297	8,6680	9,9063	11,1446

Tafel 6
zur Ermittelung der Litermenge Branntweins aus dem Nettogewicht und der wahren Stärke.

Wahre Stärke	Gewicht in Kilogramm								
	1	2	3	4	5	6	7	8	9
	Liter								
95,0	1,2392	2,4783	3,7175	4,9566	6,1958	7,4350	8,6741	9,9133	11,1524
95,2	1,2400	2,4801	3,7201	4,9602	6,2002	7,4403	8,6803	9,9204	11,1604
95,4	1,2409	2,4819	3,7228	4,9637	6,2047	7,4456	8,6865	9,9275	11,1684
95,6	1,2418	2,4836	3,7255	4,9673	6,2091	7,4509	8,6927	9,9346	11,1764
95,8	1,2427	2,4854	3,7281	4,9708	6,2135	7,4562	8,6989	9,9416	11,1843
96,0	1,2436	2,4872	3,7308	4,9744	6,2180	7,4616	8,7051	9,9488	11,1924
96,2	1,2445	2,4890	3,7335	4,9780	6,2225	7,4670	8,7115	9,9560	11,2005
96,4	1,2454	2,4908	3,7363	4,9817	6,2271	7,4725	8,7180	9,9634	11,2088
96,6	1,2463	2,4927	3,7390	4,9854	6,2317	7,4780	8,7244	9,9707	11,2170
96,8	1,2473	2,4945	3,7418	4,9890	6,2363	7,4835	8,7308	9,9780	11,2253
97,0	1,2482	2,4963	3,7445	4,9927	6,2409	7,4890	8,7372	9,9854	11,2336
97,2	1,2491	2,4982	3,7473	4,9964	6,2455	7,4946	8,7437	9,9928	11,2419
97,4	1,2500	2,5001	3,7501	5,0002	6,2502	7,5002	8,7503	10,0003	11,2503
97,6	1,2510	2,5019	3,7529	5,0039	6,2549	7,5058	8,7568	10,0078	11,2587
97,8	1,2519	2,5038	3,7557	5,0076	6,2595	7,5114	8,7633	10,0153	11,2672
98,0	1,2528	2,5057	3,7585	5,0114	6,2642	7,5170	8,7699	10,0228	11,2756
98,2	1,2538	2,5076	3,7614	5,0152	6,2690	7,5228	8,7766	10,0304	11,2842
98,4	1,2548	2,5095	3,7643	5,0190	6,2738	7,5286	8,7833	10,0381	11,2929
98,6	1,2557	2,5114	3,7672	5,0229	6,2786	7,5343	8,7900	10,0458	11,3015
98,8	1,2567	2,5134	3,7700	5,0267	6,2834	7,5401	8,7968	10,0534	11,3101
99,0	1,2576	2,5153	3,7729	5,0306	6,2882	7,5458	8,8036	10,0612	11,3188
99,2	1,2586	2,5172	3,7759	5,0345	6,2931	7,5517	8,8104	10,0690	11,3276
99,4	1,2596	2,5192	3,7788	5,0384	6,2980	7,5576	8,8173	10,0769	11,3365
99,6	1,2606	2,5212	3,7818	5,0424	6,3030	7,5636	8,8242	10,0848	11,3453
99,8	1,2616	2,5232	3,7847	5,0463	6,3079	7,5695	8,8310	10,0926	11,3541
100	1,2626	2,5251	3,7877	5,0502	6,3128	7,5754	8,8379	10,1004	11,3630

Tafel 7
zur Ermittelung des Gewichts von 1 Liter Branntwein.

Wärme-grad	0	1	2	3	4	5	6	7	8	9
	Gewicht für obige wahre Stärke in Kilogramm									
0	0,9986	0,9966	0,9947	0,9930	0,9914	0,9898	0,9884	0,9871	0,9858	0,9846
+1	0,9986	0,9967	0,9948	0,9931	0,9914	0,9899	0,9885	0,9871	0,9859	0,9846
2	0,9987	0,9968	0,9949	0,9931	0,9915	0,9899	0,9885	0,9872	0,9859	0,9846
3	0,9988	0,9968	0,9949	0,9931	0,9915	0,9900	0,9885	0,9872	0,9859	0,9846
4	0,9989	0,9969	0,9950	0,9932	0,9915	0,9900	0,9885	0,9872	0,9859	0,9846
5	0,9989	0,9969	0,9950	0,9932	0,9915	0,9900	0,9885	0,9871	0,9858	0,9845
+6	0,9988	0,9968	0,9950	0,9932	0,9915	0,9900	0,9885	0,9871	0,9858	0,9845
+7	0,9988	0,9968	0,9949	0,9932	0,9915	0,9900	0,9885	0,9871	0,9857	0,9844
8	0,9987	0,9968	0,9949	0,9932	0,9915	0,9899	0,9884	0,9870	0,9857	0,9843
9	0,9986	0,9967	0,9949	0,9931	0,9915	0,9899	0,9884	0,9869	0,9856	0,9842
10	0,9986	0,9967	0,9948	0,9931	0,9914	0,9898	0,9883	0,9869	0,9855	0,9841
11	0,9986	0,9966	0,9948	0,9930	0,9913	0,9898	0,9882	0,9868	0,9854	0,9840
+12	0,9985	0,9966	0,9947	0,9929	0,9913	0,9897	0,9881	0,9867	0,9852	0,9839
+13	0,9984	0,9965	0,9946	0,9929	0,9912	0,9896	0,9880	0,9865	0,9851	0,9837
14	0,9983	0,9964	0,9945	0,9928	0,9911	0,9894	0,9879	0,9864	0,9850	0,9836
15	0,9981	0,9962	0,9944	0,9927	0,9910	0,9893	0,9878	0,9863	0,9848	0,9834
16	0,9980	0,9961	0,9943	0,9925	0,9908	0,9892	0,9876	0,9861	0,9846	0,9832
17	0,9979	0,9960	0,9942	0,9924	0,9907	0,9891	0,9875	0,9859	0,9845	0,9830
+18	0,9977	0,9958	0,9940	0,9922	0,9905	0,9889	0,9873	0,9858	0,9843	0,9828
+19	0,9976	0,9957	0,9938	0,9921	0,9904	0,9887	0,9871	0,9856	0,9841	0,9826
20	0,9974	0,9955	0,9937	0,9919	0,9902	0,9885	0,9869	0,9854	0,9839	0,9824
21	0,9972	0,9953	0,9935	0,9917	0,9900	0,9884	0,9867	0,9852	0,9837	0,9822
22	0,9970	0,9951	0,9933	0,9915	0,9898	0,9882	0,9865	0,9850	0,9834	0,9819
23	0,9968	0,9949	0,9931	0,9913	0,9896	0,9879	0,9863	0,9847	0,9832	0,9817
+24	0,9966	0,9947	0,9929	0,9911	0,9894	0,9877	0,9861	0,9845	0,9829	0,9814
+25	0,9964	0,9945	0,9927	0,9909	0,9892	0,9875	0,9858	0,9842	0,9827	0,9812

Tafel 7
zur Ermittelung des Gewichts von 1 Liter Branntwein.

Wärme-grad	10	10,5	11	11,5	12	12,5	13	13,5	14	14,5
	Gewicht für obige wahre Stärke in Kilogramm									
0	0,9835	0,9830	0,9825	0,9820	0,9815	0,9810	0,9806	0,9801	0,9797	0,9792
+ 1	0,9835	0,9830	0,9825	0,9820	0,9815	0,9810	0,9805	0,9800	0,9796	0,9791
2	0,9835	0,9829	0,9824	0,9819	0,9814	0,9809	0,9804	0,9799	0,9795	0,9790
3	0,9835	0,9829	0,9824	0,9818	0,9813	0,9808	0,9803	0,9798	0,9794	0,9789
4	0,9834	0,9828	0,9823	0,9818	0,9812	0,9807	0,9802	0,9797	0,9792	0,9787
5	0,9834	0,9828	0,9822	0,9817	0,9811	0,9806	0,9801	0,9796	0,9791	0,9786
+ 6	0,9833	0,9827	0,9821	0,9816	0,9810	0,9805	0,9800	0,9794	0,9789	0,9784
+ 7	0,9832	0,9826	0,9820	0,9815	0,9809	0,9804	0,9798	0,9793	0,9788	0,9782
8	0,9831	0,9825	0,9819	0,9813	0,9808	0,9802	0,9797	0,9791	0,9786	0,9780
9	0,9830	0,9824	0,9818	0,9812	0,9806	0,9800	0,9795	0,9789	0,9784	0,9778
10	0,9829	0,9822	0,9816	0,9810	0,9804	0,9799	0,9793	0,9787	0,9782	0,9776
11	0,9827	0,9821	0,9815	0,9809	0,9803	0,9797	0,9791	0,9785	0,9780	0,9774
+12	0,9826	0,9819	0,9813	0,9807	0,9801	0,9795	0,9789	0,9783	0,9777	0,9772
+13	0,9824	0,9818	0,9811	0,9805	0,9799	0,9793	0,9787	0,9781	0,9775	0,9769
14	0,9822	0,9816	0,9809	0,9803	0,9797	0,9791	0,9785	0,9779	0,9773	0,9767
15	0,9821	0,9814	0,9807	0,9801	0,9795	0,9789	0,9782	0,9776	0,9770	0,9764
16	0,9819	0,9812	0,9805	0,9799	0,9793	0,9786	0,9780	0,9774	0,9768	0,9761
17	0,9817	0,9810	0,9803	0,9797	0,9790	0,9784	0,9777	0,9771	0,9765	0,9759
+18	0,9815	0,9808	0,9801	0,9794	0,9787	0,9781	0,9775	0,9768	0,9762	0,9756
+19	0,9812	0,9805	0,9799	0,9792	0,9785	0,9779	0,9772	0,9766	0,9759	0,9753
20	0,9810	0,9803	0,9796	0,9789	0,9783	0,9776	0,9769	0,9763	0,9756	0,9750
21	0,9807	0,9800	0,9793	0,9787	0,9780	0,9773	0,9766	0,9760	0,9753	0,9747
22	0,9805	0,9798	0,9791	0,9784	0,9777	0,9770	0,9763	0,9757	0,9750	0,9743
23	0,9802	0,9795	0,9788	0,9781	0,9774	0,9767	0,9760	0,9753	0,9747	0,9740
+24	0,9800	0,9792	0,9785	0,9778	0,9771	0,9764	0,9757	0,9750	0,9743	0,9736
25	0,9797	0,9789	0,9782	0,9775	0,9768	0,9761	0,9754	0,9747	0,9740	0,9733
26	0,9794	0,9786	0,9779	0,9772	0,9765	0,9757	0,9750	0,9743	0,9736	0,9729
27	0,9791	0,9783	0,9776	0,9769	0,9761	0,9754	0,9747	0,9740	0,9733	0,9726
28	0,9788	0,9780	0,9773	0,9765	0,9758	0,9751	0,9744	0,9736	0,9729	0,9722
29	0,9784	0,9777	0,9769	0,9762	0,9755	0,9747	0,9740	0,9733	0,9725	0,9718
+30	0,9781	0,9774	0,9766	0,9759	0,9751	0,9744	0,9736	0,9729	0,9722	0,9714

13

Tafel 7
zur Ermittelung des Gewichts von 1 Liter Branntwein.

Wärme-grad	15	15,5	16	16,5	17	17,5	18	18,5	19	19,5
	Gewicht für obige wahre Stärke in Kilogramm									
0	0,9788	0,9783	0,9779	0,9775	0,9770	0,9766	0,9762	0,9758	0,9753	0,9749
+ 1	0,9787	0,9782	0,9778	0,9773	0,9769	0,9764	0,9760	0,9756	0,9751	0,9747
2	0,9785	0,9781	0,9776	0,9772	0,9767	0,9763	0,9758	0,9753	0,9749	0,9744
3	0,9784	0,9779	0,9775	0,9770	0,9765	0,9761	0,9756	0,9751	0,9747	0,9742
4	0,9783	0,9778	0,9773	0,9768	0,9763	0,9758	0,9754	0,9749	0,9744	0,9739
5	0,9781	0,9776	0,9771	0,9766	0,9761	0,9756	0,9751	0,9746	0,9742	0,9737
+ 6	0,9779	0,9774	0,9769	0,9764	0,9759	0,9754	0,9749	0,9744	0,9739	0,9734
+ 7	0,9777	0,9772	0,9767	9,9762	0,9757	0,9751	0,9746	0,9741	0,9736	0,9731
8	0,9775	0,9770	0,9765	0,9759	0,9754	0,9749	0,9744	0,9738	0,9733	0,9728
9	0,9773	0,9768	0,9762	0,9757	0,9752	0,9746	0,9741	0,9735	0,9730	0,9725
10	0,9771	0,9765	0,9760	0,9754	0,9749	0,9743	0,9738	0,9732	0,9727	0,9721
11	0,9768	0,9763	0,9757	0,9752	0,9746	0,9741	0,9735	0,9729	0,9724	0,9718
+ 12	0,9766	0,9760	0,9755	0,9749	0,9743	0,9738	0,9732	0,9726	0,9720	0,9715
+ 13	0,9763	0,9758	0,9752	0,9746	0,9740	0,9735	0,9729	0,9723	0,9717	0,9711
14	0,9761	0,9755	0,9749	0,9743	0,9737	0,9731	0,9726	0,9720	0,9714	0,9708
15	0,9758	0,9752	0,9746	0,9740	0,9734	0,9728	0,9722	0,9716	0,9710	0,9704
16	0,9755	0,9749	0,9743	0,9737	0,9731	0,9725	0,9719	0,9713	0,9707	0,9700
17	0,9752	0,9746	0,9740	0,9734	0,9728	0,9722	0,9715	0,9709	0,9703	0,9696
+ 18	0,9749	0,9743	0,9737	0,9731	0,9725	0,9718	0,9712	0,9705	0,9699	0,9693
+ 19	0,9746	0,9740	0,9734	0,9727	0,9721	0,9715	0,9708	0,9702	0,9695	0,9689
20	0,9743	0,9737	0,9730	0,9724	0,9718	0,9711	0,9704	0,9698	0,9691	0,9685
21	0,9740	0,9734	0,9727	0,9720	0,9714	0,9707	0,9701	0,9694	0,9687	0,9680
22	0,9737	0,9730	0,9723	0,9717	0,9710	0,9703	0,9697	0,9690	0,9683	0,9676
23	0,9733	0,9727	0,9720	0,9713	0,9706	0,9699	0,9693	0,9686	0,9679	0,9672
+ 24	0,9730	0,9723	0,9716	0,9709	0,9702	0,9695	0,9688	0,9681	0,9674	0,9667
+ 25	0,9726	0,9719	0,9712	0,9705	0,9698	0,9691	0,9684	0,9677	0,9670	0,9663
26	0,9722	0,9715	0,9708	0,9701	0,9694	0,9687	0,9680	0,9673	0,9666	0,9658
27	0,9719	0,9712	0,9704	0,9697	0,9690	0,9683	0,9676	0,9669	0,9661	0,9654
28	0,9715	0,9708	0,9700	0,9693	0,9686	0,9679	0,9671	0,9664	0,9657	0,9649
29	0,9711	0,9704	0,9696	0,9689	0,9682	0,9674	0,9667	0,9660	0,9652	0,9645
+ 30	0,9707	0,9700	0,9692	0,9684	0,9677	0,9670	0,9663	0,9655	0,9648	0,9640

Tafel 7
zur Ermittelung des Gewichts von 1 Liter Branntwein.

Wärmegrad	20	20,5	21	21,5	22	22,5	23	23,5	24	24,5
	Gewicht für obige wahre Stärke in Kilogramm									
— 5	0,9755	0,9751	0,9747	0,9743	0,9740	0,9736	0,9732	0,9727	0,9723	0,9719
4	0,9753	0,9749	0,9745	0,9741	0,9737	0,9733	0,9729	0,9724	0,9720	0,9715
3	0,9751	0,9747	0,9743	0,9739	0,9735	0,9730	0,9726	0,9721	0,9717	0,9712
2	0,9749	0,9745	0,9741	0,9736	0,9732	0,9727	0,9723	0,9718	0,9714	0,9709
— 1	0,9747	0,9743	0,9738	0,9734	0,9729	0,9725	0,9720	0,9715	0,9710	0,9705
0	0,9745	0,9740	0,9736	0,9731	0,9726	0,9722	0,9717	0,9712	0,9707	0,9702
+ 1	0,9742	0,9738	0,9733	0,9728	0,9723	0,9719	0,9714	0,9709	0,9704	0,9698
2	0,9740	0,9735	0,9730	0,9725	0,9720	0,9715	0,9710	0,9705	0,9700	0,9695
3	0,9737	0,9732	0,9727	0,9722	0,9717	0,9712	0,9707	0,9702	0,9696	0,9691
4	0,9735	0,9729	0,9724	0,9719	0,9714	0,9709	0,9704	0,9698	0,9693	0,9687
5	0,9732	0,9726	0,9721	0,9716	0,9711	0,9705	0,9700	0,9694	0,9689	0,9683
+ 6	0,9729	0,9723	0,9718	0,9713	0,9707	0,9702	0,9696	0,9691	0,9685	0,9679
+ 7	0,9726	0,9720	0,9715	0,9709	0,9704	0,9698	0,9693	0,9687	0,9681	0,9675
8	0,9722	0,9717	0,9711	0,9706	0,9700	0,9695	0,9689	0,9683	0,9677	0,9671
9	0,9719	0,9714	0,9708	0,9702	0,9697	0,9691	0,9685	0,9679	0,9673	0,9667
10	0,9716	0,9710	0,9704	0,9699	0,9693	0,9687	0,9681	0,9675	0,9669	0,9662
11	0,9712	0,9707	0,9701	0,9695	0,9689	0,9683	0,9677	0,9671	0,9665	0,9658
+12	0,9709	0,9703	0,9697	0,9691	0,9685	0,9679	0,9673	0,9666	0,9660	0,9654
+13	0,9705	0,9699	0,9693	0,9687	0,9681	0,9675	0,9668	0,9662	0,9656	0,9649
14	0,9702	0,9696	0,9689	0,9683	0,9677	0,9671	0,9664	0,9658	0,9651	0,9644
15	0,9698	0,9692	0,9685	0,9679	0,9673	0,9666	0,9660	0,9653	0,9646	0,9640
16	0,9694	0,9688	0,9681	0,9675	0,9668	0,9662	0,9655	0,9648	0,9642	0,9635
17	0,9690	0,9684	0,9677	0,9671	0,9664	0,9657	0,9651	0,9644	0,9637	0,9630
+18	0,9686	0,9680	0,9673	0,9666	0,9660	0,9653	0,9646	0,9639	0,9632	0,9625
+19	0,9682	0,9675	0,9669	0,9662	0,9655	0,9648	0,9641	0,9634	0,9627	0,9620
20	0,9678	0,9671	0,9664	0,9657	0,9650	0,9643	0,9636	0,9629	0,9622	0,9615
21	0,9674	0,9667	0,9660	0,9653	0,9646	0,9638	0,9631	0,9624	0,9617	0,9609
22	0,9669	0,9662	0,9655	0,9648	0,9641	0,9634	0,9626	0,9619	0,9612	0,9604
23	0,9665	0,9658	0,9651	0,9643	0,9636	0,9629	0,9621	0,9614	0,9607	0,9599
+24	0,9660	0,9653	0,9646	0,9639	0,9631	0,9624	0,9616	0,9609	0,9601	0,9593
+25	0,9656	0,9649	0,9641	0,9634	0,9626	0,9619	0,9611	0,9604	0,9596	0,9588
26	0,9651	0,9644	0,9636	0,9629	0,9621	0,9614	0,9606	0,9598	0,9591	0,9583
27	0,9647	0,9639	0,9632	0,9624	0,9616	0,9609	0,9601	0,9593	0,9585	0,9577
28	0,9642	0,9634	0,9627	0,9619	0,9611	0,9603	0,9596	0,9588	0,9580	0,9572
29	0,9637	0,9629	0,9622	0,9614	0,9606	0,9598	0,9590	0,9582	0,9574	0,9566
+30	0,9632	0,9624	0,9617	0,9609	0,9601	0,9593	0,9585	0,9577	0,9569	0,9560

18*

Tafel 7
zur Ermittelung des Gewichts von 1 Liter Branntwein.

Wärmegrad	25	25,5	26	26,5	27	27,5	28	28,5	29	29,5
	Gewicht für obige wahre Stärke in Kilogramm									
— 5	0,9714	0,9709	0,9705	0,9700	0,9695	0,9690	0,9684	0,9679	0,9673	0,9668
4	0,9711	0,9706	0,9701	0,9696	0,9691	0,9686	0,9680	0,9675	0,9669	0,9663
3	0,9707	0,9702	0,9697	0,9692	0,9687	0,9682	0,9676	0,9670	0,9665	0,9659
2	0,9704	0,9699	0,9694	0,9688	0,9683	0,9677	0,9672	0,9666	0,9660	0,9654
— 1	0,9700	0,9695	0,9690	0,9684	0,9679	0,9673	0,9667	0,9661	0,9655	0,9649
0	0,9697	0,9691	0,9686	0,9680	0,9675	0,9669	0,9663	0,9657	0,9651	0,9644
+ 1	0,9693	0,9687	0,9682	0,9676	0,9671	0,9665	0,9659	0,9652	0,9646	0,9640
2	0,9689	0,9684	0,9678	0,9672	0,9666	0,9660	0,9654	0,9648	0,9641	0,9635
3	0,9685	0,9680	0,9674	0,9668	0,9662	0,9656	0,9650	0,9643	0,9637	0,9630
4	0,9681	0,9676	0,9670	0,9664	0,9658	0,9651	0,9645	0,9638	0,9632	0,9625
5	0,9677	0,9671	0,9666	0,9659	0,9653	0,9647	0,9640	0,9634	0,9627	0,9620
+ 6	0,9673	0,9667	0,9661	0,9655	0,9649	0,9642	0,9636	0,9629	0,9622	0,9615
+ 7	0,9669	0,9663	0,9657	0,9650	0,9644	0,9637	0,9631	0,9624	0,9617	0,9610
8	0,9665	0,9659	0,9652	0,9646	0,9639	0,9633	0,9626	0,9619	0,9612	0,9605
9	0,9661	0,9654	0,9648	0,9641	0,9635	0,9628	0,9621	0,9614	0,9607	0,9599
10	0,9656	0,9650	0,9643	0,9636	0,9630	0,9623	0,9616	0,9609	0,9601	0,9594
11	0,9652	0,9645	0,9638	0,9632	0,9625	0,9618	0,9611	0,9603	0,9596	0,9589
+12	0,9647	0,9640	0,9634	0,9627	0,9620	0,9613	0,9605	0,9598	0,9591	0,9583
+13	0,9642	0,9636	0,9629	0,9622	0,9615	0,9607	0,9600	0,9593	0,9585	0,9578
14	0,9638	0,9631	0,9624	0,9617	0,9610	0,9602	0,9595	0,9587	0,9580	0,9572
15	0,9633	0,9626	0,9619	0,9611	0,9604	0,9597	0,9589	0,9582	0,9574	0,9566
16	0,9628	0,9621	0,9614	0,9606	0,9599	0,9591	0,9584	0,9576	0,9568	0,9560
17	0,9623	0,9616	0,9608	0,9601	0,9593	0,9586	0,9578	0,9570	0,9563	0,9555
+18	0,9618	0,9610	0,9603	0,9596	0,9588	0,9581	0,9573	0,9565	0,9557	0,9549
+19	0,9612	0,9605	0,9598	0,9590	0,9582	0,9575	0,9567	0,9559	0,9551	0,9543
20	0,9607	0,9600	0,9592	0,9584	0,9577	0,9569	0,9561	0,9553	0,9545	0,9536
21	0,9602	0,9594	0,9587	0,9579	0,9571	0,9563	0,9555	0,9547	0,9539	0,9530
22	0,9597	0,9589	0,9581	0,9573	0,9565	0,9557	0,9549	0,9541	0,9533	0,9524
23	0,9591	0,9583	0,9576	0,9568	0,9559	0,9551	0,9543	0,9535	0,9526	0,9518
+24	0,9586	0,9578	0,9570	0,9562	0,9554	0,9545	0,9537	0,9529	0,9520	0,9512
+25	0,9580	0,9572	0,9564	0,9556	0,9548	0,9539	0,9531	0,9523	0,9514	0,9505
26	0,9575	0,9567	0,9558	0,9550	0,9542	0,9534	0,9525	0,9516	0,9508	0,9499
27	0,9569	0,9561	0,9553	0,9544	0,9536	0,9527	0,9519	0,9510	0,9502	0,9493
28	0,9564	0,9555	0,9547	0,9538	0,9530	0,9521	0,9513	0,9504	0,9495	0,9486
29	0,9558	0,9549	0,9541	0,9532	0,9524	0,9515	0,9507	0,9498	0,9489	0,9480
+30	0,9552	0,9544	0,9535	0,9526	0,9518	0,9509	0,9500	0,9491	0,9482	0,9473

Tafel 7
zur Ermittelung des Gewichts von 1 Liter Branntwein.

Wärme-grad	30	30,5	31	31,5	32	32,5	33	33,5	34	34,5
	Gewicht für obige wahre Stärke in Kilogramm									
—12	0,9692	0,9687	0,9682	0,9676	0,9671	0,9665	0,9659	0,9652	0,9646	0,9639
11	0,9688	0,9683	0,9677	0,9672	0,9666	0,9660	0,9654	0,9647	0,9641	0,9634
10	0,9684	0,9679	0,9673	0,9667	0,9661	0,9655	0,9649	0,9642	0,9636	0,9629
9	0,9680	0,9674	0,9668	0,9662	0,9656	0,9650	0,9644	0,9637	0,9631	0,9624
8	0,9675	0,9670	0,9664	0,9658	0,9652	0,9645	0,9639	0,9632	0,9625	0,9618
— 7	0,9671	0,9665	0,9659	0,9653	0,9647	0,9640	0,9634	0,9627	0,9620	0,9613
— 6	0,9666	0,9660	0,9654	0,9648	0,9642	0,9635	0,9629	0,9622	0,9615	0,9607
5	0,9662	0,9656	0,9650	0,9643	0,9637	0,9630	0,9623	0,9616	0,9609	0,9602
4	0,9657	0,9651	0,9645	0,9638	0,9632	0,9625	0,9618	0,9611	0,9604	0,9596
3	0,9653	0,9646	0,9640	0,9633	0,9627	0,9620	0,9613	0,9605	0,9598	0,9591
2	0,9648	0,9641	0,9635	0,9628	0,9621	0,9614	0,9607	0,9600	0,9593	0,9585
— 1	0,9643	0,9636	0,9630	0,9623	0,9616	0,9609	0,9602	0,9594	0,9587	0,9579
0	0,9638	0,9631	0,9625	0,9618	0,9611	0,9604	0,9596	0,9589	0,9581	0,9573
+ 1	0,9633	0,9626	0,9619	0,9612	0,9605	0,9598	0,9591	0,9583	0,9576	0,9568
2	0,9628	0,9621	0,9614	0,9607	0,9600	0,9593	0,9585	0,9578	0,9570	0,9562
3	0,9623	0,9616	0,9609	0,9602	0,9595	0,9587	0,9580	0,9572	0,9564	0,9556
4	0,9618	0,9611	0,9604	0,9597	0,9589	0,9582	0,9574	0,9566	0,9558	0,9550
5	0,9613	0,9606	0,9599	0,9591	0,9584	0,9576	0,9569	0,9561	0,9553	0,9544
+ 6	0,9608	0,9601	0,9593	0,9586	0,9578	0,9571	0,9563	0,9555	0,9547	0,9538
+ 7	0,9603	0,9595	0,9588	0,9580	0,9573	0,9565	0,9557	0,9549	0,9541	0,9532
8	0,9597	0,9590	0,9583	0,9575	0,9567	0,9559	0,9551	0,9543	0,9535	0,9526
9	0,9592	0,9585	0,9577	0,9569	0,9561	0,9553	0,9545	0,9537	0,9529	0,9520
10	0,9587	0,9579	0,9572	0,9564	0,9556	0,9548	0,9540	0,9531	0,9523	0,9514
11	0,9581	0,9573	0,9566	0,9558	0,9550	0,9542	0,9534	0,9525	0,9517	0,9508
+12	0,9576	0,9568	0,9560	0,9552	0,9544	0,9536	0,9527	0,9519	0,9510	0,9502
+13	0,9570	0,9562	0,9554	0,9546	0,9538	0,9530	0,9521	0,9513	0,9504	0,9495
14	0,9564	0,9556	0,9548	0,9540	0,9532	0,9523	0,9515	0,9506	0,9498	0,9489
15	0,9559	0,9550	0,9542	0,9534	0,9526	0,9517	0,9509	0,9500	0,9491	0,9482
16	0,9553	0,9544	0,9536	0,9528	0,9520	0,9511	0,9502	0,9494	0,9485	0,9476
17	0,9547	0,9538	0,9530	0,9522	0,9513	0,9505	0,9496	0,9487	0,9478	0,9469
+18	0,9541	0,9532	0,9524	0,9515	0,9507	0,9498	0,9489	0,9481	0,9472	0,9462
+19	0,9534	0,9526	0,9518	0,9509	0,9500	0,9492	0,9483	0,9474	0,9465	0,9456
20	0,9528	0,9520	0,9511	0,9503	0,9494	0,9485	0,9476	0,9467	0,9458	0,9449
21	0,9522	0,9513	0,9505	0,9496	0,9487	0,9479	0,9470	0,9460	0,9451	0,9442
22	0,9516	0,9507	0,9499	0,9490	0,9481	0,9472	0,9463	0,9454	0,9445	0,9435
23	0,9509	0,9501	0,9492	0,9483	0,9474	0,9465	0,9456	0,9447	0,9438	0,9428
+24	0,9503	0,9494	0,9486	0,9477	0,9468	0,9458	0,9449	0,9440	0,9431	0,9421
+25	0,9497	0,9488	0,9479	0,9470	0,9461	0,9452	0,9443	0,9433	0,9424	0,9414
26	0,9490	0,9481	0,9473	0,9463	0,9454	0,9445	0,9436	0,9426	0,9417	0,9407
27	0,9484	0,9475	0,9466	0,9457	0,9447	0,9438	0,9429	0,9419	0,9410	0,9400
28	0,9477	0,9468	0,9459	0,9450	0,9441	0,9431	0,9422	0,9413	0,9403	0,9393
29	0,9471	0,9462	0,9453	0,9443	0,9434	0,9425	0,9415	0,9406	0,9396	0,9386
+30	0,9464	0,9455	0,9446	0,9437	0,9427	0,9418	0,9408	0,9399	0,9389	0,9379

Tafel 7
zur Ermittelung des Gewichts von 1 Liter Branntwein.

Wärme-grad	35	35,5	36	36,5	37	37,5	38	38,5	39	39,5
	Gewicht für obige wahre Stärke in Kilogramm									
—12	0,9633	0,9626	0,9619	0,9612	0,9604	0,9597	0,9590	0,9582	0,9574	0,9566
11	0,9628	0,9621	0,9614	0,9607	0,9599	0,9591	0,9584	0,9576	0,9568	0,9559
10	0,9622	0,9615	0,9608	0,9601	0,9593	0,9585	0,9578	0,9570	0,9562	0,9553
9	0,9617	0,9610	0,9602	0,9595	0,9587	0,9580	0,9572	0,9564	0,9556	0,9547
8	0,9611	0,9604	0,9597	0,9589	0,9582	0,9574	0,9566	0,9558	0,9550	0,9541
— 7	0,9606	0,9599	0,9591	0,9583	0,9576	0,9568	0,9560	0,9552	0,9543	0,9535
— 6	0,9600	0,9593	0,9585	0,9578	0,9570	0,9562	0,9554	0,9545	0,9537	0,9529
5	0,9595	0,9587	0,9580	0,9572	0,9564	0,9556	0,9548	0,9539	0,9531	0,9522
4	0,9589	0,9581	0,9574	0,9566	0,9558	0,9550	0,9541	0,9533	0,9524	0,9516
3	0,9583	0,9575	0,9568	0,9560	0,9552	0,9543	0,9535	0,9527	0,9518	0,9510
2	0,9577	0,9570	0,9562	0,9554	0,9545	0,9537	0,9529	0,9520	0,9512	0,9503
— 1	0,9572	0,9564	0,9556	0,9547	0,9539	0,9531	0,9523	0,9514	0,9505	0,9496
0	0,9566	0,9558	0,9550	0,9541	0,9533	0,9525	0,9516	0,9507	0,9499	0,9490
+ 1	0,9560	0,9552	0,9544	0,9535	0,9527	0,9518	0,9510	0,9501	0,9492	0,9483
2	0,9554	0,9546	0,9538	0,9529	0,9521	0,9512	0,9504	0,9495	0,9486	0,9477
3	0,9548	0,9540	0,9532	0,9523	0,9515	0,9506	0,9497	0,9488	0,9479	0,9470
4	0,9542	0,9534	0,9526	0,9517	0,9508	0,9500	0,9491	0,9482	0,9473	0,9463
5	0,9536	0,9528	0,9519	0,9511	0,9502	0,9493	0,9484	0,9475	0,9466	0,9457
+ 6	0,9530	0,9522	0,9513	0,9505	0,9496	0,9487	0,9478	0,9469	0,9460	0,9450
+ 7	0,9524	0,9516	0,9507	0,9498	0,9489	0,9480	0,9471	0,9462	0,9453	0,9444
8	0,9518	0,9509	0,9501	0,9492	0,9483	0,9474	0,9465	0,9456	0,9446	0,9437
9	0,9512	0,9503	0,9494	0,9485	0,9476	0,9467	0,9458	0,9449	0,9440	0,9430
10	0,9506	0,9497	0,9488	0,9479	0,9470	0,9461	0,9452	0,9442	0,9433	0,9423
11	0,9499	0,9490	0,9482	0,9473	0,9463	0,9454	0,9445	0,9436	0,9426	0,9416
+12	0,9493	0,9484	0,9475	0,9466	0,9457	0,9448	0,9438	0,9429	0,9419	0,9410
+13	0,9487	0,9478	0,9469	0,9459	0,9450	0,9441	0,9432	0,9422	0,9412	0,9403
14	0,9480	0,9471	0,9462	0,9453	0,9444	0,9434	0,9425	0,9415	0,9406	0,9396
15	0,9474	0,9464	0,9455	0,9446	0,9437	0,9427	0,9418	0,9408	0,9399	0,9389
16	0,9467	0,9458	0,9449	0,9439	0,9430	0,9420	0,9411	0,9401	0,9391	0,9382
17	0,9460	0,9451	0,9442	0,9432	0,9423	0,9413	0,9404	0,9394	0,9384	0,9375
+18	0,9453	0,9444	0,9435	0,9425	0,9416	0,9406	0,9397	0,9387	0,9377	0,9367
+19	0,9447	0,9437	0,9428	0,9418	0,9409	0,9399	0,9389	0,9380	0,9370	0,9360
20	0,9440	0,9430	0,9421	0,9411	0,9402	0,9392	0,9382	0,9372	0,9362	0,9352
21	0,9433	0,9423	0,9414	0,9404	0,9395	0,9385	0,9375	0,9365	0,9355	0,9345
22	0,9426	0,9416	0,9407	0,9397	0,9388	0,9378	0,9368	0,9358	0,9348	0,9338
23	0,9419	0,9409	0,9400	0,9390	0,9380	0,9370	0,9360	0,9350	0,9340	0,9330
+24	0,9412	0,9402	0,9393	0,9383	0,9373	0,9363	0,9353	0,9343	0,9333	0,9323
+25	0,9405	0,9395	0,9385	0,9376	0,9366	0,9356	0,9346	0,9336	0,9326	0,9315
26	0,9398	0,9388	0,9378	0,9369	0,9359	0,9348	0,9338	0,9328	0,9318	0,9308
27	0,9391	0,9381	0,9371	0,9361	0,9351	0,9341	0,9331	0,9321	0,9311	0,9301
28	0,9384	0,9374	0,9364	0,9354	0,9344	0,9334	0,9324	0,9313	0,9303	0,9293
29	0,9377	0,9367	0,9357	0,9347	0,9337	0,9326	0,9316	0,9306	0,9296	0,9285
+30	0,9369	0,9359	0,9349	0,9339	0,9329	0,9319	0,9309	0,9298	0,9288	0,9278

Tafel 7
zur Ermittelung des Gewichts von 1 Liter Branntwein.

Wärmegrad	40	40,5	41	41,5	42	42,5	43	43,5	44	44,5
	Gewicht für obige wahre Stärke in Kilogramm									
—12	0,9558	0,9549	0,9541	0,9532	0,9524	0,9515	0,9506	0,9497	0,9487	0,9478
11	0,9551	0,9543	0,9535	0,9526	0,9517	0,9508	0,9499	0,9490	0,9481	0,9471
10	0,9545	0,9537	0,9528	0,9520	0,9511	0,9502	0,9493	0,9483	0,9474	0,9465
9	0,9539	0,9531	0,9522	0,9513	0,9504	0,9495	0,9486	0,9477	0,9467	0,9458
8	0,9533	0,9525	0,9516	0,9507	0,9498	0,9489	0,9479	0,9470	0,9461	0,9451
— 7	0,9526	0,9518	0,9509	0,9500	0,9491	0,9482	0,9473	0,9463	0,9454	0,9444
— 6	0,9520	0,9511	0,9503	0,9494	0,9484	0,9475	0,9466	0,9457	0,9447	0,9437
5	0,9514	0,9505	0,9496	0,9487	0,9478	0,9469	0,9459	0,9450	0,9440	0,9430
4	0,9507	0,9498	0,9489	0,9480	0,9471	0,9462	0,9452	0,9443	0,9433	0,9423
3	0,9501	0,9492	0,9483	0,9474	0,9464	0,9455	0,9445	0,9436	0,9426	0,9416
2	0,9494	0,9485	0,9476	0,9467	0,9457	0,9448	0,9439	0,9429	0,9419	0,9409
— 1	0,9487	0,9478	0,9469	0,9460	0,9451	0,9441	0,9432	0,9422	0,9412	0,9402
0	0,9481	0,9472	0,9463	0,9454	0,9444	0,9435	0,9425	0,9415	0,9405	0,9395
+ 1	0,9474	0,9465	0,9456	0,9447	0,9437	0,9428	0,9418	0,9408	0,9398	0,9388
2	0,9468	0,9458	0,9449	0,9440	0,9430	0,9421	0,9411	0,9401	0,9391	0,9381
3	0,9461	0,9452	0,9443	0,9433	0,9423	0,9414	0,9404	0,9394	0,9384	0,9374
4	0,9454	0,9445	0,9436	0,9426	0,9417	0,9407	0,9397	0,9387	0,9377	0,9367
5	0,9448	0,9438	0,9429	0,9420	0,9410	0,9400	0,9390	0,9380	0,9370	0,9360
+ 6	0,9441	0,9432	0,9422	0,9413	0,9403	0,9393	0,9383	0,9373	0,9363	0,9353
+ 7	0,9434	0,9425	0,9415	0,9406	0,9396	0,9386	0,9376	0,9366	0,9356	0,9346
8	0,9427	0,9418	0,9408	0,9399	0,9389	0,9379	0,9369	0,9359	0,9348	0,9338
9	0,9421	0,9411	0,9401	0,9392	0,9382	0,9372	0,9362	0,9352	0,9341	0,9331
10	0,9414	0,9404	0,9394	0,9384	0,9374	0,9364	0,9354	0,9344	0,9334	0,9324
11	0,9407	0,9397	0,9387	0,9377	0,9367	0,9357	0,9347	0,9337	0,9327	0,9316
+12	0,9400	0,9390	0,9380	0,9370	0,9360	0,9350	0,9340	0,9330	0,9319	0,9309
+13	0,9393	0,9383	0,9373	0,9363	0,9353	0,9343	0,9333	0,9322	0,9312	0,9301
14	0,9386	0,9376	0,9366	0,9356	0,9346	0,9336	0,9325	0,9315	0,9305	0,9294
15	0,9379	0,9369	0,9359	0,9349	0,9339	0,9328	0,9318	0,9308	0,9297	0,9287
16	0,9372	0,9362	0,9352	0,9342	0,9331	0,9321	0,9311	0,9301	0,9290	0,9279
17	0,9365	0,9354	0,9344	0,9334	0,9324	0,9314	0,9303	0,9293	0,9282	0,9272
+18	0,9357	0,9347	0,9337	0,9327	0,9316	0,9306	0,9296	0,9285	0,9275	0,9264
+19	0,9350	0,9340	0,9330	0,9319	0,9309	0,9298	0,9288	0,9278	0,9268	0,9257
20	0,9342	0,9332	0,9322	0,9312	0,9302	0,9291	0,9281	0,9270	0,9260	0,9249
21	0,9335	0,9325	0,9314	0,9304	0,9294	0,9283	0,9273	0,9263	0,9252	0,9241
22	0,9328	0,9317	0,9307	0,9297	0,9286	0,9276	0,9265	0,9255	0,9244	0,9233
23	0,9320	0,9310	0,9300	0,9289	0,9279	0,9269	0,9258	0,9248	0,9237	0,9226
+24	0,9313	0,9302	0,9292	0,9282	0,9271	0,9261	0,9250	0,9240	0,9229	0,9218
+25	0,9305	0,9295	0,9285	0,9274	0,9264	0,9253	0,9243	0,9232	0,9221	0,9210
26	0,9298	0,9287	0,9277	0,9267	0,9256	0,9246	0,9235	0,9224	0,9214	0,9203
27	0,9290	0,9280	0,9269	0,9259	0,9248	0,9238	0,9227	0,9217	0,9206	0,9195
28	0,9283	0,9272	0,9262	0,9251	0,9241	0,9230	0,9219	0,9209	0,9198	0,9187
29	0,9275	0,9265	0,9254	0,9244	0,9233	0,9222	0,9212	0,9201	0,9190	0,9179
+30	0,9267	0,9257	0,9246	0,9236	0,9225	0,9215	0,9204	0,9193	0,9182	0,9171

Tafel 7
zur Ermittelung des Gewichts von 1 Liter Branntwein.

Wärme-grad	45	45,5	46	46,5	47	47,5	48	48,5	49	49,5
	Gewicht für obige wahre Stärke in Kilogramm									
− 12	0,9469	0,9459	0,9450	0,9440	0,9430	0,9420	0,9410	0,9400	0,9390	0,9380
11	0,9462	0,9452	0,9443	0,9433	0,9423	0,9413	0,9403	0,9393	0,9383	0,9373
10	0,9455	0,9445	0,9436	0,9426	0,9416	0,9406	0,9396	0,9386	0,9376	0,9366
9	0,9448	0,9439	0,9429	0,9419	0,9409	0,9399	0,9389	0,9379	0,9369	0,9359
8	0,9442	0,9432	0,9422	0,9412	0,9402	0,9392	0,9382	0,9372	0,9362	0,9351
− 7	0,9435	0,9425	0,9415	0,9405	0,9395	0,9385	0,9375	0,9365	0,9355	0,9344
− 6	0,9428	0,9418	0,9408	0,9398	0,9388	0,9378	0,9368	0,9358	0,9347	0,9337
5	0,9421	0,9411	0,9401	0,9391	0,9381	0,9371	0,9361	0,9350	0,9340	0,9330
4	0,9414	0,9404	0,9394	0,9384	0,9374	0,9364	0,9353	0,9343	0,9333	0,9322
3	0,9407	0,9397	0,9387	0,9377	0,9367	0,9356	0,9346	0,9336	0,9325	0,9315
2	0,9400	0,9390	0,9380	0,9370	0,9359	0,9349	0,9339	0,9328	0,9318	0,9307
− 1	0,9393	0,9383	0,9373	0,9362	0,9352	0,9342	0,9331	0,9321	0,9311	0,9300
0	0,9385	0,9375	0,9365	0,9355	0,9345	0,9334	0,9324	0,9314	0,9303	0,9293
+ 1	0,9378	0,9368	0,9358	0,9348	0,9338	0,9327	0,9317	0,9306	0,9296	0,9285
2	0,9371	0,9361	0,9351	0,9341	0,9330	0,9320	0,9309	0,9299	0,9288	0,9278
3	0,9364	0,9354	0,9344	0,9333	0,9323	0,9312	0,9302	0,9291	0,9281	0,9270
4	0,9357	0,9347	0,9336	0,9326	0,9316	0,9305	0,9295	0,9284	0,9273	0,9263
5	0,9350	0,9340	0,9329	0,9319	0,9308	0,9298	0,9287	0,9277	0,9266	0,9255
+ 6	0,9342	0,9332	0,9322	0,9311	0,9301	0,9290	0,9280	0,9269	0,9259	0,9248
+ 7	0,9335	0,9325	0,9314	0,9304	0,9294	0,9283	0,9272	0,9262	0,9251	0,9240
8	0,9328	0,9318	0,9307	0,9297	0,9286	0,9276	0,9265	0,9254	0,9244	0,9233
9	0,9321	0,9311	0,9300	0,9289	0,9279	0,9268	0,9258	0,9247	0,9236	0,9225
10	0,9313	0,9303	0,9292	0,9282	0,9271	0,9261	0,9250	0,9239	0,9229	0,9218
11	0,9306	0,9296	0,9285	0,9275	0,9264	0,9253	0,9243	0,9232	0,9221	0,9210
+ 12	0,9299	0,9289	0,9278	0,9267	0,9256	0,9245	0,9235	0,9224	0,9213	0,9202
+ 13	0,9291	0,9281	0,9270	0,9259	0,9249	0,9238	0,9227	0,9216	0,9206	0,9195
14	0,9284	0,9274	0,9263	0,9252	0,9241	0,9230	0,9220	0,9209	0,9198	0,9187
15	0,9276	0,9266	0,9255	0,9244	0,9234	0,9223	0,9212	0,9201	0,9190	0,9179
16	0,9269	0,9259	0,9248	0,9237	0,9226	0,9215	0,9204	0,9193	0,9183	0,9172
17	0,9261	0,9251	0,9240	0,9229	0,9218	0,9207	0,9197	0,9186	0,9175	0,9164
+ 18	0,9254	0,9243	0,9232	0,9222	0,9211	0,9200	0,9189	0,9178	0,9167	0,9156
+ 19	0,9246	0,9236	0,9225	0,9214	0,9203	0,9192	0,9181	0,9170	0,9159	0,9148
20	0,9238	0,9228	0,9217	0,9206	0,9195	0,9184	0,9173	0,9162	0,9151	0,9140
21	0,9231	0,9220	0,9209	0,9198	0,9188	0,9177	0,9166	0,9155	0,9144	0,9133
22	0,9223	0,9212	0,9202	0,9191	0,9180	0,9169	0,9158	0,9147	0,9136	0,9125
23	0,9215	0,9204	0,9194	0,9183	0,9172	0,9161	0,9150	0,9139	0,9128	0,9117
+ 24	0,9207	0,9196	0,9186	0,9175	0,9164	0,9153	0,9142	0,9131	0,9120	0,9109
+ 25	0,9200	0,9189	0,9178	0,9167	0,9156	0,9145	0,9134	0,9123	0,9112	0,9101
26	0,9192	0,9181	0,9170	0,9159	0,9148	0,9137	0,9126	0,9115	0,9104	0,9093
27	0,9184	0,9173	0,9162	0,9151	0,9140	0,9129	0,9118	0,9107	0,9096	0,9085
28	0,9176	0,9165	0,9155	0,9144	0,9133	0,9121	0,9110	0,9099	0,9088	0,9077
29	0,9168	0,9157	0,9147	0,9136	0,9125	0,9113	0,9102	0,9091	0,9080	0,9069
+ 30	0,9161	0,9150	0,9139	0,9128	0,9117	0,9105	0,9094	0,9083	0,9072	0,9061

Tafel 7
zur Ermittelung des Gewichts von 1 Liter Branntwein.

Wärmegrad	50	50,5	51	51,5	52	52,5	53	53,5	54	54,5
	Gewicht für obige wahre Stärke in Kilogramm									
—12	0,9370	0,9359	0,9349	0,9338	0,9328	0,9317	0,9306	0,9296	0,9285	0,9274
11	0,9363	0,9352	0,9342	0,9331	0,9321	0,9310	0,9299	0,9288	0,9278	0,9267
10	0,9356	0,9345	0,9335	0,9324	0,9313	0,9303	0,9292	0,9281	0,9270	0,9259
9	0,9348	0,9338	0,9328	0,9317	0,9306	0,9296	0,9285	0,9274	0,9263	0,9252
8	0,9341	0,9331	0,9320	0,9310	0,9299	0,9288	0,9277	0,9266	0,9256	0,9245
— 7	0,9334	0,9323	0,9313	0,9302	0,9292	0,9281	0,9270	0,9259	0,9248	0,9237
— 6	0,9327	0,9316	0,9305	0,9295	0,9284	0,9273	0,9262	0,9252	0,9241	0,9230
5	0,9319	0,9309	0,9298	0,9287	0,9277	0,9266	0,9255	0,9244	0,9233	0,9222
4	0,9312	0,9301	0,9291	0,9280	0,9269	0,9258	0,9247	0,9237	0,9226	0,9215
3	0,9304	0,9294	0,9283	0,9272	0,9262	0,9251	0,9240	0,9229	0,9218	0,9207
2	0,9297	0,9286	0,9276	0,9265	0,9254	0,9243	0,9232	0,9221	0,9210	0,9199
— 1	0,9289	0,9279	0,9268	0,9257	0,9247	0,9236	0,9225	0,9214	0,9203	0,9191
0	0,9282	0,9271	0,9261	0,9250	0,9239	0,9228	0,9217	0,9206	0,9195	0,9184
+ 1	0,9275	0,9264	0,9253	0,9242	0,9231	0,9220	0,9209	0,9198	0,9187	0,9176
2	0,9267	0,9256	0,9246	0,9235	0,9224	0,9213	0,9202	0,9191	0,9180	0,9169
3	0,9260	0,9249	0,9238	0,9227	0,9216	0,9205	0,9194	0,9183	0,9172	0,9161
4	0,9252	0,9241	0,9230	0,9220	0,9209	0,9198	0,9187	0,9176	0,9164	0,9153
5	0,9245	0,9234	0,9223	0,9212	0,9201	0,9190	0,9179	0,9168	0,9157	0,9146
+ 6	0,9237	0,9226	0,9215	0,9204	0,9194	0,9183	0,9172	0,9160	0,9149	0,9138
+ 7	0,9230	0,9219	0,9208	0,9197	0,9186	0,9175	0,9164	0,9153	0,9142	0,9130
8	0,9222	0,9211	0,9200	0,9189	0,9178	0,9167	0,9156	0,9145	0,9134	0,9123
9	0,9215	0,9204	0,9193	0,9182	0,9171	0,9160	0,9149	0,9137	0,9126	0,9115
10	0,9207	0,9196	0,9185	0,9174	0,9163	0,9152	0,9141	0,9130	0,9119	0,9107
11	0,9199	0,9188	0,9177	0,9166	0,9155	0,9144	0,9133	0,9122	0,9111	0,9100
+12	0,9192	0,9181	0,9170	0,9158	0,9147	0,9136	0,9125	0,9114	0,9103	0,9092
+13	0,9184	0,9173	0,9162	0,9151	0,9140	0,9129	0,9117	0,9106	0,9095	0,9084
14	0,9176	0,9165	0,9154	0,9143	0,9132	0,9121	0,9109	0,9098	0,9087	0,9076
15	0,9168	0,9157	0,9146	0,9135	0,9124	0,9113	0,9102	0,9090	0,9079	0,9068
16	0,9161	0,9150	0,9139	0,9127	0,9116	0,9105	0,9094	0,9082	0,9071	0,9060
17	0,9153	0,9142	0,9131	0,9119	0,9108	0,9097	0,9086	0,9074	0,9063	0,9052
+18	0,9145	0,9134	0,9123	0,9112	0,9100	0,9089	0,9078	0,9067	0,9055	0,9044
+19	0,9137	0,9126	0,9115	0,9104	0,9093	0,9081	0,9070	0,9059	0,9047	0,9036
20	0,9129	0,9118	0,9107	0,9096	0,9085	0,9073	0,9062	0,9051	0,9039	0,9028
21	0,9122	0,9110	0,9099	0,9088	0,9077	0,9065	0,9054	0,9043	0,9031	0,9020
22	0,9114	0,9102	0,9091	0,9080	0,9069	0,9057	0,9046	0,9035	0,9023	0,9012
23	0,9106	0,9095	0,9083	0,9072	0,9061	0,9049	0,9038	0,9027	0,9015	0,9004
+24	0,9098	0,9086	0,9075	0,9064	0,9053	0,9041	0,9030	0,9018	0,9007	0,8996
+25	0,9090	0,9078	0,9067	0,9056	0,9045	0,9033	0,9022	0,9010	0,8999	0,8987
26	0,9082	0,9070	0,9059	0,9048	0,9037	0,9025	0,9014	0,9002	0,8991	0,8979
27	0,9074	0,9062	0,9051	0,9040	0,9028	0,9017	0,9005	0,8994	0,8983	0,8971
28	0,9066	0,9054	0,9043	0,9032	0,9020	0,9009	0,8997	0,8986	0,8974	0,8963
29	0,9058	0,9046	0,9035	0,9023	0,9012	0,9001	0,8989	0,8978	0,8966	0,8955
+30	0,9049	0,9038	0,9027	0,9015	0,9004	0,8992	0,8981	0,8969	0,8958	0,8946

Tafel 7
zur Ermittelung des Gewichts von 1 Liter Branntwein.

Wärmegrad	55	55,5	56	56,5	57	57,5	58	58,5	59	59,5
	Gewicht für obige wahre Stärke in Kilogramm									
—12	0,9263	0,9252	0,9241	0,9230	0,9219	0,9208	0,9197	0,9185	0,9174	0,9163
11	0,9256	0,9245	0,9234	0,9222	0,9211	0,9200	0,9189	0,9178	0,9167	0,9156
10	0,9248	0,9237	0,9226	0,9215	0,9204	0,9193	0,9182	0,9171	0,9159	0,9148
9	0,9241	0,9230	0,9219	0,9208	0,9197	0,9185	0,9174	0,9163	0,9152	0,9141
8	0,9234	0,9222	0,9211	0,9200	0,9189	0,9178	0,9167	0,9156	0,9145	0,9133
— 7	0,9226	0,9215	0,9204	0,9193	0,9182	0,9170	0,9159	0,9148	0,9137	0,9126
— 6	0,9219	0,9207	0,9196	0,9185	0,9174	0,9163	0,9152	0,9141	0,9130	0,9118
5	0,9211	0,9200	0,9189	0,9178	0,9167	0,9155	0,9144	0,9133	0,9122	0,9111
4	0,9203	0,9192	0,9181	0,9170	0,9159	0,9148	0,9137	0,9125	0,9114	0,9103
3	0,9196	0,9185	0,9174	0,9162	0,9151	0,9140	0,9129	0,9118	0,9107	0,9095
2	0,9188	0,9177	0,9166	0,9155	0,9144	0,9132	0,9121	0,9110	0,9099	0,9087
— 1	0,9180	0,9169	0,9158	0,9147	0,9136	0,9125	0,9113	0,9102	0,9091	0,9080
0	0,9173	0,9162	0,9150	0,9139	0,9128	0,9117	0,9106	0,9094	0,9083	0,9072
+ 1	0,9165	0,9154	0,9143	0,9132	0,9120	0,9109	0,9098	0,9087	0,9075	0,9064
2	0,9157	0,9146	0,9135	0,9124	0,9113	0,9101	0,9090	0,9079	0,9068	0,9056
3	0,9150	0,9139	0,9127	0,9116	0,9105	0,9094	0,9082	0,9071	0,9060	0,9049
4	0,9142	0,9131	0,9120	0,9108	0,9097	0,9086	0,9075	0,9064	0,9052	0,9041
5	0,9135	0,9123	0,9112	0,9101	0,9089	0,9078	0,9067	0,9056	0,9044	0,9033
+ 6	0,9127	0,9116	0,9104	0,9093	0,9082	0,9070	0,9059	0,9048	0,9037	0,9025
+ 7	0,9119	0,9108	0,9097	0,9085	0,9074	0,9063	0,9051	0,9040	0,9029	0,9017
8	0,9112	0,9100	0,9089	0,9078	0,9066	0,9055	0,9044	0,9032	0,9021	0,9010
9	0,9104	0,9093	0,9081	0,9070	0,9059	0,9047	0,9036	0,9025	0,9013	0,9002
10	0,9096	0,9085	0,9074	0,9062	0,9051	0,9039	0,9028	0,9017	0,9005	0,8994
11	0,9088	0,9077	0,9066	0,9054	0,9043	0,9032	0,9020	0,9009	0,8997	0,8986
+12	0,9080	0,9069	0,9058	0,9046	0,9035	0,9024	0,9012	0,9001	0,8989	0,8978
+13	0,9072	0,9061	0,9050	0,9038	0,9027	0,9016	0,9004	0,8993	0,8981	0,8970
14	0,9064	0,9053	0,9042	0,9030	0,9019	0,9008	0,8996	0,8985	0,8973	0,8962
15	0,9056	0,9045	0,9034	0,9022	0,9011	0,9000	0,8988	0,8977	0,8965	0,8954
16	0,9048	0,9037	0,9026	0,9014	0,9003	0,8992	0,8980	0,8969	0,8957	0,8946
17	0,9040	0,9029	0,9018	0,9006	0,8995	0,8983	0,8972	0,8961	0,8949	0,8938
+18	0,9032	0,9021	0,9010	0,8998	0,8987	0,8975	0,8964	0,8952	0,8941	0,8929
+19	0,9024	0,9013	0,9002	0,8990	0,8979	0,8967	0,8956	0,8944	0,8933	0,8921
20	0,9016	0,9005	0,8994	0,8982	0,8971	0,8959	0,8948	0,8936	0,8925	0,8913
21	0,9008	0,8997	0,8986	0,8974	0,8963	0,8951	0,8939	0,8928	0,8916	0,8905
22	0,9000	0,8989	0,8977	0,8966	0,8954	0,8943	0,8931	0,8920	0,8908	0,8896
23	0,8992	0,8981	0,8969	0,8958	0,8946	0,8935	0,8923	0,8911	0,8900	0,8888
+24	0,8984	0,8973	0,8961	0,8950	0,8938	0,8926	0,8915	0,8903	0,8892	0,8880
+25	0,8976	0,8964	0,8953	0,8941	0,8930	0,8918	0,8906	0,8895	0,8883	0,8872
26	0,8968	0,8956	0,8945	0,8933	0,8922	0,8910	0,8898	0,8887	0,8875	0,8864
27	0,8960	0,8948	0,8936	0,8925	0,8913	0,8902	0,8890	0,8878	0,8867	0,8855
28	0,8951	0,8940	0,8928	0,8917	0,8905	0,8893	0,8882	0,8870	0,8858	0,8847
29	0,8943	0,8931	0,8920	0,8909	0,8897	0,8885	0,8873	0,8862	0,8850	0,8838
+30	0,8935	0,8923	0,8912	0,8900	0,8888	0,8877	0,8865	0,8853	0,8841	0,8830

Tafel 7
zur Ermittelung des Gewichts von 1 Liter Branntwein.

Wärmegrad	60	60,5	61	61,5	62	62,5	63	63,5	64	64,5
	Gewicht für obige wahre Stärke in Kilogramm									
—12	0,9152	0,9141	0,9130	0,9118	0,9107	0,9096	0,9085	0,9073	0,9062	0,9051
11	0,9145	0,9133	0,9122	0,9111	0,9099	0,9088	0,9077	0,9066	0,9055	0,9043
10	0,9137	0,9126	0,9115	0,9103	0,9092	0,9081	0,9070	0,9058	0,9047	0,9036
9	0,9130	0,9118	0,9107	0,9096	0,9085	0,9073	0,9062	0,9051	0,9039	0,9028
8	0,9122	0,9111	0,9100	0,9088	0,9077	0,9066	0,9054	0,9043	0,9032	0,9021
— 7	0,9115	0,9103	0,9092	0,9081	0,9069	0,9058	0,9047	0,9036	0,9024	0,9013
— 6	0,9107	0,9096	0,9085	0,9073	0,9062	0,9051	0,9039	0,9028	0,9017	0,9005
5	0,9099	0,9088	0,9077	0,9065	0,9054	0,9043	0,9032	0,9020	0,9009	0,8998
4	0,9092	0,9080	0,9069	0,9058	0,9046	0,9035	0,9024	0,9013	0,9001	0,8990
3	0,9084	0,9073	0,9061	0,9050	0,9039	0,9027	0,9016	0,9005	0,8993	0,8982
2	0,9076	0,9065	0,9054	0,9042	0,9031	0,9020	0,9008	0,8997	0,8986	0,8974
— 1	0,9068	0,9057	0,9046	0,9034	0,9023	0,9012	0,9001	0,8989	0,8978	0,8967
0	0,9061	0,9049	0,9038	0,9027	0,9015	0,9004	0,8993	0,8981	0,8970	0,8959
+ 1	0,9053	0,9042	0,9030	0,9019	0,9008	0,8996	0,8985	0,8974	0,8962	0,8951
2	0,9045	0,9034	0,9022	0,9011	0,9000	0,8988	0,8977	0,8966	0,8954	0,8943
3	0,9037	0,9026	0,9015	0,9003	0,8992	0,8981	0,8969	0,8958	0,8946	0,8935
4	0,9030	0,9018	0,9007	0,8995	0,8984	0,8973	0,8961	0,8950	0,8938	0,8927
5	0,9022	0,9010	0,8999	0,8988	0,8976	0,8965	0,8953	0,8942	0,8930	0,8919
+ 6	0,9014	0,9002	0,8991	0,8980	0,8968	0,8957	0,8945	0,8934	0,8922	0,8911
+ 7	0,9006	0,8995	0,8983	0,8972	0,8960	0,8949	0,8937	0,8926	0,8914	0,8903
8	0,8998	0,8987	0,8975	0,8964	0,8952	0,8941	0,8929	0,8918	0,8906	0,8895
9	0,8990	0,8979	0,8967	0,8956	0,8944	0,8933	0,8921	0,8910	0,8898	0,8887
10	0,8982	0,8971	0,8959	0,8948	0,8936	0,8925	0,8913	0,8902	0,8890	0,8879
11	0,8974	0,8963	0,8951	0,8940	0,8928	0,8917	0,8905	0,8894	0,8882	0,8871
+12	0,8966	0,8955	0,8943	0,8932	0,8920	0,8909	0,8897	0,8886	0,8874	0,8862
+13	0,8958	0,8947	0,8935	0,8924	0,8912	0,8901	0,8889	0,8877	0,8866	0,8854
14	0,8950	0,8939	0,8927	0,8916	0,8904	0,8893	0,8881	0,8869	0,8858	0,8846
15	0,8942	0,8931	0,8919	0,8908	0,8896	0,8884	0,8873	0,8861	0,8850	0,8838
16	0,8934	0,8923	0,8911	0,8899	0,8888	0,8876	0,8865	0,8853	0,8841	0,8830
17	0,8926	0,8914	0,8903	0,8891	0,8880	0,8868	0,8856	0,8845	0,8833	0,8821
+18	0,8918	0,8906	0,8895	0,8883	0,8871	0,8860	0,8848	0,8836	0,8825	0,8813
+19	0,8909	0,8898	0,8886	0,8875	0,8863	0,8852	0,8840	0,8828	0,8816	0,8805
20	0,8901	0,8890	0,8878	0,8867	0,8855	0,8843	0,8832	0,8820	0,8808	0,8796
21	0,8893	0,8881	0,8870	0,8858	0,8847	0,8835	0,8823	0,8811	0,8800	0,8788
22	0,8885	0,8873	0,8861	0,8850	0,8838	0,8827	0,8815	0,8803	0,8791	0,8779
23	0,8876	0,8865	0,8853	0,8841	0,8830	0,8818	0,8806	0,8795	0,8783	0,8771
+24	0,8868	0,8857	0,8845	0,8833	0,8822	0,8810	0,8798	0,8786	0,8774	0,8763
25	0,8860	0,8848	0,8837	0,8825	0,8813	0,8801	0,8790	0,8778	0,8766	0,8754
26	0,8852	0,8840	0,8828	0,8816	0,8805	0,8793	0,8781	0,8769	0,8758	0,8746
27	0,8843	0,8831	0,8820	0,8808	0,8796	0,8784	0,8773	0,8761	0,8749	0,8737
28	0,8835	0,8823	0,8811	0,8800	0,8788	0,8776	0,8764	0,8752	0,8740	0,8728
29	0,8827	0,8815	0,8803	0,8791	0,8780	0,8768	0,8756	0,8744	0,8732	0,8720
+30	0,8818	0,8806	0,8795	0,8783	0,8771	0,8759	0,8747	0,8735	0,8723	0,8711

Tafel 7
zur Ermittelung des Gewichts von 1 Liter Branntwein.

Wärme-grad	65,0	65,2	65,4	65,6	65,8	Wärme-grad	65,0	65,2	65,4	65,6	65,8
	Gewicht für obige wahre Stärke in Kilogramm						Gewicht für obige wahre Stärke in Kilogramm				
− 12	0,9040	0,9035	0,9031	0,9026	0,9021	+ 9,5	0,8871	0,8866	0,8862	0,8857	0,8853
11,5	0,9036	0,9031	0,9027	0,9022	0,9018	10	0,8867	0,8862	0,8858	0,8853	0,8848
11	0,9032	0,9027	0,9023	0,9018	0,9014	10,5	0,8863	0,8858	0,8854	0,8849	0,8844
10,5	0,9028	0,9024	0,9019	0,9015	0,9010	11	0,8859	0,8854	0,8850	0,8845	0,8840
10	0,9025	0,9020	0,9015	0,9011	0,9006	11,5	0,8855	0,8850	0,8846	0,8841	0,8836
− 9,5	0,9021	0,9016	0,9012	0,9007	0,9003	+ 12	0,8851	0,8846	0,8841	0,8837	0,8832
− 9	0,9017	0,9012	0,9008	0,9003	0,8999	+ 12,5	0,8847	0,8842	0,8837	0,8833	0,8828
8,5	0,9013	0,9009	0,9004	0,9000	0,8995	13	0,8843	0,8838	0,8833	0,8829	0,8824
8	0,9009	0,9005	0,9000	0,8996	0,8991	13,5	0,8839	0,8834	0,8829	0,8825	0,8820
7,5	0,9006	0,9001	0,8996	0,8992	0,8987	14	0,8835	0,8830	0,8825	0,8821	0,8816
7	0,9002	0,8997	0,8993	0,8988	0,8983	14,5	0,8830	0,8826	0,8821	0,8816	0,8812
− 6,5	0,8998	0,8993	0,8989	0,8984	0,8980	+ 15	0,8826	0,8822	0,8817	0,8812	0,8808
− 6	0,8994	0,8990	0,8985	0,8980	0,8976	+ 15,5	0,8822	0,8818	0,8813	0,8808	0,8803
5,5	0,8990	0,8986	0,8981	0,8977	0,8972	16	0,8818	0,8813	0,8809	0,8804	0,8799
5	0,8986	0,8982	0,8977	0,8973	0,8968	16,5	0,8814	0,8809	0,8805	0,8800	0,8795
4,5	0,8982	0,8978	0,8973	0,8969	0,8964	17	0,8810	0,8805	0,8800	0,8796	0,8791
4	0,8979	0,8974	0,8969	0,8965	0,8960	17,5	0,8806	0,8801	0,8796	0,8791	0,8787
− 3,5	0,8975	0,8970	0,8966	0,8961	0,8956	+ 18	0,8801	0,8797	0,8792	0,8787	0,8783
− 3	0,8971	0,8966	0,8962	0,8957	0,8952	+ 18,5	0,8797	0,8792	0,8788	0,8783	0,8778
2,5	0,8967	0,8962	0,8958	0,8953	0,8949	19	0,8793	0,8788	0,8784	0,8779	0,8774
2	0,8963	0,8958	0,8954	0,8949	0,8945	19,5	0,8789	0,8784	0,8779	0,8775	0,8770
1,5	0,8959	0,8954	0,8950	0,8945	0,8941	20	0,8785	0,8780	0,8775	0,8770	0,8766
1	0,8955	0,8950	0,8946	0,8941	0,8937	20,5	0,8780	0,8776	0,8771	0,8766	0,8761
− 0,5	0,8951	0,8947	0,8942	0,8937	0,8933	+ 21	0,8776	0,8771	0,8767	0,8762	0,8757
0	0,8947	0,8943	0,8938	0,8934	0,8929						
+ 0,5	0,8943	0,8939	0,8934	0,8930	0,8925	+ 21,5	0,8772	0,8767	0,8762	0,8758	0,8753
1	0,8939	0,8935	0,8930	0,8926	0,8921	22	0,8768	0,8763	0,8758	0,8753	0,8749
1,5	0,8935	0,8931	0,8926	0,8922	0,8917	22,5	0,8763	0,8759	0,8754	0,8749	0,8745
2	0,8931	0,8927	0,8922	0,8918	0,8913	23	0,8759	0,8754	0,8750	0,8745	0,8740
2,5	0,8927	0,8923	0,8918	0,8914	0,8909	23,5	0,8755	0,8750	0,8745	0,8741	0,8736
+ 3	0,8923	0,8919	0,8914	0,8910	0,8905	+ 24	0,8751	0,8746	0,8741	0,8737	0,8732
+ 3,5	0,8919	0,8915	0,8910	0,8906	0,8901	+ 24,5	0,8746	0,8742	0,8737	0,8732	0,8728
4	0,8916	0,8911	0,8906	0,8902	0,8897	25	0,8742	0,8737	0,8733	0,8728	0,8723
4,5	0,8912	0,8907	0,8902	0,8898	0,8893	25,5	0,8738	0,8733	0,8728	0,8724	0,8719
5	0,8908	0,8903	0,8898	0,8894	0,8889	26	0,8734	0,8729	0,8724	0,8719	0,8715
5,5	0,8903	0,8899	0,8894	0,8890	0,8885	26,5	0,8729	0,8725	0,8720	0,8715	0,8711
+ 6	0,8899	0,8895	0,8890	0,8886	0,8881	+ 27	0,8725	0,8720	0,8716	0,8711	0,8706
+ 6,5	0,8895	0,8891	0,8886	0,8882	0,8877	+ 27,5	0,8721	0,8716	0,8711	0,8707	0,8702
7	0,8891	0,8887	0,8882	0,8878	0,8873	28	0,8717	0,8712	0,8707	0,8702	0,8698
7,5	0,8887	0,8883	0,8878	0,8874	0,8869	28,5	0,8712	0,8708	0,8703	0,8698	0,8693
8	0,8883	0,8879	0,8874	0,8869	0,8865	29	0,8708	0,8703	0,8699	0,8694	0,8689
8,5	0,8879	0,8875	0,8870	0,8865	0,8861	29,5	0,8704	0,8699	0,8694	0,8689	0,8685
+ 9	0,8875	0,8871	0,8866	0,8861	0,8857	+ 30	0,8699	0,8695	0,8690	0,8685	0,8680

Tafel 7
zur Ermittelung des Gewichts von 1 Liter Branntwein.

Wärmegrad	66,0	66,2	66,4	66,6	66,8	Wärmegrad	66,0	66,2	66,4	66,6	66,8
			Gewicht für obige wahre Stärke in Kilogramm						Gewicht für obige wahre Stärke in Kilogramm		
— 12	0,9017	0,9012	0,9008	0,9003	0,8999	+ 9,5	0,8848	0,8843	0,8839	0,8834	0,8829
11,5	0,9013	0,9009	0,9004	0,8999	0,8995	10	0,8844	0,8839	0,8834	0,8830	0,8825
11	0,9009	0,9005	0,9000	0,8996	0,8991	10,5	0,8840	0,8835	0,8830	0,8826	0,8821
10,5	0,9006	0,9001	0,8997	0,8992	0,8987	11	0,8836	0,8831	0,8826	0,8822	0,8817
10	0,9002	0,8997	0,8993	0,8988	0,8984	11,5	0,8832	0,8827	0,8822	0,8818	0,8813
— 9,5	0,8998	0,8993	0,8989	0,8984	0,8980	+ 12	0,8827	0,8823	0,8818	0,8813	0,8809
— 9	0,8994	0,8990	0,8985	0,8981	0,8976	+ 12,5	0,8823	0,8819	0,8814	0,8809	0,8805
8,5	0,8990	0,8986	0,8981	0,8977	0,8972	13	0,8819	0,8815	0,8810	0,8805	0,8801
8	0,8987	0,8982	0,8977	0,8973	0,8968	13,5	0,8815	0,8811	0,8806	0,8801	0,8796
7,5	0,8983	0,8978	0,8974	0,8969	0,8964	14	0,8811	0,8806	0,8802	0,8797	0,8792
7	0,8979	0,8974	0,8970	0,8965	0,8961	14,5	0,8807	0,8802	0,8798	0,8793	0,8788
— 6,5	0,8975	0,8970	0,8966	0,8961	0,8957	+ 15	0,8803	0,8798	0,8793	0,8789	0,8784
— 6	0,8971	0,8967	0,8962	0,8957	0,8953	+ 15,5	0,8799	0,8794	0,8789	0,8785	0,8780
5,5	0,8967	0,8963	0,8958	0,8953	0,8949	16	0,8795	0,8790	0,8785	0,8780	0,8776
5	0,8963	0,8959	0,8954	0,8950	0,8945	16,5	0,8790	0,8786	0,8781	0,8776	0,8772
4,5	0,8959	0,8955	0,8950	0,8946	0,8941	17	0,8786	0,8782	0,8777	0,8772	0,8767
4	0,8956	0,8951	0,8946	0,8942	0,8937	17,5	0,8782	0,8777	0,8773	0,8768	0,8763
— 3,5	0,8952	0,8947	0,8943	0,8938	0,8933	+ 18	0,8778	0,8773	0,8768	0,8764	0,8759
— 3	0,8948	0,8943	0,8939	0,8934	0,8929	+ 18,5	0,8774	0,8769	0,8764	0,8759	0,8755
2,5	0,8944	0,8939	0,8935	0,8930	0,8926	19	0,8769	0,8765	0,8760	0,8755	0,8751
2	0,8940	0,8935	0,8931	0,8926	0,8922	19,5	0,8765	0,8760	0,8756	0,8751	0,8746
1,5	0,8936	0,8931	0,8927	0,8922	0,8918	20	0,8761	0,8756	0,8751	0,8747	0,8742
1	0,8932	0,8927	0,8923	0,8918	0,8914	20,5	0,8757	0,8752	0,8747	0,8743	0,8738
— 0,5	0,8928	0,8923	0,8918	0,8914	0,8909	+ 21	0,8753	0,8748	0,8743	0,8738	0,8734
0	0,8924	0,8919	0,8914	0,8910	0,8905						
+ 0,5	0,8920	0,8915	0,8910	0,8906	0,8901	+ 21,5	0,8748	0,8744	0,8739	0,8734	0,8729
1	0,8916	0,8912	0,8907	0,8903	0,8898	22	0,8744	0,8739	0,8735	0,8730	0,8725
1,5	0,8912	0,8908	0,8903	0,8899	0,8894	22,5	0,8740	0,8735	0,8730	0,8726	0,8721
2	0,8908	0,8904	0,8899	0,8895	0,8890	23	0,8736	0,8731	0,8726	0,8721	0,8717
2,5	0,8904	0,8900	0,8895	0,8891	0,8886	23,5	0,8731	0,8727	0,8722	0,8717	0,8712
+ 3	0,8900	0,8896	0,8891	0,8887	0,8882	+ 24	0,8727	0,8722	0,8718	0,8713	0,8708
+ 3,5	0,8896	0,8892	0,8887	0,8883	0,8878	+ 24,5	0,8723	0,8718	0,8713	0,8709	0,8704
4	0,8892	0,8888	0,8883	0,8879	0,8874	25	0,8719	0,8714	0,8709	0,8704	0,8700
4,5	0,8888	0,8884	0,8879	0,8875	0,8870	25,5	0,8714	0,8710	0,8705	0,8700	0,8695
5	0,8884	0,8880	0,8875	0,8871	0,8866	26	0,8710	0,8705	0,8700	0,8696	0,8691
5,5	0,8880	0,8876	0,8871	0,8867	0,8862	26,5	0,8706	0,8701	0,8696	0,8691	0,8687
+ 6	0,8876	0,8872	0,8867	0,8862	0,8858	+ 27	0,8702	0,8697	0,8692	0,8687	0,8682
+ 6,5	0,8872	0,8868	0,8863	0,8858	0,8854	+ 27,5	0,8697	0,8692	0,8688	0,8683	0,8678
7	0,8868	0,8864	0,8859	0,8854	0,8850	28	0,8693	0,8688	0,8683	0,8679	0,8674
7,5	0,8864	0,8860	0,8855	0,8850	0,8846	28,5	0,8689	0,8684	0,8679	0,8674	0,8669
8	0,8860	0,8855	0,8851	0,8846	0,8841	29	0,8684	0,8680	0,8675	0,8670	0,8665
8,5	0,8856	0,8851	0,8847	0,8842	0,8837	29,5	0,8680	0,8675	0,8670	0,8666	0,8661
+ 9	0,8852	0,8847	0,8843	0,8838	0,8833	+ 30	0,8676	0,8671	0,8666	0,8661	0,8656

Tafel 7
zur Ermittelung des Gewichts von 1 Liter Branntwein.

Wärme-grad	67,0	67,2	67,4	67,6	67,8	Wärme-grad	67,0	67,2	67,4	67,6	67,8
	Gewicht für obige wahre Stärke in Kilogramm						Gewicht für obige wahre Stärke in Kilogramm				
— 12	0,8994	0,8990	0,8985	0,8981	0,8976	+ 9,5	0,8825	0,8820	0,8815	0,8811	0,8806
11,5	0,8990	0,8986	0,8981	0,8977	0,8972	10	0,8821	0,8816	0,8811	0,8807	0,8802
11	0,8987	0,8982	0,8977	0,8973	0,8968	10,5	0,8816	0,8812	0,8807	0,8802	0,8798
10,5	0,8983	0,8978	0,8974	0,8969	0,8965	11	0,8812	0,8808	0,8803	0,8798	0,8794
10	0,8979	0,8975	0,8970	0,8965	0,8961	11,5	0,8808	0,8804	0,8799	0,8794	0,8789
— 9,5	0,8975	0,8971	0,8966	0,8962	0,8957	+ 12	0,8804	0,8799	0,8795	0,8790	0,8785
— 9	0,8971	0,8967	0,8962	0,8958	0,8953	+ 12,5	0,8800	0,8795	0,8791	0,8786	0,8781
8,5	0,8968	0,8963	0,8958	0,8954	0,8949	13	0,8796	0,8791	0,8787	0,8782	0,8777
8	0,8964	0,8959	0,8955	0,8950	0,8945	13,5	0,8792	0,8787	0,8782	0,8778	0,8773
7,5	0,8960	0,8955	0,8951	0,8946	0,8942	14	0,8788	0,8783	0,8778	0,8774	0,8769
7	0,8956	0,8951	0,8947	0,8942	0,8938	14,5	0,8784	0,8779	0,8774	0,8769	0,8765
— 6,5	0,8952	0,8948	0,8943	0,8938	0,8934	+ 15	0,8779	0,8775	0,8770	0,8765	0,8761
— 6	0,8948	0,8944	0,8939	0,8934	0,8930	+ 15,5	0,8775	0,8771	0,8766	0,8761	0,8756
5,5	0,8944	0,8940	0,8935	0,8931	0,8926	16	0,8771	0,8766	0,8761	0,8757	0,8752
5	0,8940	0,8936	0,8931	0,8927	0,8922	16,5	0,8767	0,8762	0,8757	0,8753	0,8748
4,5	0,8937	0,8932	0,8927	0,8923	0,8918	17	0,8763	0,8758	0,8753	0,8749	0,8744
4	0,8933	0,8928	0,8923	0,8919	0,8914	17,5	0,8759	0,8754	0,8749	0,8744	0,8740
— 3,5	0,8929	0,8924	0,8920	0,8915	0,8910	+ 18	0,8754	0,8749	0,8745	0,8740	0,8735
— 3	0,8925	0,8920	0,8916	0,8911	0,8906	+ 18,5	0,8750	0,8745	0,8741	0,8736	0,8731
2,5	0,8921	0,8916	0,8912	0,8907	0,8903	19	0,8746	0,8741	0,8736	0,8732	0,8727
2	0,8917	0,8912	0,8908	0,8903	0,8899	19,5	0,8742	0,8737	0,8732	0,8727	0,8723
1,5	0,8913	0,8908	0,8904	0,8899	0,8895	20	0,8737	0,8733	0,8728	0,8723	0,8718
1	0,8909	0,8904	0,8900	0,8895	0,8891	20,5	0,8733	0,8728	0,8724	0,8719	0,8714
— 0,5	0,8905	0,8901	0,8896	0,8891	0,8887	+ 21	0,8729	0,8724	0,8719	0,8715	0,8710
0	0,8901	0,8897	0,8892	0,8887	0,8883						
+ 0,5	0,8897	0,8893	0,8888	0,8883	0,8879	+ 21,5	0,8725	0,8720	0,8715	0,8710	0,8706
1	0,8893	0,8889	0,8884	0,8879	0,8875	22	0,8720	0,8716	0,8711	0,8706	0,8701
1,5	0,8889	0,8885	0,8880	0,8876	0,8871	22,5	0,8716	0,8711	0,8707	0,8702	0,8697
2	0,8885	0,8881	0,8876	0,8872	0,8867	23	0,8712	0,8707	0,8702	0,8698	0,8693
2,5	0,8881	0,8877	0,8872	0,8868	0,8863	23,5	0,8708	0,8703	0,8698	0,8693	0,8689
+ 3	0,8877	0,8873	0,8868	0,8864	0,8859	+ 24	0,8704	0,8699	0,8694	0,8689	0,8684
+ 3,5	0,8873	0,8869	0,8864	0,8860	0,8855	+ 24,5	0,8699	0,8694	0,8690	0,8685	0,8680
4	0,8869	0,8865	0,8860	0,8856	0,8851	25	0,8695	0,8690	0,8685	0,8680	0,8676
4,5	0,8865	0,8861	0,8856	0,8852	0,8847	25,5	0,8691	0,8686	0,8681	0,8676	0,8671
5	0,8861	0,8857	0,8852	0,8847	0,8843	26	0,8686	0,8681	0,8677	0,8672	0,8667
5,5	0,8857	0,8853	0,8848	0,8843	0,8839	26,5	0,8682	0,8677	0,8672	0,8668	0,8663
+ 6	0,8853	0,8849	0,8844	0,8839	0,8835	+ 27	0,8678	0,8673	0,8668	0,8663	0,8658
+ 6,5	0,8849	0,8844	0,8840	0,8835	0,8831	+ 27,5	0,8673	0,8669	0,8664	0,8659	0,8654
7	0,8845	0,8840	0,8836	0,8831	0,8827	28	0,8669	0,8664	0,8659	0,8655	0,8650
7,5	0,8841	0,8836	0,8832	0,8827	0,8822	28,5	0,8665	0,8660	0,8655	0,8650	0,8646
8	0,8837	0,8832	0,8828	0,8823	0,8818	29	0,8660	0,8656	0,8651	0,8646	0,8641
8,5	0,8833	0,8828	0,8823	0,8819	0,8814	29,5	0,8656	0,8651	0,8646	0,8642	0,8637
+ 9	0,8829	0,8824	0,8819	0,8815	0,8810	+ 30	0,8652	0,8647	0,8642	0,8637	0,8632

Tafel 7
zur Ermittelung des Gewichts von 1 Liter Branntwein.

Wärmegrad	68,0	68,2	68,4	68,6	68,8	Wärmegrad	68,0	68,2	68,4	68,6	68,8
	Gewicht für obige wahre Stärke in Kilogramm						Gewicht für obige wahre Stärke in Kilogramm				
— 12	0,8971	0,8967	0,8962	0,8958	0,8953	+ 9,5	0,8801	0,8797	0,8792	0,8787	0,8783
11,5	0,8968	0,8963	0,8958	0,8954	0,8949	10	0,8797	0,8793	0,8788	0,8783	0,8778
11	0,8964	0,8959	0,8955	0,8950	0,8945	10,5	0,8793	0,8788	0,8784	0,8779	0,8774
10,5	0,8960	0,8955	0,8951	0,8946	0,8942	11	0,8789	0,8784	0,8780	0,8775	0,8770
10	0,8956	0,8952	0,8947	0,8942	0,8938	11,5	0,8785	0,8780	0,8775	0,8771	0,8766
— 9,5	0,8952	0,8948	0,8943	0,8939	0,8934	+ 12	0,8781	0,8776	0,8771	0,8767	0,8762
— 9	0,8949	0,8944	0,8939	0,8935	0,8930	+ 12,5	0,8777	0,8772	0,8767	0,8762	0,8758
8,5	0,8945	0,8940	0,8936	0,8931	0,8926	13	0,8772	0,8768	0,8763	0,8758	0,8754
8	0,8941	0,8936	0,8932	0,8927	0,8922	13,5	0,8768	0,8764	0,8759	0,8754	0,8749
7,5	0,8937	0,8932	0,8928	0,8923	0,8919	14	0,8764	0,8759	0,8755	0,8750	0,8745
7	0,8933	0,8928	0,8924	0,8919	0,8915	14,5	0,8760	0,8755	0,8751	0,8746	0,8741
— 6,5	0,8929	0,8925	0,8920	0,8915	0,8911	+ 15	0,8756	0,8751	0,8746	0,8742	0,8737
— 6	0,8925	0,8921	0,8916	0,8912	0,8907	+ 15,5	0,8752	0,8747	0,8742	0,8737	0,8733
5,5	0,8921	0,8917	0,8912	0,8908	0,8903	16	0,8748	0,8743	0,8738	0,8733	0,8729
5	0,8918	0,8913	0,8908	0,8904	0,8899	16,5	0,8743	0,8739	0,8734	0,8729	0,8724
4,5	0,8914	0,8909	0,8904	0,8900	0,8895	17	0,8739	0,8734	0,8730	0,8725	0,8720
4	0,8910	0,8905	0,8901	0,8896	0,8891	17,5	0,8735	0,8730	0,8725	0,8721	0,8716
— 3,5	0,8906	0,8901	0,8897	0,8892	0,8887	+ 18	0,8731	0,8726	0,8721	0,8716	0,8712
— 3	0,8902	0,8897	0,8893	0,8888	0,8883	+ 18,5	0,8726	0,8722	0,8717	0,8712	0,8708
2,5	0,8898	0,8893	0,8889	0,8884	0,8879	19	0,8722	0,8717	0,8713	0,8708	0,8703
2	0,8894	0,8889	0,8885	0,8880	0,8875	19,5	0,8718	0,8713	0,8708	0,8704	0,8699
1,5	0,8890	0,8885	0,8881	0,8876	0,8872	20	0,8714	0,8709	0,8704	0,8699	0,8695
1	0,8886	0,8881	0,8877	0,8872	0,8868	20,5	0,8710	0,8705	0,8700	0,8695	0,8690
— 0,5	0,8882	0,8878	0,8873	0,8868	0,8864	+ 21	0,8705	0,8700	0,8696	0,8691	0,8686
0	0,8878	0,8874	0,8869	0,8864	0,8860						
+ 0,5	0,8874	0,8870	0,8865	0,8860	0,8856	+ 21,5	0,8701	0,8696	0,8691	0,8687	0,8682
1	0,8870	0,8866	0,8861	0,8856	0,8852	22	0,8697	0,8692	0,8687	0,8682	0,8678
1,5	0,8866	0,8862	0,8857	0,8852	0,8848	22,5	0,8692	0,8688	0,8683	0,8678	0,8673
2	0,8862	0,8858	0,8853	0,8848	0,8844	23	0,8688	0,8683	0,8679	0,8674	0,8669
2,5	0,8858	0,8854	0,8849	0,8844	0,8840	23,5	0,8684	0,8679	0,8674	0,8669	0,8665
+ 3	0,8854	0,8850	0,8845	0,8840	0,8836	+ 24	0,8680	0,8675	0,8670	0,8665	0,8660
+ 3,5	0,8850	0,8846	0,8841	0,8836	0,8832	+ 24,5	0,8675	0,8670	0,8666	0,8661	0,8656
4	0,8846	0,8842	0,8837	0,8832	0,8828	25	0,8671	0,8666	0,8661	0,8657	0,8652
4,5	0,8842	0,8838	0,8833	0,8828	0,8824	25,5	0,8667	0,8662	0,8657	0,8652	0,8647
5	0,8838	0,8834	0,8829	0,8824	0,8820	26	0,8662	0,8658	0,8653	0,8648	0,8643
5,5	0,8834	0,8830	0,8825	0,8820	0,8816	26,5	0,8658	0,8653	0,8648	0,8644	0,8639
+ 6	0,8830	0,8825	0,8821	0,8816	0,8811	+ 27	0,8654	0,8649	0,8644	0,8639	0,8634
+ 6,5	0,8826	0,8821	0,8817	0,8812	0,8807	+ 27,5	0,8649	0,8645	0,8640	0,8635	0,8630
7	0,8822	0,8817	0,8813	0,8808	0,8803	28	0,8645	0,8640	0,8635	0,8631	0,8626
7,5	0,8818	0,8813	0,8808	0,8804	0,8799	28,5	0,8641	0,8636	0,8631	0,8626	0,8621
8	0,8814	0,8809	0,8804	0,8800	0,8795	29	0,8636	0,8632	0,8627	0,8622	0,8617
8,5	0,8810	0,8805	0,8800	0,8796	0,8791	29,5	0,8632	0,8627	0,8622	0,8618	0,8613
+ 9	0,8806	0,8801	0,8796	0,8791	0,8787	+ 30	0,8628	0,8623	0,8618	0,8613	0,8608

Tafel 7
zur Ermittelung des Gewichts von 1 Liter Branntwein.

Wärmegrad	69,0	69,2	69,4	69,6	69,8	Wärmegrad	69,0	69,2	69,4	69,6	69,8
	Gewicht für obige wahre Stärke in Kilogramm						Gewicht für obige wahre Stärke in Kilogramm				
− 12	0,8949	0,8944	0,8939	0,8935	0,8930	+ 9,5	0,8778	0,8773	0,8769	0,8764	0,8759
11,5	0,8945	0,8940	0,8935	0,8931	0,8926	10	0,8774	0,8769	0,8764	0,8760	0,8755
11	0,8941	0,8936	0,8932	0,8927	0,8922	10,5	0,8770	0,8765	0,8760	0,8756	0,8751
10,5	0,8937	0,8932	0,8928	0,8923	0,8918	11	0,8766	0,8761	0,8756	0,8751	0,8747
10	0,8933	0,8929	0,8924	0,8919	0,8915	11,5	0,8761	0,8757	0,8752	0,8747	0,8743
− 9,5	0,8930	0,8925	0,8920	0,8916	0,8911	+ 12	0,8757	0,8752	0,8748	0,8743	0,8738
− 9	0,8926	0,8921	0,8916	0,8912	0,8907	+ 12,5	0,8753	0,8748	0,8744	0,8739	0,8734
8,5	0,8922	0,8917	0,8912	0,8908	0,8903	13	0,8749	0,8744	0,8739	0,8735	0,8730
8	0,8918	0,8913	0,8909	0,8904	0,8899	13,5	0,8745	0,8740	0,8735	0,8731	0,8726
7,5	0,8914	0,8909	0,8905	0,8900	0,8895	14	0,8741	0,8736	0,8731	0,8726	0,8722
7	0,8910	0,8905	0,8901	0,8896	0,8891	14,5	0,8736	0,8732	0,8727	0,8722	0,8718
− 6,5	0,8906	0,8902	0,8897	0,8892	0,8888	+ 15	0,8732	0,8727	0,8723	0,8718	0,8713
− 6	0,8902	0,8898	0,8893	0,8888	0,8884	+ 15,5	0,8728	0,8723	0,8719	0,8714	0,8709
5,5	0,8898	0,8894	0,8889	0,8884	0,8880	16	0,8724	0,8719	0,8714	0,8710	0,8705
5	0,8895	0,8890	0,8885	0,8881	0,8876	16,5	0,8720	0,8715	0,8710	0,8705	0,8701
4,5	0,8891	0,8886	0,8881	0,8877	0,8872	17	0,8715	0,8711	0,8706	0,8701	0,8696
4	0,8887	0,8882	0,8877	0,8873	0,8868	17,5	0,8711	0,8706	0,8702	0,8697	0,8692
− 3,5	0,8883	0,8878	0,8873	0,8869	0,8864	+ 18	0,8707	0,8702	0,8698	0,8693	0,8688
− 3	0,8879	0,8874	0,8869	0,8865	0,8860	+ 18,5	0,8703	0,8698	0,8693	0,8689	0,8684
2,5	0,8875	0,8870	0,8866	0,8861	0,8856	19	0,8699	0,8694	0,8689	0,8684	0,8679
2	0,8871	0,8866	0,8862	0,8857	0,8852	19,5	0,8694	0,8689	0,8685	0,8680	0,8675
1,5	0,8867	0,8862	0,8858	0,8853	0,8848	20	0,8690	0,8685	0,8680	0,8676	0,8671
1	0,8863	0,8858	0,8854	0,8849	0,8844	20,5	0,8686	0,8681	0,8676	0,8671	0,8667
− 0,5	0,8859	0,8854	0,8850	0,8845	0,8840	+ 21	0,8681	0,8677	0,8672	0,8667	0,8662
0	0,8855	0,8850	0,8846	0,8841	0,8836						
+ 0,5	0,8851	0,8846	0,8842	0,8837	0,8832	+ 21,5	0,8677	0,8672	0,8668	0,8663	0,8658
1	0,8847	0,8842	0,8838	0,8833	0,8828	22	0,8673	0,8668	0,8663	0,8659	0,8654
1,5	0,8843	0,8838	0,8834	0,8829	0,8824	22,5	0,8669	0,8664	0,8659	0,8654	0,8649
2	0,8839	0,8834	0,8830	0,8825	0,8820	23	0,8664	0,8659	0,8655	0,8650	0,8645
2,5	0,8835	0,8830	0,8826	0,8821	0,8816	23,5	0,8660	0,8655	0,8650	0,8646	0,8641
+ 3	0,8831	0,8826	0,8822	0,8817	0,8812	+ 24	0,8655	0,8651	0,8646	0,8641	0,8636
+ 3,5	0,8827	0,8822	0,8818	0,8813	0,8808	+ 24,5	0,8651	0,8646	0,8642	0,8637	0,8632
4	0,8823	0,8818	0,8814	0,8809	0,8804	25	0,8647	0,8642	0,8637	0,8633	0,8628
4,5	0,8819	0,8814	0,8810	0,8805	0,8800	25,5	0,8643	0,8638	0,8633	0,8628	0,8623
5	0,8815	0,8810	0,8806	0,8801	0,8796	26	0,8638	0,8634	0,8629	0,8624	0,8619
5,5	0,8811	0,8806	0,8802	0,8797	0,8792	26,5	0,8634	0,8629	0,8624	0,8620	0,8615
+ 6	0,8807	0,8802	0,8797	0,8793	0,8788	+ 27	0,8630	0,8625	0,8620	0,8615	0,8610
+ 6,5	0,8803	0,8798	0,8793	0,8789	0,8784	+ 27,5	0,8625	0,8621	0,8616	0,8611	0,8606
7	0,8799	0,8794	0,8789	0,8784	0,8780	28	0,8621	0,8616	0,8611	0,8607	0,8602
7,5	0,8794	0,8790	0,8785	0,8780	0,8776	28,5	0,8617	0,8612	0,8607	0,8602	0,8597
8	0,8790	0,8786	0,8781	0,8776	0,8772	29	0,8612	0,8607	0,8603	0,8598	0,8593
8,5	0,8786	0,8782	0,8777	0,8772	0,8767	29,5	0,8608	0,8603	0,8598	0,8593	0,8589
+ 9	0,8782	0,8777	0,8773	0,8768	0,8763	+ 30	0,8604	0,8599	0,8594	0,8589	0,8584

Tafel 7
zur Ermittelung des Gewichts von 1 Liter Branntwein.

Wärmegrad	70,0	70,2	70,4	70,6	70,8
	Gewicht für obige wahre Stärke in Kilogramm				
— 12	0,8925	0,8921	0,8916	0,8911	0,8907
11,5	0,8922	0,8917	0,8912	0,8908	0,8903
11	0,8918	0,8913	0,8908	0,8904	0,8899
10,5	0,8914	0,8909	0,8905	0,8900	0,8895
10	0,8910	0,8905	0,8901	0,8896	0,8892
— 9,5	0,8906	0,8902	0,8897	0,8892	0,8887
— 9	0,8902	0,8898	0,8893	0,8888	0,8884
8,5	0,8899	0,8894	0,8889	0,8885	0,8880
8	0,8895	0,8890	0,8885	0,8881	0,8876
7,5	0,8891	0,8886	0,8882	0,8877	0,8872
7	0,8887	0,8882	0,8878	0,8873	0,8868
— 6,5	0,8883	0,8878	0,8874	0,8869	0,8864
— 6	0,8879	0,8874	0,8870	0,8865	0,8861
5,5	0,8875	0,8871	0,8866	0,8861	0,8857
5	0,8871	0,8867	0,8862	0,8857	0,8853
4,5	0,8867	0,8863	0,8858	0,8853	0,8849
4	0,8864	0,8859	0,8854	0,8850	0,8845
— 3,5	0,8860	0,8855	0,8850	0,8846	0,8841
— 3	0,8856	0,8851	0,8846	0,8842	0,8837
2,5	0,8852	0,8847	0,8842	0,8838	0,8833
2	0,8848	0,8843	0,8838	0,8834	0,8829
1,5	0,8844	0,8839	0,8834	0,8830	0,8825
1	0,8840	0,8835	0,8830	0,8826	0,8821
— 0,5	0,8836	0,8831	0,8826	0,8822	0,8817
0	0,8832	0,8827	0,8822	0,8818	0,8813
+ 0,5	0,8828	0,8823	0,8818	0,8814	0,8809
1	0,8824	0,8819	0,8814	0,8810	0,8805
1,5	0,8820	0,8815	0,8810	0,8806	0,8801
2	0,8816	0,8811	0,8806	0,8802	0,8797
2,5	0,8812	0,8807	0,8802	0,8798	0,8793
+ 3	0,8808	0,8803	0,8798	0,8794	0,8789
+ 3,5	0,8804	0,8799	0,8794	0,8790	0,8785
4	0,8800	0,8795	0,8790	0,8786	0,8781
4,5	0,8796	0,8791	0,8786	0,8781	0,8777
5	0,8791	0,8787	0,8782	0,8777	0,8773
5,5	0,8787	0,8783	0,8778	0,8773	0,8769
+ 6	0,8783	0,8779	0,8774	0,8769	0,8764
+ 6,5	0,8779	0,8774	0,8770	0,8765	0,8760
7	0,8775	0,8770	0,8766	0,8761	0,8756
7,5	0,8771	0,8766	0,8762	0,8757	0,8752
8	0,8767	0,8762	0,8757	0,8753	0,8748
8,5	0,8763	0,8758	0,8753	0,8749	0,8744
+ 9	0,8759	0,8754	0,8749	0,8744	0,8740

Wärmegrad	70,0	70,2	70,4	70,6	70,8
	Gewicht für obige wahre Stärke in Kilogramm				
+ 9,5	0,8754	0,8750	0,8745	0,8740	0,8736
10	0,8750	0,8745	0,8741	0,8736	0,8731
10,5	0,8746	0,8741	0,8737	0,8732	0,8727
11	0,8742	0,8737	0,8733	0,8728	0,8723
11,5	0,8738	0,8733	0,8728	0,8724	0,8719
+ 12	0,8734	0,8729	0,8724	0,8720	0,8715
+ 12,5	0,8730	0,8725	0,8720	0,8715	0,8711
13	0,8725	0,8721	0,8716	0,8711	0,8706
13,5	0,8721	0,8716	0,8712	0,8707	0,8702
14	0,8717	0,8712	0,8708	0,8703	0,8698
14,5	0,8713	0,8708	0,8703	0,8699	0,8694
+ 15	0,8709	0,8704	0,8699	0,8694	0,8690
+ 15,5	0,8704	0,8700	0,8695	0,8690	0,8685
16	0,8700	0,8695	0,8691	0,8686	0,8681
16,5	0,8696	0,8691	0,8686	0,8682	0,8677
17	0,8692	0,8687	0,8682	0,8677	0,8673
17,5	0,8688	0,8683	0,8678	0,8673	0,8668
+ 18	0,8683	0,8678	0,8674	0,8669	0,8664
+ 18,5	0,8679	0,8674	0,8669	0,8665	0,8660
19	0,8675	0,8670	0,8665	0,8660	0,8656
19,5	0,8671	0,8666	0,8661	0,8656	0,8651
20	0,8666	0,8661	0,8657	0,8652	0,8647
20,5	0,8662	0,8657	0,8652	0,8648	0,8643
+ 21	0,8658	0,8653	0,8648	0,8643	0,8638
+ 21,5	0,8653	0,8649	0,8644	0,8639	0,8634
22	0,8649	0,8644	0,8639	0,8635	0,8630
22,5	0,8645	0,8640	0,8635	0,8630	0,8626
23	0,8640	0,8636	0,8631	0,8626	0,8621
23,5	0,8636	0,8631	0,8626	0,8622	0,8617
+ 24	0,8632	0,8627	0,8622	0,8617	0,8613
+ 24,5	0,8627	0,8623	0,8618	0,8613	0,8608
25	0,8623	0,8618	0,8613	0,8609	0,8604
25,5	0,8619	0,8614	0,8609	0,8604	0,8599
26	0,8614	0,8610	0,8605	0,8600	0,8595
26,5	0,8610	0,8605	0,8600	0,8595	0,8591
+ 27	0,8606	0,8601	0,8596	0,8591	0,8586
+ 27,5	0,8601	0,8596	0,8592	0,8587	0,8582
28	0,8597	0,8592	0,8587	0,8582	0,8577
28,5	0,8593	0,8588	0,8583	0,8578	0,8573
29	0,8588	0,8583	0,8578	0,8574	0,8569
29,5	0,8584	0,8579	0,8574	0,8569	0,8564
+ 30	0,8579	0,8575	0,8570	0,8565	0,8560

14

Tafel 7
zur Ermittelung des Gewichts von 1 Liter Branntwein.

Wärmegrad	71,0	71,2	71,4	71,6	71,8
	Gewicht für obige wahre Stärke in Kilogramm				
— 12	0,8902	0,8898	0,8893	0,8888	0,8884
11,5	0,8898	0,8894	0,8889	0,8884	0,8880
11	0,8895	0,8890	0,8885	0,8881	0,8876
10,5	0,8891	0,8886	0,8881	0,8877	0,8872
10	0,8887	0,8882	0,8878	0,8873	0,8868
— 9,5	0,8883	0,8878	0,8874	0,8869	0,8864
— 9	0,8879	0,8874	0,8870	0,8865	0,8861
8,5	0,8875	0,8871	0,8866	0,8861	0,8857
8	0,8871	0,8867	0,8862	0,8857	0,8853
7,5	0,8868	0,8863	0,8858	0,8854	0,8849
7	0,8864	0,8859	0,8854	0,8850	0,8845
— 6,5	0,8860	0,8855	0,8851	0,8846	0,8841
— 6	0,8856	0,8851	0,8847	0,8842	0,8837
5,5	0,8852	0,8847	0,8843	0,8838	0,8833
5	0,8848	0,8843	0,8839	0,8834	0,8829
4,5	0,8844	0,8840	0,8835	0,8830	0,8825
4	0,8840	0,8836	0,8831	0,8826	0,8821
— 3,5	0,8836	0,8832	0,8827	0,8822	0,8818
— 3	0,8832	0,8828	0,8823	0,8818	0,8814
2,5	0,8828	0,8824	0,8819	0,8814	0,8810
2	0,8824	0,8820	0,8815	0,8810	0,8806
1,5	0,8821	0,8816	0,8811	0,8806	0,8802
1	0,8817	0,8812	0,8807	0,8802	0,8798
— 0,5	0,8813	0,8808	0,8803	0,8798	0,8794
0	0,8809	0,8804	0,8799	0,8794	0,8790
+ 0,5	0,8805	0,8800	0,8795	0,8790	0,8786
1	0,8800	0,8796	0,8791	0,8786	0,8782
1,5	0,8796	0,8792	0,8787	0,8782	0,8778
2	0,8792	0,8788	0,8783	0,8778	0,8774
2,5	0,8788	0,8784	0,8779	0,8774	0,8770
+ 3	0,8784	0,8780	0,8775	0,8770	0,8765
+ 3,5	0,8780	0,8776	0,8771	0,8766	0,8761
4	0,8776	0,8771	0,8767	0,8762	0,8757
4,5	0,8772	0,8767	0,8763	0,8758	0,8753
5	0,8768	0,8763	0,8759	0,8754	0,8749
5,5	0,8764	0,8759	0,8754	0,8750	0,8745
+ 6	0,8760	0,8755	0,8750	0,8746	0,8741
+ 6,5	0,8756	0,8751	0,8746	0,8741	0,8737
7	0,8752	0,8747	0,8742	0,8737	0,8733
7,5	0,8747	0,8743	0,8738	0,8733	0,8729
8	0,8743	0,8738	0,8734	0,8729	0,8724
8,5	0,8739	0,8734	0,8730	0,8725	0,8720
+ 9	0,8735	0,8730	0,8726	0,8721	0,8716

Wärmegrad	71,0	71,2	71,4	71,6	71,8
	Gewicht für obige wahre Stärke in Kilogramm				
+ 9,5	0,8731	0,8726	0,8721	0,8717	0,8712
10	0,8727	0,8722	0,8717	0,8713	0,8708
10,5	0,8723	0,8718	0,8713	0,8708	0,8704
11	0,8718	0,8714	0,8709	0,8704	0,8699
11,5	0,8714	0,8709	0,8705	0,8700	0,8695
+ 12	0,8710	0,8705	0,8701	0,8696	0,8691
+ 12,5	0,8706	0,8701	0,8696	0,8692	0,8687
13	0,8702	0,8697	0,8692	0,8687	0,8683
13,5	0,8698	0,8693	0,8688	0,8683	0,8678
14	0,8693	0,8689	0,8684	0,8679	0,8674
14,5	0,8689	0,8684	0,8680	0,8675	0,8670
+ 15	0,8685	0,8680	0,8675	0,8671	0,8666
+ 15,5	0,8681	0,8676	0,8671	0,8666	0,8662
16	0,8676	0,8671	0,8667	0,8662	0,8657
16,5	0,8672	0,8667	0,8663	0,8658	0,8653
17	0,8668	0,8663	0,8658	0,8654	0,8649
17,5	0,8664	0,8659	0,8654	0,8649	0,8645
+ 18	0,8659	0,8655	0,8650	0,8645	0,8640
+ 18,5	0,8655	0,8650	0,8646	0,8641	0,8636
19	0,8651	0,8646	0,8641	0,8636	0,8631
19,5	0,8647	0,8642	0,8637	0,8632	0,8627
20	0,8642	0,8637	0,8633	0,8628	0,8623
20,5	0,8638	0,8633	0,8628	0,8624	0,8619
+ 21	0,8634	0,8629	0,8624	0,8619	0,8614
+ 21,5	0,8629	0,8624	0,8620	0,8615	0,8610
22	0,8625	0,8620	0,8615	0,8611	0,8606
22,5	0,8621	0,8616	0,8611	0,8606	0,8601
23	0,8616	0,8611	0,8607	0,8602	0,8597
23,5	0,8612	0,8607	0,8602	0,8598	0,8593
+ 24	0,8608	0,8603	0,8598	0,8593	0,8588
+ 24,5	0,8603	0,8598	0,8594	0,8589	0,8584
25	0,8599	0,8594	0,8589	0,8584	0,8580
25,5	0,8595	0,8590	0,8585	0,8580	0,8575
26	0,8590	0,8585	0,8581	0,8576	0,8571
26,5	0,8586	0,8581	0,8576	0,8571	0,8567
+ 27	0,8581	0,8577	0,8572	0,8567	0,8562
+ 27,5	0,8577	0,8572	0,8567	0,8563	0,8558
28	0,8573	0,8568	0,8563	0,8558	0,8553
28,5	0,8568	0,8563	0,8559	0,8554	0,8549
29	0,8564	0,8559	0,8554	0,8549	0,8545
29,5	0,8560	0,8555	0,8550	0,8545	0,8540
+ 30	0,8555	0,8550	0,8545	0,8541	0,8536

Tafel 7
zur Ermittelung des Gewichts von 1 Liter Branntwein.

Wärmegrad	72,0	72,2	72,4	72,6	72,8
	Gewicht für obige wahre Stärke in Kilogramm				
− 12	0,8879	0,8874	0,8870	0,8865	0,8860
11,5	0,8875	0,8870	0,8866	0,8861	0,8856
11	0,8871	0,8867	0,8862	0,8857	0,8853
10,5	0,8868	0,8863	0,8858	0,8854	0,8849
10	0,8864	0,8859	0,8854	0,8850	0,8845
− 9,5	0,8860	0,8855	0,8850	0,8846	0,8841
− 9	0,8856	0,8851	0,8847	0,8842	0,8837
8,5	0,8852	0,8847	0,8843	0,8838	0,8833
8	0,8848	0,8843	0,8839	0,8834	0,8829
7,5	0,8844	0,8840	0,8835	0,8830	0,8826
7	0,8840	0,8836	0,8831	0,8826	0,8822
− 6,5	0,8837	0,8832	0,8827	0,8822	0,8818
− 6	0,8833	0,8828	0,8823	0,8819	0,8814
5,5	0,8829	0,8824	0,8819	0,8815	0,8810
5	0,8825	0,8820	0,8815	0,8811	0,8806
4,5	0,8821	0,8816	0,8811	0,8807	0,8802
4	0,8817	0,8812	0,8807	0,8803	0,8798
− 3,5	0,8813	0,8808	0,8804	0,8799	0,8794
− 3	0,8809	0,8804	0,8800	0,8795	0,8790
2,5	0,8805	0,8800	0,8796	0,8791	0,8786
2	0,8801	0,8796	0,8792	0,8787	0,8782
1,5	0,8797	0,8792	0,8788	0,8783	0,8778
1	0,8793	0,8788	0,8784	0,8779	0,8774
− 0,5	0,8789	0,8784	0,8780	0,8775	0,8770
0	0,8785	0,8780	0,8776	0,8771	0,8766
+ 0,5	0,8781	0,8776	0,8772	0,8767	0,8762
1	0,8777	0,8772	0,8768	0,8763	0,8758
1,5	0,8773	0,8768	0,8764	0,8759	0,8754
2	0,8769	0,8764	0,8759	0,8755	0,8750
2,5	0,8765	0,8760	0,8755	0,8751	0,8746
+ 3	0,8761	0,8756	0,8751	0,8747	0,8742
+ 3,5	0,8757	0,8752	0,8747	0,8743	0,8738
4	0,8753	0,8748	0,8743	0,8738	0,8734
4,5	0,8749	0,8744	0,8739	0,8734	0,8730
5	0,8744	0,8740	0,8735	0,8730	0,8725
5,5	0,8740	0,8736	0,8731	0,8726	0,8721
+ 6	0,8736	0,8731	0,8727	0,8722	0,8717
+ 6,5	0,8732	0,8727	0,8723	0,8718	0,8713
7	0,8728	0,8723	0,8718	0,8714	0,8709
7,5	0,8724	0,8719	0,8714	0,8710	0,8705
8	0,8720	0,8715	0,8710	0,8705	0,8701
8,5	0,8716	0,8711	0,8706	0,8701	0,8697
+ 9	0,8711	0,8707	0,8702	0,8697	0,8692

Wärmegrad	72,0	72,2	72,4	72,6	72,8
	Gewicht für obige wahre Stärke in Kilogramm				
+ 9,5	0,8707	0,8703	0,8698	0,8693	0,8688
10	0,8703	0,8698	0,8694	0,8689	0,8684
10,5	0,8699	0,8694	0,8689	0,8685	0,8680
11	0,8695	0,8690	0,8685	0,8680	0,8676
11,5	0,8691	0,8686	0,8681	0,8676	0,8671
+ 12	0,8686	0,8682	0,8677	0,8672	0,8667
+ 12,5	0,8682	0,8677	0,8673	0,8668	0,8663
13	0,8678	0,8673	0,8668	0,8664	0,8659
13,5	0,8674	0,8669	0,8664	0,8659	0,8655
14	0,8670	0,8665	0,8660	0,8655	0,8650
14,5	0,8665	0,8661	0,8656	0,8651	0,8646
+ 15	0,8661	0,8656	0,8651	0,8647	0,8642
+ 15,5	0,8657	0,8652	0,8647	0,8642	0,8638
16	0,8653	0,8648	0,8643	0,8638	0,8633
16,5	0,8648	0,8644	0,8639	0,8634	0,8629
17	0,8644	0,8639	0,8634	0,8630	0,8625
17,5	0,8640	0,8635	0,8630	0,8625	0,8621
+ 18	0,8635	0,8631	0,8626	0,8621	0,8616
+ 18,5	0,8631	0,8626	0,8622	0,8617	0,8612
19	0,8627	0,8622	0,8617	0,8612	0,8608
19,5	0,8623	0,8618	0,8613	0,8608	0,8603
20	0,8618	0,8614	0,8609	0,8604	0,8599
20,5	0,8614	0,8609	0,8604	0,8600	0,8595
+ 21	0,8610	0,8605	0,8600	0,8595	0,8590
+ 21,5	0,8605	0,8600	0,8596	0,8591	0,8586
22	0,8601	0,8596	0,8591	0,8586	0,8582
22,5	0,8597	0,8592	0,8587	0,8582	0,8577
23	0,8592	0,8587	0,8583	0,8578	0,8573
23,5	0,8588	0,8583	0,8578	0,8574	0,8569
+ 24	0,8584	0,8579	0,8574	0,8569	0,8564
+ 24,5	0,8579	0,8574	0,8570	0,8565	0,8560
25	0,8575	0,8570	0,8565	0,8560	0,8556
25,5	0,8571	0,8566	0,8561	0,8556	0,8551
26	0,8566	0,8561	0,8556	0,8552	0,8547
26,5	0,8562	0,8557	0,8552	0,8547	0,8542
+ 27	0,8557	0,8553	0,8548	0,8543	0,8538
+ 27,5	0,8553	0,8548	0,8543	0,8538	0,8534
28	0,8549	0,8544	0,8539	0,8534	0,8529
28,5	0,8544	0,8539	0,8535	0,8530	0,8525
29	0,8540	0,8535	0,8530	0,8525	0,8520
29,5	0,8535	0,8531	0,8526	0,8521	0,8516
+ 30	0,8531	0,8526	0,8521	0,8516	0,8511

14*

Tafel 7
zur Ermittelung des Gewichts von 1 Liter Branntwein.

Wärmegrad	73,0	73,2	73,4	73,6	73,8
	Gewicht für obige wahre Stärke in Kilogramm				
— 12	0,8856	0,8851	0,8846	0,8841	0,8837
11,5	0,8852	0,8847	0,8842	0,8838	0,8833
11	0,8848	0,8843	0,8839	0,8834	0,8829
10,5	0,8844	0,8839	0,8835	0,8830	0,8825
10	0,8840	0,8836	0,8831	0,8826	0,8821
— 9,5	0,8837	0,8832	0,8827	0,8822	0,8818
— 9	0,8833	0,8828	0,8823	0,8818	0,8814
8,5	0,8829	0,8824	0,8819	0,8814	0,8810
8	0,8825	0,8820	0,8815	0,8811	0,8806
7,5	0,8821	0,8816	0,8811	0,8807	0,8802
7	0,8817	0,8812	0,8808	0,8803	0,8798
— 6,5	0,8813	0,8808	0,8804	0,8799	0,8794
— 6	0,8809	0,8804	0,8800	0,8795	0,8790
5,5	0,8805	0,8801	0,8796	0,8791	0,8786
5	0,8801	0,8797	0,8792	0,8787	0,8782
4,5	0,8797	0,8793	0,8788	0,8783	0,8778
4	0,8793	0,8789	0,8784	0,8779	0,8774
— 3,5	0,8790	0,8785	0,8780	0,8775	0,8770
— 3	0,8786	0,8781	0,8776	0,8771	0,8766
2,5	0,8782	0,8777	0,8772	0,8767	0,8763
2	0,8778	0,8773	0,8768	0,8763	0,8759
1,5	0,8774	0,8769	0,8764	0,8759	0,8755
1	0,8770	0,8765	0,8760	0,8755	0,8751
— 0,5	0,8766	0,8761	0,8756	0,8751	0,8747
0	0,8762	0,8757	0,8752	0,8747	0,8743
+ 0,5	0,8758	0,8753	0,8748	0,8743	0,8739
1	0,8753	0,8749	0,8744	0,8739	0,8734
1,5	0,8749	0,8745	0,8740	0,8735	0,8730
2	0,8745	0,8740	0,8736	0,8731	0,8726
2,5	0,8741	0,8736	0,8732	0,8727	0,8722
+ 3	0,8737	0,8732	0,8728	0,8723	0,8718
+ 3,5	0,8733	0,8728	0,8724	0,8719	0,8714
4	0,8729	0,8724	0,8720	0,8715	0,8710
4,5	0,8725	0,8720	0,8715	0,8711	0,8706
5	0,8721	0,8716	0,8711	0,8706	0,8702
5,5	0,8717	0,8712	0,8707	0,8702	0,8698
+ 6	0,8713	0,8708	0,8703	0,8698	0,8693
+ 6,5	0,8708	0,8704	0,8699	0,8694	0,8689
7	0,8704	0,8699	0,8695	0,8690	0,8685
7,5	0,8700	0,8695	0,8691	0,8686	0,8681
8	0,8696	0,8691	0,8686	0,8682	0,8677
8,5	0,8692	0,8687	0,8682	0,8678	0,8673
+ 9	0,8688	0,8683	0,8678	0,8673	0,8669

Wärmegrad	73,0	73,2	73,4	73,6	73,8
	Gewicht für obige wahre Stärke in Kilogramm				
+ 9,5	0,8684	0,8679	0,8674	0,8669	0,8664
10	0,8679	0,8675	0,8670	0,8665	0,8660
10,5	0,8675	0,8670	0,8666	0,8661	0,8656
11	0,8671	0,8666	0,8661	0,8657	0,8652
11,5	0,8667	0,8662	0,8657	0,8652	0,8648
+ 12	0,8663	0,8658	0,8653	0,8648	0,8643
+ 12,5	0,8658	0,8654	0,8649	0,8644	0,8639
13	0,8654	0,8649	0,8645	0,8640	0,8635
13,5	0,8650	0,8645	0,8640	0,8636	0,8631
14	0,8646	0,8641	0,8636	0,8631	0,8626
14,5	0,8641	0,8637	0,8632	0,8627	0,8622
+ 15	0,8637	0,8632	0,8628	0,8623	0,8618
+ 15,5	0,8633	0,8628	0,8623	0,8619	0,8614
16	0,8628	0,8624	0,8619	0,8614	0,8609
16,5	0,8624	0,8620	0,8615	0,8610	0,8605
17	0,8620	0,8615	0,8610	0,8606	0,8601
17,5	0,8616	0,8611	0,8606	0,8601	0,8597
+ 18	0,8612	0,8607	0,8602	0,8597	0,8592
+ 18,5	0,8607	0,8602	0,8598	0,8593	0,8588
19	0,8603	0,8598	0,8593	0,8589	0,8584
19,5	0,8599	0,8594	0,8589	0,8584	0,8579
20	0,8594	0,8589	0,8585	0,8580	0,8575
20,5	0,8590	0,8585	0,8580	0,8576	0,8571
+ 21	0,8585	0,8581	0,8576	0,8571	0,8566
+ 21,5	0,8581	0,8576	0,8572	0,8567	0,8562
22	0,8577	0,8572	0,8567	0,8562	0,8558
22,5	0,8573	0,8568	0,8563	0,8558	0,8553
23	0,8568	0,8563	0,8559	0,8554	0,8549
23,5	0,8564	0,8559	0,8554	0,8549	0,8545
+ 24	0,8560	0,8555	0,8550	0,8545	0,8540
+ 24,5	0,8555	0,8550	0,8545	0,8541	0,8536
25	0,8551	0,8546	0,8541	0,8536	0,8531
25,5	0,8546	0,8541	0,8537	0,8532	0,8527
26	0,8542	0,8537	0,8532	0,8527	0,8523
26,5	0,8538	0,8533	0,8528	0,8523	0,8518
+ 27	0,8533	0,8528	0,8523	0,8519	0,8514
+ 27,5	0,8529	0,8524	0,8519	0,8514	0,8509
28	0,8524	0,8520	0,8515	0,8510	0,8505
28,5	0,8520	0,8515	0,8510	0,8505	0,8501
29	0,8516	0,8511	0,8506	0,8501	0,8496
29,5	0,8511	0,8506	0,8501	0,8497	0,8492
+ 30	0,8507	0,8502	0,8497	0,8492	0,8487

Tafel 7
zur Ermittelung des Gewichts von 1 Liter Branntwein.

Wärmegrad	74,0	74,2	74,4	74,6	74,8
	Gewicht für obige wahre Stärke in Kilogramm				
— 12	0,8832	0,8827	0,8823	0,8818	0,8813
11,5	0,8828	0,8823	0,8819	0,8814	0,8809
11	0,8824	0,8820	0,8815	0,8810	0,8805
10,5	0,8821	0,8816	0,8811	0,8806	0,8802
10	0,8817	0,8812	0,8807	0,8802	0,8798
— 9,5	0,8813	0,8808	0,8803	0,8799	0,8794
— 9	0,8809	0,8804	0,8799	0,8795	0,8790
8,5	0,8805	0,8800	0,8795	0,8791	0,8786
8	0,8801	0,8796	0,8792	0,8787	0,8782
7,5	0,8797	0,8792	0,8788	0,8783	0,8778
7	0,8793	0,8789	0,8784	0,8779	0,8774
— 6,5	0,8789	0,8785	0,8780	0,8775	0,8770
— 6	0,8786	0,8781	0,8776	0,8771	0,8766
5,5	0,8782	0,8777	0,8772	0,8767	0,8763
5	0,8778	0,8773	0,8768	0,8763	0,8759
4,5	0,8774	0,8769	0,8764	0,8759	0,8755
4	0,8770	0,8765	0,8760	0,8755	0,8751
— 3,5	0,8766	0,8761	0,8756	0,8751	0,8747
— 3	0,8762	0,8757	0,8752	0,8747	0,8743
2,5	0,8758	0,8753	0,8748	0,8744	0,8739
2	0,8754	0,8749	0,8744	0,8740	0,8735
1,5	0,8750	0,8745	0,8740	0,8736	0,8731
1	0,8746	0,8741	0,8736	0,8732	0,8727
— 0,5	0,8742	0,8737	0,8732	0,8728	0,8723
0	0,8738	0,8733	0,8728	0,8724	0,8719
+ 0,5	0,8734	0,8729	0,8724	0,8720	0,8715
1	0,8730	0,8725	0,8720	0,8715	0,8711
1,5	0,8726	0,8721	0,8716	0,8711	0,8707
2	0,8722	0,8717	0,8712	0,8707	0,8703
2,5	0,8718	0,8713	0,8708	0,8703	0,8699
+ 3	0,8714	0,8709	0,8704	0,8699	0,8694
+ 3,5	0,8709	0,8705	0,8700	0,8695	0,8690
4	0,8705	0,8701	0,8696	0,8691	0,8686
4,5	0,8701	0,8696	0,8692	0,8687	0,8682
5	0,8697	0,8692	0,8687	0,8683	0,8678
5,5	0,8693	0,8688	0,8683	0,8679	0,8674
+ 6	0,8689	0,8684	0,8679	0,8674	0,8670
+ 6,5	0,8685	0,8680	0,8675	0,8670	0,8666
7	0,8680	0,8676	0,8671	0,8666	0,8661
7,5	0,8676	0,8672	0,8667	0,8662	0,8657
8	0,8672	0,8667	0,8663	0,8658	0,8653
8,5	0,8668	0,8663	0,8659	0,8654	0,8649
+ 9	0,8664	0,8659	0,8654	0,8650	0,8645

Wärmegrad	74,0	74,2	74,4	74,6	74,8
	Gewicht für obige wahre Stärke in Kilogramm				
+ 9,5	0,8660	0,8655	0,8650	0,8645	0,8641
10	0,8656	0,8651	0,8646	0,8641	0,8636
10,5	0,8651	0,8647	0,8642	0,8637	0,8632
11	0,8647	0,8642	0,8638	0,8633	0,8628
11,5	0,8643	0,8638	0,8633	0,8629	0,8624
+ 12	0,8639	0,8634	0,8629	0,8624	0,8619
+ 12,5	0,8634	0,8630	0,8625	0,8620	0,8615
13	0,8630	0,8625	0,8621	0,8616	0,8611
13,5	0,8626	0,8621	0,8616	0,8612	0,8607
14	0,8622	0,8617	0,8612	0,8607	0,8603
14,5	0,8617	0,8613	0,8608	0,8603	0,8598
+ 15	0,8613	0,8608	0,8604	0,8599	0,8594
+ 15,5	0,8609	0,8604	0,8599	0,8594	0,8590
16	0,8605	0,8600	0,8595	0,8590	0,8585
16,5	0,8600	0,8596	0,8591	0,8586	0,8581
17	0,8596	0,8591	0,8586	0,8582	0,8577
17,5	0,8592	0,8587	0,8582	0,8577	0,8573
+ 18	0,8588	0,8583	0,8578	0,8573	0,8568
+ 18,5	0,8583	0,8578	0,8574	0,8569	0,8564
19	0,8579	0,8574	0,8569	0,8564	0,8560
19,5	0,8575	0,8570	0,8565	0,8560	0,8555
20	0,8570	0,8565	0,8560	0,8556	0,8551
20,5	0,8566	0,8561	0,8556	0,8551	0,8547
+ 21	0,8562	0,8557	0,8552	0,8547	0,8542
+ 21,5	0,8557	0,8552	0,8548	0,8543	0,8538
22	0,8553	0,8548	0,8543	0,8538	0,8533
22,5	0,8549	0,8544	0,8539	0,8534	0,8529
23	0,8544	0,8539	0,8534	0,8530	0,8525
23,5	0,8540	0,8535	0,8530	0,8525	0,8520
+ 24	0,8535	0,8530	0,8526	0,8521	0,8516
+ 24,5	0,8531	0,8526	0,8521	0,8516	0,8512
25	0,8527	0,8522	0,8517	0,8512	0,8507
25,5	0,8522	0,8517	0,8512	0,8508	0,8503
26	0,8518	0,8513	0,8508	0,8503	0,8498
26,5	0,8513	0,8508	0,8504	0,8499	0,8494
+ 27	0,8509	0,8504	0,8499	0,8494	0,8489
+ 27,5	0,8505	0,8500	0,8495	0,8490	0,8485
28	0,8500	0,8495	0,8490	0,8485	0,8481
28,5	0,8496	0,8491	0,8486	0,8481	0,8476
29	0,8491	0,8486	0,8481	0,8477	0,8472
29,5	0,8487	0,8482	0,8477	0,8472	0,8467
+ 30	0,8482	0,8477	0,8473	0,8468	0,8463

Tafel 7
zur Ermittelung des Gewichts von 1 Liter Branntwein.

Wärme-grad	75,0	75,2	75,4	75,6	75,8
	Gewicht für obige wahre Stärke in Kilogramm				
− 12	0,8808	0,8804	0,8799	0,8794	0,8789
11,5	0,8805	0,8800	0,8795	0,8790	0,8785
11	0,8801	0,8796	0,8791	0,8786	0,8782
10,5	0,8797	0,8792	0,8787	0,8783	0,8778
10	0,8793	0,8788	0,8783	0,8779	0,8774
− 9,5	0,8789	0,8784	0,8779	0,8775	0,8770
− 9	0,8785	0,8780	0,8776	0,8771	0,8766
8,5	0,8781	0,8776	0,8772	0,8767	0,8762
8	0,8777	0,8773	0,8768	0,8763	0,8758
7,5	0,8774	0,8769	0,8764	0,8759	0,8754
7	0,8770	0,8765	0,8760	0,8755	0,8751
− 6,5	0,8766	0,8761	0,8756	0,8751	0,8747
− 6	0,8762	0,8757	0,8752	0,8747	0,8743
5,5	0,8758	0,8753	0,8748	0,8744	0,8739
5	0,8754	0,8749	0,8744	0,8740	0,8735
4,5	0,8750	0,8745	0,8740	0,8736	0,8731
4	0,8746	0,8741	0,8736	0,8732	0,8727
− 3,5	0,8742	0,8737	0,8732	0,8728	0,8723
− 3	0,8738	0,8733	0,8728	0,8724	0,8719
2,5	0,8734	0,8729	0,8725	0,8720	0,8715
2	0,8730	0,8725	0,8721	0,8716	0,8711
1,5	0,8726	0,8721	0,8717	0,8712	0,8707
1	0,8722	0,8717	0,8713	0,8708	0,8704
− 0,5	0,8718	0,8713	0,8709	0,8704	0,8699
0	0,8714	0,8709	0,8705	0,8700	0,8695
+ 0,5	0,8710	0,8705	0,8701	0,8696	0,8691
1	0,8706	0,8701	0,8696	0,8692	0,8687
1,5	0,8702	0,8697	0,8692	0,8688	0,8683
2	0,8698	0,8693	0,8688	0,8683	0,8679
2,5	0,8694	0,8689	0,8684	0,8679	0,8675
+ 3	0,8690	0,8685	0,8680	0,8675	0,8671
+ 3,5	0,8686	0,8681	0,8676	0,8671	0,8666
4	0,8682	0,8677	0,8672	0,8667	0,8662
4,5	0,8677	0,8673	0,8668	0,8663	0,8658
5	0,8673	0,8668	0,8664	0,8659	0,8654
5,5	0,8669	0,8664	0,8660	0,8655	0,8650
+ 6	0,8665	0,8660	0,8655	0,8651	0,8646
+ 6,5	0,8661	0,8656	0,8651	0,8646	0,8642
7	0,8657	0,8652	0,8647	0,8642	0,8637
7,5	0,8653	0,8648	0,8643	0,8638	0,8633
8	0,8648	0,8644	0,8639	0,8634	0,8629
8,5	0,8644	0,8640	0,8635	0,8630	0,8625
+ 9	0,8640	0,8636	0,8631	0,8626	0,8621

Wärme-grad	75,0	75,2	75,4	75,6	75,8
	Gewicht für obige wahre Stärke in Kilogramm				
+ 9,5	0,8636	0,8631	0,8627	0,8622	0,8617
10	0,8632	0,8627	0,8622	0,8617	0,8613
10,5	0,8627	0,8623	0,8618	0,8613	0,8608
11	0,8623	0,8619	0,8614	0,8609	0,8604
11,5	0,8619	0,8614	0,8609	0,8605	0,8600
+ 12	0,8615	0,8610	0,8605	0,8600	0,8595
+ 12,5	0,8611	0,8606	0,8601	0,8596	0,8591
13	0,8606	0,8601	0,8597	0,8592	0,8587
13,5	0,8602	0,8597	0,8592	0,8588	0,8583
14	0,8598	0,8593	0,8588	0,8583	0,8578
14,5	0,8593	0,8589	0,8584	0,8579	0,8574
+ 15	0,8589	0,8584	0,8579	0,8575	0,8570
+ 15,5	0,8585	0,8580	0,8575	0,8570	0,8566
16	0,8581	0,8576	0,8571	0,8566	0,8561
16,5	0,8576	0,8571	0,8567	0,8562	0,8557
17	0,8572	0,8567	0,8562	0,8557	0,8553
17,5	0,8568	0,8563	0,8558	0,8553	0,8548
+ 18	0,8564	0,8559	0,8554	0,8549	0,8544
+ 18,5	0,8559	0,8554	0,8549	0,8545	0,8540
19	0,8555	0,8550	0,8545	0,8540	0,8535
19,5	0,8551	0,8546	0,8541	0,8536	0,8531
20	0,8546	0,8541	0,8536	0,8532	0,8527
20,5	0,8542	0,8537	0,8532	0,8527	0,8522
+ 21	0,8537	0,8533	0,8528	0,8523	0,8518
+ 21,5	0,8533	0,8528	0,8523	0,8518	0,8513
22	0,8529	0,8524	0,8519	0,8514	0,8509
22,5	0,8524	0,8519	0,8515	0,8510	0,8505
23	0,8520	0,8515	0,8510	0,8505	0,8500
23,5	0,8516	0,8511	0,8506	0,8501	0,8496
+ 24	0,8511	0,8506	0,8501	0,8496	0,8492
+ 24,5	0,8507	0,8502	0,8497	0,8492	0,8487
25	0,8502	0,8497	0,8492	0,8488	0,8483
25,5	0,8498	0,8493	0,8488	0,8483	0,8478
26	0,8493	0,8489	0,8484	0,8479	0,8474
26,5	0,8489	0,8484	0,8479	0,8474	0,8469
+ 27	0,8485	0,8480	0,8475	0,8470	0,8465
+ 27,5	0,8480	0,8475	0,8470	0,8465	0,8461
28	0,8476	0,8471	0,8466	0,8461	0,8456
28,5	0,8471	0,8466	0,8462	0,8457	0,8452
29	0,8467	0,8462	0,8457	0,8452	0,8447
29,5	0,8462	0,8458	0,8453	0,8448	0,8443
+ 30	0,8458	0,8453	0,8448	0,8443	0,8438

Tafel 7
zur Ermittelung des Gewichts von 1 Liter Branntwein.

Wärmegrad	76,0	76,2	76,4	76,6	76,8	Wärmegrad	76,0	76,2	76,4	76,6	76,8
	Gewicht für obige wahre Stärke in Kilogramm						Gewicht für obige wahre Stärke in Kilogramm				
— 12	0,8785	0,8780	0,8775	0,8770	0,8765	+ 9,5	0,8612	0,8607	0,8602	0,8597	0,8593
11,5	0,8781	0,8776	0,8771	0,8766	0,8762	10	0,8608	0,8603	0,8598	0,8593	0,8588
11	0,8777	0,8772	0,8767	0,8762	0,8758	10,5	0,8603	0,8599	0,8594	0,8589	0,8584
10,5	0,8773	0,8768	0,8763	0,8759	0,8754	11	0,8599	0,8594	0,8590	0,8585	0,8580
10	0,8769	0,8764	0,8760	0,8755	0,8750	11,5	0,8595	0,8590	0,8585	0,8581	0,8576
— 9,5	0,8765	0,8760	0,8756	0,8751	0,8746	+ 12	0,8591	0,8586	0,8581	0,8576	0,8571
— 9	0,8761	0,8757	0,8752	0,8747	0,8742	+ 12,5	0,8586	0,8582	0,8577	0,8572	0,8567
8,5	0,8757	0,8753	0,8748	0,8743	0,8738	13	0,8582	0,8577	0,8573	0,8568	0,8563
8	0,8754	0,8749	0,8744	0,8739	0,8734	13,5	0,8578	0,8573	0,8568	0,8563	0,8559
7,5	0,8750	0,8745	0,8740	0,8735	0,8731	14	0,8574	0,8569	0,8564	0,8559	0,8554
7	0,8746	0,8741	0,8736	0,8731	0,8727	14,5	0,8569	0,8564	0,8560	0,8555	0,8550
— 6,5	0,8742	0,8737	0,8732	0,8728	0,8723	+ 15	0,8565	0,8560	0,8555	0,8550	0,8546
— 6	0,8738	0,8733	0,8728	0,8724	0,8719	+ 15,5	0,8561	0,8556	0,8551	0,8546	0,8541
5,5	0,8734	0,8729	0,8724	0,8720	0,8715	16	0,8556	0,8552	0,8547	0,8542	0,8537
5	0,8730	0,8725	0,8720	0,8716	0,8711	16,5	0,8552	0,8547	0,8542	0,8538	0,8533
4,5	0,8726	0,8721	0,8717	0,8712	0,8707	17	0,8548	0,8543	0,8538	0,8533	0,8528
4	0,8722	0,8717	0,8713	0,8708	0,8703	17,5	0,8544	0,8539	0,8534	0,8529	0,8524
— 3,5	0,8718	0,8713	0,8709	0,8704	0,8699	+ 18	0,8539	0,8534	0,8529	0,8525	0,8520
— 3	0,8714	0,8709	0,8705	0,8700	0,8695	+ 18,5	0,8535	0,8530	0,8525	0,8520	0,8515
2,5	0,8710	0,8706	0,8701	0,8696	0,8691	19	0,8531	0,8526	0,8521	0,8516	0,8511
2	0,8706	0,8702	0,8697	0,8692	0,8687	19,5	0,8526	0,8521	0,8516	0,8512	0,8507
1,5	0,8702	0,8698	0,8693	0,8688	0,8683	20	0,8522	0,8517	0,8512	0,8507	0,8502
1	0,8698	0,8694	0,8689	0,8684	0,8679	20,5	0,8517	0,8513	0,8508	0,8503	0,8498
— 0,5	0,8694	0,8690	0,8685	0,8680	0,8675	+ 21	0,8513	0,8508	0,8503	0,8498	0,8493
0	0,8690	0,8685	0,8681	0,8676	0,8671						
+ 0,5	0,8686	0,8681	0,8677	0,8672	0,8667	+ 21,5	0,8509	0,8504	0,8499	0,8494	0,8489
1	0,8682	0,8677	0,8673	0,8668	0,8663	22	0,8504	0,8499	0,8494	0,8489	0,8484
1,5	0,8678	0,8673	0,8668	0,8664	0,8659	22,5	0,8500	0,8495	0,8490	0,8485	0,8480
2	0,8674	0,8669	0,8664	0,8660	0,8655	23	0,8496	0,8491	0,8486	0,8481	0,8476
2,5	0,8670	0,8665	0,8660	0,8655	0,8651	23,5	0,8491	0,8486	0,8481	0,8476	0,8472
+ 3	0,8666	0,8661	0,8656	0,8651	0,8647	+ 24	0,8487	0,8482	0,8477	0,8472	0,8467
+ 3,5	0,8662	0,8657	0,8652	0,8647	0,8642	+ 24,5	0,8482	0,8477	0,8473	0,8468	0,8463
4	0,8658	0,8653	0,8648	0,8643	0,8638	25	0,8478	0,8473	0,8468	0,8463	0,8458
4,5	0,8653	0,8649	0,8644	0,8639	0,8634	25,5	0,8473	0,8469	0,8464	0,8459	0,8454
5	0,8649	0,8644	0,8640	0,8635	0,8630	26	0,8469	0,8464	0,8459	0,8454	0,8449
5,5	0,8645	0,8640	0,8635	0,8631	0,8626	26,5	0,8465	0,8460	0,8455	0,8450	0,8445
+ 6	0,8641	0,8636	0,8631	0,8626	0,8622	+ 27	0,8460	0,8455	0,8450	0,8445	0,8440
+ 6,5	0,8637	0,8632	0,8627	0,8622	0,8618	+ 27,5	0,8456	0,8451	0,8446	0,8441	0,8436
7	0,8633	0,8628	0,8623	0,8618	0,8613	28	0,8451	0,8446	0,8441	0,8437	0,8432
7,5	0,8629	0,8624	0,8619	0,8614	0,8609	28,5	0,8447	0,8442	0,8437	0,8432	0,8427
8	0,8624	0,8620	0,8615	0,8610	0,8605	29	0,8442	0,8437	0,8433	0,8428	0,8423
8,5	0,8620	0,8615	0,8611	0,8606	0,8601	29,5	0,8438	0,8433	0,8428	0,8423	0,8418
+ 9	0,8616	0,8611	0,8606	0,8602	0,8597	+ 30	0,8433	0,8429	0,8424	0,8419	0,8414

Tafel 7
zur Ermittelung des Gewichts von 1 Liter Branntwein.

Wärmegrad	77,0	77,2	77,4	77,6	77,8	Wärmegrad	77,0	77,2	77,4	77,6	77,8
	Gewicht für obige wahre Stärke in Kilogramm						Gewicht für obige wahre Stärke in Kilogramm				
— 12	0,8761	0,8756	0,8751	0,8746	0,8741	+ 9,5	0,8588	0,8583	0,8578	0,8573	0,8568
11,5	0,8757	0,8752	0,8747	0,8742	0,8738	10	0,8584	0,8579	0,8574	0,8569	0,8564
11	0,8753	0,8748	0,8743	0,8739	0,8734	10,5	0,8579	0,8574	0,8570	0,8565	0,8560
10,5	0,8749	0,8744	0,8740	0,8735	0,8730	11	0,8575	0,8570	0,8565	0,8561	0,8556
10	0,8745	0,8740	0,8736	0,8731	0,8726	11,5	0,8571	0,8566	0,8561	0,8556	0,8551
— 9,5	0,8741	0,8737	0,8732	0,8727	0,8722	+ 12	0,8567	0,8562	0,8557	0,8552	0,8547
— 9	0,8737	0,8733	0,8728	0,8723	0,8718	+ 12,5	0,8562	0,8558	0,8553	0,8548	0,8543
8,5	0,8734	0,8729	0,8724	0,8719	0,8714	13	0,8558	0,8553	0,8548	0,8543	0,8539
8	0,8730	0,8725	0,8720	0,8715	0,8710	13,5	0,8554	0,8549	0,8544	0,8539	0,8534
7,5	0,8726	0,8721	0,8716	0,8711	0,8707	14	0,8550	0,8545	0,8540	0,8535	0,8530
7	0,8722	0,8717	0,8712	0,8708	0,8703	14,5	0,8545	0,8540	0,8535	0,8531	0,8526
— 6,5	0,8718	0,8713	0,8708	0,8704	0,8699	+ 15	0,8541	0,8536	0,8531	0,8526	0,8521
— 6	0,8714	0,8709	0,8705	0,8700	0,8695	+ 15,5	0,8537	0,8532	0,8527	0,8522	0,8517
5,5	0,8710	0,8705	0,8701	0,8696	0,8691	16	0,8532	0,8527	0,8522	0,8518	0,8513
5	0,8706	0,8701	0,8697	0,8692	0,8687	16,5	0,8528	0,8523	0,8518	0,8513	0,8508
4,5	0,8702	0,8698	0,8693	0,8688	0,8683	17	0,8524	0,8519	0,8514	0,8509	0,8504
4	0,8698	0,8694	0,8689	0,8684	0,8679	17,5	0,8519	0,8514	0,8509	0,8505	0,8500
— 3,5	0,8694	0,8690	0,8685	0,8680	0,8675	+ 18	0,8515	0,8510	0,8505	0,8500	0,8495
— 3	0,8690	0,8686	0,8681	0,8676	0,8671	+ 18,5	0,8511	0,8506	0,8501	0,8496	0,8491
2,5	0,8686	0,8682	0,8677	0,8672	0,8667	19	0,8506	0,8501	0,8496	0,8492	0,8487
2	0,8682	0,8678	0,8673	0,8668	0,8663	19,5	0,8502	0,8497	0,8492	0,8487	0,8482
1,5	0,8678	0,8674	0,8669	0,8664	0,8659	20	0,8497	0,8493	0,8488	0,8483	0,8478
1	0,8674	0,8670	0,8665	0,8660	0,8655	20,5	0,8493	0,8488	0,8483	0,8478	0,8473
— 0,5	0,8670	0,8666	0,8661	0,8656	0,8651	+ 21	0,8489	0,8484	0,8479	0,8474	0,8469
0	0,8666	0,8661	0,8657	0,8652	0,8647						
+ 0,5	0,8662	0,8657	0,8652	0,8648	0,8643	+ 21,5	0,8484	0,8479	0,8474	0,8470	0,8465
1	0,8658	0,8653	0,8648	0,8643	0,8639	22	0,8480	0,8475	0,8470	0,8465	0,8460
1,5	0,8654	0,8649	0,8644	0,8640	0,8635	22,5	0,8475	0,8471	0,8466	0,8461	0,8456
2	0,8650	0,8645	0,8640	0,8635	0,8631	23	0,8471	0,8466	0,8461	0,8456	0,8451
2,5	0,8646	0,8641	0,8636	0,8631	0,8627	23,5	0,8467	0,8462	0,8457	0,8452	0,8447
+ 3	0,8642	0,8637	0,8632	0,8627	0,8622	+ 24	0,8462	0,8457	0,8452	0,8447	0,8443
+ 3,5	0,8638	0,8633	0,8628	0,8623	0,8618	+ 24,5	0,8458	0,8453	0,8448	0,8443	0,8438
4	0,8633	0,8629	0,8624	0,8619	0,8614	25	0,8453	0,8448	0,8443	0,8439	0,8434
4,5	0,8629	0,8624	0,8620	0,8615	0,8610	25,5	0,8449	0,8444	0,8439	0,8434	0,8429
5	0,8625	0,8620	0,8616	0,8611	0,8606	26	0,8444	0,8439	0,8435	0,8430	0,8425
5,5	0,8621	0,8616	0,8611	0,8607	0,8602	26,5	0,8440	0,8435	0,8430	0,8425	0,8420
+ 6	0,8617	0,8612	0,8607	0,8602	0,8598	+ 27	0,8436	0,8431	0,8426	0,8421	0,8416
+ 6,5	0,8613	0,8608	0,8603	0,8598	0,8593	+ 27,5	0,8431	0,8426	0,8421	0,8416	0,8411
7	0,8609	0,8604	0,8599	0,8594	0,8589	28	0,8427	0,8422	0,8417	0,8412	0,8407
7,5	0,8604	0,8600	0,8595	0,8590	0,8585	28,5	0,8422	0,8417	0,8413	0,8408	0,8403
8	0,8600	0,8595	0,8591	0,8586	0,8581	29	0,8418	0,8413	0,8408	0,8403	0,8398
8,5	0,8596	0,8591	0,8587	0,8582	0,8577	29,5	0,8413	0,8408	0,8404	0,8399	0,8394
+ 9	0,8592	0,8587	0,8582	0,8577	0,8573	+ 30	0,8409	0,8404	0,8399	0,8394	0,8389

Tafel 7
zur Ermittelung des Gewichts von 1 Liter Branntwein.

Wärmegrad	78,0	78,2	78,4	78,6	78,8	Wärmegrad	78,0	78,2	78,4	78,6	78,8
	Gewicht für obige wahre Stärke in Kilogramm						Gewicht für obige wahre Stärke in Kilogramm				
− 12	0,8737	0,8732	0,8727	0,8722	0,8717	+ 9,5	0,8564	0,8559	0,8554	0,8549	0,8544
11,5	0,8733	0,8728	0,8723	0,8718	0,8713	10	0,8559	0,8555	0,8550	0,8545	0,8540
11	0,8729	0,8724	0,8719	0,8714	0,8710	10,5	0,8555	0,8550	0,8545	0,8541	0,8536
10,5	0,8725	0,8720	0,8715	0,8711	0,8706	11	0,8551	0,8546	0,8541	0,8536	0,8531
10	0,8721	0,8716	0,8712	0,8707	0,8702	11,5	0,8547	0,8542	0,8537	0,8532	0,8527
− 9,5	0,8717	0,8713	0,8708	0,8703	0,8698	+ 12	0,8542	0,8537	0,8533	0,8528	0,8523
− 9	0,8714	0,8709	0,8704	0,8699	0,8694	+ 12,5	0,8538	0,8533	0,8528	0,8523	0,8518
8,5	0,8710	0,8705	0,8700	0,8695	0,8690	13	0,8534	0,8529	0,8524	0,8519	0,8514
8	0,8706	0,8701	0,8696	0,8691	0,8686	13,5	0,8529	0,8525	0,8520	0,8515	0,8510
7,5	0,8702	0,8697	0,8692	0,8687	0,8682	14	0,8525	0,8520	0,8515	0,8510	0,8506
7	0,8698	0,8693	0,8688	0,8683	0,8678	14,5	0,8521	0,8516	0,8511	0,8506	0,8501
− 6,5	0,8694	0,8689	0,8684	0,8679	0,8675	+ 15	0,8516	0,8512	0,8507	0,8502	0,8497
− 6	0,8690	0,8685	0,8680	0,8676	0,8671	+ 15,5	0,8512	0,8507	0,8502	0,8497	0,8493
5,5	0,8686	0,8681	0,8676	0,8672	0,8667	16	0,8508	0,8503	0,8498	0,8493	0,8488
5	0,8682	0,8677	0,8672	0,8668	0,8663	16,5	0,8503	0,8499	0,8494	0,8489	0,8484
4,5	0,8678	0,8673	0,8669	0,8664	0,8659	17	0,8499	0,8494	0,8489	0,8484	0,8480
4	0,8674	0,8669	0,8665	0,8660	0,8655	17,5	0,8495	0,8490	0,8485	0,8480	0,8475
− 3,5	0,8670	0,8665	0,8661	0,8656	0,8651	+ 18	0,8490	0,8486	0,8481	0,8476	0,8471
− 3	0,8666	0,8661	0,8657	0,8652	0,8647	+ 18,5	0,8486	0,8481	0,8476	0,8471	0,8466
2,5	0,8662	0,8657	0,8653	0,8648	0,8643	19	0,8482	0,8477	0,8472	0,8467	0,8462
2	0,8658	0,8653	0,8649	0,8644	0,8639	19,5	0,8477	0,8472	0,8467	0,8463	0,8458
1,5	0,8654	0,8649	0,8645	0,8640	0,8635	20	0,8473	0,8468	0,8463	0,8458	0,8453
1	0,8650	0,8645	0,8641	0,8636	0,8631	20,5	0,8469	0,8464	0,8459	0,8454	0,8449
− 0,5	0,8646	0,8641	0,8637	0,8632	0,8627	+ 21	0,8464	0,8459	0,8454	0,8449	0,8445
0	0,8642	0,8637	0,8633	0,8628	0,8623						
+ 0,5	0,8638	0,8633	0,8628	0,8624	0,8619	+ 21,5	0,8460	0,8455	0,8450	0,8445	0,8440
1	0,8634	0,8629	0,8624	0,8619	0,8614	22	0,8455	0,8450	0,8445	0,8441	0,8436
1,5	0,8630	0,8625	0,8620	0,8615	0,8610	22,5	0,8451	0,8446	0,8441	0,8436	0,8431
2	0,8626	0,8621	0,8616	0,8611	0,8606	23	0,8447	0,8442	0,8437	0,8432	0,8427
2,5	0,8622	0,8617	0,8612	0,8607	0,8602	23,5	0,8442	0,8437	0,8432	0,8427	0,8422
+ 3	0,8618	0,8613	0,8608	0,8603	0,8598	+ 24	0,8438	0,8433	0,8428	0,8423	0,8418
+ 3,5	0,8614	0,8609	0,8604	0,8599	0,8594	+ 24,5	0,8433	0,8428	0,8423	0,8419	0,8414
4	0,8609	0,8604	0,8600	0,8595	0,8590	25	0,8429	0,8424	0,8419	0,8414	0,8409
4,5	0,8605	0,8600	0,8595	0,8591	0,8586	25,5	0,8424	0,8419	0,8415	0,8410	0,8405
5	0,8601	0,8596	0,8591	0,8586	0,8582	26	0,8420	0,8415	0,8410	0,8405	0,8400
5,5	0,8597	0,8592	0,8587	0,8582	0,8577	26,5	0,8415	0,8410	0,8406	0,8401	0,8396
+ 6	0,8593	0,8588	0,8583	0,8578	0,8573	+ 27	0,8411	0,8406	0,8401	0,8396	0,8391
+ 6,5	0,8589	0,8584	0,8579	0,8574	0,8569	+ 27,5	0,8407	0,8402	0,8397	0,8392	0,8387
7	0,8584	0,8579	0,8575	0,8570	0,8565	28	0,8402	0,8397	0,8392	0,8387	0,8382
7,5	0,8580	0,8575	0,8571	0,8566	0,8561	28,5	0,8398	0,8393	0,8388	0,8383	0,8378
8	0,8576	0,8571	0,8566	0,8562	0,8557	29	0,8393	0,8388	0,8383	0,8378	0,8373
8,5	0,8572	0,8567	0,8562	0,8557	0,8552	29,5	0,8389	0,8384	0,8379	0,8374	0,8369
+ 9	0,8568	0,8563	0,8558	0,8553	0,8548	+ 30	0,8384	0,8379	0,8374	0,8369	0,8364

Tafel 7
zur Ermittelung des Gewichts von 1 Liter Branntwein.

Wärme-grad	79,0	79,2	79,4	79,6	79,8	Wärme-grad	79,0	79,2	79,4	79,6	79,8
	Gewicht für obige wahre Stärke in Kilogramm						Gewicht für obige wahre Stärke in Kilogramm				
−12	0,8712	0,8708	0,8703	0,8698	0,8693	+ 9,5	0,8539	0,8534	0,8529	0,8525	0,8520
11,5	0,8709	0,8704	0,8699	0,8694	0,8689	10	0,8535	0,8530	0,8525	0,8520	0,8515
11	0,8705	0,8700	0,8695	0,8690	0,8685	10,5	0,8531	0,8526	0,8521	0,8516	0,8511
10,5	0,8701	0,8696	0,8691	0,8686	0,8681	11	0,8527	0,8522	0,8517	0,8512	0,8507
10	0,8697	0,8692	0,8687	0,8682	0,8678	11,5	0,8522	0,8517	0,8512	0,8508	0,8503
− 9,5	0,8693	0,8688	0,8683	0,8679	0,8674	+12	0,8518	0,8513	0,8508	0,8503	0,8498
− 9	0,8689	0,8684	0,8680	0,8675	0,8670	+12,5	0,8514	0,8509	0,8504	0,8499	0,8494
8,5	0,8685	0,8681	0,8676	0,8671	0,8666	13	0,8509	0,8504	0,8499	0,8495	0,8490
8	0,8682	0,8677	0,8672	0,8667	0,8662	13,5	0,8505	0,8500	0,8495	0,8490	0,8485
7,5	0,8678	0,8673	0,8668	0,8663	0,8658	14	0,8501	0,8496	0,8491	0,8486	0,8481
7	0,8674	0,8669	0,8664	0,8659	0,8654	14,5	0,8496	0,8491	0,8487	0,8482	0,8477
− 6,5	0,8670	0,8665	0,8660	0,8655	0,8650	+15	0,8492	0,8487	0,8482	0,8477	0,8472
− 6	0,8666	0,8661	0,8656	0,8651	0,8646	+15,5	0,8488	0,8483	0,8478	0,8473	0,8468
5,5	0,8662	0,8657	0,8652	0,8647	0,8642	16	0,8483	0,8478	0,8473	0,8469	0,8464
5	0,8658	0,8653	0,8648	0,8643	0,8638	16,5	0,8479	0,8474	0,8469	0,8464	0,8459
4,5	0,8654	0,8649	0,8644	0,8639	0,8634	17	0,8475	0,8470	0,8465	0,8460	0,8455
4	0,8650	0,8645	0,8640	0,8635	0,8630	17,5	0,8470	0,8465	0,8460	0,8455	0,8451
− 3,5	0,8646	0,8641	0,8636	0,8631	0,8626	+18	0,8466	0,8461	0,8456	0,8451	0,8446
− 3	0,8642	0,8637	0,8632	0,8627	0,8622	+18,5	0,8462	0,8457	0,8452	0,8447	0,8442
2,5	0,8638	0,8633	0,8628	0,8623	0,8618	19	0,8457	0,8452	0,8447	0,8442	0,8437
2	0,8634	0,8629	0,8624	0,8619	0,8614	19,5	0,8453	0,8448	0,8443	0,8438	0,8433
1,5	0,8630	0,8625	0,8620	0,8615	0,8610	20	0,8448	0,8443	0,8439	0,8434	0,8429
1	0,8626	0,8621	0,8616	0,8611	0,8606	20,5	0,8444	0,8439	0,8434	0,8429	0,8424
− 0,5	0,8622	0,8617	0,8612	0,8607	0,8602	+21	0,8440	0,8435	0,8430	0,8425	0,8420
0	0,8618	0,8613	0,8608	0,8603	0,8598						
+ 0,5	0,8614	0,8609	0,8604	0,8599	0,8594	+21,5	0,8435	0,8430	0,8425	0,8420	0,8416
1	0,8610	0,8605	0,8600	0,8595	0,8590	22	0,8431	0,8426	0,8421	0,8416	0,8411
1,5	0,8606	0,8601	0,8596	0,8591	0,8586	22,5	0,8426	0,8421	0,8417	0,8412	0,8407
2	0,8601	0,8597	0,8592	0,8587	0,8582	23	0,8422	0,8417	0,8412	0,8407	0,8402
2,5	0,8597	0,8592	0,8588	0,8583	0,8578	23,5	0,8418	0,8413	0,8408	0,8403	0,8398
+ 3	0,8593	0,8588	0,8583	0,8579	0,8574	+24	0,8413	0,8408	0,8403	0,8398	0,8393
+ 3,5	0,8589	0,8584	0,8579	0,8574	0,8570	+24,5	0,8409	0,8404	0,8399	0,8394	0,8389
4	0,8585	0,8580	0,8575	0,8570	0,8565	25	0,8404	0,8399	0,8394	0,8389	0,8384
4,5	0,8581	0,8576	0,8571	0,8566	0,8561	25,5	0,8400	0,8395	0,8390	0,8385	0,8380
5	0,8577	0,8572	0,8567	0,8562	0,8557	26	0,8395	0,8390	0,8385	0,8380	0,8376
5,5	0,8573	0,8568	0,8563	0,8558	0,8553	26,5	0,8391	0,8386	0,8381	0,8376	0,8371
+ 6	0,8568	0,8564	0,8559	0,8554	0,8549	+27	0,8386	0,8381	0,8377	0,8372	0,8367
+ 6,5	0,8564	0,8559	0,8555	0,8550	0,8545	+27,5	0,8382	0,8377	0,8372	0,8367	0,8362
7	0,8560	0,8555	0,8550	0,8545	0,8541	28	0,8377	0,8372	0,8368	0,8363	0,8358
7,5	0,8556	0,8551	0,8546	0,8541	0,8536	28,5	0,8373	0,8368	0,8363	0,8358	0,8353
8	0,8552	0,8547	0,8542	0,8537	0,8532	29	0,8368	0,8363	0,8359	0,8354	0,8349
8,5	0,8548	0,8543	0,8538	0,8533	0,8528	29,5	0,8364	0,8359	0,8354	0,8349	0,8344
+ 9	0,8543	0,8539	0,8534	0,8529	0,8524	+30	0,8359	0,8354	0,8349	0,8345	0,8340

Tafel 7
zur Ermittelung des Gewichts von 1 Liter Branntwein.

Wärmegrad	80,0	80,2	80,4	80,6	80,8	Wärmegrad	80,0	80,2	80,4	80,6	80,8
	Gewicht für obige wahre Stärke in Kilogramm						Gewicht für obige wahre Stärke in Kilogramm				
— 12	0,8688	0,8683	0,8678	0,8674	0,8669	+ 9,5	0,8515	0,8510	0,8505	0,8500	0,8495
11,5	0,8684	0,8679	0,8674	0,8670	0,8665	10	0,8511	0,8506	0,8501	0,8496	0,8491
11	0,8681	0,8676	0,8671	0,8666	0,8661	10,5	0,8506	0,8501	0,8496	0,8491	0,8486
10,5	0,8677	0,8672	0,8667	0,8662	0,8657	11	0,8502	0,8497	0,8492	0,8487	0,8482
10	0,8673	0,8668	0,8663	0,8658	0,8653	11,5	0,8498	0,8493	0,8488	0,8483	0,8478
— 9,5	0,8669	0,8664	0,8659	0,8654	0,8649	+ 12	0,8493	0,8489	0,8484	0,8479	0,8474
— 9	0,8665	0,8660	0,8655	0,8650	0,8646	+ 12,5	0,8489	0,8484	0,8479	0,8474	0,8469
8,5	0,8661	0,8656	0,8651	0,8646	0,8642	13	0,8485	0,8480	0,8475	0,8470	0,8465
8	0,8657	0,8652	0,8647	0,8643	0,8638	13,5	0,8480	0,8475	0,8470	0,8465	0,8461
7,5	0,8653	0,8648	0,8643	0,8639	0,8634	14	0,8476	0,8471	0,8466	0,8461	**0,8457**
7	0,8649	0,8644	0,8640	0,8635	0,8630	14,5	0,8472	0,8467	0,8462	0,8457	0,8453
— 6,5	0,8645	0,8640	0,8636	0,8631	0,8626	+ 15	0,8467	0,8463	0,8458	0,8453	0,8448
— 6	0,8641	0,8637	0,8632	0,8627	0,8622	+ 15,5	0,8463	0,8458	0,8453	0,8449	0,8444
5,5	0,8637	0,8633	0,8628	0,8623	0,8618	16	0,8459	0,8454	0,8449	0,8444	0,8439
5	0,8633	0,8629	0,8624	0,8619	0,8614	16,5	0,8454	0,8449	0,8444	0,8440	0,8435
4,5	0,8630	0,8625	0,8620	0,8615	0,8610	17	0,8450	0,8445	0,8440	0,8435	0,8430
4	0,8626	0,8621	0,8616	0,8611	0,8606	17,5	0,8446	0,8441	0,8436	0,8431	0,8426
— 3,5	0,8622	0,8617	0,8612	0,8607	0,8602	+ 18	0,8441	0,8436	0,8431	0,8426	0,8422
— 3	0,8618	0,8613	0,8608	0,8603	0,8598	+ 18,5	0,8437	0,8432	0,8427	0,8422	0,8417
2,5	0,8614	0,8609	0,8604	0,8599	0,8594	19	0,8433	0,8428	0,8423	0,8418	0,8413
2	0,8610	0,8605	0,8600	0,8595	0,8590	19,5	0,8428	0,8423	0,8418	0,8413	0,8408
1,5	0,8606	0,8601	0,8596	0,8591	0,8586	20	0,8424	0,8419	0,8414	0,8409	0,8404
1	0,8602	0,8597	0,8592	0,8587	0,8582	20,5	0,8419	0,8414	0,8409	0,8404	0,8399
— 0,5	0,8598	0,8593	0,8588	0,8583	0,8578	+ 21	0,8415	0,8410	0,8405	0,8400	0,8395
0	0,8594	0,8589	0,8584	0,8579	0,8574						
+ 0,5	0,8590	0,8585	0,8580	0,8575	0,8570	+ 21,5	0,8411	0,8406	0,8401	0,8396	0,8391
1	0,8585	0,8580	0,8576	0,8571	0,8566	22	0,8406	0,8401	0,8396	0,8391	0,8386
1,5	0,8581	0,8576	0,8571	0,8567	0,8562	22,5	0,8402	0,8397	0,8392	0,8387	0,8382
2	0,8577	0,8572	0,8567	0,8563	0,8558	23	0,8397	0,8392	0,8387	0,8382	0,8377
2,5	0,8573	0,8568	0,8563	0,8559	0,8554	23,5	0,8393	0,8388	0,8383	0,8378	0,8373
+ 3	0,8569	0,8564	0,8559	0,8554	0,8549	+ 24	0,8389	0,8384	0,8379	0,8374	0,8369
+ 3,5	0,8565	0,8560	0,8555	0,8550	0,8545	+ 24,5	0,8384	0,8379	0,8374	0,8369	0,8364
4	0,8561	0,8556	0,8551	0,8546	0,8541	25	0,8380	0,8375	0,8370	0,8365	0,8360
4,5	0,8557	0,8552	0,8547	0,8542	0,8537	25,5	0,8375	0,8370	0,8365	0,8360	0,8355
5	0,8552	0,8547	0,8542	0,8538	0,8533	26	0,8371	0,8366	0,8361	0,8356	0,8351
5,5	0,8548	0,8543	0,8538	0,8534	0,8529	26,5	0,8366	0,8361	0,8356	0,8351	0,8346
+ 6	0,8544	0,8539	0,8534	0,8529	0,8524	+ 27	0,8362	0,8357	0,8352	0,8347	0,8342
6,5	0,8540	0,8535	0,8530	0,8525	0,8520	+ 27,5	0,8357	0,8352	0,8347	0,8342	0,8337
7	0,8536	0,8531	0,8526	0,8521	0,8516	28	0,8353	0,8348	0,8343	0,8338	0,8333
7,5	0,8531	0,8526	0,8522	0,8517	0,8512	28,5	0,8348	0,8343	0,8338	0,8333	0,8328
8	0,8527	0,8522	0,8518	0,8513	0,8508	29	0,8344	0,8339	0,8334	0,8329	0,8324
8,5	0,8523	0,8518	0,8514	0,8509	0,8504	29,5	0,8339	0,8334	0,8329	0,8324	0,8319
+ 9	0,8519	0,8514	0,8509	0,8504	0,8499	+ 30	0,8335	0,8330	0,8325	0,8320	0,8315

Tafel 7
zur Ermittelung des Gewichts von 1 Liter Branntwein.

Wärmegrad	81,0	81,2	81,4	81,6	81,8
	Gewicht für obige wahre Stärke in Kilogramm				
— 12	0,8664	0,8659	0,8654	0,8649	0,8644
11,5	0,8660	0,8655	0,8650	0,8645	0,8640
11	0,8656	0,8651	0,8646	0,8642	0,8637
10,5	0,8652	0,8647	0,8643	0,8638	0,8633
10	0,8648	0,8644	0,8639	0,8634	0,8629
— 9,5	0,8645	0,8640	0,8635	0,8630	0,8625
— 9	0,8641	0,8636	0,8631	0,8626	0,8621
8,5	0,8637	0,8632	0,8627	0,8622	0,8617
8	0,8633	0,8628	0,8623	0,8618	0,8613
7,5	0,8629	0,8624	0,8619	0,8614	0,8609
7	0,8625	0,8620	0,8615	0,8610	0,8605
— 6,5	0,8621	0,8616	0,8611	0,8606	0,8602
— 6	0,8617	0,8612	0,8607	0,8602	0,8598
5,5	0,8613	0,8608	0,8603	0,8598	0,8594
5	0,8609	0,8604	0,8599	0,8594	0,8590
4,5	0,8605	0,8600	0,8595	0,8590	0,8586
4	0,8601	0,8596	0,8591	0,8586	0,8582
— 3,5	0,8597	0,8592	0,8587	0,8583	0,8578
— 3	0,8593	0,8588	0,8583	0,8579	0,8574
2,5	0,8589	0,8584	0,8579	0,8575	0,8570
2	0,8585	0,8580	0,8575	0,8571	0,8566
1,5	0,8581	0,8576	0,8571	0,8567	0,8562
1	0,8577	0,8572	0,8567	0,8563	0,8558
— 0,5	0,8573	0,8568	0,8563	0,8559	0,8554
0	0,8569	0,8564	0,8559	0,8554	0,8550
+ 0,5	0,8565	0,8560	0,8555	0,8550	0,8546
1	0,8561	0,8556	0,8551	0,8546	0,8541
1,5	0,8557	0,8552	0,8547	0,8542	0,8537
2	0,8553	0,8548	0,8543	0,8538	0,8533
2,5	0,8549	0,8544	0,8539	0,8534	0,8529
+ 3	0,8544	0,8539	0,8535	0,8530	0,8525
+ 3,5	0,8540	0,8535	0,8530	0,8526	0,8521
4	0,8536	0,8531	0,8526	0,8521	0,8516
4,5	0,8532	0,8527	0,8522	0,8517	0,8512
5	0,8528	0,8523	0,8518	0,8513	0,8508
5,5	0,8524	0,8519	0,8514	0,8509	0,8504
+ 6	0,8519	0,8514	0,8510	0,8505	0,8500
+ 6,5	0,8515	0,8510	0,8505	0,8501	0,8496
7	0,8511	0,8506	0,8501	0,8496	0,8491
7,5	0,8507	0,8502	0,8497	0,8492	0,8487
8	0,8503	0,8498	0,8493	0,8488	0,8483
8,5	0,8499	0,8494	0,8489	0,8484	0,8479
+ 9	0,8495	0,8490	0,8485	0,8480	0,8475

Wärmegrad	81,0	81,2	81,4	81,6	81,8
	Gewicht für obige wahre Stärke in Kilogramm				
+ 9,5	0,8490	0,8485	0,8480	0,8475	0,8471
10	0,8486	0,8481	0,8476	0,8471	0,8466
10,5	0,8482	0,8477	0,8472	0,8467	0,8462
11	0,8477	0,8472	0,8468	0,8463	0,8458
11,5	0,8473	0,8468	0,8463	0,8458	0,8453
+ 12	0,8469	0,8464	0,8459	0,8454	0,8449
+ 12,5	0,8465	0,8460	0,8455	0,8450	0,8445
13	0,8460	0,8455	0,8450	0,8445	0,8440
13,5	0,8456	0,8451	0,8446	0,8441	0,8436
14	0,8452	0,8447	0,8442	0,8437	0,8432
14,5	0,8447	0,8442	0,8437	0,8432	0,8427
+ 15	0,8443	0,8438	0,8433	0,8428	0,8423
+ 15,5	0,8438	0,8433	0,8429	0,8424	0,8419
16	0,8434	0,8429	0,8424	0,8419	0,8414
16,5	0,8430	0,8425	0,8420	0,8415	0,8410
17	0,8425	0,8420	0,8415	0,8411	0,8406
17,5	0,8421	0,8416	0,8411	0,8406	0,8401
+ 18	0,8417	0,8412	0,8407	0,8402	0,8397
+ 18,5	0,8412	0,8407	0,8402	0,8397	0,8392
19	0,8408	0,8403	0,8398	0,8393	0,8388
19,5	0,8404	0,8399	0,8394	0,8389	0,8384
20	0,8399	0,8394	0,8389	0,8384	0,8379
20,5	0,8395	0,8390	0,8385	0,8380	0,8375
+ 21	0,8390	0,8385	0,8380	0,8375	0,8370
+ 21,5	0,8386	0,8381	0,8376	0,8371	0,8366
22	0,8381	0,8376	0,8371	0,8366	0,8361
22,5	0,8377	0,8372	0,8367	0,8362	0,8357
23	0,8372	0,8367	0,8362	0,8357	0,8352
23,5	0,8368	0,8363	0,8358	0,8353	0,8348
+ 24	0,8364	0,8359	0,8354	0,8349	0,8344
+ 24,5	0,8359	0,8354	0,8349	0,8344	0,8339
25	0,8355	0,8350	0,8345	0,8340	0,8335
25,5	0,8350	0,8345	0,8340	0,8335	0,8330
26	0,8346	0,8341	0,8336	0,8331	0,8326
26,5	0,8341	0,8336	0,8331	0,8326	0,8321
+ 27	0,8337	0,8332	0,8327	0,8322	0,8317
+ 27,5	0,8332	0,8327	0,8322	0,8317	0,8312
28	0,8328	0,8323	0,8318	0,8313	0,8308
28,5	0,8323	0,8318	0,8313	0,8308	0,8303
29	0,8319	0,8314	0,8309	0,8304	0,8299
29,5	0,8314	0,8309	0,8304	0,8299	0,8294
+ 30	0,8310	0,8305	0,8300	0,8295	0,8290

Tafel 7
zur Ermittelung des Gewichts von 1 Liter Branntwein.

Wärme-grad	82,0	82,2	82,4	82,6	82,8	Wärme-grad	82,0	82,2	82,4	82,6	82,8
	Gewicht für obige wahre Stärke in Kilogramm						Gewicht für obige wahre Stärke in Kilogramm				
— 12	0,8639	0,8634	0,8629	0,8624	0,8619	+ 9,5	0,8465	0,8460	0,8455	0,8450	0,8445
11,5	0,8635	0,8630	0,8625	0,8620	0,8615	10	0,8461	0,8456	0,8451	0,8446	0,8441
11	0,8631	0,8626	0,8621	0,8616	0,8612	10,5	0,8457	0,8452	0,8447	0,8442	0,8437
10,5	0,8627	0,8623	0,8618	0,8613	0,8608	11	0,8453	0,8448	0,8443	0,8438	0,8433
10	0,8624	0,8619	0,8614	0,8609	0,8604	11,5	0,8448	0,8443	0,8438	0,8433	0,8428
— 9,5	0,8620	0,8615	0,8610	0,8605	0,8600	+ 12	0,8444	0,8439	0,8434	0,8429	0,8424
— 9	0,8616	0,8611	0,8606	0,8601	0,8596	+ 12,5	0,8440	0,8435	0,8430	0,8425	0,8420
8,5	0,8612	0,8607	0,8602	0,8597	0,8592	13	0,8435	0,8430	0,8425	0,8421	0,8416
8	0,8608	0,8603	0,8598	0,8593	0,8588	13,5	0,8431	0,8426	0,8421	0,8416	0,8411
7,5	0,8604	0,8599	0,8594	0,8589	0,8584	14	0,8427	0,8422	0,8417	0,8412	0,8407
7	0,8600	0,8595	0,8590	0,8585	0,8580	14,5	0,8423	0,8418	0,8413	0,8408	0,8403
— 6,5	0,8596	0,8591	0,8586	0,8581	0,8576	+ 15	0,8418	0,8413	0,8408	0,8403	0,8398
— 6	0,8592	0,8587	0,8582	0,8577	0,8572	+ 15,5	0,8414	0,8409	0,8404	0,8399	0,8394
5,5	0,8588	0,8583	0,8578	0,8573	0,8569	16	0,8409	0,8404	0,8399	0,8394	0,8389
5	0,8584	0,8579	0,8574	0,8570	0,8565	16,5	0,8405	0,8400	0,8395	0,8390	0,8385
4,5	0,8580	0,8575	0,8570	0,8566	0,8561	17	0,8401	0,8396	0,8391	0,8386	0,8381
4	0,8576	0,8572	0,8567	0,8562	0,8557	17,5	0,8396	0,8391	0,8386	0,8381	0,8376
— 3,5	0,8572	0,8568	0,8563	0,8558	0,8553	+ 18	0,8392	0,8387	0,8382	0,8377	0,8372
— 3	0,8568	0,8564	0,8559	0,8554	0,8549	+ 18,5	0,8387	0,8382	0,8378	0,8373	0,8368
2,5	0,8565	0,8560	0,8555	0,8550	0,8545	19	0,8383	0,8378	0,8373	0,8368	0,8363
2	0,8561	0,8556	0,8551	0,8546	0,8541	19,5	0,8379	0,8374	0,8369	0,8364	0,8359
1,5	0,8557	0,8552	0,8547	0,8542	0,8537	20	0,8374	0,8369	0,8364	0,8359	0,8354
1	0,8553	0,8548	0,8543	0,8538	0,8533	20,5	0,8370	0,8365	0,8360	0,8355	0,8350
— 0,5	0,8549	0,8544	0,8539	0,8534	0,8529	+ 21	0,8365	0,8360	0,8355	0,8350	0,8345
0	0,8544	0,8540	0,8535	0,8530	0,8525						
+ 0,5	0,8540	0,8536	0,8531	0,8526	0,8521	+ 21,5	0,8361	0,8356	0,8351	0,8346	0,8341
1	0,8536	0,8531	0,8526	0,8521	0,8516	22	0,8356	0,8351	0,8346	0,8342	0,8337
1,5	0,8532	0,8527	0,8522	0,8517	0,8512	22,5	0,8352	0,8347	0,8342	0,8337	0,8332
2	0,8528	0,8523	0,8518	0,8513	0,8508	23	0,8348	0,8343	0,8338	0,8333	0,8328
2,5	0,8524	0,8519	0,8514	0,8509	0,8504	23,5	0,8343	0,8338	0,8333	0,8328	0,8323
+ 3	0,8520	0,8515	0,8510	0,8505	0,8500	+ 24	0,8339	0,8334	0,8329	0,8324	0,8319
+ 3,5	0,8515	0,8510	0,8506	0,8501	0,8496	+ 24,5	0,8334	0,8329	0,8324	0,8319	0,8314
4	0,8511	0,8506	0,8501	0,8496	0,8491	25	0,8330	0,8325	0,8320	0,8315	0,8310
4,5	0,8507	0,8502	0,8497	0,8492	0,8487	25,5	0,8325	0,8320	0,8315	0,8310	0,8305
5	0,8503	0,8498	0,8493	0,8488	0,8483	26	0,8321	0,8316	0,8311	0,8306	0,8301
5,5	0,8499	0,8494	0,8489	0,8484	0,8479	26,5	0,8316	0,8311	0,8306	0,8301	0,8296
+ 6	0,8495	0,8490	0,8485	0,8480	0,8475	+ 27	0,8312	0,8307	0,8302	0,8297	0,8292
+ 6,5	0,8491	0,8486	0,8481	0,8476	0,8471	+ 27,5	0,8307	0,8302	0,8297	0,8292	0,8287
7	0,8486	0,8481	0,8476	0,8471	0,8466	28	0,8303	0,8298	0,8293	0,8288	0,8283
7,5	0,8482	0,8477	0,8472	0,8467	0,8462	28,5	0,8298	0,8293	0,8288	0,8283	0,8278
8	0,8478	0,8473	0,8468	0,8463	0,8458	29	0,8294	0,8289	0,8284	0,8279	0,8274
8,5	0,8474	0,8469	0,8464	0,8459	0,8454	29,5	0,8289	0,8284	0,8279	0,8274	0,8269
+ 9	0,8470	0,8465	0,8460	0,8455	0,8450	+ 30	0,8285	0,8280	0,8275	0,8270	0,8265

Tafel 7
zur Ermittelung des Gewichts von 1 Liter Branntwein.

Wärmegrad	83,0	83,2	83,4	83,6	83,8	Wärmegrad	83,0	83,2	83,4	83,6	83,8
	Gewicht für obige wahre Stärke in Kilogramm						Gewicht für obige wahre Stärke in Kilogramm				
— 12	0,8614	0,8609	0,8604	0,8599	0,8594	+ 9,5	0,8441	0,8436	0,8431	0,8426	0,8421
11,5	0,8611	0,8606	0,8601	0,8596	0,8591	10	0,8436	0,8431	0,8426	0,8421	0,8416
11	0,8607	0,8602	0,8597	0,8592	0,8587	10,5	0,8432	0,8427	0,8422	0,8417	0,8412
10,5	0,8603	0,8598	0,8593	0,8588	0,8583	11	0,8428	0,8423	0,8418	0,8413	0,8408
10	0,8599	0,8594	0,8589	0,8584	0,8579	11,5	0,8424	0,8418	0,8413	0,8408	0,8403
— 9,5	0,8595	0,8590	0,8585	0,8580	0,8575	+ 12	0,8419	0,8414	0,8409	0,8404	0,8399
— 9	0,8591	0,8586	0,8581	0,8576	0,8571	+ 12,5	0,8415	0,8410	0,8405	0,8400	0,8395
8,5	0,8587	0,8582	0,8577	0,8572	0,8567	13	0,8411	0,8406	0,8401	0,8395	0,8390
8	0,8583	0,8578	0,8573	0,8568	0,8563	13,5	0,8406	0,8401	0,8396	0,8391	0,8386
7,5	0,8579	0,8574	0,8569	0,8564	0,8559	14	0,8402	0,8397	0,8392	0,8387	0,8382
7	0,8575	0,8570	0,8565	0,8560	0,8555	14,5	0,8398	0,8392	0,8387	0,8382	0,8377
— 6,5	0,8572	0,8567	0,8562	0,8557	0,8552	+ 15	0,8393	0,8388	0,8383	0,8378	0,8373
— 6	0,8568	0,8563	0,8558	0,8553	0,8548	+ 15,5	0,8389	0,8384	0,8379	0,8374	0,8369
5,5	0,8564	0,8559	0,8554	0,8549	0,8544	16	0,8384	0,8379	0,8374	0,8369	0,8364
5	0,8560	0,8555	0,8550	0,8545	0,8540	16,5	0,8380	0,8375	0,8370	0,8365	0,8360
4,5	0,8556	0,8551	0,8546	0,8541	0,8536	17	0,8376	0,8371	0,8366	0,8361	0,8356
4	0,8552	0,8547	0,8542	0,8537	0,8532	17,5	0,8371	0,8366	0,8361	0,8356	0,8351
— 3,5	0,8548	0,8543	0,8538	0,8533	0,8528	+ 18	0,8367	0,8362	0,8357	0,8352	0,8347
— 3	0,8544	0,8539	0,8534	0,8529	0,8524	+ 18,5	0,8363	0,8357	0,8352	0,8347	0,8342
2,5	0,8540	0,8535	0,8530	0,8525	0,8520	19	0,8358	0,8353	0,8348	0,8343	0,8338
2	0,8536	0,8531	0,8526	0,8521	0,8516	19,5	0,8354	0,8349	0,8344	0,8339	0,8334
1,5	0,8532	0,8527	0,8522	0,8517	0,8512	20	0,8349	0,8344	0,8339	0,8334	0,8329
1	0,8528	0,8523	0,8518	0,8513	0,8508	20,5	0,8345	0,8340	0,8335	0,8330	0,8325
— 0,5	0,8524	0,8519	0,8514	0,8509	0,8504	+ 21	0,8340	0,8335	0,8330	0,8325	0,8320
0	0,8520	0,8515	0,8510	0,8505	0,8500						
+ 0,5	0,8516	0,8511	0,8506	0,8501	0,8496	+ 21,5	0,8336	0,8331	0,8326	0,8321	0,8316
1	0,8511	0,8506	0,8501	0,8496	0,8491	22	0,8332	0,8327	0,8322	0,8317	0,8312
1,5	0,8507	0,8502	0,8497	0,8492	0,8487	22,5	0,8327	0,8322	0,8317	0,8312	0,8307
2	0,8503	0,8498	0,8493	0,8488	0,8483	23	0,8323	0,8318	0,8313	0,8308	0,8303
2,5	0,8499	0,8494	0,8489	0,8484	0,8479	23,5	0,8318	0,8313	0,8308	0,8303	0,8298
+ 3	0,8495	0,8490	0,8485	0,8480	0,8475	+ 24	0,8314	0,8309	0,8304	0,8299	0,8294
+ 3,5	0,8491	0,8486	0,8481	0,8476	0,8471	+ 24,5	0,8309	0,8304	0,8299	0,8294	0,8289
4	0,8486	0,8481	0,8476	0,8471	0,8466	25	0,8305	0,8300	0,8295	0,8290	0,8285
4,5	0,8482	0,8477	0,8472	0,8467	0,8462	25,5	0,8300	0,8295	0,8290	0,8285	0,8280
5	0,8478	0,8473	0,8468	0,8463	0,8458	26	0,8296	0,8291	0,8286	0,8281	0,8276
5,5	0,8474	0,8469	0,8464	0,8459	0,8454	26,5	0,8291	0,8286	0,8281	0,8276	0,8271
+ 6	0,8470	0,8465	0,8460	0,8455	0,8450	+ 27	0,8287	0,8282	0,8277	0,8272	0,8267
+ 6,5	0,8466	0,8461	0,8456	0,8451	0,8446	+ 27,5	0,8282	0,8277	0,8272	0,8267	0,8262
7	0,8461	0,8456	0,8451	0,8446	0,8441	28	0,8278	0,8273	0,8268	0,8263	0,8258
7,5	0,8457	0,8452	0,8447	0,8442	0,8437	28,5	0,8273	0,8268	0,8263	0,8258	0,8253
8	0,8453	0,8448	0,8443	0,8438	0,8433	29	0,8269	0,8264	0,8259	0,8254	0,8249
8,5	0,8449	0,8444	0,8439	0,8434	0,8429	29,5	0,8264	0,8259	0,8254	0,8249	0,8244
+ 9	0,8445	0,8440	0,8435	0,8430	0,8425	+ 30	0,8260	0,8255	0,8250	0,8245	0,8240

Tafel 7
zur Ermittelung des Gewichts von 1 Liter Branntwein.

Wärme-grad	84,0	84,2	84,4	84,6	84,8	Wärme-grad	84,0	84,2	84,4	84,6	84,8
	Gewicht für obige wahre Stärke in Kilogramm						Gewicht für obige wahre Stärke in Kilogramm				
— 12	0,8589	0,8584	0,8579	0,8574	0,8569	+ 9,5	0,8416	0,8410	0,8405	0,8400	0,8395
11,5	0,8586	0,8581	0,8576	0,8570	0,8565	10	0,8411	0,8406	0,8401	0,8396	0,8391
11	0,8582	0,8577	0,8572	0,8567	0,8562	10,5	0,8407	0,8402	0,8397	0,8392	0,8387
10,5	0,8578	0,8573	0,8568	0,8563	0,8558	11	0,8403	0,8398	0,8393	0,8388	0,8382
10	0,8574	0,8569	0,8564	0,8559	0,8554	11,5	0,8398	0,8393	0,8388	0,8383	0,8378
— 9,5	0,8570	0,8565	0,8560	0,8555	0,8550	+12	0,8394	0,8389	0,8384	0,8379	0,8374
— 9	0,8566	0,8561	0,8556	0,8551	0,8546	+12,5	0,8390	0,8385	0,8380	0,8375	0,8370
8,5	0,8562	0,8557	0,8552	0,8547	0,8542	13	0,8385	0,8380	0,8375	0,8370	0,8365
8	0,8559	0,8553	0,8548	0,8543	0,8538	13,5	0,8381	0,8376	0,8371	0,8366	0,8361
7,5	0,8555	0,8549	0,8544	0,8539	0,8534	14	0,8377	0,8372	0,8367	0,8362	0,8356
7	0,8551	0,8545	0,8540	0,8535	0,8530	14,5	0,8372	0,8367	0,8362	0,8357	0,8352
— 6,5	0,8547	0,8542	0,8537	0,8531	0,8526	+15	0,8368	0,8363	0,8358	0,8353	0,8348
— 6	0,8543	0,8538	0,8533	0,8527	0,8522	+15,5	0,8364	0,8359	0,8354	0,8349	0,8343
5,5	0,8539	0,8534	0,8529	0,8524	0,8518	16	0,8359	0,8354	0,8349	0,8344	0,8339
5	0,8535	0,8530	0,8525	0,8520	0,8514	16,5	0,8355	0,8350	0,8345	0,8340	0,8335
4,5	0,8531	0,8526	0,8521	0,8516	0,8511	17	0,8351	0,8346	0,8340	0,8335	0,8330
4	0,8527	0,8522	0,8517	0,8512	0,8507	17,5	0,8346	0,8341	0,8336	0,8331	0,8326
— 3,5	0,8523	0,8518	0,8513	0,8508	0,8503	+18	0,8342	0,8337	0,8332	0,8327	0,8322
— 3	0,8519	0,8514	0,8509	0,8504	0,8499	+18,5	0,8337	0,8332	0,8327	0,8322	0,8317
2,5	0,8515	0,8510	0,8505	0,8500	0,8495	19	0,8333	0,8328	0,8323	0,8318	0,8313
2	0,8511	0,8506	0,8501	0,8496	0,8491	19,5	0,8329	0,8324	0,8319	0,8313	0,8308
1,5	0,8507	0,8502	0,8497	0,8492	0,8487	20	0,8324	0,8319	0,8314	0,8309	0,8304
1	0,8503	0,8498	0,8493	0,8488	0,8483	20,5	0,8320	0,8315	0,8310	0,8305	0,8300
— 0,5	0,8499	0,8494	0,8489	0,8484	0,8479	+21	0,8315	0,8310	0,8305	0,8300	0,8295
0	0,8495	0,8490	0,8485	0,8480	0,8475						
+ 0,5	0,8491	0,8486	0,8481	0,8476	0,8470	+21,5	0,8311	0,8306	0,8301	0,8296	0,8291
1	0,8487	0,8481	0,8476	0,8471	0,8466	22	0,8307	0,8301	0,8296	0,8291	0,8286
1,5	0,8482	0,8477	0,8472	0,8467	0,8462	22,5	0,8302	0,8297	0,8292	0,8287	0,8282
2	0,8478	0,8473	0,8468	0,8463	0,8458	23	0,8298	0,8293	0,8288	0,8283	0,8278
2,5	0,8474	0,8469	0,8464	0,8459	0,8454	23,5	0,8293	0,8288	0,8283	0,8278	0,8273
+ 3	0,8470	0,8465	0,8460	0,8455	0,8450	+24	0,8289	0,8284	0,8279	0,8274	0,8269
+ 3,5	0,8466	0,8461	0,8455	0,8450	0,8445	+24,5	0,8284	0,8279	0,8274	0,8269	0,8264
4	0,8461	0,8456	0,8451	0,8446	0,8441	25	0,8280	0,8275	0,8270	0,8265	0,8260
4,5	0,8457	0,8452	0,8447	0,8442	0,8437	25,5	0,8275	0,8270	0,8265	0,8260	0,8255
5	0,8453	0,8448	0,8443	0,8438	0,8433	26	0,8271	0,8266	0,8261	0,8256	0,8251
5,5	0,8449	0,8444	0,8439	0,8434	0,8429	26,5	0,8266	0,8261	0,8256	0,8251	0,8246
+ 6	0,8445	0,8440	0,8435	0,8429	0,8424	+27	0,8262	0,8257	0,8252	0,8247	0,8242
+ 6,5	0,8441	0,8436	0,8430	0,8425	0,8420	+27,5	0,8257	0,8252	0,8247	0,8242	0,8237
7	0,8436	0,8431	0,8426	0,8421	0,8416	28	0,8253	0,8248	0,8243	0,8238	0,8233
7,5	0,8432	0,8427	0,8422	0,8417	0,8412	28,5	0,8248	0,8243	0,8238	0,8233	0,8228
8	0,8428	0,8423	0,8418	0,8413	0,8408	29	0,8244	0,8239	0,8234	0,8229	0,8224
8,5	0,8424	0,8419	0,8414	0,8409	0,8404	29,5	0,8239	0,8234	0,8229	0,8224	0,8219
+ 9	0,8420	0,8415	0,8410	0,8405	0,8399	+30	0,8235	0,8230	0,8224	0,8219	0,8214

Tafel 7
zur Ermittelung des Gewichts von 1 Liter Branntwein.

Wärme-grad	85,0	85,2	85,4	85,6	85,8	Wärme-grad	85,0	85,2	85,4	85,6	85,8
	Gewicht für obige wahre Stärke in Kilogramm						Gewicht für obige wahre Stärke in Kilogramm				
— 12	0,8564	0,8559	0,8554	0,8549	0,8544	+ 9,5	0,8390	0,8385	0,8380	0,8375	0,8370
11,5	0,8560	0,8555	0,8550	0,8545	0,8540	10	0,8386	0,8381	0,8376	0,8371	0,8366
11	0,8557	0,8551	0,8546	0,8541	0,8536	10,5	0,8382	0,8377	0,8372	0,8366	0,8361
10,5	0,8553	0,8548	0,8543	0,8538	0,8532	11	0,8377	0,8372	0,8367	0,8362	0,8357
10	0,8549	0,8544	0,8539	0,8534	0,8529	11,5	0,8373	0,8368	0,8363	0,8358	0,8353
— 9,5	0,8545	0,8540	0,8535	0,8530	0,8525	+ 12	0,8369	0,8364	0,8359	0,8354	0,8348
— 9	0,8541	0,8536	0,8531	0,8526	0,8521	+ 12,5	0,8365	0,8359	0,8354	0,8349	0,8344
8,5	0,8537	0,8532	0,8527	0,8522	0,8517	13	0,8360	0,8355	0,8350	0,8345	0,8340
8	0,8533	0,8528	0,8523	0,8518	0,8513	13,5	0,8356	0,8351	0,8346	0,8341	0,8335
7,5	0,8529	0,8524	0,8519	0,8514	0,8509	14	0,8351	0,8346	0,8341	0,8336	0,8331
7	0,8525	0,8520	0,8515	0,8510	0,8505	14,5	0,8347	0,8342	0,8337	0,8332	0,8327
— 6,5	0,8521	0,8516	0,8511	0,8506	0,8501	+ 15	0,8343	0,8338	0,8333	0,8327	0,8322
— 6	0,8517	0,8512	0,8507	0,8502	0,8497	+ 15,5	0,8338	0,8333	0,8328	0,8323	0,8318
5,5	0,8513	0,8508	0,8503	0,8498	0,8493	16	0,8334	0,8329	0,8324	0,8319	0,8314
5	0,8509	0,8504	0,8499	0,8494	0,8489	16,5	0,8330	0,8325	0,8320	0,8314	0,8309
4,5	0,8506	0,8500	0,8495	0,8490	0,8485	17	0,8325	0,8320	0,8315	0,8310	0,8305
4	0,8502	0,8496	0,8491	0,8486	0,8481	17,5	0,8321	0,8316	0,8311	0,8306	0,8301
— 3,5	0,8498	0,8493	0,8487	0,8482	0,8477	+ 18	0,8317	0,8312	0,8306	0,8301	0,8296
— 3	0,8494	0,8489	0,8483	0,8478	0,8473	+ 18,5	0,8312	0,8307	0,8302	0,8297	0,8292
2,5	0,8490	0,8485	0,8479	0,8474	0,8469	19	0,8308	0,8303	0,8298	0,8293	0,8287
2	0,8486	0,8481	0,8475	0,8470	0,8465	19,5	0,8303	0,8298	0,8293	0,8288	0,8283
1,5	0,8482	0,8477	0,8471	0,8466	0,8461	20	0,8299	0,8294	0,8289	0,8284	0,8279
1	0,8478	0,8473	0,8467	0,8462	0,8457	20,5	0,8295	0,8290	0,8284	0,8279	0,8274
— 0,5	0,8474	0,8469	0,8463	0,8458	0,8453	+ 21	0,8290	0,8285	0,8280	0,8275	0,8270
0	0,8470	0,8464	0,8459	0,8454	0,8449						
+ 0,5	0,8465	0,8460	0,8455	0,8450	0,8445	+ 21,5	0,8286	0,8281	0,8276	0,8271	0,8265
1	0,8461	0,8456	0,8451	0,8446	0,8441	22	0,8281	0,8276	0,8271	0,8266	0,8261
1,5	0,8457	0,8452	0,8447	0,8442	0,8437	22,5	0,8277	0,8272	0,8267	0,8262	0,8257
2	0,8453	0,8448	0,8443	0,8438	0,8433	23	0,8273	0,8267	0,8262	0,8257	0,8252
2,5	0,8449	0,8444	0,8439	0,8434	0,8428	23,5	0,8268	0,8263	0,8258	0,8253	0,8248
+ 3	0,8445	0,8439	0,8434	0,8429	0,8424	+ 24	0,8264	0,8259	0,8253	0,8248	0,8243
+ 3,5	0,8440	0,8435	0,8430	0,8425	0,8420	+ 24,5	0,8259	0,8254	0,8249	0,8244	0,8239
4	0,8436	0,8431	0,8426	0,8421	0,8416	25	0,8255	0,8250	0,8244	0,8239	0,8234
4,5	0,8432	0,8427	0,8422	0,8417	0,8412	25,5	0,8250	0,8245	0,8240	0,8235	0,8230
5	0,8428	0,8423	0,8418	0,8413	0,8408	26	0,8246	0,8241	0,8235	0,8230	0,8225
5,5	0,8424	0,8418	0,8413	0,8408	0,8403	26,5	0,8241	0,8236	0,8231	0,8226	0,8221
+ 6	0,8419	0,8414	0,8409	0,8404	0,8399	+ 27	0,8237	0,8232	0,8226	0,8221	0,8216
+ 6,5	0,8415	0,8410	0,8405	0,8400	0,8395	+ 27,5	0,8232	0,8227	0,8222	0,8217	0,8212
7	0,8411	0,8406	0,8401	0,8396	0,8391	28	0,8228	0,8222	0,8217	0,8212	0,8207
7,5	0,8407	0,8402	0,8397	0,8392	0,8387	28,5	0,8223	0,8218	0,8213	0,8208	0,8203
8	0,8403	0,8398	0,8393	0,8388	0,8382	29	0,8219	0,8213	0,8208	0,8203	0,8198
8,5	0,8399	0,8394	0,8388	0,8383	0,8378	29,5	0,8214	0,8209	0,8204	0,8198	0,8193
+ 9	0,8394	0,8389	0,8384	0,8379	0,8374	+ 30	0,8209	0,8204	0,8199	0,8194	0,8189

Tafel 7
zur Ermittelung des Gewichts von 1 Liter Branntwein.

Wärmegrad	86,0	86,2	86,4	86,6	86,8
	Gewicht für obige wahre Stärke in Kilogramm				
—12	0,8539	0,8534	0,8529	0,8523	0,8518
11,5	0,8535	0,8530	0,8525	0,8520	0,8515
11	0,8531	0,8526	0,8521	0,8516	0,8511
10,5	0,8527	0,8522	0,8517	0,8512	0,8507
10	0,8524	0,8518	0,8513	0,8508	0,8503
— 9,5	0,8520	0,8515	0,8509	0,8504	0,8499
— 9	0,8516	0,8511	0,8505	0,8500	0,8495
8,5	0,8512	0,8507	0,8502	0,8496	0,8491
8	0,8508	0,8503	0,8498	0,8492	0,8487
7,5	0,8504	0,8499	0,8494	0,8489	0,8483
7	0,8500	0,8495	0,8490	0,8485	0,8479
— 6,5	0,8496	0,8491	0,8486	0,8481	0,8475
— 6	0,8492	0,8487	0,8482	0,8477	0,8472
5,5	0,8488	0,8483	0,8478	0,8473	0,8468
5	0,8484	0,8479	0,8474	0,8469	0,8464
4,5	0,8480	0,8475	0,8470	0,8465	0,8460
4	0,8476	0,8471	0,8466	0,8461	0,8456
— 3,5	0,8472	0,8467	0,8462	0,8457	0,8452
— 3	0,8468	0,8463	0,8458	0,8453	0,8448
2,5	0,8464	0,8459	0,8454	0,8449	0,8444
2	0,8460	0,8455	0,8450	0,8445	0,8440
1,5	0,8456	0,8451	0,8446	0,8441	0,8436
1	0,8452	0,8447	0,8442	0,8437	0,8432
— 0,5	0,8448	0,8443	0,8438	0,8433	0,8428
0	0,8444	0,8439	0,8434	0,8429	0,8424
+ 0,5	0,8440	0,8435	0,8430	0,8425	0,8420
1	0,8436	0,8431	0,8426	0,8421	0,8415
1,5	0,8432	0,8427	0,8422	0,8416	0,8411
2	0,8428	0,8423	0,8418	0,8412	0,8407
2,5	0,8423	0,8418	0,8413	0,8408	0,8403
+ 3	0,8419	0,8414	0,8409	0,8404	0,8399
+ 3,5	0,8415	0,8410	0,8405	0,8400	0,8395
4	0,8411	0,8406	0,8401	0,8396	0,8391
4,5	0,8407	0,8402	0,8397	0,8392	0,8387
5	0,8403	0,8398	0,8393	0,8388	0,8383
5,5	0,8398	0,8393	0,8388	0,8383	0,8378
+ 6	0,8394	0,8389	0,8384	0,8379	0,8374
+ 6,5	0,8390	0,8385	0,8380	0,8375	0,8369
7	0,8386	0,8381	0,8376	0,8370	0,8365
7,5	0,8382	0,8376	0,8371	0,8366	0,8361
8	0,8377	0,8372	0,8367	0,8362	0,8357
8,5	0,8373	0,8368	0,8363	0,8358	0,8353
+ 9	0,8369	0,8364	0,8359	0,8354	0,8348
+ 9,5	0,8365	0,8360	0,8355	0,8350	0,8344
10	0,8361	0,8355	0,8350	0,8345	0,8340
10,5	0,8356	0,8351	0,8346	0,8341	0,8336
11	0,8352	0,8347	0,8342	0,8337	0,8331
11,5	0,8348	0,8343	0,8338	0,8332	0,8327
+12	0,8343	0,8338	0,8333	0,8328	0,8323
+12,5	0,8339	0,8334	0,8329	0,8324	0,8318
13	0,8335	0,8330	0,8324	0,8319	0,8314
13,5	0,8330	0,8325	0,8320	0,8315	0,8310
14	0,8326	0,8321	0,8316	0,8311	0,8305
14,5	0,8322	0,8316	0,8311	0,8306	0,8301
+15	0,8317	0,8312	0,8307	0,8302	0,8297
+15,5	0,8313	0,8308	0,8303	0,8297	0,8292
16	0,8309	0,8303	0,8298	0,8293	0,8288
16,5	0,8304	0,8299	0,8294	0,8289	0,8284
17	0,8300	0,8295	0,8290	0,8284	0,8279
17,5	0,8296	0,8290	0,8285	0,8280	0,8275
+18	0,8291	0,8286	0,8281	0,8276	0,8271
+18,5	0,8287	0,8282	0,8277	0,8271	0,8266
19	0,8282	0,8277	0,8272	0,8267	0,8262
19,5	0,8278	0,8273	0,8268	0,8263	0,8257
20	0,8274	0,8268	0,8263	0,8258	0,8253
20,5	0,8269	0,8264	0,8259	0,8254	0,8249
+21	0,8265	0,8260	0,8255	0,8249	0,8244
+21,5	0,8260	0,8255	0,8250	0,8245	0,8240
22	0,8256	0,8251	0,8246	0,8241	0,8236
22,5	0,8252	0,8246	0,8241	0,8236	0,8231
23	0,8247	0,8242	0,8237	0,8232	0,8227
23,5	0,8243	0,8238	0,8232	0,8227	0,8222
+24	0,8238	0,8233	0,8228	0,8223	0,8218
+24,5	0,8234	0,8229	0,8223	0,8218	0,8213
25	0,8229	0,8224	0,8219	0,8214	0,8209
25,5	0,8225	0,8220	0,8214	0,8209	0,8204
26	0,8220	0,8215	0,8210	0,8205	0,8200
26,5	0,8216	0,8211	0,8205	0,8200	0,8195
+27	0,8211	0,8206	0,8201	0,8196	0,8191
+27,5	0,8207	0,8201	0,8196	0,8191	0,8186
28	0,8202	0,8197	0,8192	0,8187	0,8182
28,5	0,8197	0,8192	0,8187	0,8182	0,8177
29	0,8193	0,8188	0,8183	0,8178	0,8172
29,5	0,8188	0,8183	0,8178	0,8173	0,8168
+30	0,8184	0,8179	0,8173	0,8168	0,8163

15

Tafel 7
zur Ermittelung des Gewichts von 1 Liter Branntwein.

Wärme-grad	87,0	87,2	87,4	87,6	87,8	Wärme-grad	87,0	87,2	87,4	87,6	87,8
	Gewicht für obige wahre Stärke in Kilogramm						Gewicht für obige wahre Stärke in Kilogramm				
— 12	0,8513	0,8508	0,8503	0,8498	0,8493	+ 9,5	0,8339	0,8334	0,8329	0,8324	0,8318
11,5	0,8509	0,8504	0,8499	0,8494	0,8489	10	0,8335	0,8330	0,8325	0,8319	0,8314
11	0,8506	0,8500	0,8495	0,8490	0,8485	10,5	0,8331	0,8325	0,8320	0,8315	0,8310
10,5	0,8502	0,8497	0,8491	0,8486	0,8481	11	0,8326	0,8321	0,8316	0,8311	0,8306
10	0,8498	0,8493	0,8487	0,8482	0,8477	11,5	0,8322	0,8317	0,8312	0,8306	0,8301
— 9,5	0,8494	0,8489	0,8483	0,8478	0,8473	+ 12	0,8318	0,8312	0,8307	0,8302	0,8297
— 9	0,8490	0,8484	0,8479	0,8474	0,8469	+ 12,5	0,8313	0,8308	0,8303	0,8298	0,8293
8,5	0,8486	0,8481	0,8476	0,8471	0,8465	13	0,8309	0,8304	0,8298	0,8293	0,8288
8	0,8482	0,8477	0,8472	0,8467	0,8461	13,5	0,8305	0,8299	0,8294	0,8289	0,8284
7,5	0,8478	0,8473	0,8468	0,8463	0,8458	14	0,8300	0,8295	0,8290	0,8285	0,8280
7	0,8474	0,8469	0,8464	0,8459	0,8454	14,5	0,8296	0,8291	0,8285	0,8280	0,8275
— 6,5	0,8470	0,8465	0,8460	0,8455	0,8450	+ 15	0,8291	0,8286	0,8281	0,8276	0,8271
— 6	0,8466	0,8461	0,8456	0,8451	0,8446	+ 15,5	0,8287	0,8282	0,8277	0,8271	0,8266
5,5	0,8462	0,8457	0,8452	0,8447	0,8442	16	0,8283	0,8278	0,8272	0,8267	0,8262
5	0,8458	0,8453	0,8448	0,8443	0,8438	16,5	0,8278	0,8273	0,8268	0,8263	0,8258
4,5	0,8455	0,8449	0,8444	0,8439	0,8434	17	0,8274	0,8269	0,8264	0,8259	0,8253
4	0,8451	0,8445	0,8440	0,8435	0,8430	17,5	0,8270	0,8265	0,8259	0,8254	0,8249
— 3,5	0,8447	0,8441	0,8436	0,8431	0,8426	+ 18	0,8265	0,8260	0,8255	0,8250	0,8245
— 3	0,8443	0,8437	0,8432	0,8427	0,8422	+ 18,5	0,8261	0,8256	0,8251	0,8246	0,8240
2,5	0,8439	0,8433	0,8428	0,8423	0,8418	19	0,8257	0,8252	0,8246	0,8241	0,8236
2	0,8435	0,8429	0,8424	0,8419	0,8414	19,5	0,8252	0,8247	0,8242	0,8237	0,8232
1,5	0,8431	0,8425	0,8420	0,8415	0,8410	20	0,8248	0,8243	0,8238	0,8232	0,8227
1	0,8427	0,8421	0,8416	0,8411	0,8406	20,5	0,8244	0,8238	0,8233	0,8228	0,8223
— 0,5	0,8423	0,8417	0,8412	0,8407	0,8402	+ 21	0,8239	0,8234	0,8229	0,8224	0,8218
0	0,8419	0,8413	0,8408	0,8403	0,8398						
+ 0,5	0,8414	0,8409	0,8404	0,8399	0,8394	+ 21,5	0,8235	0,8230	0,8224	0,8219	0,8214
1	0,8410	0,8405	0,8400	0,8395	0,8390	22	0,8230	0,8225	0,8220	0,8215	0,8210
1,5	0,8406	0,8401	0,8396	0,8391	0,8385	22,5	0,8226	0,8221	0,8216	0,8210	0,8205
2	0,8402	0,8397	0,8392	0,8387	0,8381	23	0,8222	0,8216	0,8211	0,8206	0,8201
2,5	0,8398	0,8393	0,8388	0,8382	0,8377	23,5	0,8217	0,8212	0,8207	0,8202	0,8196
+ 3	0,8394	0,8388	0,8383	0,8378	0,8373	+ 24	0,8213	0,8208	0,8202	0,8197	0,8192
+ 3,5	0,8390	0,8384	0,8379	0,8374	0,8369	+ 24,5	0,8208	0,8203	0,8198	0,8193	0,8188
4	0,8385	0,8380	0,8375	0,8370	0,8365	25	0,8204	0,8199	0,8194	0,8188	0,8183
4,5	0,8381	0,8376	0,8371	0,8366	0,8360	25,5	0,8199	0,8194	0,8189	0,8184	0,8178
5	0,8377	0,8372	0,8366	0,8361	0,8356	26	0,8195	0,8190	0,8184	0,8179	0,8174
5,5	0,8373	0,8367	0,8362	0,8357	0,8352	26,5	0,8190	0,8185	0,8180	0,8175	0,8169
+ 6	0,8368	0,8363	0,8358	0,8353	0,8348	+ 27	0,8186	0,8181	0,8175	0,8170	0,8165
+ 6,5	0,8364	0,8359	0,8354	0,8349	0,8344	+ 27,5	0,8181	0,8176	0,8171	0,8166	0,8160
7	0,8360	0,8355	0,8350	0,8345	0,8339	28	0,8177	0,8171	0,8166	0,8161	0,8156
7,5	0,8356	0,8351	0,8346	0,8340	0,8335	28,5	0,8172	0,8167	0,8162	0,8156	0,8151
8	0,8352	0,8347	0,8341	0,8336	0,8331	29	0,8167	0,8162	0,8157	0,8152	0,8147
8,5	0,8348	0,8342	0,8337	0,8332	0,8327	29,5	0,8163	0,8158	0,8152	0,8147	0,8142
+ 9	0,8343	0,8338	0,8333	0,8328	0,8323	+ 30	0,8158	0,8153	0,8148	0,8143	0,8137

Tafel 7
zur Ermittelung des Gewichts von 1 Liter Branntwein.

Wärme-grad	88,0	88,2	88,4	88,6	88,8	Wärme-grad	88,0	88,2	88,4	88,6	88,8
	Gewicht für obige wahre Stärke in Kilogramm						Gewicht für obige wahre Stärke in Kilogramm				
— 12	0,8487	0,8482	0,8477	0,8472	0,8466	+ 9,5	0,8313	0,8308	0,8303	0,8297	0,8292
11,5	0,8484	0,8478	0,8473	0,8468	0,8463	10	0,8309	0,8304	0,8298	0,8293	0,8288
11	0,8480	0,8475	0,8469	0,8464	0,8459	10,5	0,8305	0,8299	0,8294	0,8289	0,8284
10,5	0,8476	0,8471	0,8465	0,8460	0,8455	11	0,8300	0,8295	0,8290	0,8285	0,8279
10	0,8472	0,8467	0,8461	0,8456	0,8451	11,5	0,8296	0,8291	0,8285	0,8280	0,8275
— 9,5	0,8468	0,8463	0,8458	0,8452	0,8447	+ 12	0,8292	0,8286	0,8281	0,8276	0,8271
— 9	0,8464	0,8459	0,8454	0,8448	0,8443	+ 12,5	0,8287	0,8282	0,8277	0,8272	0,8266
8,5	0,8460	0,8455	0,8450	0,8444	0,8439	13	0,8283	0,8278	0,8273	0,8267	0,8262
8	0,8456	0,8451	0,8446	0,8440	0,8435	13,5	0,8279	0,8274	0,8268	0,8263	0,8258
7,5	0,8452	0,8447	0,8442	0,8437	0,8431	14	0,8274	0,8269	0,8264	0,8259	0,8253
7	0,8448	0,8443	0,8438	0,8433	0,8427	14,5	0,8270	0,8265	0,8259	0,8254	0,8249
— 6,5	0,8445	0,8439	0,8434	0,8429	0,8423	+ 15	0,8266	0,8260	0,8255	0,8250	0,8245
— 6	0,8441	0,8435	0,8430	0,8425	0,8419	+ 15,5	0,8261	0,8256	0,8251	0,8246	0,8240
5,5	0,8437	0,8431	0,8426	0,8421	0,8415	16	0,8257	0,8252	0,8246	0,8241	0,8236
5	0,8433	0,8427	0,8422	0,8417	0,8411	16,5	0,8253	0,8247	0,8242	0,8237	0,8232
4,5	0,8429	0,8423	0,8418	0,8413	0,8408	17	0,8248	0,8243	0,8238	0,8233	0,8227
4	0,8425	0,8419	0,8414	0,8409	0,8404	17,5	0,8244	0,8239	0,8233	0,8228	0,8223
— 3,5	0,8421	0,8416	0,8410	0,8405	0,8400	+ 18	0,8240	0,8234	0,8229	0,8224	0,8219
— 3	0,8417	0,8412	0,8406	0,8401	0,8396	+ 18,5	0,8235	0,8230	0,8225	0,8219	0,8214
2,5	0,8413	0,8408	0,8402	0,8397	0,8392	19	0,8231	0,8226	0,8220	0,8215	0,8210
2	0,8409	0,8404	0,8398	0,8393	0,8388	19,5	0,8226	0,8221	0,8216	0,8211	0,8205
1,5	0,8405	0,8400	0,8394	0,8389	0,8384	20	0,8222	0,8217	0,8211	0,8206	0,8201
1	0,8401	0,8396	0,8390	0,8385	0,8380	20,5	0,8218	0,8212	0,8207	0,8202	0,8197
— 0,5	0,8397	0,8392	0,8386	0,8381	0,8376	+ 21	0,8213	0,8208	0,8203	0,8198	0,8192
0	0,8393	0,8387	0,8382	0,8377	0,8372						
+ 0,5	0,8389	0,8383	0,8378	0,8373	0,8368	+ 21,5	0,8209	0,8204	0,8198	0,8193	0,8188
1	0,8384	0,8379	0,8374	0,8369	0,8363	22	0,8204	0,8199	0,8194	0,8189	0,8183
1,5	0,8380	0,8375	0,8370	0,8365	0,8359	22,5	0,8200	0,8195	0,8190	0,8184	0,8179
2	0,8376	0,8371	0,8366	0,8360	0,8355	23	0,8196	0,8190	0,8185	0,8180	0,8175
2,5	0,8372	0,8367	0,8361	0,8356	0,8351	23,5	0,8191	0,8186	0,8181	0,8176	0,8170
+ 3	0,8368	0,8363	0,8357	0,8352	0,8347	+ 24	0,8187	0,8182	0,8176	0,8171	0,8166
+ 3,5	0,8364	0,8358	0,8353	0,8348	0,8343	+ 24,5	0,8182	0,8177	0,8172	0,8167	0,8161
4	0,8360	0,8354	0,8349	0,8344	0,8338	25	0,8178	0,8173	0,8167	0,8162	0,8157
4,5	0,8355	0,8350	0,8345	0,8339	0,8334	25,5	0,8173	0,8168	0,8163	0,8158	0,8153
5	0,8351	0,8346	0,8340	0,8335	0,8330	26	0,8169	0,8164	0,8158	0,8153	0,8148
5,5	0,8347	0,8342	0,8336	0,8331	0,8326	26,5	0,8164	0,8159	0,8154	0,8149	0,8143
+ 6	0,8343	0,8337	0,8332	0,8327	0,8322	+ 27	0,8160	0,8154	0,8149	0,8144	0,8139
+ 6,5	0,8339	0,8333	0,8328	0,8323	0,8317	+ 27,5	0,8155	0,8150	0,8145	0,8140	0,8134
7	0,8334	0,8329	0,8324	0,8318	0,8313	28	0,8151	0,8145	0,8140	0,8135	0,8130
7,5	0,8330	0,8325	0,8319	0,8314	0,8309	28,5	0,8146	0,8141	0,8136	0,8131	0,8125
8	0,8326	0,8321	0,8315	0,8310	0,8305	29	0,8142	0,8136	0,8131	0,8126	0,8121
8,5	0,8322	0,8316	0,8311	0,8306	0,8301	29,5	0,8137	0,8132	0,8127	0,8121	0,8116
+ 9	0,8317	0,8312	0,8307	0,8302	0,8296	+ 30	0,8132	0,8127	0,8122	0,8117	0,8112

15*

Tafel 7
zur Ermittelung des Gewichts von 1 Liter Branntwein.

Wärme-grad	89,0	89,2	89,4	89,6	89,8
	Gewicht für obige wahre Stärke in Kilogramm				
— 12	0,8461	0,8456	0,8451	0,8445	0,8440
11,5	0,8457	0,8452	0,8447	0,8441	0,8436
11	0,8453	0,8448	0,8443	0,8438	0,8432
10,5	0,8450	0,8444	0,8439	0,8434	0,8428
10	0,8446	0,8440	0,8435	0,8430	0,8425
— 9,5	0,8442	0,8437	0,8431	0,8426	0,8421
— 9	0,8438	0,8433	0,8427	0,8422	0,8417
8,5	0,8434	0,8429	0,8423	0,8418	0,8413
8	0,8430	0,8425	0,8419	0,8414	0,8409
7,5	0,8426	0,8421	0,8415	0,8410	0,8405
7	0,8422	0,8417	0,8411	0,8406	0,8401
— 6,5	0,8418	0,8413	0,8407	0,8402	0,8397
— 6	0,8414	0,8409	0,8404	0,8398	0,8393
5,5	0,8410	0,8405	0,8400	0,8394	0,8389
5	0,8406	0,8401	0,8396	0,8390	0,8385
4,5	0,8402	0,8397	0,8392	0,8386	0,8381
4	0,8398	0,8393	0,8388	0,8382	0,8377
— 3,5	0,8394	0,8389	0,8384	0,8378	0,8373
— 3	0,8390	0,8385	0,8380	0,8374	0,8369
2,5	0,8386	0,8381	0,8376	0,8370	0,8365
2	0,8383	0,8377	0,8372	0,8366	0,8361
1,5	0,8379	0,8373	0,8368	0,8362	0,8357
1	0,8374	0,8369	0,8364	0,8358	0,8353
— 0,5	0,8370	0,8365	0,8360	0,8354	0,8349
0	0,8366	0,8361	0,8356	0,8350	0,8345
+ 0,5	0,8362	0,8357	0,8352	0,8346	0,8341
1	0,8358	0,8353	0,8348	0,8342	0,8337
1,5	0,8354	0,8349	0,8343	0,8338	0,8333
2	0,8350	0,8345	0,8339	0,8334	0,8329
2,5	0,8346	0,8340	0,8335	0,8330	0,8324
+ 3	0,8342	0,8336	0,8331	0,8325	0,8320
+ 3,5	0,8337	0,8332	0,8327	0,8321	0,8316
4	0,8333	0,8328	0,8322	0,8317	0,8312
4,5	0,8329	0,8324	0,8318	0,8313	0,8308
5	0,8325	0,8319	0,8314	0,8309	0,8303
5,5	0,8321	0,8315	0,8310	0,8305	0,8299
+ 6	0,8316	0,8311	0,8306	0,8300	0,8295
+ 6,5	0,8312	0,8307	0,8302	0,8296	0,8291
7	0,8308	0,8303	0,8297	0,8292	0,8287
7,5	0,8304	0,8298	0,8293	0,8288	0,8283
8	0,8300	0,8294	0,8289	0,8284	0,8278
8,5	0,8295	0,8290	0,8285	0,8279	0,8274
+ 9	0,8291	0,8286	0,8280	0,8275	0,8270

Wärme-grad	89,0	89,2	89,4	89,6	89,8
	Gewicht für obige wahre Stärke in Kilogramm				
+ 9,5	0,8287	0,8281	0,8276	0,8271	0,8266
10	0,8283	0,8277	0,8272	0,8267	0,8261
10,5	0,8278	0,8273	0,8268	0,8262	0,8257
11	0,8274	0,8269	0,8263	0,8258	0,8252
11,5	0,8270	0,8264	0,8259	0,8254	0,8248
+ 12	0,8265	0,8260	0,8255	0,8249	0,8244
+ 12,5	0,8261	0,8256	0,8250	0,8245	0,8240
13	0,8257	0,8251	0,8246	0,8241	0,8235
13,5	0,8252	0,8247	0,8242	0,8236	0,8231
14	0,8248	0,8243	0,8237	0,8232	0,8227
14,5	0,8244	0,8238	0,8233	0,8228	0,8223
+ 15	0,8239	0,8234	0,8229	0,8223	0,8218
+ 15,5	0,8235	0,8230	0,8224	0,8219	0,8214
16	0,8231	0,8225	0,8220	0,8215	0,8210
16,5	0,8226	0,8221	0,8216	0,8210	0,8205
17	0,8222	0,8217	0,8211	0,8206	0,8201
17,5	0,8218	0,8212	0,8207	0,8202	0,8196
+ 18	0,8213	0,8208	0,8203	0,8197	0,8192
+ 18,5	0,8209	0,8204	0,8198	0,8193	0,8188
19	0,8205	0,8199	0,8194	0,8189	0,8183
19,5	0,8200	0,8195	0,8190	0,8184	0,8179
20	0,8196	0,8191	0,8185	0,8180	0,8175
20,5	0,8191	0,8186	0,8181	0,8176	0,8170
+ 21	0,8187	0,8182	0,8176	0,8171	0,8166
+ 21,5	0,8183	0,8177	0,8172	0,8167	0,8162
22	0,8178	0,8173	0,8168	0,8162	0,8157
22,5	0,8174	0,8169	0,8163	0,8158	0,8153
23	0,8170	0,8164	0,8159	0,8154	0,8148
23,5	0,8165	0,8160	0,8154	0,8149	0,8144
+ 24	0,8161	0,8155	0,8150	0,8145	0,8139
+ 24,5	0,8156	0,8151	0,8146	0,8140	0,8135
25	0,8152	0,8146	0,8141	0,8136	0,8131
25,5	0,8147	0,8142	0,8137	0,8132	0,8126
26	0,8143	0,8138	0,8132	0,8127	0,8122
26,5	0,8138	0,8133	0,8128	0,8123	0,8117
+ 27	0,8134	0,8128	0,8123	0,8118	0,8113
+ 27,5	0,8129	0,8124	0,8119	0,8114	0,8108
28	0,8125	0,8119	0,8114	0,8109	0,8104
28,5	0,8120	0,8115	0,8110	0,8104	0,8099
29	0,8116	0,8110	0,8105	0,8100	0,8095
29,5	0,8111	0,8106	0,8101	0,8095	0,8090
+ 30	0,8107	0,8101	0,8096	0,8091	0,8086

Tafel 7
zur Ermittelung des Gewichts von 1 Liter Branntwein.

Wärmegrad	90,0	90,2	90,4	90,6	90,8
	Gewicht für obige wahre Stärke in Kilogramm				
— 12	0,8435	0,8429	0,8424	0,8418	0,8413
11,5	0,8431	0,8425	0,8420	0,8415	0,8409
11	0,8427	0,8422	0,8416	0,8411	0,8405
10,5	0,8423	0,8418	0,8412	0,8407	0,8401
10	0,8419	0,8414	0,8408	0,8403	0,8398
— 9,5	0,8415	0,8410	0,8404	0,8399	0,8394
— 9	0,8411	0,8406	0,8400	0,8395	0,8390
8,5	0,8407	0,8402	0,8397	0,8391	0,8386
8	0,8403	0,8398	0,8393	0,8387	0,8382
7,5	0,8399	0,8394	0,8389	0,8383	0,8378
7	0,8395	0,8390	0,8385	0,8379	0,8374
— 6,5	0,8392	0,8386	0,8381	0,8375	0,8370
— 6	0,8388	0,8382	0,8377	0,8371	0,8366
5,5	0,8384	0,8378	0,8373	0,8367	0,8362
5	0,8380	0,8374	0,8369	0,8363	0,8358
4,5	0,8376	0,8370	0,8365	0,8359	0,8354
4	0,8372	0,8366	0,8361	0,8355	0,8350
— 3,5	0,8368	0,8362	0,8357	0,8351	0,8346
— 3	0,8364	0,8358	0,8353	0,8347	0,8342
2,5	0,8360	0,8354	0,8349	0,8344	0,8338
2	0,8356	0,8350	0,8345	0,8340	0,8334
1,5	0,8352	0,8346	0,8341	0,8336	0,8330
1	0,8348	0,8342	0,8337	0,8332	0,8326
— 0,5	0,8344	0,8338	0,8333	0,8328	0,8322
0	0,8340	0,8334	0,8329	0,8324	0,8318
+ 0,5	0,8336	0,8330	0,8325	0,8319	0,8314
1	0,8332	0,8326	0,8321	0,8315	0,8310
1,5	0,8327	0,8322	0,8317	0,8311	0,8306
2	0,8323	0,8318	0,8312	0,8307	0,8302
2,5	0,8319	0,8314	0,8308	0,8303	0,8298
+ 3	0,8315	0,8309	0,8304	0,8299	0,8293
+ 3,5	0,8311	0,8305	0,8300	0,8295	0,8289
4	0,8307	0,8301	0,8296	0,8290	0,8285
4,5	0,8302	0,8297	0,8292	0,8286	0,8281
5	0,8298	0,8293	0,8287	0,8282	0,8277
5,5	0,8294	0,8289	0,8283	0,8278	0,8272
+ 6	0,8290	0,8284	0,8279	0,8274	0,8268
+ 6,5	0,8286	0,8280	0,8275	0,8269	0,8264
7	0,8281	0,8276	0,8271	0,8265	0,8260
7,5	0,8277	0,8272	0,8266	0,8261	0,8256
8	0,8273	0,8268	0,8262	0,8257	0,8251
8,5	0,8269	0,8263	0,8258	0,8253	0,8247
+ 9	0,8264	0,8259	0,8254	0,8248	0,8243

Wärmegrad	90,0	90,2	90,4	90,6	90,8
	Gewicht für obige wahre Stärke in Kilogramm				
+ 9,5	0,8260	0,8255	0,8249	0,8244	0,8239
10	0,8256	0,8251	0,8245	0,8240	0,8234
10,5	0,8252	0,8246	0,8241	0,8236	0,8230
11	0,8247	0,8242	0,8237	0,8231	0,8226
11,5	0,8243	0,8238	0,8232	0,8227	0,8222
+ 12	0,8239	0,8233	0,8228	0,8223	0,8217
+ 12,5	0,8235	0,8229	0,8224	0,8218	0,8213
13	0,8230	0,8225	0,8219	0,8214	0,8209
13,5	0,8226	0,8220	0,8215	0,8210	0,8204
14	0,8222	0,8216	0,8211	0,8205	0,8200
14,5	0,8217	0,8212	0,8206	0,8201	0,8196
+ 15	0,8213	0,8207	0,8202	0,8197	0,8191
+ 15,5	0,8209	0,8203	0,8198	0,8192	0,8187
16	0,8204	0,8199	0,8193	0,8188	0,8183
16,5	0,8200	0,8195	0,8189	0,8184	0,8178
17	0,8196	0,8190	0,8185	0,8179	0,8174
17,5	0,8191	0,8186	0,8180	0,8175	0,8170
+ 18	0,8187	0,8181	0,8176	0,8171	0,8165
+ 18,5	0,8182	0,8177	0,8172	0,8166	0,8161
19	0,8178	0,8173	0,8167	0,8162	0,8157
19,5	0,8174	0,8168	0,8163	0,8158	0,8152
20	0,8169	0,8164	0,8159	0,8153	0,8148
20,5	0,8165	0,8160	0,8154	0,8149	0,8144
+ 21	0,8161	0,8155	0,8150	0,8145	0,8139
+ 21,5	0,8156	0,8151	0,8146	0,8140	0,8135
22	0,8152	0,8146	0,8141	0,8136	0,8130
22,5	0,8147	0,8142	0,8137	0,8131	0,8126
23	0,8143	0,8138	0,8132	0,8127	0,8122
23,5	0,8139	0,8133	0,8128	0,8123	0,8117
+ 24	0,8134	0,8129	0,8124	0,8118	0,8113
+ 24,5	0,8130	0,8124	0,8119	0,8114	0,8108
25	0,8125	0,8120	0,8115	0,8109	0,8104
25,5	0,8121	0,8116	0,8110	0,8105	0,8100
26	0,8117	0,8111	0,8106	0,8100	0,8095
26,5	0,8112	0,8107	0,8101	0,8096	0,8091
+ 27	0,8108	0,8102	0,8097	0,8091	0,8086
+ 27,5	0,8103	0,8098	0,8092	0,8087	0,8082
28	0,8098	0,8093	0,8088	0,8082	0,8077
28,5	0,8094	0,8089	0,8083	0,8078	0,8073
29	0,8089	0,8084	0,8079	0,8073	0,8068
29,5	0,8085	0,8080	0,8074	0,8069	0,8064
+ 30	0,8080	0,8075	0,8070	0,8064	0,8059

Tafel 7
zur Ermittelung des Gewichts von 1 Liter Branntwein.

Wärme-grad	91,0	91,2	91,4	91,6	91,8	Wärme-grad	91,0	91,2	91,4	91,6	91,8
	Gewicht für obige wahre Stärke in Kilogramm						Gewicht für obige wahre Stärke in Kilogramm				
— 12	0,8408	0,8402	0,8397	0,8391	0,8386	+ 9,5	0,8233	0,8228	0,8222	0,8217	0,8211
11,5	0,8404	0,8398	0,8393	0,8387	0,8382	10	0,8229	0,8223	0,8218	0,8212	0,8207
11	0,8400	0,8394	0,8389	0,8384	0,8378	10,5	0,8225	0,8219	0,8214	0,8208	0,8203
10,5	0,8396	0,8391	0,8385	0,8380	0,8374	11	0,8220	0,8215	0,8209	0,8204	0,8198
10	0,8392	0,8387	0,8381	0,8376	0,8370	11,5	0,8216	0,8211	0,8205	0,8200	0,8194
— 9,5	0,8388	0,8383	0,8377	0,8372	0,8366	+ 12	0,8212	0,8206	0,8201	0,8195	0,8190
— 9	0,8384	0,8379	0,8373	0,8368	0,8362	+ 12,5	0,8208	0,8202	0,8197	0,8191	0,8186
8,5	0,8380	0,8375	0,8369	0,8364	0,8358	13	0,8203	0,8198	0,8192	0,8187	0,8181
8	0,8376	0,8371	0,8365	0,8360	0,8354	13,5	0,8199	0,8193	0,8188	0,8183	0,8177
7,5	0,8372	0,8367	0,8361	0,8356	0,8350	14	0,8195	0,8189	0,8184	0,8178	0,8173
7	0,8368	0,8363	0,8357	0,8352	0,8346	14,5	0,8190	0,8185	0,8179	0,8174	0,8168
— 6,5	0,8364	0,8359	0,8353	0,8348	0,8342	+ 15	0,8186	0,8181	0,8175	0,8170	0,8164
— 6	0,8360	0,8355	0,8349	0,8344	0,8338	+ 15,5	0,8182	0,8176	0,8171	0,8165	0,8160
5,5	0,8356	0,8351	0,8345	0,8340	0,8334	16	0,8177	0,8172	0,8166	0,8161	0,8156
5	0,8352	0,8347	0,8341	0,8336	0,8330	16,5	0,8173	0,8168	0,8162	0,8157	0,8151
4,5	0,8349	0,8343	0,8338	0,8332	0,8327	17	0,8169	0,8163	0,8158	0,8152	0,8147
4	0,8345	0,8339	0,8334	0,8328	0,8323	17,5	0,8164	0,8159	0,8153	0,8148	0,8143
— 3,5	0,8341	0,8335	0,8330	0,8324	0,8319	+ 18	0,8160	0,8155	0,8149	0,8144	0,8138
— 3	0,8337	0,8331	0,8326	0,8320	0,8315	+ 18,5	0,8156	0,8150	0,8145	0,8139	0,8134
2,5	0,8333	0,8327	0,8322	0,8316	0,8311	19	0,8151	0,8146	0,8140	0,8135	0,8130
2	0,8329	0,8323	0,8318	0,8312	0,8307	19,5	0,8147	0,8142	0,8136	0,8131	0,8125
1,5	0,8325	0,8319	0,8314	0,8308	0,8303	20	0,8143	0,8137	0,8132	0,8126	0,8121
1	0,8321	0,8315	0,8310	0,8304	0,8299	20,5	0,8138	0,8133	0,8127	0,8122	0,8117
— 0,5	0,8317	0,8311	0,8306	0,8300	0,8295	+ 21	0,8134	0,8128	0,8123	0,8118	0,8112
0	0,8313	0,8307	0,8302	0,8296	0,8291						
+ 0,5	0,8309	0,8303	0,8298	0,8292	0,8287	+ 21,5	0,8130	0,8124	0,8119	0,8113	0,8108
1	0,8305	0,8299	0,8294	0,8288	0,8283	22	0,8125	0,8120	0,8114	0,8109	0,8104
1,5	0,8300	0,8295	0,8289	0,8284	0,8278	22,5	0,8121	0,8115	0,8110	0,8105	0,8099
2	0,8296	0,8291	0,8285	0,8280	0,8274	23	0,8116	0,8111	0,8106	0,8100	0,8095
2,5	0,8292	0,8287	0,8281	0,8276	0,8270	23,5	0,8112	0,8107	0,8101	0,8096	0,8090
+ 3	0,8288	0,8282	0,8277	0,8272	0,8266	+ 24	0,8108	0,8102	0,8097	0,8091	0,8086
+ 3,5	0,8284	0,8278	0,8273	0,8267	0,8262	+ 24,5	0,8103	0,8098	0,8092	0,8087	0,8082
4	0,8280	0,8274	0,8269	0,8263	0,8258	25	0,8099	0,8093	0,8088	0,8083	0,8078
4,5	0,8275	0,8270	0,8264	0,8259	0,8253	25,5	0,8094	0,8089	0,8084	0,8078	0,8073
5	0,8271	0,8266	0,8260	0,8255	0,8249	26	0,8090	0,8085	0,8079	0,8074	0,8068
5,5	0,8267	0,8262	0,8256	0,8251	0,8245	26,5	0,8085	0,8080	0,8075	0,8069	0,8064
+ 6	0,8263	0,8257	0,8252	0,8246	0,8241	+ 27	0,8081	0,8076	0,8070	0,8065	0,8059
+ 6,5	0,8259	0,8253	0,8248	0,8242	0,8237	+ 27,5	0,8076	0,8071	0,8066	0,8060	0,8055
7	0,8254	0,8249	0,8243	0,8238	0,8232	28	0,8072	0,8067	0,8061	0,8056	0,8051
7,5	0,8250	0,8245	0,8239	0,8234	0,8228	28,5	0,8067	0,8062	0,8057	0,8051	0,8046
8	0,8246	0,8240	0,8235	0,8229	0,8224	29	0,8063	0,8058	0,8052	0,8047	0,8042
8,5	0,8242	0,8236	0,8231	0,8225	0,8220	29,5	0,8058	0,8053	0,8048	0,8042	0,8037
+ 9	0,8237	0,8232	0,8226	0,8221	0,8215	+ 30	0,8054	0,8048	0,8043	0,8038	0,8032

Tafel 7
zur Ermittelung des Gewichts von 1 Liter Branntwein.

Wärmegrad	92,0	92,2	92,4	92,6	92,8	Wärmegrad	92,0	92,2	92,4	92,6	92,8
	Gewicht für obige wahre Stärke in Kilogramm						Gewicht für obige wahre Stärke in Kilogramm				
— 12	0,8380	0,8375	0,8369	0,8364	0,8358	+ 9,5	0,8206	0,8200	0,8195	0,8189	0,8184
11,5	0,8377	0,8371	0,8365	0,8360	0,8354	10	0,8202	0,8196	0,8190	0,8185	0,8179
11	0,8373	0,8367	0,8361	0,8356	0,8350	10,5	0,8197	0,8192	0,8186	0,8181	0,8175
10,5	0,8369	0,8363	0,8358	0,8352	0,8347	11	0,8193	0,8187	0,8182	0,8176	0,8171
10	0,8365	0,8359	0,8354	0,8348	0,8343	11,5	0,8189	0,8183	0,8178	0,8172	0,8167
— 9,5	0,8361	0,8355	0,8350	0,8344	0,8339	+ 12	0,8184	0,8179	0,8173	0,8168	0,8162
— 9	0,8357	0,8351	0,8346	0,8340	0,8335	+ 12,5	0,8180	0,8175	0,8169	0,8163	0,8158
8,5	0,8353	0,8347	0,8342	0,8336	0,8331	13	0,8176	0,8170	0,8165	0,8159	0,8154
8	0,8349	0,8343	0,8338	0,8332	0,8327	13,5	0,8172	0,8166	0,8161	0,8155	0,8150
7,5	0,8345	0,8339	0,8334	0,8328	0,8323	14	0,8167	0,8162	0,8156	0,8151	0,8145
7	0,8341	0,8335	0,8330	0,8324	0,8319	14,5	0,8163	0,8158	0,8152	0,8147	0,8141
— 6,5	0,8337	0,8331	0,8326	0,8320	0,8315	+ 15	0,8159	0,8153	0,8148	0,8142	0,8137
— 6	0,8333	0,8327	0,8322	0,8316	0,8311	+ 15,5	0,8154	0,8149	0,8143	0,8138	0,8132
5,5	0,8329	0,8323	0,8318	0,8312	0,8307	16	0,8150	0,8145	0,8139	0,8134	0,8128
5	0,8325	0,8319	0,8314	0,8308	0,8303	16,5	0,8146	0,8140	0,8135	0,8129	0,8124
4,5	0,8321	0,8315	0,8310	0,8304	0,8299	17	0,8141	0,8136	0,8130	0,8125	0,8120
4	0,8317	0,8312	0,8306	0,8300	0,8295	17,5	0,8137	0,8132	0,8126	0,8121	0,8115
— 3,5	0,8313	0,8308	0,8302	0,8296	0,8291	+ 18	0,8133	0,8127	0,8122	0,8116	0,8111
— 3	0,8309	0,8304	0,8298	0,8292	0,8287	+ 18,5	0,8129	0,8123	0,8118	0,8112	0,8107
2,5	0,8305	0,8300	0,8294	0,8289	0,8283	19	0,8124	0,8119	0,8113	0,8108	0,8102
2	0,8301	0,8296	0,8290	0,8285	0,8279	19,5	0,8120	0,8114	0,8109	0,8103	0,8098
1,5	0,8297	0,8292	0,8286	0,8281	0,8275	20	0,8116	0,8110	0,8105	0,8099	0,8094
1	0,8293	0,8288	0,8282	0,8277	0,8271	20,5	0,8111	0,8106	0,8100	0,8095	0,8089
— 0,5	0,8289	0,8284	0,8278	0,8273	0,8267	+ 21	0,8107	0,8101	0,8096	0,8090	0,8085
0	0,8285	0,8280	0,8274	0,8269	0,8263						
+ 0,5	0,8281	0,8276	0,8270	0,8264	0,8259	+ 21,5	0,8103	0,8097	0,8092	0,8086	0,8081
1	0,8277	0,8271	0,8266	0,8260	0,8255	22	0,8098	0,8093	0,8087	0,8082	0,8076
1,5	0,8273	0,8267	0,8262	0,8256	0,8251	22,5	0,8094	0,8088	0,8083	0,8077	0,8072
2	0,8269	0,8263	0,8258	0,8252	0,8246	23	0,8090	0,8084	0,8079	0,8073	0,8068
2,5	0,8265	0,8259	0,8254	0,8248	0,8242	23,5	0,8085	0,8080	0,8074	0,8069	0,8063
+ 3	0,8261	0,8255	0,8249	0,8244	0,8238	+ 24	0,8081	0,8075	0,8070	0,8064	0,8059
+ 3,5	0,8256	0,8251	0,8245	0,8240	0,8234	+ 24,5	0,8076	0,8071	0,8065	0,8060	0,8054
4	0,8252	0,8247	0,8241	0,8235	0,8230	25	0,8072	0,8066	0,8061	0,8056	0,8050
4,5	0,8248	0,8242	0,8237	0,8231	0,8226	25,5	0,8068	0,8062	0,8057	0,8051	0,8046
5	0,8244	0,8238	0,8233	0,8227	0,8221	26	0,8063	0,8058	0,8052	0,8047	0,8041
5,5	0,8240	0,8234	0,8228	0,8223	0,8217	26,5	0,8059	0,8053	0,8048	0,8042	0,8037
+ 6	0,8235	0,8230	0,8224	0,8219	0,8213	+ 27	0,8054	0,8049	0,8043	0,8038	0,8032
+ 6,5	0,8231	0,8226	0,8220	0,8215	0,8209	+ 27,5	0,8050	0,8044	0,8039	0,8033	0,8028
7	0,8227	0,8221	0,8216	0,8210	0,8205	28	0,8045	0,8040	0,8034	0,8029	0,8023
7,5	0,8223	0,8217	0,8212	0,8206	0,8201	28,5	0,8041	0,8035	0,8030	0,8024	0,8019
8	0,8219	0,8213	0,8207	0,8202	0,8196	29	0,8036	0,8031	0,8025	0,8020	0,8014
8,5	0,8214	0,8209	0,8203	0,8198	0,8192	29,5	0,8032	0,8026	0,8021	0,8015	0,8010
+ 9	0,8210	0,8204	0,8199	0,8193	0,8188	+ 30	0,8027	0,8022	0,8016	0,8011	0,8006

Tafel 7
zur Ermittelung des Gewichts von 1 Liter Branntwein.

Wärmegrad	93,0	93,2	93,4	93,6	93,8
	Gewicht für obige wahre Stärke in Kilogramm				
— 12	0,8353	0,8347	0,8341	0,8336	0,8330
11,5	0,8349	0,8343	0,8338	0,8332	0,8326
11	0,8345	0,8339	0,8334	0,8328	0,8322
10,5	0,8341	0,8335	0,8330	0,8324	0,8318
10	0,8337	0,8331	0,8326	0,8320	0,8314
— 9,5	0,8333	0,8327	0,8322	0,8316	0,8311
— 9	0,8329	0,8323	0,8318	0,8312	0,8307
8,5	0,8325	0,8320	0,8314	0,8308	0,8303
8	0,8321	0,8316	0,8310	0,8304	0,8299
7,5	0,8317	0,8312	0,8306	0,8300	0,8295
7	0,8313	0,8308	0,8302	0,8296	0,8291
— 6,5	0,8309	0,8304	0,8298	0,8292	0,8287
— 6	0,8305	0,8300	0,8294	0,8288	0,8283
5,5	0,8301	0,8296	0,8290	0,8284	0,8279
5	0,8297	0,8292	0,8286	0,8280	0,8275
4,5	0,8293	0,8288	0,8282	0,8276	0,8271
4	0,8289	0,8284	0,8278	0,8272	0,8267
— 3,5	0,8285	0,8280	0,8274	0,8268	0,8263
— 3	0,8281	0,8276	0,8270	0,8264	0,8259
2,5	0,8277	0,8272	0,8266	0,8260	0,8255
2	0,8273	0,8268	0,8262	0,8256	0,8251
1,5	0,8270	0,8264	0,8258	0,8252	0,8247
1	0,8266	0,8260	0,8254	0,8248	0,8243
— 0,5	0,8262	0,8256	0,8250	0,8244	0,8239
0	0,8257	0,8252	0,8246	0,8240	0,8235
+ 0,5	0,8253	0,8248	0,8242	0,8236	0,8231
1	0,8249	0,8243	0,8238	0,8232	0,8226
1,5	0,8245	0,8239	0,8234	0,8228	0,8222
2	0,8241	0,8235	0,8230	0,8224	0,8218
2,5	0,8237	0,8231	0,8225	0,8220	0,8214
+ 3	0,8233	0,8227	0,8221	0,8216	0,8210
+ 3,5	0,8229	0,8223	0,8217	0,8211	0,8206
4	0,8224	0,8219	0,8213	0,8207	0,8202
4,5	0,8220	0,8214	0,8209	0,8203	0,8197
5	0,8216	0,8210	0,8205	0,8199	0,8193
5,5	0,8212	0,8206	0,8200	0,8195	0,8189
+ 6	0,8208	0,8202	0,8196	0,8191	0,8185
+ 6,5	0,8203	0,8198	0,8192	0,8186	0,8181
7	0,8199	0,8194	0,8188	0,8182	0,8177
7,5	0,8195	0,8189	0,8184	0,8178	0,8172
8	0,8191	0,8185	0,8179	0,8174	0,8168
8,5	0,8187	0,8181	0,8175	0,8169	0,8164
+ 9	0,8182	0,8177	0,8171	0,8165	0,8160

Wärmegrad	93,0	93,2	93,4	93,6	93,8
	Gewicht für obige wahre Stärke in Kilogramm				
+ 9,5	0,8178	0,8172	0,8167	0,8161	0,8156
10	0,8174	0,8168	0,8163	0,8157	0,8151
10,5	0,8170	0,8164	0,8158	0,8153	0,8147
11	0,8165	0,8160	0,8154	0,8149	0,8143
11,5	0,8161	0,8155	0,8150	0,8144	0,8139
+ 12	0,8157	0,8151	0,8146	0,8140	0,8134
+ 12,5	0,8153	0,8147	0,8141	0,8136	0,8130
13	0,8148	0,8143	0,8137	0,8131	0,8126
13,5	0,8144	0,8138	0,8133	0,8127	0,8122
14	0,8140	0,8134	0,8129	0,8123	0,8117
14,5	0,8136	0,8130	0,8124	0,8119	0,8113
+ 15	0,8131	0,8126	0,8120	0,8114	0,8109
+ 15,5	0,8127	0,8121	0,8116	0,8110	0,8105
16	0,8123	0,8117	0,8112	0,8106	0,8100
16,5	0,8118	0,8113	0,8107	0,8102	0,8096
17	0,8114	0,8109	0,8103	0,8097	0,8092
17,5	0,8110	0,8104	0,8099	0,8093	0,8087
+ 18	0,8105	0,8100	0,8094	0,8089	0,8083
+ 18,5	0,8101	0,8096	0,8090	0,8084	0,8079
19	0,8097	0,8091	0,8086	0,8080	0,8075
19,5	0,8093	0,8087	0,8081	0,8076	0,8070
20	0,8088	0,8083	0,8077	0,8071	0,8066
20,5	0,8084	0,8078	0,8073	0,8067	0,8062
+ 21	0,8079	0,8074	0,8068	0,8063	0,8057
+ 21,5	0,8075	0,8070	0,8064	0,8058	0,8053
22	0,8071	0,8065	0,8060	0,8054	0,8049
22,5	0,8067	0,8061	0,8055	0,8050	0,8044
23	0,8062	0,8057	0,8051	0,8045	0,8040
23,5	0,8058	0,8052	0,8047	0,8041	0,8035
+ 24	0,8053	0,8048	0,8042	0,8037	0,8031
+ 24,5	0,8049	0,8043	0,8038	0,8032	0,8027
25	0,8045	0,8039	0,8033	0,8028	0,8022
25,5	0,8040	0,8035	0,8029	0,8024	0,8018
26	0,8036	0,8030	0,8025	0,8019	0,8014
26,5	0,8031	0,8026	0,8020	0,8015	0,8009
+ 27	0,8027	0,8021	0,8016	0,8010	0,8005
+ 27,5	0,8023	0,8017	0,8012	0,8006	0,8000
28	0,8018	0,8013	0,8007	0,8002	0,7996
28,5	0,8014	0,8008	0,8003	0,7997	0,7992
29	0,8009	0,8004	0,7998	0,7993	0,7987
29,5	0,8005	0,7999	0,7994	0,7988	0,7983
+ 30	0,8000	0,7995	0,7989	0,7984	0,7978

Tafel 7
zur Ermittelung des Gewichts von 1 Liter Branntwein.

Wärmegrad	94,0	94,2	94,4	94,6	94,8
	Gewicht für obige wahre Stärke in Kilogramm				
— 12	0,8325	0,8319	0,8313	0,8308	0,8302
11,5	0,8321	0,8315	0,8309	0,8304	0,8298
11	0,8317	0,8311	0,8305	0,8300	0,8294
10,5	0,8313	0,8307	0,8301	0,8296	0,8290
10	0,8309	0,8303	0,8297	0,8292	0,8286
— 9,5	0,8305	0,8299	0,8294	0,8288	0,8282
— 9	0,8301	0,8295	0,8290	0,8284	0,8278
8,5	0,8297	0,8291	0,8286	0,8280	0,8274
8	0,8293	0,8287	0,8282	0,8276	0,8270
7,5	0,8289	0,8283	0,8278	0,8272	0,8266
7	0,8285	0,8279	0,8274	0,8268	0,8262
— 6,5	0,8281	0,8275	0,8270	0,8264	0,8258
— 6	0,8277	0,8271	0,8266	0,8260	0,8254
5,5	0,8273	0,8267	0,8262	0,8256	0,8250
5	0,8269	0,8263	0,8258	0,8252	0,8246
4,5	0,8265	0,8259	0,8254	0,8248	0,8242
4	0,8261	0,8255	0,8250	0,8244	0,8238
— 3,5	0,8257	0,8251	0,8246	0,8240	0,8234
— 3	0,8253	0,8247	0,8242	0,8236	0,8230
2,5	0,8249	0,8243	0,8238	0,8232	0,8226
2	0,8245	0,8239	0,8234	0,8228	0,8222
1,5	0,8241	0,8235	0,8230	0,8224	0,8218
1	0,8237	0,8231	0,8226	0,8220	0,8214
— 0,5	0,8233	0,8227	0,8222	0,8216	0,8210
0	0,8229	0,8223	0,8218	0,8212	0,8206
+ 0,5	0,8225	0,8219	0,8213	0,8208	0,8202
1	0,8221	0,8215	0,8209	0,8204	0,8198
1,5	0,8217	0,8211	0,8205	0,8199	0,8194
2	0,8213	0,8207	0,8201	0,8195	0,8190
2,5	0,8208	0,8203	0,8197	0,8191	0,8186
+ 3	0,8204	0,8199	0,8193	0,8187	0,8181
+ 3,5	0,8200	0,8194	0,8189	0,8183	0,8177
4	0,8196	0,8190	0,8184	0,8179	0,8173
4,5	0,8192	0,8186	0,8180	0,8175	0,8169
5	0,8188	0,8182	0,8176	0,8170	0,8165
5,5	0,8184	0,8178	0,8172	0,8166	0,8161
+ 6	0,8179	0,8174	0,8168	0,8162	0,8156
+ 6,5	0,8175	0,8169	0,8164	0,8158	0,8152
7	0,8171	0,8165	0,8159	0,8154	0,8148
7,5	0,8167	0,8161	0,8155	0,8150	0,8144
8	0,8163	0,8157	0,8151	0,8145	0,8140
8,5	0,8158	0,8153	0,8147	0,8141	0,8136
+ 9	0,8154	0,8148	0,8143	0,8137	0,8131

Wärmegrad	94,0	94,2	94,4	94,6	94,8
	Gewicht für obige wahre Stärke in Kilogramm				
+ 9,5	0,8150	0,8144	0,8139	0,8133	0,8127
10	0,8146	0,8140	0,8134	0,8129	0,8123
10,5	0,8142	0,8136	0,8130	0,8124	0,8119
11	0,8137	0,8132	0,8126	0,8120	0,8115
11,5	0,8133	0,8127	0,8122	0,8116	0,8110
+ 12	0,8129	0,8123	0,8117	0,8112	0,8106
+ 12,5	0,8125	0,8119	0,8113	0,8108	0,8102
13	0,8120	0,8115	0,8109	0,8103	0,8098
13,5	0,8116	0,8110	0,8105	0,8099	0,8093
14	0,8112	0,8106	0,8100	0,8095	0,8089
14,5	0,8108	0,8102	0,8096	0,8090	0,8085
+ 15	0,8103	0,8098	0,8092	0,8086	0,8080
+ 15,5	0,8099	0,8093	0,8088	0,8082	0,8076
16	0,8095	0,8089	0,8083	0,8078	0,8072
16,5	0,8090	0,8085	0,8079	0,8073	0,8068
17	0,8086	0,8080	0,8075	0,8069	0,8063
17,5	0,8082	0,8076	0,8071	0,8065	0,8059
+ 18	0,8078	0,8072	0,8066	0,8061	0,8055
+ 18,5	0,8073	0,8068	0,8062	0,8056	0,8051
19	0,8069	0,8063	0,8058	0,8052	0,8046
19,5	0,8065	0,8059	0,8053	0,8048	0,8042
20	0,8060	0,8055	0,8049	0,8043	0,8038
20,5	0,8056	0,8050	0,8045	0,8039	0,8033
+ 21	0,8052	0,8046	0,8040	0,8035	0,8029
+ 21,5	0,8047	0,8042	0,8036	0,8030	0,8025
22	0,8043	0,8037	0,8032	0,8026	0,8020
22,5	0,8039	0,8033	0,8027	0,8022	0,8016
23	0,8034	0,8029	0,8023	0,8017	0,8012
23,5	0,8030	0,8024	0,8019	0,8013	0,8007
+ 24	0,8026	0,8020	0,8014	0,8009	0,8003
+ 24,5	0,8021	0,8016	0,8010	0,8004	0,7999
25	0,8017	0,8011	0,8006	0,8000	0,7994
25,5	0,8012	0,8007	0,8001	0,7996	0,7990
26	0,8008	0,8002	0,7997	0,7991	0,7986
26,5	0,8004	0,7998	0,7992	0,7987	0,7981
+ 27	0,7999	0,7994	0,7988	0,7982	0,7977
+ 27,5	0,7995	0,7989	0,7984	0,7978	0,7973
28	0,7991	0,7985	0,7979	0,7974	0,7968
28,5	0,7986	0,7980	0,7975	0,7969	0,7964
29	0,7982	0,7976	0,7970	0,7965	0,7959
29,5	0,7977	0,7972	0,7966	0,7961	0,7955
+ 30	0,7973	0,7967	0,7962	0,7956	0,7951

Tafel 7
zur Ermittelung des Gewichts von 1 Liter Branntwein.

Wärmegrad	95,0	95,2	95,4	95,6	95,8
	Gewicht für obige wahre Stärke in Kilogramm				
— 12	0,8296	0,8290	0,8285	0,8279	0,8273
11,5	0,8292	0,8286	0,8281	0,8275	0,8269
11	0,8288	0,8283	0,8277	0,8271	0,8265
10,5	0,8285	0,8279	0,8273	0,8267	0,8261
10	0,8281	0,8275	0,8269	0,8263	0,8257
— 9,5	0,8277	0,8271	0,8265	0,8259	0,8253
— 9	0,8273	0,8267	0,8261	0,8255	0,8249
8,5	0,8269	0,8263	0,8257	0,8251	0,8245
8	0,8265	0,8259	0,8253	0,8247	0,8241
7,5	0,8261	0,8255	0,8249	0,8243	0,8237
7	0,8257	0,8251	0,8245	0,8239	0,8233
— 6,5	0,8253	0,8247	0,8241	0,8235	0,8229
— 6	0,8249	0,8243	0,8237	0,8231	0,8225
5,5	0,8245	0,8239	0,8233	0,8227	0,8221
5	0,8241	0,8235	0,8229	0,8223	0,8217
4,5	0,8237	0,8231	0,8225	0,8219	0,8213
4	0,8233	0,8227	0,8221	0,8215	0,8209
— 3,5	0,8229	0,8223	0,8217	0,8211	0,8205
— 3	0,8224	0,8219	0,8213	0,8207	0,8201
2,5	0,8220	0,8215	0,8209	0,8203	0,8197
2	0,8216	0,8211	0,8205	0,8199	0,8193
1,5	0,8212	0,8207	0,8201	0,8195	0,8189
1	0,8208	0,8203	0,8197	0,8191	0,8185
— 0,5	0,8204	0,8199	0,8193	0,8187	0,8181
0	0,8200	0,8194	0,8189	0,8183	0,8177
+ 0,5	0,8196	0,8190	0,8185	0,8179	0,8173
1	0,8192	0,8186	0,8180	0,8175	0,8169
1,5	0,8188	0,8182	0,8176	0,8170	0,8165
2	0,8184	0,8178	0,8172	0,8166	0,8160
2,5	0,8180	0,8174	0,8168	0,8162	0,8156
+ 3	0,8176	0,8170	0,8164	0,8158	0,8152
+ 3,5	0,8171	0,8166	0,8160	0,8154	0,8148
4	0,8167	0,8161	0,8155	0,8150	0,8144
4,5	0,8163	0,8157	0,8151	0,8146	0,8140
5	0,8159	0,8153	0,8147	0,8141	0,8135
5,5	0,8155	0,8149	0,8143	0,8137	0,8131
+ 6	0,8151	0,8145	0,8139	0,8133	0,8127
+ 6,5	0,8146	0,8141	0,8135	0,8129	0,8123
7	0,8142	0,8136	0,8131	0,8125	0,8119
7,5	0,8138	0,8132	0,8126	0,8121	0,8115
8	0,8134	0,8128	0,8122	0,8116	0,8110
8,5	0,8130	0,8124	0,8118	0,8112	0,8106
+ 9	0,8126	0,8120	0,8114	0,8108	0,8102

Wärmegrad	95,0	95,2	95,4	95,6	95,8
	Gewicht für obige wahre Stärke in Kilogramm				
+ 9,5	0,8122	0,8116	0,8110	0,8104	0,8098
10	0,8117	0,8111	0,8106	0,8100	0,8094
10,5	0,8113	0,8107	0,8101	0,8095	0,8090
11	0,8109	0,8103	0,8097	0,8091	0,8085
11,5	0,8105	0,8099	0,8093	0,8087	0,8081
+ 12	0,8100	0,8095	0,8089	0,8083	0,8077
+ 12,5	0,8096	0,8090	0,8085	0,8079	0,8073
13	0,8092	0,8086	0,8080	0,8074	0,8069
13,5	0,8088	0,8082	0,8076	0,8070	0,8064
14	0,8083	0,8078	0,8072	0,8066	0,8060
14,5	0,8079	0,8073	0,8068	0,8062	0,8056
+ 15	0,8075	0,8069	0,8063	0,8057	0,8052
+ 15,5	0,8071	0,8065	0,8059	0,8053	0,8047
16	0,8066	0,8061	0,8055	0,8049	0,8043
16,5	0,8062	0,8056	0,8050	0,8045	0,8039
17	0,8058	0,8052	0,8046	0,8040	0,8035
17,5	0,8053	0,8048	0,8042	0,8036	0,8030
+ 18	0,8049	0,8043	0,8038	0,8032	0,8026
+ 18,5	0,8045	0,8039	0,8033	0,8028	0,8022
19	0,8041	0,8035	0,8029	0,8023	0,8018
19,5	0,8036	0,8031	0,8025	0,8019	0,8013
20	0,8032	0,8026	0,8020	0,8015	0,8009
20,5	0,8028	0,8022	0,8016	0,8010	0,8005
+ 21	0,8023	0,8018	0,8012	0,8006	0,8000
+ 21,5	0,8019	0,8013	0,8008	0,8002	0,7996
22	0,8015	0,8009	0,8003	0,7997	0,7992
22,5	0,8010	0,8005	0,7999	0,7993	0,7987
23	0,8006	0,8000	0,7995	0,7989	0,7983
23,5	0,8002	0,7996	0,7990	0,7984	0,7979
+ 24	0,7997	0,7992	0,7986	0,7980	0,7974
+ 24,5	0,7993	0,7987	0,7982	0,7976	0,7970
25	0,7989	0,7983	0,7977	0,7971	0,7966
25,5	0,7984	0,7979	0,7973	0,7967	0,7961
26	0,7980	0,7974	0,7969	0,7963	0,7957
26,5	0,7976	0,7970	0,7964	0,7959	0,7953
+ 27	0,7971	0,7966	0,7960	0,7954	0,7948
+ 27,5	0,7967	0,7961	0,7955	0,7950	0,7944
28	0,7963	0,7957	0,7951	0,7945	0,7940
28,5	0,7958	0,7952	0,7947	0,7941	0,7935
29	0,7954	0,7948	0,7942	0,7937	0,7931
29,5	0,7950	0,7944	0,7938	0,7932	0,7927
+ 30	0,7945	0,7939	0,7934	0,7928	0,7922

Tafel 7
zur Ermittelung des Gewichts von 1 Liter Branntwein.

Wärmegrad	96,0	96,2	96,4	96,6	96,8
	Gewicht für obige wahre Stärke in Kilogramm				
— 12	0,8267	0,8262	0,8256	0,8250	0,8244
11,5	0,8263	0,8258	0,8252	0,8246	0,8240
11	0,8259	0,8253	0,8248	0,8242	0,8236
10,5	0,8256	0,8250	0,8244	0,8238	0,8232
10	0,8252	0,8246	0,8240	0,8234	0,8228
— 9,5	0,8248	0,8242	0,8236	0,8230	0,8224
— 9	0,8244	0,8238	0,8232	0,8226	0,8220
8,5	0,8240	0,8234	0,8228	0,8222	0,8216
8	0,8236	0,8230	0,8224	0,8218	0,8212
7,5	0,8232	0,8226	0,8220	0,8214	0,8208
7	0,8227	0,8222	0,8216	0,8210	0,8204
— 6,5	0,8223	0,8217	0,8212	0,8206	0,8200
— 6	0,8219	0,8213	0,8208	0,8202	0,8196
5,5	0,8215	0,8209	0,8204	0,8198	0,8192
5	0,8211	0,8205	0,8199	0,8194	0,8188
4,5	0,8207	0,8201	0,8195	0,8190	0,8184
4	0,8203	0,8197	0,8191	0,8186	0,8180
— 3,5	0,8199	0,8193	0,8187	0,8182	0,8176
— 3	0,8195	0,8189	0,8183	0,8177	0,8172
2,5	0,8191	0,8185	0,8179	0,8173	0,8168
2	0,8187	0,8181	0,8175	0,8169	0,8164
1,5	0,8183	0,8177	0,8171	0,8165	0,8160
1	0,8179	0,8173	0,8167	0,8161	0,8155
— 0,5	0,8175	0,8169	0,8163	0,8157	0,8151
0	0,8171	0,8165	0,8159	0,8153	0,8147
+ 0,5	0,8167	0,8161	0,8155	0,8149	0,8143
1	0,8163	0,8157	0,8151	0,8145	0,8139
1,5	0,8159	0,8153	0,8147	0,8141	0,8135
2	0,8155	0,8149	0,8143	0,8137	0,8131
2,5	0,8150	0,8144	0,8139	0,8133	0,8127
+ 3	0,8146	0,8140	0,8134	0,8128	0,8123
+ 3,5	0,8142	0,8136	0,8130	0,8124	0,8118
4	0,8138	0,8132	0,8126	0,8120	0,8114
4,5	0,8134	0,8128	0,8122	0,8116	0,8110
5	0,8130	0,8124	0,8118	0,8112	0,8106
5,5	0,8126	0,8120	0,8114	0,8108	0,8102
+ 6	0,8121	0,8115	0,8109	0,8104	0,8098
+ 6,5	0,8117	0,8111	0,8105	0,8099	0,8094
7	0,8113	0,8107	0,8101	0,8095	0,8089
7,5	0,8109	0,8103	0,8097	0,8091	0,8085
8	0,8105	0,8099	0,8093	0,8087	0,8081
8,5	0,8101	0,8095	0,8089	0,8083	0,8077
+ 9	0,8096	0,8090	0,8085	0,8079	0,8073

Wärmegrad	96,0	96,2	96,4	96,6	96,8
	Gewicht für obige wahre Stärke in Kilogramm				
+ 9,5	0,8092	0,8086	0,8080	0,8075	0,8069
10	0,8088	0,8082	0,8076	0,8070	0,8064
10,5	0,8084	0,8078	0,8072	0,8066	0,8060
11	0,8080	0,8074	0,8068	0,8062	0,8056
11,5	0,8075	0,8070	0,8064	0,8058	0,8052
+ 12	0,8071	0,8065	0,8059	0,8054	0,8048
+ 12,5	0,8067	0,8061	0,8055	0,8049	0,8043
13	0,8063	0,8057	0,8051	0,8045	0,8039
13,5	0,8059	0,8053	0,8047	0,8041	0,8035
14	0,8054	0,8048	0,8043	0,8037	0,8031
14,5	0,8050	0,8044	0,8038	0,8032	0,8027
+ 15	0,8046	0,8040	0,8034	0,8028	0,8022
+ 15,5	0,8042	0,8036	0,8030	0,8024	0,8018
16	0,8037	0,8032	0,8026	0,8020	0,8014
16,5	0,8033	0,8027	0,8021	0,8016	0,8010
17	0,8029	0,8023	0,8017	0,8011	0,8005
17,5	0,8025	0,8019	0,8013	0,8007	0,8001
+ 18	0,8020	0,8014	0,8009	0,8003	0,7997
+ 18,5	0,8016	0,8010	0,8004	0,7999	0,7993
19	0,8012	0,8006	0,8000	0,7994	0,7989
19,5	0,8008	0,8002	0,7996	0,7990	0,7984
20	0,8003	0,7997	0,7992	0,7986	0,7980
20,5	0,7999	0,7993	0,7987	0,7982	0,7976
+ 21	0,7995	0,7989	0,7983	0,7977	0,7971
+ 21,5	0,7990	0,7984	0,7979	0,7973	0,7967
22	0,7986	0,7980	0,7974	0,7969	0,7963
22,5	0,7982	0,7976	0,7970	0,7964	0,7958
23	0,7977	0,7972	0,7966	0,7960	0,7954
23,5	0,7973	0,7967	0,7961	0,7956	0,7950
+ 24	0,7969	0,7963	0,7957	0,7951	0,7946
+ 24,5	0,7964	0,7959	0,7953	0,7947	0,7941
25	0,7960	0,7954	0,7949	0,7943	0,7937
25,5	0,7956	0,7950	0,7944	0,7938	0,7933
26	0,7952	0,7946	0,7940	0,7934	0,7928
26,5	0,7947	0,7941	0,7936	0,7930	0,7924
+ 27	0,7943	0,7937	0,7931	0,7925	0,7920
+ 27,5	0,7938	0,7933	0,7927	0,7921	0,7915
28	0,7934	0,7928	0,7923	0,7917	0,7911
28,5	0,7930	0,7924	0,7918	0,7913	0,7907
29	0,7925	0,7920	0,7914	0,7908	0,7902
29,5	0,7921	0,7915	0,7910	0,7904	0,7898
+ 30	0,7917	0,7911	0,7905	0,7900	0,7894

Tafel 7
zur Ermittelung des Gewichts von 1 Liter Branntwein.

Wärmegrad	97,0	97,2	97,4	97,6	97,8
	Gewicht für obige wahre Stärke in Kilogramm				
— 12	0,8238	0,8232	0,8226	0,8220	0,8214
11,5	0,8234	0,8228	0,8222	0,8216	0,8210
11	0,8230	0,8224	0,8218	0,8212	0,8206
10,5	0,8226	0,8220	0,8214	0,8208	0,8202
10	0,8222	0,8216	0,8210	0,8204	0,8198
— 9,5	0,8218	0,8212	0,8206	0,8200	0,8194
— 9	0,8214	0,8208	0,8202	0,8196	0,8190
8,5	0,8210	0,8204	0,8198	0,8192	0,8186
8	0,8206	0,8200	0,8194	0,8188	0,8182
7,5	0,8202	0,8196	0,8190	0,8184	0,8178
7	0,8198	0,8192	0,8186	0,8180	0,8174
— 6,5	0,8194	0,8188	0,8182	0,8176	0,8170
— 6	0,8190	0,8184	0,8178	0,8172	0,8166
5,5	0,8186	0,8180	0,8174	0,8168	0,8162
5	0,8182	0,8176	0,8170	0,8164	0,8157
4,5	0,8178	0,8172	0,8166	0,8159	0,8153
4	0,8174	0,8168	0,8162	0,8155	0,8149
— 3,5	0,8170	0,8164	0,8158	0,8151	0,8145
— 3	0,8166	0,8160	0,8153	0,8147	0,8141
2,5	0,8162	0,8156	0,8149	0,8143	0,8137
2	0,8158	0,8152	0,8145	0,8139	0,8133
1,5	0,8154	0,8148	0,8141	0,8135	0,8129
1	0,8150	0,8143	0,8137	0,8131	0,8125
— 0,5	0,8145	0,8139	0,8133	0,8127	0,8121
0	0,8141	0,8135	0,8129	0,8123	0,8117
+ 0,5	0,8137	0,8131	0,8125	0,8119	0,8113
1	0,8133	0,8127	0,8121	0,8115	0,8109
1,5	0,8129	0,8123	0,8117	0,8111	0,8105
2	0,8125	0,8119	0,8113	0,8107	0,8101
2,5	0,8121	0,8115	0,8109	0,8103	0,8096
+ 3	0,8117	0,8111	0,8104	0,8098	0,8092
+ 3,5	0,8113	0,8106	0,8100	0,8094	0,8088
4	0,8108	0,8102	0,8096	0,8090	0,8084
4,5	0,8104	0,8098	0,8092	0,8086	0,8080
5	0,8100	0,8094	0,8088	0,8082	0,8076
5,5	0,8096	0,8090	0,8084	0,8078	0,8072
+ 6	0,8092	0,8086	0,8080	0,8074	0,8068
+ 6,5	0,8088	0,8082	0,8076	0,8069	0,8063
7	0,8083	0,8077	0,8071	0,8065	0,8059
7,5	0,8079	0,8073	0,8067	0,8061	0,8055
8	0,8075	0,8069	0,8063	0,8057	0,8051
8,5	0,8071	0,8065	0,8059	0,8053	0,8047
+ 9	0,8067	0,8061	0,8055	0,8049	0,8043

Wärmegrad	97,0	97,2	97,4	97,6	97,8
	Gewicht für obige wahre Stärke in Kilogramm				
+ 9,5	0,8063	0,8057	0,8051	0,8045	0,8039
10	0,8059	0,8052	0,8046	0,8040	0,8034
10,5	0,8054	0,8048	0,8042	0,8036	0,8030
11	0,8050	0,8044	0,8038	0,8032	0,8026
11,5	0,8046	0,8040	0,8034	0,8028	0,8022
+12	0,8042	0,8036	0,8030	0,8024	0,8018
+ 12,5	0,8038	0,8032	0,8026	0,8020	0,8014
13	0,8033	0,8027	0,8021	0,8015	0,8009
13,5	0,8029	0,8023	0,8017	0,8011	0,8005
14	0,8025	0,8019	0,8013	0,8007	0,8001
14,5	0,8021	0,8015	0,8009	0,8003	0,7997
+15	0,8016	0,8010	0,8004	0,7999	0,7993
+ 15,5	0,8012	0,8006	0,8000	0,7994	0,7988
16	0,8008	0,8002	0,7996	0,7990	0,7984
16,5	0,8004	0,7998	0,7992	0,7986	0,7980
17	0,8000	0,7994	0,7988	0,7982	0,7976
17,5	0,7995	0,7989	0,7984	0,7978	0,7972
+18	0,7991	0,7985	0,7979	0,7973	0,7967
+ 18,5	0,7987	0,7981	0,7975	0,7969	0,7963
19	0,7983	0,7977	0,7971	0,7965	0,7959
19,5	0,7979	0,7973	0,7967	0,7961	0,7955
20	0,7974	0,7968	0,7962	0,7957	0,7951
20,5	0,7970	0,7964	0,7958	0,7952	0,7946
+21	0,7966	0,7960	0,7954	0,7948	0,7942
+21,5	0,7961	0,7955	0,7950	0,7944	0,7938
22	0,7957	0,7951	0,7945	0,7939	0,7933
22,5	0,7953	0,7947	0,7941	0,7935	0,7929
23	0,7948	0,7943	0,7937	0,7931	0,7925
23,5	0,7944	0,7938	0,7932	0,7926	0,7921
+24	0,7940	0,7934	0,7928	0,7922	0,7916
+24,5	0,7936	0,7930	0,7924	0,7918	0,7912
25	0,7931	0,7925	0,7919	0,7914	0,7908
25,5	0,7927	0,7921	0,7915	0,7909	0,7903
26	0,7923	0,7917	0,7911	0,7905	0,7899
26,5	0,7918	0,7912	0,7907	0,7901	0,7895
+27	0,7914	0,7908	0,7902	0,7896	0,7891
+27,5	0,7910	0,7904	0,7898	0,7892	0,7886
28	0,7905	0,7900	0,7894	0,7888	0,7882
28,5	0,7901	0,7895	0,7890	0,7884	0,7878
29	0,7897	0,7891	0,7885	0,7879	0,7874
29,5	0,7893	0,7887	0,7881	0,7875	0,7869
+30	0,7888	0,7883	0,7877	0,7871	0,7865

Tafel 7
zur Ermittelung des Gewichts von 1 Liter Branntwein.

Wärmegrad	98,0	98,2	98,4	98,6	98,8
	Gewicht für obige wahre Stärke in Kilogramm				
— 12	0,8208	0,8202	0,8196	0,8190	0,8184
11,5	0,8204	0,8198	0,8192	0,8186	0,8180
11	0,8200	0,8194	0,8188	0,8182	0,8176
10,5	0,8196	0,8190	0,8184	0,8178	0,8172
10	0,8192	0,8186	0,8180	0,8174	0,8168
— 9,5	0,8188	0,8182	0,8176	0,8170	0,8164
— 9	0,8184	0,8178	0,8172	0,8166	0,8160
8,5	0,8180	0,8174	0,8168	0,8162	0,8156
8	0,8176	0,8170	0,8164	0,8158	0,8152
7,5	0,8172	0,8166	0,8160	0,8154	0,8147
7	0,8168	0,8162	0,8156	0,8149	0,8143
— 6,5	0,8164	0,8158	0,8152	0,8145	0,8139
— 6	0,8160	0,8154	0,8147	0,8141	0,8135
5,5	0,8156	0,8149	0,8143	0,8137	0,8131
5	0,8151	0,8145	0,8139	0,8133	0,8127
4,5	0,8147	0,8141	0,8135	0,8129	0,8123
4	0,8143	0,8137	0,8131	0,8125	0,8119
— 3,5	0,8139	0,8133	0,8127	0,8121	0,8115
— 3	0,8135	0,8129	0,8123	0,8117	0,8111
2,5	0,8131	0,8125	0,8119	0,8113	0,8107
2	0,8127	0,8121	0,8115	0,8109	0,8103
1,5	0,8123	0,8117	0,8111	0,8105	0,8099
1	0,8119	0,8113	0,8107	0,8101	0,8094
— 0,5	0,8115	0,8109	0,8103	0,8097	0,8090
0	0,8111	0,8105	0,8099	0,8092	0,8086
+ 0,5	0,8107	0,8101	0,8095	0,8088	0,8082
1	0,8103	0,8097	0,8090	0,8084	0,8078
1,5	0,8099	0,8093	0,8086	0,8080	0,8074
2	0,8095	0,8088	0,8082	0,8076	0,8070
2,5	0,8090	0,8084	0,8078	0,8072	0,8066
+ 3	0,8086	0,8080	0,8074	0,8068	0,8062
+ 3,5	0,8082	0,8076	0,8070	0,8064	0,8058
4	0,8078	0,8072	0,8066	0,8060	0,8053
4,5	0,8074	0,8068	0,8062	0,8055	0,8049
5	0,8070	0,8064	0,8057	0,8051	0,8045
5,5	0,8066	0,8059	0,8053	0,8047	0,8041
+ 6	0,8062	0,8055	0,8049	0,8043	0,8037
+ 6,5	0,8057	0,8051	0,8045	0,8039	0,8033
7	0,8053	0,8047	0,8041	0,8035	0,8029
7,5	0,8049	0,8043	0,8037	0,8031	0,8024
8	0,8045	0,8039	0,8033	0,8026	0,8020
8,5	0,8041	0,8035	0,8029	0,8022	0,8016
+ 9	0,8037	0,8030	0,8024	0,8018	0,8012

Wärmegrad	98,0	98,2	98,4	98,6	98,8
	Gewicht für obige wahre Stärke in Kilogramm				
+ 9,5	0,8033	0,8026	0,8020	0,8014	0,8008
10	0,8028	0,8022	0,8016	0,8010	0,8004
10,5	0,8024	0,8018	0,8012	0,8006	0,8000
11	0,8020	0,8014	0,8008	0,8002	0,7996
11,5	0,8016	0,8010	0,8004	0,7998	0,7991
+ 12	0,8012	0,8006	0,8000	0,7993	0,7987
+ 12,5	0,8008	0,8001	0,7995	0,7989	0,7983
13	0,8003	0,7997	0,7991	0,7985	0,7979
13,5	0,7999	0,7993	0,7987	0,7981	0,7975
14	0,7995	0,7989	0,7983	0,7977	0,7971
14,5	0,7991	0,7985	0,7979	0,7973	0,7966
+ 15	0,7987	0,7981	0,7974	0,7968	0,7962
+ 15,5	0,7983	0,7976	0,7970	0,7964	0,7958
16	0,7978	0,7972	0,7966	0,7960	0,7954
16,5	0,7974	0,7968	0,7962	0,7956	0,7950
17	0,7970	0,7964	0,7958	0,7952	0,7946
17,5	0,7966	0,7960	0,7954	0,7947	0,7941
+ 18	0,7962	0,7955	0,7949	0,7943	0,7937
+ 18,5	0,7957	0,7951	0,7945	0,7939	0,7933
19	0,7953	0,7947	0,7941	0,7935	0,7929
19,5	0,7949	0,7943	0,7937	0,7931	0,7925
20	0,7945	0,7939	0,7933	0,7927	0,7920
20,5	0,7941	0,7934	0,7928	0,7922	0,7916
+ 21	0,7936	0,7930	0,7924	0,7918	0,7912
+ 21,5	0,7932	0,7926	0,7920	0,7914	0,7908
22	0,7928	0,7922	0,7916	0,7909	0,7903
22,5	0,7923	0,7917	0,7911	0,7905	0,7899
23	0,7919	0,7913	0,7907	0,7901	0,7895
23,5	0,7915	0,7909	0,7903	0,7897	0,7891
+ 24	0,7910	0,7904	0,7898	0,7892	0,7886
+ 24,5	0,7906	0,7900	0,7894	0,7888	0,7882
25	0,7902	0,7896	0,7890	0,7884	0,7878
25,5	0,7898	0,7892	0,7886	0,7880	0,7874
26	0,7893	0,7887	0,7881	0,7875	0,7869
26,5	0,7889	0,7883	0,7877	0,7871	0,7865
+ 27	0,7885	0,7879	0,7873	0,7867	0,7861
+ 27,5	0,7881	0,7875	0,7869	0,7863	0,7857
28	0,7876	0,7870	0,7864	0,7858	0,7852
28,5	0,7872	0,7866	0,7860	0,7854	0,7848
29	0,7868	0,7862	0,7856	0,7850	0,7844
29,5	0,7864	0,7858	0,7852	0,7846	0,7840
+ 30	0,7860	0,7854	0,7848	0,7842	0,7836

Tafel 7
zur Ermittelung des Gewichts von 1 Liter Branntwein.

Wärmegrad	99,0	99,2	99,4	99,6	99,8	Wärmegrad	99,0	99,2	99,4	99,6	99,8
	Gewicht für obige wahre Stärke in Kilogramm						Gewicht für obige wahre Stärke in Kilogramm				
—12	0,8178	0,8171	0,8165	0,8159	0,8153	+ 9,5	0,8002	0,7996	0,7989	0,7983	0,7977
11,5	0,8174	0,8167	0,8161	0,8155	0,8149	10	0,7998	0,7991	0,7985	0,7979	0,7973
11	0,8170	0,8164	0,8157	0,8151	0,8145	10,5	0,7994	0,7987	0,7981	0,7975	0,7969
10,5	0,8166	0,8160	0,8153	0,8147	0,8141	11	0,7989	0,7983	0,7977	0,7971	0,7964
10	0,8162	0,8155	0,8149	0,8143	0,8137	11,5	0,7985	0,7979	0,7973	0,7967	0,7960
— 9,5	0,8158	0,8151	0,8145	0,8139	0,8133	+12	0,7981	0,7975	0,7969	0,7962	0,7956
— 9	0,8154	0,8147	0,8141	0,8135	0,8129	+12,5	0,7977	0,7971	0,7965	0,7958	0,7952
8,5	0,8150	0,8143	0,8137	0,8131	0,8125	13	0,7973	0,7967	0,7960	0,7954	0,7948
8	0,8146	0,8139	0,8133	0,8127	0,8120	13,5	0,7969	0,7962	0,7956	0,7950	0,7944
7,5	0,8141	0,8135	0,8129	0,8123	0,8116	14	0,7965	0,7958	0,7952	0,7946	0,7940
7	0,8137	0,8131	0,8125	0,8119	0,8112	14,5	0,7960	0,7954	0,7948	0,7942	0,7935
— 6,5	0,8133	0,8127	0,8121	0,8115	0,8108	+15	0,7956	0,7950	0,7944	0,7937	0,7931
— 6	0,8129	0,8123	0,8117	0,8110	0,8104	+15,5	0,7952	0,7946	0,7940	0,7933	0,7927
5,5	0,8125	0,8119	0,8113	0,8106	0,8100	16	0,7948	0,7942	0,7935	0,7929	0,7923
5	0,8121	0,8115	0,8108	0,8102	0,8096	16,5	0,7944	0,7937	0,7931	0,7925	0,7919
4,5	0,8117	0,8111	0,8104	0,8098	0,8092	17	0,7939	0,7933	0,7927	0,7921	0,7915
4	0,8113	0,8107	0,8100	0,8094	0,8088	17,5	0,7935	0,7929	0,7923	0,7917	0,7911
— 3,5	0,8109	0,8103	0,8096	0,8090	0,8084	+18	0,7931	0,7925	0,7919	0,7913	0,7906
— 3	0,8105	0,8098	0,8092	0,8086	0,8080	+18,5	0,7927	0,7921	0,7915	0,7908	0,7902
2,5	0,8101	0,8094	0,8088	0,8082	0,8075	19	0,7923	0,7917	0,7910	0,7904	0,7898
2	0,8097	0,8090	0,8084	0,8078	0,8071	19,5	0,7919	0,7912	0,7906	0,7900	0,7894
1,5	0,8092	0,8086	0,8080	0,8074	0,8067	20	0,7914	0,7908	0,7902	0,7896	0,7890
1	0,8088	0,8082	0,8076	0,8069	0,8063	20,5	0,7910	0,7904	0,7898	0,7892	0,7885
— 0,5	0,8084	0,8078	0,8072	0,8065	0,8059	+21	0,7906	0,7900	0,7894	0,7887	0,7881
0	0,8080	0,8074	0,8067	0,8061	0,8055						
+ 0,5	0,8076	0,8070	0,8063	0,8057	0,8051	+21,5	0,7902	0,7896	0,7889	0,7883	0,7877
1	0,8072	0,8066	0,8059	0,8053	0,8046	22	0,7897	0,7891	0,7885	0,7879	0,7873
1,5	0,8068	0,8062	0,8055	0,8049	0,8042	22,5	0,7893	0,7887	0,7881	0,7875	0,7869
2	0,8064	0,8057	0,8051	0,8045	0,8038	23	0,7889	0,7883	0,7877	0,7870	0,7864
2,5	0,8060	0,8053	0,8047	0,8041	0,8034	23,5	0,7885	0,7878	0,7872	0,7866	0,7860
+ 3	0,8056	0,8049	0,8043	0,8037	0,8030	+24	0,7880	0,7874	0,7868	0,7862	0,7856
+ 3,5	0,8051	0,8045	0,8039	0,8032	0,8026	+24,5	0,7876	0,7870	0,7864	0,7858	0,7852
4	0,8047	0,8041	0,8035	0,8028	0,8022	25	0,7872	0,7866	0,7860	0,7854	0,7848
4,5	0,8043	0,8037	0,8031	0,8024	0,8018	25,5	0,7868	0,7862	0,7855	0,7849	0,7843
5	0,8039	0,8033	0,8026	0,8020	0,8014	26	0,7863	0,7857	0,7851	0,7845	0,7839
5,5	0,8035	0,8029	0,8022	0,8016	0,8010	26,5	0,7859	0,7853	0,7847	0,7841	0,7835
+ 6	0,8031	0,8025	0,8018	0,8012	0,8006	+27	0,7855	0,7849	0,7843	0,7837	0,7831
+ 6,5	0,8027	0,8020	0,8014	0,8008	0,8001	+27,5	0,7851	0,7845	0,7839	0,7833	0,7827
7	0,8022	0,8016	0,8010	0,8004	0,7997	28	0,7847	0,7841	0,7835	0,7829	0,7823
7,5	0,8018	0,8012	0,8006	0,8000	0,7993	28,5	0,7842	0,7836	0,7830	0,7824	0,7818
8	0,8014	0,8008	0,8002	0,7996	0,7989	29	0,7838	0,7832	0,7826	0,7820	0,7814
8,5	0,8010	0,8004	0,7998	0,7991	0,7985	29,5	0,7834	0,7828	0,7822	0,7816	0,7810
+ 9	0,8006	0,8000	0,7993	0,7987	0,7981	+30	0,7830	0,7824	0,7818	0,7812	0,7806

Anlage
zur Anleitung für die Ermittelung des
Alkoholgehaltes im Branntwein.

Vorschriften,

betreffend

die Abfertigung von Likören, Fruchtsäften, Essenzen, Extrakten
und dergleichen.

(Nach dem Beschluß des Bundesraths vom 26. November 1891.)

---

1. Die Feststellung der Litermenge reinen Alkohols bei Branntweinen,
   Punschessenzen und anderen alkoholhaltigen Essenzen, welche derartig
   mit Zucker oder anderen Zusatzstoffen versetzt sind, daß eine zuver=
   lässige Prüfung mittelst des Thermo=Alkoholometers ausgeschlossen
   erscheint, sowie bei Fruchtsäften erfolgt mit Hülfe des unter Nr. 2
   näher bezeichneten Destillirapparats.

2. Der Destillirapparat (siehe die nachstehende Zeichnung) besteht aus
   dem mittelst Spiritusflamme zu erhitzenden Siedekolben F und dem
   durch das Rohr R damit zu verbindenden Kühler K, in welchem die
   bei der Destillation erzeugten Dämpfe sich verdichten.

   Dem Apparat sind beigegeben:

   a) ein Meßglas M mit einer dem Raumgehalt von 100 ccm
      entsprechenden Marke;

   b) eine Bürette nebst Halter. Dieselbe trägt eine mit 10 ccm
      beginnende, von 2 zu 2 ccm fortschreitende Eintheilung
      bis zu 300 ccm; sie ist oben mit einem eingeschliffenen
      Glasstöpsel, unten mit einem Glashahn versehen;

   c) zwei kurze Thermo=Alkoholometer für 0 bis 30 und für
      29 bis 57 Gewichtsprozente.

   Die Zeichnung giebt die Aufstellung des Apparats beim Ge=
   brauch. Kolben F und Kühler K hängen in den Ringen des Doppel=
   trägers D; dieser wird von der Säule S gehalten, welche in das
   auf dem Kastendeckel vorgesehene Gewinde eingeschraubt ist. Das
   Rohr R läßt sich durch die Ueberwurfschraube r an den Kolben und
   durch eine zweite, etwas kleinere Ueberwurfschraube r^1 an den Kühler
   dicht anziehen; die Dichtung wird an beiden Stellen durch Leder=
   plättchen gesichert. Der Kühlcylinder K umschließt eine innen ver=
   zinnte Messingschlange, welche oben mit Rohr R in Verbindung steht

und unten bei *w* aus dem Cylinder heraustritt. Der Deckel des letzteren trägt den Trichter *T*, dessen Fortsatzrohr bis nahe auf den Boden von *K* reicht, so daß das durch *T* eingefüllte Kühlwasser zuerst den unteren Theil der Schlange umspült. Das warm gewordene überschüssige Wasser fließt durch das Rohr *v* und den übergezogenen Schlauch ab. Das obere Ende von *v* steigt bis über den Deckel des Cylinders *K* auf und liegt unter der Kappe *u*, welche für die vollständige Entleerung von *K* dient.

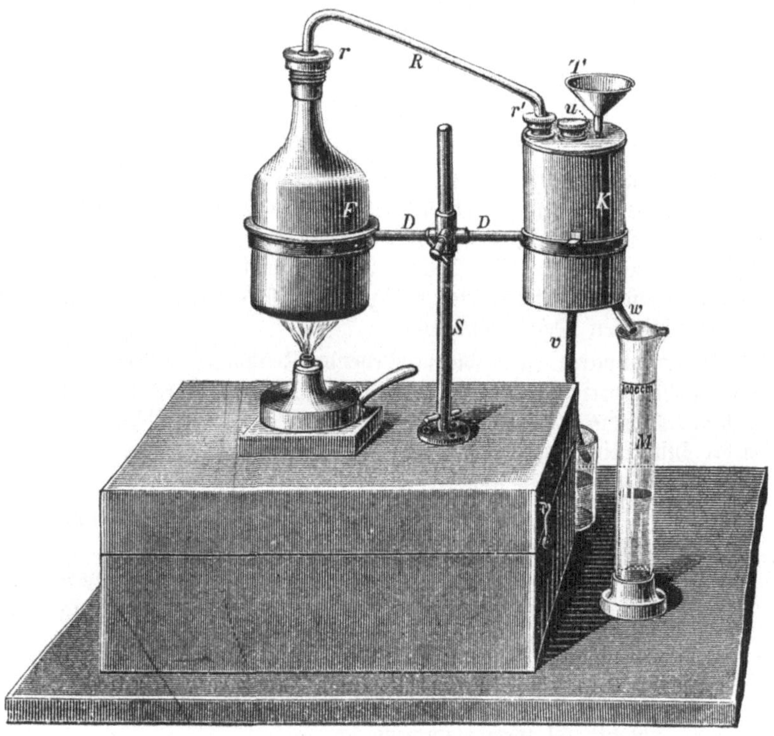

3. Der abzufertigenden Flüssigkeit ist nach gründlicher Durchrührung oder Durchschüttelung eine Probe zum Zweck der Ermittelung des Alkoholgehalts zu entnehmen. Die Probe ist zunächst darauf zu prüfen, daß ihre Beschaffenheit nicht den im §. 1 der Anleitung zur Ermittelung des Alkoholgehaltes im Branntwein unter b 1 angegebenen Voraussetzungen zuwiderläuft.

Werden mittelst eines und desselben Abfertigungspapiers mehrere mit gleichem Branntweinfabrikat gefüllte Fässer oder Flaschen von annähernd gleich großem, d. h. um nicht mehr als 10 Prozent des kleinsten Gewichts von einander abweichendem Bruttogewicht und dementsprechendem Rauminhalt oder verschiedene Sorten von Fabrikaten in einer gleich großen Anzahl von Flaschen von annähernd gleich großem Rauminhalt zur Abfertigung gestellt, so kann zum Zweck der Ermittelung des Alkoholgehalts eine Durchschnittsprobe in der Art gebildet werden, daß nach gehöriger Umrührung des Inhalts aus der Mitte jedes Fasses, bei in Flaschen vorgeführten Fabrikaten aus einer hinreichenden Anzahl von Flaschen oder, falls verschiedene Sorten von Fabrikaten in Flaschen vorgeführt werden, aus einer gleich großen Anzahl von Flaschen jeder Sorte, eine Probe von annähernd gleich großem Volumen entnommen wird. Diese Proben werden in ein vollkommen reines und trockenes Gefäß geschüttet; sodann wird die Mischung gehörig umgerührt und aus derselben die dem Untersuchungs= verfahren zu unterwerfende Probe entnommen.

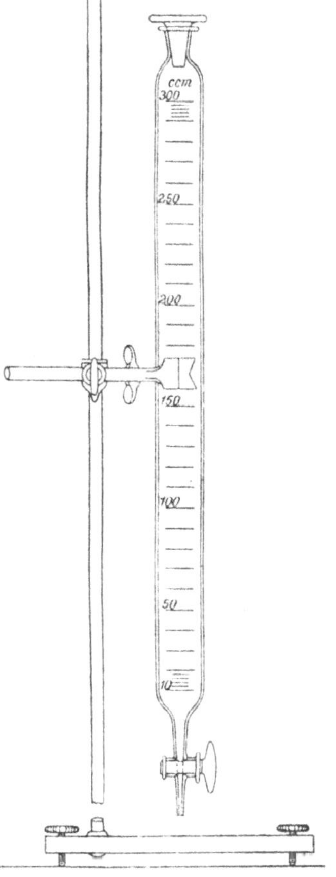

4. Die Bürette wird senkrecht in den Halter eingespannt und bis zum Theilstrich 30 ccm mit gewöhn= lichem, körnigem (nicht pulverisirtem) Kochsalz gefüllt. Sodann werden mit dem Meßglas M genau 100 ccm des zu untersuchenden Fabrikats sorgfältig abgemessen und in die Bürette geschüttet. Das Meßglas wird nach der Entleerung mit Wasser ausgespült, letzteres gleichfalls in die Bürette gegossen und sodann noch soviel Wasser zugegossen, daß die Bürette bis zum Strich 270 ccm gefüllt ist. Nunmehr wird die Bürette mit dem Glasstöpsel ge= schlossen, aus dem Halter genommen und kräftig geschüttelt. Hat sich das Salz ganz oder bis auf einen kleinen Rückstand auf= gelöst, so werden kleine Mengen Salzes zugesetzt und es wird damit unter fortwährendem kräftigen Schütteln solange fortgefahren bis auf dem Boden der Bürette eine Schicht ungelösten Salzes

in Höhe von einigen Millimetern dauernd zurückbleibt. Anhaltendes und kräftiges Schütteln ist unbedingt erforderlich, damit eine vollständig gesättigte Salzlösung entsteht. Die Bürette wird sodann in den Halter wieder senkrecht eingespannt und bleibt etwa eine Stunde lang stehen. Die Beimischung von Salz hat den Zweck, in der abzufertigenden Flüssigkeit etwa enthaltene aromatische Bestandtheile (Ester u. s. w.) auszuscheiden. Sind solche Stoffe in dem Fabrikat vorhanden, so sondern sie sich auf der Oberfläche schwimmend als eine ölig scheinende dünne Schicht ab. Diese Absonderung wird durch öfteres Anklopfen an die Bürette beschleunigt; auch werden hierdurch die etwa an der Wandung haftenden Tröpfchen der aromatischen Beimengungen zum Aufsteigen gebracht.

Nach Ablauf der angegebenen Zeit wird die in der Bürette enthaltene Menge der alkoholhaltigen Salzlösung durch Ablesen an der Theilung der Bürette festgestellt. Dabei ist zu beachten, daß in der etwa ausgeschiedenen öligen Schicht der aromatischen Bestandtheile Alkohol nicht enthalten ist; hat sich daher eine solche Schicht gebildet, so ist nur der unterhalb derselben befindliche Theil der Flüssigkeit zu berücksichtigen, mithin die Ablesung an derjenigen Stelle vorzunehmen, an welcher sich die obere, ölige Schicht von dem übrigen Inhalt der Bürette abscheidet.

Von der auf diese Weise bestimmten Menge der alkoholhaltigen Lösung wird durch Oeffnen des Hahns der Bürette genau die Hälfte in den Siedekolben F des Destillirapparats langsam entleert. Sodann werden in diesen Kolben mit dem Meßglase noch 100 ccm Wasser hinzugefügt. Hierauf werden Kolben und Kühler in den Doppelträger D eingehängt und durch das mittelst der Ueberwurfschrauben r und r^1 fest angezogene Rohr R mit einander verbunden. Endlich wird der Kühler mit kaltem Wasser angefüllt, bis der Ueberschuß aus v abzulaufen beginnt. Wird nun der Kolben F erhitzt, so fließt bald aus dem Kühler bei w eine klare Flüssigkeit in Tropfen ab, welche man in dem vorher mit reinem Wasser ausgespülten und sodann völlig entleerten Meßglas M auffängt. Bei Fortsetzung der Erwärmung wird zunächst der obere Theil des Kühlers heiß, allmälig beginnt auch sein unterer Theil sich zu erwärmen. Tritt letzteres ein, so gießt man sofort in den Trichter von Neuem so lange kaltes Wasser, bis der ganze Kühler sich wieder kalt anfühlt. Auf rechtzeitige Erneuerung des Kühlwassers ist in der ersten Hälfte der Destillation mit besonderer Aufmerksamkeit zu achten; im Uebrigen ist die Erneuerung während jeder Destillation zwei-, höchstens dreimal erforderlich. Besonders zweckmäßig ist es,

den Kühler, wo sich dazu Gelegenheit bietet, durch einen Gummi=
schlauch mit der Wasserleitung in Verbindung zu setzen, so daß fort=
während kaltes Wasser denselben langsam durchfließt.

Die Destillation ist so zu führen, daß ein direktes Uebertreten
der Flüssigkeit aus dem Destillirkolben durch den Kühler hindurch
in das Meßglas vermieden wird. Zu diesem Behufe ist auch auf die
Größe der Spiritusflamme zu achten; insbesondere empfiehlt es sich,
die Flamme nur während des Anheizens nahe der Mitte des Kolbens
zu halten, dagegen, sobald das Sieden eingeleitet ist und das Ab=
tropfen von Flüssigkeit aus dem Kühler beginnt, die Lampe so weit
zur Seite zu rücken, daß die Flamme nicht nur den Boden, sondern
zum Theil auch den Mantel des Kolbens bestreicht. Proben, bei
welchen fahrlässigerweise die Destillation so stürmisch erfolgt, daß
das Destillat nicht ausschließlich in Tropfen, sondern zum Theil in
zusammenhängendem Flusse abläuft, sind stets zu verwerfen.

Hat sich der Spiegel der Flüssigkeit im Meßglas M allmälig
der Marke genähert und liegt nur noch 1 bis 2 mm unterhalb der=
selben, so wird das Glas vom Ausfluß w entfernt und die Destillation
durch Beseitigung der Spiritusflamme unterbrochen. Hierauf füllt
man in das Meßglas behutsam so viel Wasser ein, daß der Flüssig=
keitsspiegel die Marke gerade erreicht; sodann durchschüttelt oder
durchrührt man den Inhalt des Glases und senkt schließlich von den
zu dem Apparat gehörigen beiden kurzen Thermo=Alkoholometern
das entsprechende ein. Sollte etwa beim Auffangen des Destillats
im Meßglas oder bei dem letzten Auffüllen desselben mittelst Wassers
der Flüssigkeitsspiegel bis über die Marke angestiegen sein, so ist
der Versuch zu verwerfen.

Vor der Prüfung einer zweiten Sorte von Fabrikaten ist das
Verbindungsrohr R nach Lösen der Schrauben zu entfernen und der
Kolben F zu entleeren. Eine sorgfältige Reinigung desselben, ins=
besondere von Rückständen an Salz, sowie der Bürette und des
Meßglases vor jeder neuen Untersuchung, wenn möglich mit warmem
Wasser, ist unbedingt nöthig.

Bei dem Einlegen des Apparats und der Bürette in die zu=
gehörigen Kasten erhalten die einzelnen Theile die in letzterem vor=
gemerkten Plätze.

Vor dem Einlegen des Kühlers ist dieser, der während des
Gebrauchs stets mit Wasser angefüllt bleibt, zu entleeren, zu welchem
Behufe die Kappe u abgeschraubt werden muß.

5. Die Ermittelung der scheinbaren Stärke des gewonnenen, genau
100 ccm betragenden Destillats mit Hülfe des entsprechenden Thermo=
Alkoholometers und die Ermittelung der wahren Stärke erfolgt nach

Maßgabe der allgemeinen Vorschriften der §§. 7 und 10 der An=
leitung unter Anwendung der Tafel 1 beziehungsweise 4.

Aus Temperatur und wahrer Stärke des Destillats ermittelt
man mittelst der Tafel 7 das Gewicht von 1 Liter des Destillats
und durch Verschiebung des Komma um 4 Stellen nach rechts das
Gewicht von 10 000 Liter. Für diese Gewichtsmenge wird aus der
wahren Stärke des Destillats mit Hülfe der Tafel 2 beziehungsweise 5
die entsprechende Litermenge reinen Alkohols gemäß §. 11 der An=
leitung, aber ohne Abrundung auf ganze Liter ermittelt. Die
gefundene Zahl multiplizirt man mit 2 und erhält dadurch die
Zahl der Liter reinen Alkohols, welche in 10 000 Liter der
zur Abfertigung gestellten Waare enthalten sind.

6. Behufs Ermittelung der Litermenge des abzufertigenden Fabrikats
wird, falls letzteres sich in Gebinden befindet und der Rauminhalt
der Gebinde nicht aichamtlich ermittelt ist, dieser Rauminhalt stets
durch Vermessung der Gebinde mittelst des Längen= und Höhenmessers
oder durch Nachvermessung auf nassem Wege festgestellt.

Wird bei einer derartigen Abfertigung ein mit Fabrikat nicht
vollständig befülltes Faß vorgefunden, so ist der Inhalt soweit zu
ergänzen, daß die Tiefe der Leere am Spunde nicht mehr als 6 cm
beträgt. Kann diese Auffüllung nicht geschehen, so ist der Inhalt nach
Maßgabe des §. 20 der im §. 15 der Anleitung bezeichneten Conradischen
„Anleitung zur Bestimmung des Literinhalts der Brennerei= und
Brauereigeräthe u. s. w." festzustellen.

Ist das abzufertigende Fabrikat in Flaschen enthalten, so
genügt es, durch probeweise Vermessung einiger der annähernd gleich
großen Flaschen die Litermenge der ganzen Post festzustellen.

7. Auf Grund der gemäß Nr. 5 für 10 000 Liter des abzufertigenden
Fabrikats gefundenen Litermenge reinen Alkohols und der gemäß
Nr. 6 festgestellten Litermenge der abzufertigenden Post gewinnt man
durch Multiplikation beider Zahlen und Verschiebung des Komma
um 4 Stellen nach links die in der abzufertigenden Post wirklich
enthaltene Litermenge reinen Alkohols. Bruchtheile des Liter werden,
wenn sie unter einem halben Liter sind, unberücksichtigt gelassen,
anderenfalls auf ein ganzes Liter abgerundet. Die Berechnungen
sind, soweit dies für die Nachprüfung nöthig ist, den Abfertigungs=
papieren beizufügen.

8. Beispiel:
Es sei von 124 Liter Birnenessenz der Gehalt an reinem
Alkohol zu ermitteln. Nachdem eine Probe von 100 ccm in die
Bürette gefüllt und nach entsprechendem Wasserzusatz mit Kochsalz
gesättigt ist, sei nach einstündigem Stehen der Lösung, während

deſſen ſich eine Schicht aromatiſcher Beimengungen oben abgeſetzt hat, die oberſte Grenze des übrigen Inhalts der Bürette bei dem Strich für 268 ccm gefunden. Die Menge der alkoholhaltigen Kochſalzlöſung beträgt hiernach 268 ccm, wovon die Hälfte, 134 ccm, in den Kolben abzulaſſen iſt, indem der Hahn ſo lange geöffnet wird, bis die untere Fläche der öligen Schicht mit dem Strich 134 der Skale zuſammenfällt. Man füllt nun 100 ccm Waſſer in den Kolben nach und deſtillirt in das Meßglas 100 ccm nach dem unter Nr. 4 beſchriebenen Verfahren ab. Dieſe 100 ccm Deſtillat mögen bei einer Temperatur von + 18 Grad eine ſcheinbare Stärke von 16,5 Prozent haben; dann beträgt nach Tafel 1 die wahre Stärke 16 Prozent. Ein Liter des Deſtillats wiegt nach Tafel 7 bei + 18 Grad und der wahren Stärke von 16 Prozent 0,9737 kg, mithin wiegen 10 000 Liter 9 737 kg. In 9 737 kg ſind bei 16 Prozent wahrer Stärke nach Tafel 2 an reinem Alkohol enthalten, und zwar:

in 9 000 kg	. . . .	1 818 Liter
„ 700 „	. . . .	141,4 „
„ 37 „	. . . .	7,5 „
zuſammen in 9 737 kg	. . . .	1 966,9 Liter.

Das Doppelte, oder 3 933,8 Liter, bildet den Alkoholgehalt von 10 000 Liter des abzufertigenden Fabrikats. Hiernach enthalten die vorgeführten 124 Liter des Fabrikats

$$\frac{124 \times 3\,933,8}{10\,000} = 48,77912$$

oder abgerundet 49 Liter reinen Alkohols.